제3판

Electric Application
전기응용

임헌찬, 백관현 공저

B.C.Info

머 리 말

오늘날 현대 과학의 발달은 대단히 빠르게 변화하고 있으며, 특히 고도의 정보화 및 첨단 산업사회를 이끌어 가는 전기 · 전자공학의 발달은 괄목할 만하다. 이를 바탕으로 전기 · 전자의 응용은 가전제품, 교통기관, 산업체 설비, 반도체 산업, 통신설비, 의료장비 등 폭넓게 이용되고 있으며, 응용 범위도 더욱 넓힐 수 있는 기회의 장이 마련되고 있다.

전기응용은 일반적으로 조명공학, 전열공학, 정전기 응용, 전동력 응용, 전기철도공학 및 전기화학으로 이루어져 있으며, 그 외에 반도체 공학 및 기타 응용분야를 포함하는 매우 광범위한 학문 분야이다.

따라서 본 교재는 대학 강의와 현장 실무 경험을 바탕으로 실제로 사용하고 있는 분야에 대하여 현장에서의 적응력과 응용력을 갖출 수 있도록 노력하였다.

전기기사, 전기공사기사, 기술사 등의 각종 국가 기술 자격증의 취득 및 국가 공무원 기술직 시험에 직접적으로 도움이 될 수 있도록 사전에 철저히 분석하여 집필하였고, 예제의 풀이 과정에서의 해법과 연습문제를 통하여 실력을 한 단계씩 밟아 올라 갈 수 있도록 하였다. 본 교재에서 집필 내용의 특징은 다음과 같다.

① 이해도를 높이기 위하여 전기 · 전자공학의 기본 개념과 원리를 충분히 설명하고, 가능한 한 그림을 많이 삽입하였다.

② 각종 시험에 자주 출제되는 내용이나 현장에서 필요로 하는 부분은 참고나 요약으로 정리하였으며, 표를 많이 삽입하여 암기 및 이해하기 쉽도록 하였다.

③ 반드시 학습해야 할 응용 문제는 예제를 통하여 해법을 알 수 있도록 하였으며, 연습문제의 객관식 및 주관식을 통하여 자신의 실력 검증도 할 수 있도록 하였다.

본 교재는 전기 · 전자공학을 전공하는 학생 및 현장 기술자에게 도움이 될 수 있도록 충실하려고 최선을 다 하였으나 부족한 부분이 적지 않을 것으로 사료되어 추후 독자들의 충고와 격려로써 수정 보완하려 하니 아낌없는 의견과 지도편달을 바란다.

끝으로 본 교재의 출판에 있어서 각종 문헌을 참고한 국내외의 원저자들에게 경의를 표하며, 항상 옆에서 힘을 북돋아 준 가족과 출판에 도와주신 복두출판사 사장님과 사원 여러분께 감사의 말씀을 드린다.

저자 씀

차 례

제 1 편 조명 공학

제 2 편 전열 공학

제 1 장 전열의 기초

제 2 장 전열의 응용

제 5 편 전기철도공학

제 1 장 전기철도 일반

제 2 장 전차선로와 전기차량

제 3 장 운전설비와 속도제어

제 2 장 기전력 응용의 전지

제 3 장 전해 및 전열 화학공업

부 록

제 1 편 조명 공학

chapter 1

조명의 기초

1.1 빛의 성질

1.1.1 빛

빛은 일종의 전자파로써 파동의 형태로 에너지가 전파되는 것을 의미하며, 일반적으로 사람의 눈으로 감지할 수 있는 가시광선(visible light)을 말하는데, 넓은 의미에서 눈으로 감지할 수 없는 적외선(infrared ray) 및 자외선(ultraviolet ray) 등의 전자파도 포함한다.

빛의 발생은 백열전구와 같이 온도 상승에 의해 발광하는 **온도 복사**(**열 복사** : temperature radiation)와 방전에 의해 발광하는 형광등, 수은등, 나트륨등의 방전등과 같이 온도복사 이외의 모든 발광현상인 **루미네선스**(luminescence)가 있다.

발광 :
- 온도복사[열복사] : 온도 상승에 의한 발광현상 (백열등, 전열선)
- 루미네선스[냉광] : 온도복사 이외의 모든 발광현상 (형광등, 수은등, 나트륨등)

1.1.2 복사

전자파는 파장에 따라 각각 고유의 성질을 가지고 있으며, 우주선, γ선, X선, 자외선, 가시광선, 적외선, 방송파 등을 총칭하여 **전자파**(electromagnetic wave)라 한다. 이와 같이 빛은 파장에 따라 특성이 다른 여러 가지의 전자파로 전파되는데, 전자파의 형태로 에너지가 공간에 전파(방출)되는 현상을 **복사** 또는 **방사**(radiation)라 한다.

그림 1.1은 빛의 스펙트럼 분포를 나타낸 것으로, 각 파장에 따라 여러 가지 종류와 성질을 나타내고 있다.

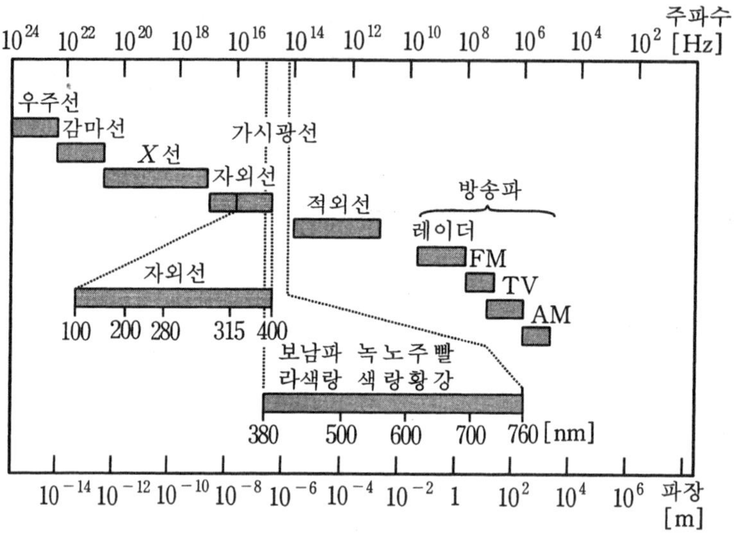

그림 1.1 전자파의 스펙트럼 분포

사람의 눈으로 감지할 수 있는 전자파의 파장은 380~760 [nm]의 범위로 **가시광선**이라 하고, 이 가시광선보다 짧은 파장 범위 100~380 [nm]의 전자파를 **자외선**, 긴 파장 범위 760~3,000 [nm]의 전자파를 **적외선**이라 한다.

가시광선은 파장에 따라 다른 시감과 색감을 주는데 파장이 가장 긴 것은 적색이고, 이보다 짧아짐에 따라 주황, 노랑, 녹색, 파랑, 남색으로 느껴지고, 가장 짧은 파장의 빛은 보라색이 된다.

가시광선보다 파장이 긴 **적외선**은 자외선이나 가시광선에 비해 미립자에 의한 산란효과가 적기 때문에 공기 중을 비교적 잘 투과하는 성질이 있다. 또한 **온열효과**를 가지고 있기 때문에 열선이라고도 한다. 파장이 짧은 **자외선**은 직진성이 강하여 미립자에 의한 산란 효과가 커서 공기 중을 잘 투과하지 못하는 성질이 있으며, **화학**, **살균** 및 **형광작용**을 하기 때문에 **화학선**이라고도 한다.

스펙트럼은 전자파가 어떤 임의의 파장을 얼마만큼 포함하고 있는지를 파장의 순서로 배열한 것이며, **그림** 1.1의 스펙트럼 분포는 복사에너지가 파동의 형태인 전자파로 방출될 때 파장의 배열을 나타낸 것이다.

빛의 색(광원색)은 그 스펙트럼의 성질(분광조성)에 의해 결정되며, 스펙트럼의 종류 및 성질은 다음과 같다.

① **연속 스펙트럼** : 어떤 파장 범위에 걸쳐 연속적으로 나타나는 스펙트럼이고, 주로 고체, 액체의 온도복사(열복사)에 의해 나타난다.(태양, 백열전구)

② **선 스펙트럼** : 원자의 발광, 흡수에 의해 수반되어 불연속적인 선으로 나타나는 스펙트럼이고, 원자의 운동이 자유로운 기체상태에서 나타난다. 기체상태의 모든 원소는 각기 고유의 선스펙트럼을 가지고 있기 때문에 원소의 종류, 원자의 에너지준위 및 성질을 알 수 있다.(수은등, 나트륨등, 네온관등의 방전등)

③ **밴드 스펙트럼** : 방출되는 빛의 선 스펙트럼 중 다수의 빛이 한 곳에 모여서 띠 모양의 무리를 형성하는 스펙트럼이고, 약간 부자유스러운 분자상태에서 나타난다. 밴드 스펙트럼은 띠 스펙트럼이라고도 한다.(형광등)

빛은 파동성과 입자성의 이중성을 가지고 있으며, 파동성의 입장에서 전자파의 파장 λ, 진동수 f, 속도 c라 할 때, 이들의 관계는

$$c = f\lambda \tag{1.1}$$

이다. 진공 또는 공기 중에서 빛은 $c = 3 \times 10^8$ [m/s]의 속도로 직진하지만, 광학적 밀도가 다른 매질을 통과할 때 주파수는 변하지 않고 파장과 속도가 변화한다. 이 성질에 의해 경계면을 통과할 때 빛의 굴절 현상이 일어나는 것이다.

일반적으로 사용하는 전자파의 파장의 단위는 다음과 같다.

$$1\,[\mu\text{m}] = 10^{-3}\,[\text{mm}] = 10^{-6}\,[\text{m}]$$

$$1\,[\text{nm}] = 10^{-9}\,[\text{m}] = 1\,[\text{m}\mu]$$

$$1\,[\text{Å}] = 10^{-8}\,[\text{cm}] = 10^{-10}\,[\text{m}]$$

$\therefore$ 가시광선 : 380~760 [nm] = 3,800~7,600 [Å]

1.1.3 복사속

복사속(radiant flux)은 복사에너지의 시간적 비율, 즉 어떤 면을 단위시간에 통과하는 복사에너지의 양이고, Φ[J/s] = [W]으로 나타낸다.

1.1.4 시감도와 비시감도

(1) 시감도

단위시간당 복사에너지의 양, 즉 복사속은 같아도 빛으로써 밝음의 느낌은 파장과 개인차에 따라 다르다. 보통 사람의 눈은 동일한 에너지의 자극에 대해 밝음에 대한 감각이 같지 않고, 파장 555 [nm]의 황록색을 가장 밝게 느끼며 이보다 파장이 증가하거나 감소하면 밝음의 감각은 급격히 감소한다. 이와 같이 복사에너지에 대하여 눈으로 느끼는 밝음의 감각이 파장에 따라 달라지는 정도, 즉 임의의 파장에서 복사속에 대한 광속의 비를 **시감도**(luminous efficiency), K_λ라 한다.

$$K_\lambda = \frac{F_\lambda}{\Phi}\ [\mathrm{lm/W}] \tag{1.2}$$

최대 시감도는 파장 555 [nm]의 황록색이고, 그 때의 값은 680 [lm/W]이다.

(2) 비시감도

비시감도(relative luminous efficiency), V_λ는 상대적인 시감도, 즉 최대 시감도 680 [lm/W]에 대한 다른 파장의 시감도의 비를 의미한다.

$$V_\lambda = \frac{\text{어떤 파장의 시감도 [lm/W]}}{\text{최대 시감도 680 [lm/W]}} \tag{1.3}$$

최대 시감도를 100으로 하고 다른 파장에 대한 비시감도를 곡선으로 표시한 것을 비시감도 곡선이라 하며, **그림** 1.2에 나타낸다.

시감도에는 개인차가 있기 때문에 국제적인 약속으로써 표준 시감도를 정해두고 있다.

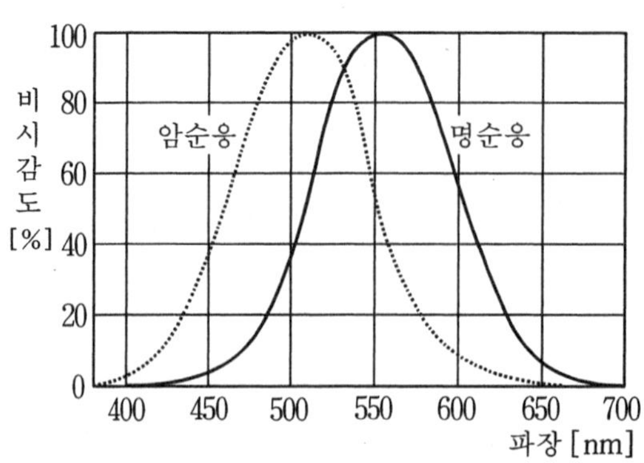

그림 1.2 비시감도 곡선

(3) 순응

사람의 눈은 밝은 곳이나 어두운 곳으로 갑자기 이동할 때 명암의 급속한 변화에 적응하는데 시간이 걸린다. 이와 같이 감각기관이 자극에 따라 감수성을 바꾸어 익숙해지는 과정을 **순응**(adaptation)이라 하고, 이러한 순응은 망막의 광화학 과정에 기인하며 명순응과 암순응으로 구분한다. 일반적으로 측광의 기준은 명순응으로 한다.

① **명순응** : 밝은 곳으로 나왔을 경우 눈부심이 없어지면서 그 밝음에 익숙하게 되는 상태, 명순응 시간은 약 1~2분 정도이다.(망막에 광화학 물질 소멸)

② **암순응** : 어두운 곳에 익숙하여 물건이 보이는 상태, 암순응 시간은 약 10~20분 정도이다.(망막에 광화학 물질 생성)

그림 1.2의 비시감도 곡선에서와 같이 명순응된 눈의 최대 비시감도는 555 [nm]이고, 암순응된 눈의 최대 비시감도는 510 [nm]로 짧은 파장 쪽으로 이동한다.

1.2 측광량

빛의 측정량에는 사람의 눈의 감각에 관계없는 복사에너지, 즉 **복사량**과 눈의 감각에 관계하는 **측광량**의 두 가지가 있다.

① **복사량** : 사람의 눈의 감각에 관계없이 결정되는 에너지형태의 물리량(복사속)
(예 : 태양, 전등과 같이 빛을 발산하는 광원의 밝기)

② **측광량** : 가시광선에 대하여 눈의 감각을 자극하는 정도, 즉 시감도를 기준으로 하여 측정된 빛의 세기를 나타내는 양(광속, 광도, 조도, 휘도 등)
(예 : 태양, 전등과 같은 광원으로부터 빛을 받고 있는 물체의 밝기)

1.2.1 광속

광속(luminous flux)은 가시광선의 복사속을 눈의 감각으로 측정한 것으로, 단위시간당 통과하는 광량을 의미한다. 광속의 단위는 루멘(lumen, lm), 기호는 F이다.

$$\begin{cases} \text{불균일 계 : ① 광속 } F = \dfrac{dQ}{dt}\,[\text{lm}] \quad \text{② 광량 } Q = \displaystyle\int_0^t F\,dt\,[\text{lm}\cdot\text{h}] \\ \text{균일 계 : ① 광속 } F = \dfrac{Q}{t}\,[\text{lm}] \quad \text{② 광량 } Q = F\cdot t\,[\text{lm}\cdot\text{h}] \end{cases} \qquad (1.4)$$

여기서 불균일 계는 주어진 인자(factor), 즉 광량이 시간에 대해 변하는 경우이고, 균일 계는 광량이 균일한 경우를 의미한다.

1.2.2 광도

점광원으로부터 발산하는 광속은 전 공간으로 발산하게 되며, 임의의 방향에 대한 광속은 그 방향의 미소 입체각 내를 관통하게 된다. 이 광속을 미소 입체각으로 나눈 값, 즉 단위 입체각당의 광속을 **광도**(luminous intensity)라 한다.

광도는 임의의 방향으로 점광원이 발산하고 있는 광속, 즉 빛의 세기를 나타내는 양이다. 광도의 단위는 칸델라(candela, cd), 기호는 I로 표시한다.

그림 1.3과 같이 미소 입체각 $d\omega$ 내에서 dF의 광속이 발산한다면 그 방향의 광도는 다음과 같다.

$$\begin{cases} \text{불균일 계} : I = \dfrac{dF}{d\omega}\ [\text{cd}] \\ \text{균일 계} : I = \dfrac{F}{\omega}\ [\text{cd}] \quad (\therefore\ F = \omega I\ [\text{lm}]) \end{cases} \tag{1.5}$$

여기서 불균일 계는 광속이 변하는 경우이고, 균일 계는 광속이 균일한 경우를 의미한다. 학생들은 광속과 마찬가지로 균일 계의 공식을 기억하는 것이 좋은 방법이다.

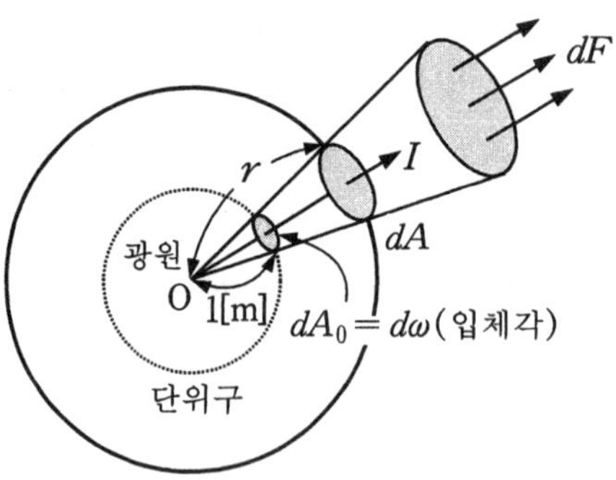

그림 1.3 광도와 입체각

【참고】 입체각

면적 dA를 점광원 O와 연결하면 반지름 r인 원추체가 되고, 이를 중심점 O에서 바라 본 반지름 1[m]인 단위 구면상의 면적 dA_0를 입체각 $d\omega$라 한다.

$$\frac{dA}{dA_0} = \frac{4\pi r^2}{4\pi} = r^2 \quad \therefore \text{ 입체각 : } d\omega = \frac{dA}{r^2}\,[\text{sr}] \quad \left(\omega = \frac{A}{r^2}\right)$$

$$\begin{cases} \text{전구면의 입체각 ; } \omega = \dfrac{A}{r^2} = \dfrac{4\pi r^2}{r^2} = 4\pi\,[\text{sr}] \\ \text{반구면의 입체각 ; } \omega = \dfrac{A}{r^2} = \dfrac{2\pi r^2}{r^2} = 2\pi\,[\text{sr}] \\ \text{원추체(원뿔)의 입체각 : } \omega = 2\pi(1-\cos\theta) \end{cases}$$

점광원으로부터 반지름 $r\,[\text{m}]$인 구면 전체에 발산하는 전 광속 F는 다음과 같다.

$$\therefore \quad F = \omega I = 4\pi I\,[\text{lm}]$$

1.2.3 조도

임의의 평면 A에 광속 F가 입사할 때 단위 면적당의 입사 광속, 즉 입사 광속밀도를 **조도**(illumination)라 한다. 조도는 임의의 장소에서의 밝기를 나타내고, 밝음의 기준이 된다. 조도의 단위는 럭스(lux, lx), 기호는 E로 표시한다.

(1) 피조면에 광속의 수직 입사

그림 1.4와 같이 광속이 피조면에 수직으로 입사하는 경우 조도 E는 다음의 두 가지 방법을 생각할 수 있다.

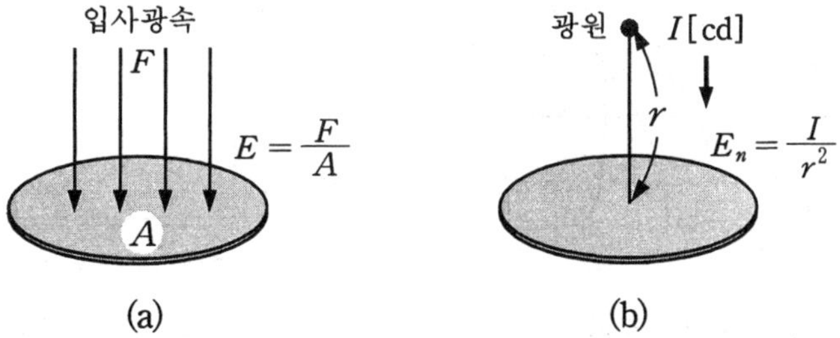

그림 1.4 조도

첫째, **그림** 1.4(a)와 같이 면적 A에 광속 F가 수직으로 입사하면, 조도 E는 위의 정의에 의해 단위 면적당의 입사광속(광속밀도)를 의미하므로 다음과 같다.

$$\begin{cases} \text{불균일 계 : } E = \dfrac{dF}{dA}\,[\text{lx}] \\ \text{균일 계 : } E = \dfrac{F}{A}\,[\text{lx}] \quad (\therefore \; F = EA\,[\text{lm}]) \end{cases} \tag{1.6}$$

둘째, 광도 I[cd]인 균일한 점광원을 r[m] 떨어진 구의 중심에 놓았을 때, 구면상의 모든 점에서의 조도 E는

$$E = \frac{F}{A} = \frac{4\pi I}{4\pi r^2} = \frac{I}{r^2}\ [\text{lx}] \quad \left\{ \begin{aligned} F &= 4\pi I \\ A &= 4\pi r^2 \end{aligned} \right. \tag{1.7}$$

가 된다. 즉 구면 위의 조도는 광원의 광도에 비례하고 거리의 제곱에 반비례한다.

따라서 **그림** 1.4(b)와 같이 점광원의 어느 방향의 광도가 I[cd]일 때, 거리 r[m] 떨어진 빛과 수직인 면 위의 조도, 즉 법선조도 E_n은

$$E_n = \frac{I}{r^2}\ [\text{lx}] \tag{1.8}$$

이고, 이것을 조도에 관한 **거리의 역제곱 법칙**(inverse square law)이라 한다.

(2) 피조면에 광속의 기울어진 입사

그림 1.5와 같이 광속 F가 광속 방향에 대해 θ만큼 기울어진 면적 A_2의 평면에 입사할 때, 광속과 수직인 평면 A_1의 조도 E_1과의 관계로부터 평면 A_2의 조도 E_2를 구해본다.

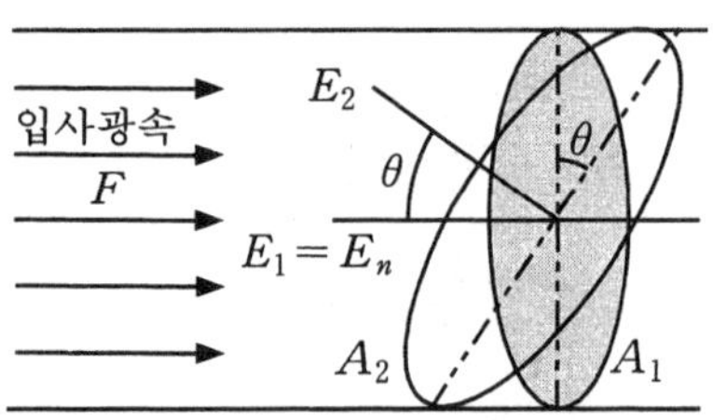

그림 1.5 입사각의 코사인 법칙

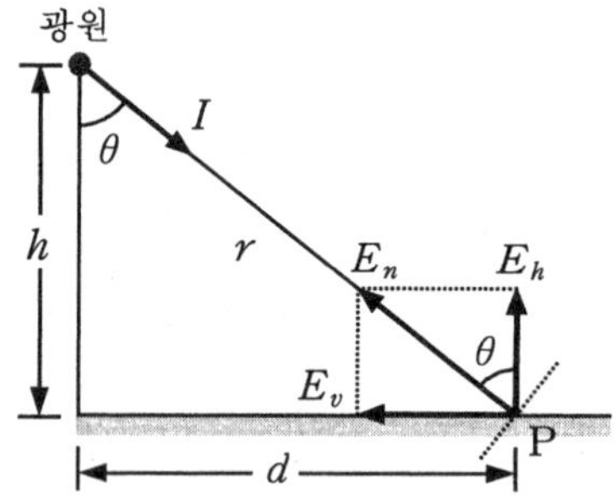

그림 1.6 평면에서의 조도

우선 조도 E_1은 법선조도를 의미하므로 식 (1.8)의 E_n과 같고 ($E_1 = E_n$), 광속 F에 대해 수직인 면적 A_1과 θ만큼 기울어진 면적 A_2와의 관계는 $A_1 = A_2 \cos\theta$가 된다. 따라서 조도 E_2는

$$E_2 = \frac{F}{A_2} = \frac{F}{(A_1/\cos\theta)} = \frac{F}{A_1}\cos\theta \quad (\because\ A_1 = A_2\cos\theta)$$

$$\therefore \quad E_2 = E_1 \cos\theta = E_n \cos\theta = \frac{I}{r^2} \cos\theta \,[\text{lx}] \qquad (1.9)$$

가 되고, 입사각의 코사인에 비례하므로 **입사각의 코사인 법칙**이라 한다.

그림 1.6은 점광원에서 거리 r이 큰 평면에 입사각 θ로 투사되는 경우로 점 P 부근의 입사광선은 평행한 것으로 볼 수 있다. 이 때 조도는 점 P에 나타낸 것과 같이 광속과 수직인 면의 조도를 **법선 조도** E_n, 수평면의 바닥면 조도를 **수평면 조도** E_h, 바닥과 수직인 벽면상의 조도를 **수직면 조도** E_v 등 광선과 피조면의 위치에 따라 분류할 수 있고, 일반적으로 **조도라 하면 수평면 조도를 의미**하는 것이다.
(피조면의 위치에 따라 분류하는 조도는 면벡터를 생각하면 쉽게 이해할 수 있다.)

$$\begin{cases} \text{법선 조도} : E_n = \dfrac{I}{r^2} \\ \text{수평면 조도} : E_h = E_n \cos\theta = \dfrac{I}{r^2} \cos\theta \\ \text{수직면 조도} : E_v = E_n \sin\theta = \dfrac{I}{r^2} \sin\theta \end{cases} \qquad (1.10)$$

예제 1.1 3 [m] 떨어진 점의 조도가 200 [lx]일 때, 이 방향의 광도 [cd]를 구하라.

풀이

조도 $E = \dfrac{I}{r^2}$에서 광도 I는 다음과 같다.

$$\therefore \quad I = Er^2 = 200 \times 3^2 = 1800 \,[\text{cd}]$$

예제 1.2 그림과 같이 광원 L에서 P점 방향의 광도가 50 [cd]일 때, P점의 법선 조도 [lx]와 수평면 조도 [lx]를 구하라.

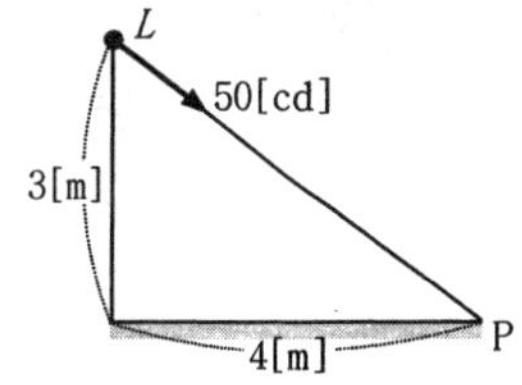

풀이

광속과 수직인 면의 조도를 법선 조도 E_n, 점 P를 포함한 수평면 상의 조도 E_h라 한다. 법선 조도와 수평면 조도는 식 (1.10)에 의해

① 법선 조도 : $E_n = \frac{I}{r^2} = \frac{50}{(\sqrt{3^2+4^2})^2} = \frac{50}{25} = 2\,[\text{lx}]$

② 수평면 조도 : $E_h = E_n \cos\theta = \frac{I}{r^2}\cos\theta$

$$= 2 \times \frac{3}{\sqrt{3^2+4^2}} = 2 \times \frac{3}{5} = 1.2\,[\text{lx}]$$

1.2.4 휘도

광원을 바라보면 동일한 광도를 가진 광원이라도 눈으로 느끼는 감각은 다르다. 유백색의 유리 글로브를 씌운 광원과 광원 자체 면을 바라보면 각각의 면에서의 눈부심, 즉 빛나는 정도는 다르다. 이와 같이 광원의 면 또는 발광면에서의 빛나는 정도를 **휘도**(brightness)라 한다.

휘도는 일정한 넓이를 가진 광원, 발광면 또는 피조물의 반사체 표면의 밝기를 나타내는 양으로써, 점광원으로 볼 수 없는 경우에는 광도 대신 휘도를 사용한다.

휘도 B는 임의의 방향으로 들어오는 광도 I_θ를 그 방향에서 광원 및 발광면을 바라보았을 때의 투영 면적인 겉보기 면적 A'로 나눈 값, 즉 광도밀도로 정의하며, **그림** 1.7에서 휘도 B는 다음과 같다.

$$B = \frac{I_\theta}{A'} = \frac{I_\theta}{A\cos\theta}\,[\text{cd/m}^2] \tag{1.11}$$

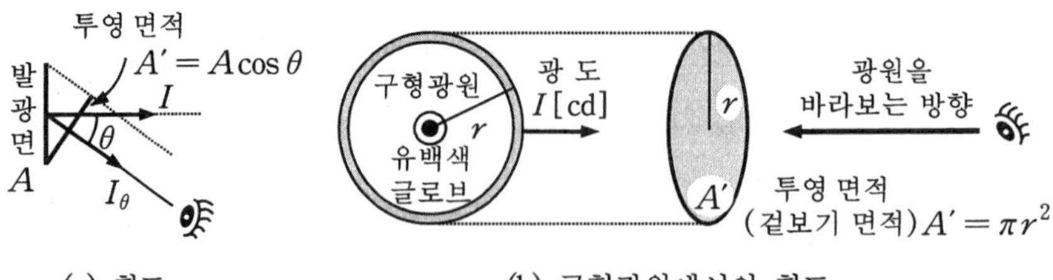

(a) 휘도 (b) 구형광원에서의 휘도

그림 1.7 휘도

그림 1.7에서 각각의 휘도는 다음과 같이 나타낼 수 있다.

① 발광면에 수직 방향의 휘도 [**그림** 1.7(a)] : $B = \frac{I}{A}$

② 발광면에 θ 방향의 휘도[**그림** 1.7(a)] : $B=\frac{I_\theta}{A'}=\frac{I_\theta}{A\cos\theta}$

③ 구형 광원에서의 휘도[**그림** 1.7(b)] : $B=\frac{I}{A'}=\frac{I}{\pi r^2}$

휘도는 눈에서부터 광원까지의 거리에는 관계가 없고, 휘도차에 의해 물체를 식별하는 것이다. 단위는 스틸브(stilb, sb) 또는 니트(nit, nt)이고, 기호는 B로 표시한다.

$$1\ [\mathrm{sb}]=1\ [\mathrm{cd/cm^2}],\quad 1\ [\mathrm{nt}]=1\ [\mathrm{cd/m^2}]$$

눈부심을 느끼는 휘도의 한계는 $0.5\times10^4\ [\mathrm{cd/m^2}]$이다. 발광면의 휘도는 보는 방향에 따라 다르지만, **그림** 1.7과 같은 구형 광원의 경우, 어떤 방향으로 보아도 휘도가 동일한 면을 가지고 있는데 이러한 면을 **완전 확산면**이라 한다.

1.2.5 광속 발산도

물체가 보이는 것은 그 물체 표면으로부터 발산한 광속이 눈에 들어오기 때문이며, 눈의 방향으로 발산하는 광속밀도에 따라 물체의 밝기는 달라진다.

이와 같이 피조물에서 반사 및 투과에 의해 발산하는 광속밀도를 **광속 발산도**(luminous radiance)라 한다.

광속 발산도의 단위는 **래드럭스**(radlux, rlx)이고, 기호는 R로 표시한다.

그림 1.8과 같이 발광하는 표면적 A에서 광속 F가 발산할 때, 광속 발산도 R은

$$R=\frac{F}{A}\ [\mathrm{rlx}] \tag{1.12}$$

이고, 단위는 $1\,[\mathrm{rlx}]=1\,[\mathrm{lm/m^2}]$의 관계가 있다.

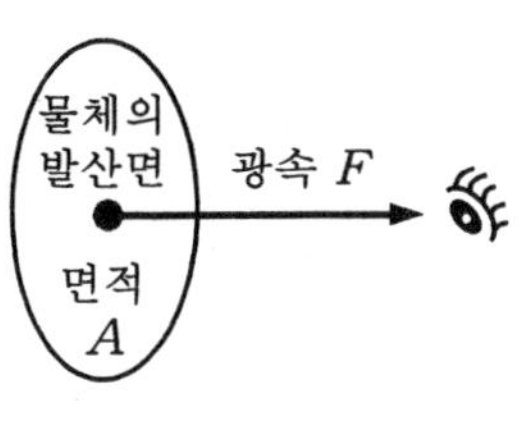

(a) 광속의 발산면

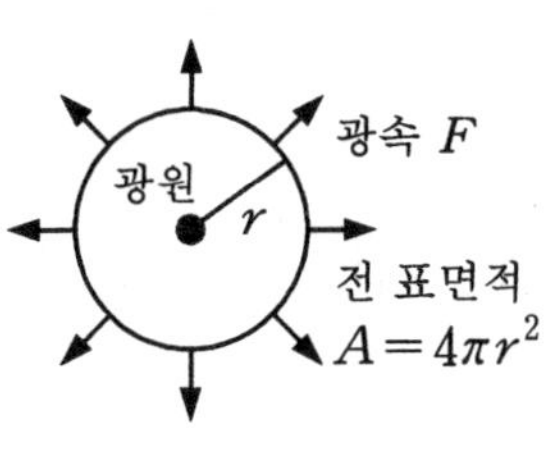

(b) 구형 광원

그림 1.8 광속 발산도

【완전 확산면】

발광면의 휘도는 보는 방향에 따라 다르지만, 어느 방향으로 보아도 휘도가 동일한 면을 **완전 확산면**이라 한다.

완전 확산면에 해당하는 광원의 종류는 태양, 확산 글로브 등의 **구형 광원**, 확산형 유리창이나 매입형 확산 조명 기구 등의 **평판 광원**, 형광등의 **원통 광원**이 있다. 이들의 광원이 완전 확산면일 때, 측광량의 관계를 알아본다.

(1) 휘도와 광속 발산도의 관계

그림 1.8(b)와 같이 모든 방향에서 광도 I가 같고, 반지름 r인 구형 광원에서 발산되는 전 광속은 $F=4\pi I$ 이므로 광속 발산도 R은 다음과 같다.

$$R=\frac{F}{A}=\frac{4\pi I}{4\pi r^2}=\frac{I}{r^2}\ (=E) \tag{1.13}$$

구형광원은 완전 확산광원이고, 투영 면적인 겉보기 면적 $A'=\pi r^2$이므로 휘도 B는 다음과 같다.

$$B=\frac{I}{A'}=\frac{I}{\pi r^2}=\frac{R}{\pi} \tag{1.14}$$

따라서 완전 확산면에서의 휘도 B와 광속 발산도 R의 관계는 다음과 같다.

$$\therefore\ R=\pi B \tag{1.15}$$

(2) 광원의 종류와 전광속

완전 확산성 광원은 구형 광원, 평판(평원판) 광원 및 원통 광원이 있으며, 각 광원에 대한 전 광속 F는 다음과 같다.

1 구형 광원(태양, 확산 글로브)

$$F=RA=\pi BA \begin{cases} \text{①}=\pi B\cdot(4\pi r^2)=4\pi^2 r^2 B\,(\text{광속과 휘도 관계}) \\ \text{②}=\pi\cdot\left(\dfrac{I}{A'}\right)\cdot A=\pi\cdot\left(\dfrac{I}{\pi r^2}\right)\cdot 4\pi r^2 \\ \quad =4\pi I\,(\text{광속과 광도의 관계}) \end{cases}$$

$$\therefore\ F=4\pi I \tag{1.16}$$

[2] 평판 및 평원판 광원(확산형 유리창, 매입형 확산 조명 기구)

$$F = RA = \pi BA \begin{cases} ① = \pi B \cdot (\pi r^2) = \pi^2 r^2 B(\text{광속과 휘도 관계}) \\ ② = \pi \cdot \left(\frac{I}{A'}\right) \cdot A = \pi \cdot \left(\frac{I}{\pi r^2}\right) \cdot \pi r^2 \\ \quad = \pi I(\text{광속과 광도 관계}) \end{cases}$$

$$\therefore \quad F = \pi I \tag{1.17}$$

[3] 원통 광원(형광등)

$$F = RA = \pi BA \begin{cases} ① = \pi B \cdot (2\pi rL) = 2\pi^2 rLB(\text{광속과 휘도 관계}) \\ ② = \pi \cdot \left(\frac{I}{A'}\right) \cdot A = \pi \cdot \left(\frac{I}{2rL}\right) \cdot 2\pi rL \\ \quad = \pi^2 I(\text{광속과 광도 관계}) \end{cases}$$

$$\therefore \quad F = \pi^2 I \tag{1.18}$$

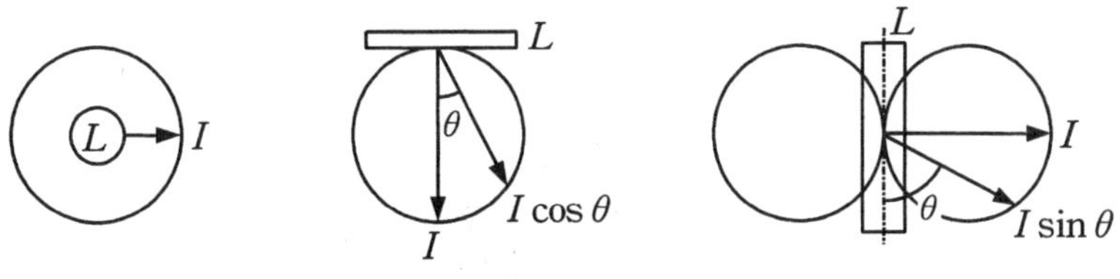

(a) 구형 광원 (b) 평원판 광원 (c) 원통 광원

그림 1.9 완전 확산 광원

예제 1.3 완전 확산면의 광속 발산도가 2000 [rlx]일 때, 휘도 [cd/cm²]를 구하라.

풀이

완전 확산면에서 광속 발산도 R과 휘도 B의 관계는 $R = \pi B$이다. 따라서 휘도 B는 다음과 같이 구해진다.

$$\therefore \quad B = \frac{R}{\pi} = \frac{2000}{\pi} = 637\ [\text{cd/m}^2]$$
$$= 637 \times 10^{-4} = 0.064\ [\text{cd/cm}^2]$$

1.2.6 반사율, 투과율, 흡수율

그림 1.10과 같이 어떤 물체의 면 A에 광속 F가 입사할 때, 그 물체 면에서의 반사 광속 F_ρ, 투과 광속 F_τ 및 흡수 광속 F_α라 하면, 입사 광속 F는 $F_\rho+F_\tau+F_\alpha$가 된다. 이 때 물체의 반사율 ρ, 투과율 τ 및 흡수율 α라 하면 각각

$$\begin{cases} \text{반사율 : } \rho = \dfrac{\text{반사 광속}}{\text{입사 광속}} = \dfrac{F_\rho}{F} \quad (\therefore\ F_\rho = \rho F) \\ \text{투과율 : } \tau = \dfrac{\text{투과 광속}}{\text{입사 광속}} = \dfrac{F_\tau}{F} \quad (\therefore\ F_\tau = \tau F) \\ \text{흡수율 : } \alpha = \dfrac{\text{흡수 광속}}{\text{입사 광속}} = \dfrac{F_\alpha}{F} \quad (\therefore\ F_\alpha = \alpha F) \end{cases} \tag{1.19}$$

가 되고, 또 ρ, τ 및 α의 관계식은 식 (1.19)에 의해

$$F = F_\rho + F_\tau + F_\alpha = \rho F + \tau F + \alpha F = (\rho + \tau + \alpha)F$$

$$\therefore \quad \rho + \tau + \alpha = 1 \tag{1.20}$$

이 성립한다.

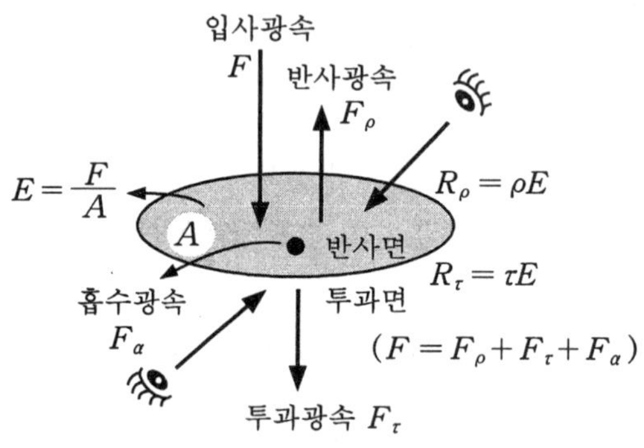

그림 1.10 입사 광속, 반사 광속, 투과 광속

그림 1.10에서 물체면의 반사면과 투과면을 각각 나누어서 볼 때, 광속 발산도, 휘도 및 조도의 관계식을 나타내고, 완전 확산성 구형 글로브의 효율에 대해 설명한다.

(1) 광속 발산도와 조도의 관계

물체에서 반사면의 광속 발산도 R_ρ와 투과면의 광속 발산도 R_τ는 **그림** 1.10에 나

타낸 바와 같이 조도 $E = F/A$, 반사광속 $F_\rho = \rho F$, 투과광속 $F_\tau = \tau F$ 이므로

$$\begin{cases} \text{반사면 : } R_\rho = \dfrac{F_\rho}{A} = \dfrac{\rho F}{A} = \rho E \\ \text{투과면 : } R_\tau = \dfrac{F_\tau}{A} = \dfrac{\tau F}{A} = \tau E \end{cases} \tag{1.21}$$

가 된다.

(2) 휘도와 조도의 관계

(a) 반사율 ρ, 면적 A의 완전 확산면에 광속이 입사할 때, 그 반사체 표면의 휘도 B는 식 (1.15)와 식 (1.21)의 관계 $R = \pi B = \rho E$에서 다음과 같이 된다.

$$\text{반사면 : } B = \frac{R}{\pi} = \frac{\rho E}{\pi} \tag{1.22}$$

(b) 투과율 τ, 면적 A인 완전 확산성의 반투과 물체의 표면 조도를 E라 할 때, 뒷면에서 바라 본 휘도 B는 $R = \pi B = \tau E$에서 다음과 같다.

$$\text{투과면 : } B = \frac{R}{\pi} = \frac{\tau E}{\pi} \tag{1.23}$$

(3) 글로브 효율

완전 확산성의 구형 글로브에서 글로브 내면의 반사율 ρ, 투과율 τ일 때, 글로브 내면에서 상호 반사에 의해 확산 조도를 고려하면, **글로브 효율** η는

$$\text{글로브 효율 : } \eta = \frac{\tau}{1-\rho} \tag{1.24}$$

가 성립한다. 여기서 글로브 효율은 완전 확산성 구형 글로브에서 투과계수를 의미하는 것이고, 글로브 외부로의 투과 광속은 $F_\eta = \eta F$로 바뀌게 된다.

따라서 상호반사에 의한 확산 조도를 고려하지 않은 광속 발산도, 휘도 및 조도의 관계 식 (1.21)~(1.23)은 글로브 내면의 입사 조도를 E라 할 때, 다음과 같이 변환된다.

$$\begin{cases} \text{광속 발산도와 조도의 관계 : } R_\eta = \eta E \\ \text{휘도와 조도의 관계 : } B = \dfrac{R}{\pi} = \dfrac{\eta E}{\pi} \end{cases} \tag{1.25}$$

이상의 완전 확산형 구형 글로브에서 상호 반사에 의한 글로브 효율의 상세한 설명은 요약 1과 2.3.2(2)절을 참고하기 바란다.

1.2.7 발광효율과 전등효율

(1) 발광효율

발광효율 ε은 광원으로부터 발산되는 전광속 F[lm]과 전 복사속 Φ[W]의 비로써 시감도와 같은 의미이다. 즉, 광원에서 발산된 복사속에 대한 시감으로 느끼는 광속의 비가 된다. 가시광선의 파장 555 [nm]에서 최대 발광효율 ε은 680 [lm/W]이다.

$$\varepsilon = \frac{\text{전광속}}{\text{복사속}} = \frac{F}{\Phi}\ [\text{lm/W}] \tag{1.26}$$

(2) 전등효율

전등효율 η는 광원으로부터 발산되는 전광속 F[lm]과 광원에 공급되는 소비전력 P[W]의 비를 의미하며 다음과 같다. 일반적으로 전등효율은 발광효율보다 약간 작다.

$$\eta = \frac{\text{전광속}}{\text{소비전력}} = \frac{F}{P}\ [\text{lm/W}] \tag{1.27}$$

【요약 1】 측광량 공식의 상호 관계

광원에서 나오는 광속은 피조물에서 반사 또는 투과를 한다. 측광량은 피조물을 보는 위치에 따라 물리량이 바뀌므로 혼동하지 않도록 주의해야 한다.

특히 완전 확산성 구형 글로브는 내면에서 상호 반사에 의한 확산조도를 고려하여야 하며, 투과계수인 글로브 효율 η를 도입해야 한다.[1.2.6(3), 2.3.2(2)절 참고]

표 1.1은 피조물에 따른 측광량의 상호 관계를 비교하여 나타낸 것이다. 또 실전 문제에서 피조물은 다음과 같이 세 가지 형태로 분류할 수 있고, 이들에 관한 해결 방법을 각각 예제를 통하여 설명한다.

- ① 확산조도가 없는 피조물
  - 일반 피조물(반사율 ρ)
  - 구형글로브(반사율 $\rho=0$)
- ② 확산조도가 있는 피조물 : 구형 글로브(반사율 ρ)

표 1.1 피조물에 따른 측광량의 상호 관계

피조물	평면판, 구형 글로브 (확산조도가 없는 피조물)		구형 글로브 (확산조도가 있는 피조물)
	반사면	투과면	투과면
광 속	$F_1 = \rho F$	$F_2 = \tau F$	$F_2 = \eta F \left(\eta = \frac{\tau}{1-\rho}\right)$
광 속 발산도	$R_1 = \rho E$	$R_2 = \tau E$	$R_2 = \eta E$
휘 도	$B_1 = \frac{R_1}{\pi} = \frac{\rho E}{\pi}$	$B_2 = \frac{R_2}{\pi} = \frac{\tau E}{\pi}$	$B_2 = \frac{R_2}{\pi} = \frac{\eta E}{\pi}$
관 련 기본식	$E = \frac{F}{A}$ $R = \pi B$ $\rho + \tau + \alpha = 1$		$F = 4\pi I$ $E = \frac{F}{A} = \frac{I}{r^2}$ $R = \pi B$ $\rho + \tau + \alpha = 1$
개념도	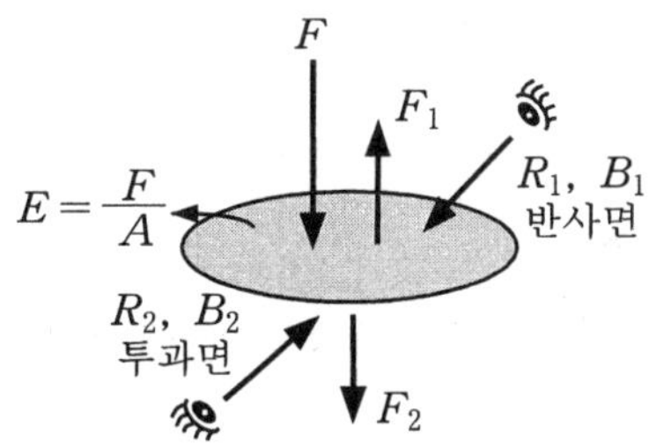		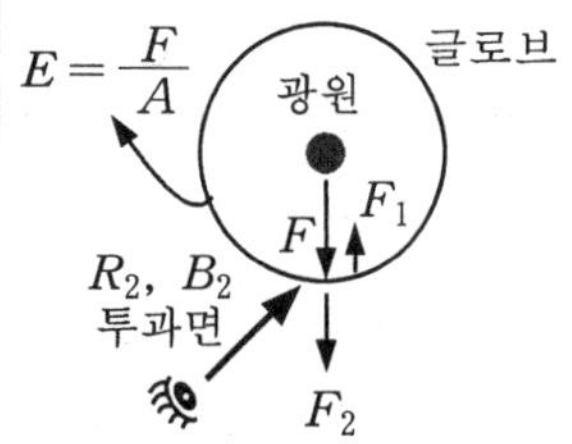

【확산조도가 없는 피조물】

> **예제 1.4** 반사율 60[%], 흡수율 20[%]를 가지고 있는 물체에 2000[lm]의 빛을 비추었을 때, 투과되는 광속[lm]을 구하라.

풀이

반사율 ρ, 투과율 τ 및 흡수율 α의 관계식 $\rho + \tau + \alpha = 1$에서 투과율 τ는

$$\tau = 1 - 0.6 - 0.2 = 0.2$$

이다. 피조물은 구형 글로브가 아닌 물체이므로 상호반사에 의한 확산조도가 없으므로 투과 광속 F_τ는 다음과 같다.

$$F_\tau = \tau F = 0.2 \times 2000 = 400\,[\text{lm}]$$

예제 1.5 반사율 80 〔%〕의 완전 확산성의 종이를 100 〔lx〕의 조도로 비추었을 때, 종이의 휘도 $[\text{cd/cm}^2]$를 구하라.

풀이

피조물은 완전 확산성 평면판이므로 확산조도가 없다 ($R = \rho E$). 따라서 그 반사면에서 본 휘도 B와 입사 조도 E의 관계는 $R = \pi B = \rho E$이고 휘도는 다음과 같다.

$$B = \frac{R}{\pi} = \frac{\rho E}{\pi} = \frac{0.8 \times 100}{3.14} = 25.47\,[\text{cd/m}^2] = 25.47 \times 10^{-4}[\text{cd/cm}^2]$$

예제 1.6 반사율 10 〔%〕, 흡수율 20 〔%〕인 5.6 $[\text{m}^2]$의 유리면에 광속 1000 〔lm〕인 광원을 균일하게 비추었을 때, 그 이면의 광속 발산도 〔rlx〕를 구하라. 단, 전등 기구효율은 90 〔%〕이다.

풀이

반사율 ρ, 투과율 τ 및 흡수율 α의 관계식 $\rho + \tau + \alpha = 1$에서 투과율 τ는

$$\tau = 1 - 0.1 - 0.2 = 0.7$$

피조물은 유리면이고 구형 글로브가 아니므로 확산조도가 없다 ($R = \tau E$). 따라서 광원의 광속을 F_0라 할 때, 유리면의 입사 광속 F는 기구 효율에 의해 $F = \eta F_0$가 된다. **기구 효율**은 조명기구에서 발산되는 광속과 광원으로부터 발산되는 총광속의 비를 의미하며, 조명기구의 제품 성능 및 이물질의 부착에 의한 오염도 등에 관계되는 것으로 글로브 효율과 다른 것이다. 따라서 유리면의 입사 조도 E는

$$E = \frac{F}{A} = \frac{\eta F_0}{A}$$

가 된다. 유리면 이면(투과면)에서의 광속 발산도 R은 다음과 같다.

$$R = \tau E = \tau \cdot \frac{\eta F_0}{A} = 0.7 \times \frac{0.9 \times 1000}{5.6} = 112.5\,[\text{rlx}]$$

【확산조도가 있는 피조물】

예제 1.7 반사율 60[%], 흡수율 20[%]를 가지고 있는 완전확산형 구형 글로브의 중심에 있는 광원에서 2000[lm]의 빛을 비추었을 때, 글로브를 투과하는 광속[lm]을 구하라.

풀이

반사율 ρ, 투과율 τ 및 흡수율 α의 관계식 $\rho+\tau+\alpha=1$에서 투과율 τ는

$$\tau=1-0.6-0.2=0.2$$

이다. 피조물은 완전 확산형 구형 글로브이며 반사율이 있으므로 상호 반사에 의한 확산조도가 발생한다 ($R=\eta E$). 따라서 투과계수로써 글로브 효율을 적용해야 한다.

투과 광속 F_η는 다음과 같다.

$$F_\eta=\eta F=\frac{\tau F}{1-\rho}=\frac{0.2\times 2000}{1-0.6}=1000\,[\mathrm{lm}]$$

예제 1.8 완전 확산성인 지름 20[cm]의 외구 속에 광도 100[cd]의 전구를 넣었을 때, 외구 표면의 휘도를 구하라. 단, 외구의 흡수율은 10[%]이고, 외구 내면의 반사는 이를 무시한다.

풀이

ρ, τ 및 α의 관계식 $\rho+\tau+\alpha=1$에서 투과율 τ는 다음과 같다.

$$\tau=1-0-0.1=0.9$$

피조물은 완전 확산성 구형 글로브이지만 반사가 없으므로 확산조도가 발생하지 않는다 ($R=\tau E$). 따라서 투과계수는 투과율 τ가 적용되고 R과 B는 다음과 같다.

$$\begin{cases} R=\tau E=\tau\cdot\left(\dfrac{I}{r^2}\right)=0.9\times\dfrac{100}{0.1^2}=9000\,[\mathrm{rlx}] \\ \therefore\ B=\dfrac{R}{\pi}=\dfrac{9000}{\pi}\begin{cases}=2865\,[\mathrm{cd/m^2}]=2866\,[\mathrm{nt}] \\ \fallingdotseq 0.3\,[\mathrm{cd/cm^2}]=0.3\,[\mathrm{sb}]\end{cases}\end{cases}$$

다만 구형 글로브에서는 확산조도에 관계없이 글로브 효율을 직접 대입해도 반사율이 0이므로 다음과 같이 마찬가지의 결과가 된다.

$$\begin{cases} R = \eta E = \dfrac{\tau}{1-\rho} \cdot E = \tau \cdot \left(\dfrac{I}{r^2}\right) = 0.9 \times \dfrac{100}{0.1^2} = 9000\,[\text{rlx}] \\ \therefore \quad B = \dfrac{R}{\pi} = \dfrac{9000}{\pi} \begin{cases} = 2865\,[\text{cd/m}^2] = 2866\,[\text{nt}] \\ \fallingdotseq 0.3\,[\text{cd/cm}^2] = 0.3\,[\text{sb}] \end{cases} \end{cases}$$

예제 1.9 반사율 ρ, 투과율 τ, 반지름 r 인 완전 확산성 구형 글로브의 중심 광도 I인 점광원을 점등하였을 때, 광속 발산도를 구하라.

풀이

글로브 내벽의 조도 : $E = \dfrac{F}{A} = \dfrac{I}{r^2}$

피조물은 상호 반사에 의한 확산조도가 있는 구형 글로브이므로, 구 외부에서의 광속 발산도 R은 다음과 같다.

$$\therefore \quad R = \eta E = \frac{\tau}{1-\rho} \cdot \frac{I}{r^2}$$

또 본 예제에서 휘도가 B라고 주어질 때, 광속 F는

$$B = \frac{R}{\pi} = \frac{\eta E}{\pi}$$

$$= \frac{\eta}{\pi} \cdot \frac{F}{A} = \frac{\tau}{\pi(1-\rho)} \cdot \frac{F}{4\pi r^2}$$

$$\therefore \quad F = \frac{4\pi^2 r^2 (1-\rho) B}{\tau}$$

로 표현할 수 있다.

【요약 2】 조명의 용어 및 관계식 정리

국제적으로 통용되는 SI 단위계는 기본 단위, 유도 단위, 보조 단위로 이루어져 있고, 기본 단위 중 조명에 관한 측광량의 광도 단위인 칸델라(cd)가 있으며, 광속, 조도, 휘도 등은 유도단위이다. 1[cd]는 백금의 응고온도에 있는 흑체(완전 복사체)의 1/600,000[m^2]의 면적에서 수직 방향의 광도로 정의한다.

표 1.2는 개념 및 정의를 비교 이해할 수 있도록 복사량과 측광량의 정의, 기호 및 단위를 요약하여 정리한 것이므로 참고하기 바란다.

표 1.2 복사량과 측광량의 정의, 기호 및 단위

측 광 량	정 의	기호(공식)	단 위
복 사 속	단위시간당 통과하는 복사에너지(복사량)	Φ	W [J/s]
광 속	단위시간당 통과하는 광량	$F=\dfrac{Q}{t}$	lm
광 도	점광원에서 임의의 방향으로 발산하는 단위 입체각당의 광속	$I=\dfrac{F}{\omega}$	cd [lm/sr]
조 도	피조물에 입사하는 광속을 면적으로 나눈 값, 즉 단위면적당의 입사광속(입사 광속밀도)	$E=\dfrac{F}{A}$	lx [lm/m^2]
휘 도	발광면에서 어떤 방향으로 나오는 광원의 광도를 그 방향으로 투영한 면적으로 나눈 값(광도밀도) : 사람이 보는 거리와는 관계없음	$B=\dfrac{I_\theta}{A'}$	[cd/m^2]
광속발산도	피조물에서 반사 및 투과에 의해 발산하는 광속밀도, 즉 단위면적당의 발산광속(발산 광속밀도)	$R=\dfrac{F}{A}$	rlx [lm/m^2]
발광 효율	광원의 복사속에 대한 발산광속의 비 $\left(\dfrac{\text{전광속}}{\text{복사속}}\right)$	$\varepsilon=\dfrac{F}{\Phi}$	[lm/W]
전등 효율	광원의 소비전력에 대한 발산광속의 비 $\left(\dfrac{\text{전광속}}{\text{소비전력}}\right)$	$\eta=\dfrac{F}{P}$	[lm/W]
글로브효율		$\eta=\dfrac{\tau}{1-\rho}$	[%]
측 광 량 관 계 식	① 반사율, 투과율, 흡수율 : $\rho+\tau+\alpha=1$ ② $F=F_\rho+F_\tau+F_\alpha$ $(F_\rho=\rho F,\ F_\tau=\tau F,\ F_\alpha=\alpha F)$		
	① 광속발산도와 휘도 : $R=\pi B$(완전 확산면) ② 광속발산도와 조도 : $R=\rho E,\ R=\tau E$		
	휘도와 조도의 관계 : ① $B=\dfrac{\rho E}{\pi}$ ② $B=\dfrac{\tau E}{\pi}$		

연 습 문 제

객관식

1-1 가시광선의 파장 범위[Å]는 얼마인가?

㉮ 3800~7600 ㉯ 2800~3100 ㉰ 4000~4300 ㉱ 5550~5800

1-2 시감도가 가장 좋은 광색은 무엇인가?

㉮ 적색 ㉯ 등색(주황색) ㉰ 청색 ㉱ 황록색

1-3 광속이란 무엇인가?

㉮ 복사에너지를 눈으로 보아 빛으로 느끼는 크기로 나타낸 것
㉯ 단위 시간에 복사되는 에너지의 양
㉰ 전자파 에너지를 얼마만큼의 밝기로 느끼게 하는가를 나타낸 것
㉱ 복사속에 대한 광속의 비

1-4 눈부심을 느끼는 한계 휘도[cd/m^2]의 값은 얼마인가?

㉮ 0.5×10^4 ㉯ 5×10^4 ㉰ 50×10^4 ㉱ 500×10^4

1-5 3[m] 떨어진 점의 조도가 200[lx]이었다면, 이 방향의 광도[cd]를 구하라.

㉮ 1800 ㉯ 2000 ㉰ 2500 ㉱ 3000

1-6 평균 구면 광도 I[cd]의 전등으로부터 방사되는 전광속 F[lm]을 구하라.

㉮ 4π ㉯ π ㉰ $\pi^2 I$ ㉱ $4\pi I$

1-7 100[cd]의 점광원 바로 밑 2[m] 되는 곳에 있는 반사율 80[%]인 백색판의 광속 발산도[rlx]를 구하라.

㉮ 20 ㉯ 25 ㉰ 40 ㉱ 50

1-8 반사율 50[%]인 완전 확산성의 종이를 100[lx]의 조도로 비추었을 때, 종이의 광속 발산도[rlx]를 구하라.

㉮ 40 ㉯ 50 ㉰ 75 ㉱ 100

1-9 반사율 70[%]의 완전 확산성 종이를 100[lx]의 조도로 비추었을 때, 종이의 휘도[cd/m^2]를 구하라.

㉮ 약 22 ㉯ 약 32 ㉰ 약 45 ㉱ 약 50

1-10 반사율 50[%], 면적이 50[cm]×40[cm]인 완전 확산면에 100[lm]의 광속을 투사하면 그 면의 휘도[nt]를 구하라.

㉮ 약 60 ㉯ 약 80 ㉰ 약 100 ㉱ 약 120

1-11 넓이 20[m]×30[m]의 실내 높이 3[m]인 천장에 완전 확산성 유리를 끼고 그 내부에 전등을 다수 설치하여 천장에 균일한 휘도 0.004[cd/cm^2]를 얻었다. 이 때 중앙의 조도[lx]를 구하라.

㉮ 14 ㉯ 40 ㉰ 125.6 ㉱ 0.0126

1-12 지름이 3[cm], 길이 1.2[m]인 관형 광원의 직각 방향의 광도를 504[cd]라고 하면, 이 광원 표면 위의 휘도[sb]를 구하라.

㉮ 5.6 ㉯ 4.4 ㉰ 2.6 ㉱ 1.4

1-13 반사율 40[%], 흡수율 10[%]를 가지고 있는 켄트지에 1500[lm]의 광을 비쳤을 때 투과 광속[lm]을 구하라.

㉮ 500 ㉯ 750 ㉰ 850 ㉱ 900

1-14 광속 5500[lm]의 광원에서 4[m^2]의 투명 유리를 일정 방향으로 조사하는 경우, 그 유리 뒷면의 광속 발산도 R[rlx] 및 휘도 B[nt]를 각각 구하라. 단, 투명 유리의 투과율은 80[%]이다.

㉮ $R=1100$, $B=350$ ㉯ $R=4400$, $B=1400$

㉰ $R=550$, $B=175$ ㉱ $R=2200$, $B=700$

1-15 투과율 40[%]인 완전 확산성의 우유빛 유리판을 천장 위에서 비추고 그 유리면의 조도를 측정하니 15,700[lx]이었다. 유리의 아래 바닥에서 본 유리면의 휘도를 구하라.

㉮ 0.2[cd/cm^2] ㉯ 1.3[cd/cm^2]

㉰ 2000[cd/cm^2] ㉱ 13000[cd/cm^2]

1-16 150 [W]의 전구를 반지름 20 [cm], 투과율을 80 [%]인 글로브의 내부에서 점등시켰을 때, 글로브의 평균 휘도[cd/cm^2]를 구하라. 단, 글로브의 반사는 무시하고, 전구의 광속은 2,450 [lm]이다.

㉮ 0.124 [cd/cm^2]　㉯ 0.390 [cd/cm^2]
㉰ 0.487 [cd/cm^2]　㉱ 0.496 [sb]

1-17 모든 방향의 광도가 균일하게 1000 [cd]인 광원이 있다. 이것을 지름 40 [cm]의 완전 확산성 구형 글로브의 중심에 두었을 때, 그 휘도가 1 [cm^2]당 0.56 [cd]가 되었다. 이 글로브의 투과율을 구하라. 단, 글르브의 내면 반사는 무시한다.

㉮ 0.007　㉯ 70　㉰ 20　㉱ 0.002

1-18 책상 위 2 [m] 되는 곳에 광원이 있다. 이 광원을 반투명 아크릴로 에워싸고 0.7 [m] 하향 배치시켰더니 책상 위 조도가 전과 같아졌다. 이 아크릴의 투과율를 구하라.

㉮ 0.65　㉯ 0.54　㉰ 0.42　㉱ 0.34

1-19 균일한 휘도를 가진 긴 원통(원주) 광원의 축 중앙 수직 방향의 광도가 150 [cd]이다. 이 원통 광원의 구면 광도 [cd]를 구하라.

㉮ 117　㉯ 120　㉰ 136　㉱ 147

1-20 휘도가 균일한 긴 원통 광원의 축 중앙 수직 방향의 광도가 200 [cd]이다. 전광속 F [lm]과 평균 구면 광도 I [cd]를 각각 구하라.

㉮ 약 $F=1971$, 약 $I=200$　㉯ 약 $F=1971$, 약 $I=157$
㉰ 약 $F=628$, 약 $I=200$　㉱ 약 $F=628$, 약 $I=100$

1-21 점광원 150 [cd]에서 5 [m]의 떨어진 거리에서 그 방향에 직각인 면과 기울기 60°로 설치된 간판의 조도 [lx]를 구하라.

㉮ 1　㉯ 2　㉰ 3　㉱ 4

1-22 전등 효율이 14 [lm/W]인 100 [W] 백열전구의 구면 광도 [cd]를 구하라.

㉮ 약 119　㉯ 약 111　㉰ 약 109　㉱ 약 101

주관식

1-1 직경 50 [cm]의 완전 확산성의 글로브의 중심에 각 방향으로 100 [cd]의 광도를 갖는 전구를 넣고 점등하였을 때, 글로브 표면의 휘도 [sb]를 구하라. 단, 글로브의 투과효율은 95 [%]이다.

1-2 투과율이 50 [%]인 완전 확산성의 유리를 천장 뒤에서 비추었을 때, 마루에서 본 휘도가 0.2 [sb]인 경우 천장 뒤의 유리면의 조도 [lx]를 구하라.

1-3 균일한 휘도를 가진 긴 원주 광원을 구형 글로브에 넣어 점등하고 그 구면 광도를 측정해보니 200 [cd]였다. 이 글로브의 투과율을 80 [%]라 하면, 내부 원주광원 축 중앙 수직 방향의 광도 [cd]를 구하라.

1-4 **그림** 1.11과 같은 광원 S에 의하여 단면의 중심이 O인 원통형 연돌을 비추었을 때, 원통의 표면상의 한 점 P에서의 조도 [lx]를 구하라. 단, SP의 거리는 10 [m], $\angle OSP = 10°$, $\angle SOP = 20°$, 광원의 SP 방향의 광도를 1000 [cd]라고 한다.

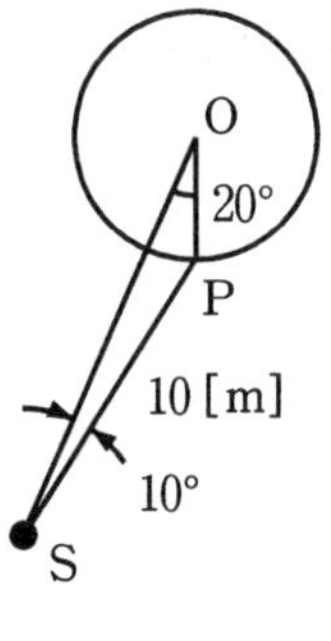

그림 1.11

1-5 **그림** 1.12와 같은 간판을 비추는 광원이 있다. 간판 면상 P점의 조도를 200 [lx]로 하려고 할 때, 광원의 광도 [cd]를 구하라.

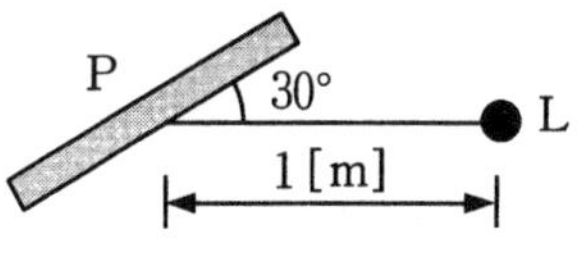

그림 1.12

1-6 **그림** 1.13과 같이 바닥 BC에서 높이 3 [m], 벽 AB에서 거리 4 [m] 되는 곳에 있는 광원 L에 의하여 모서리 B의 바닥에 생긴 조도가 20 [lx]일 때, B로 향하는 방향의 광도 [cd]를 구하라.

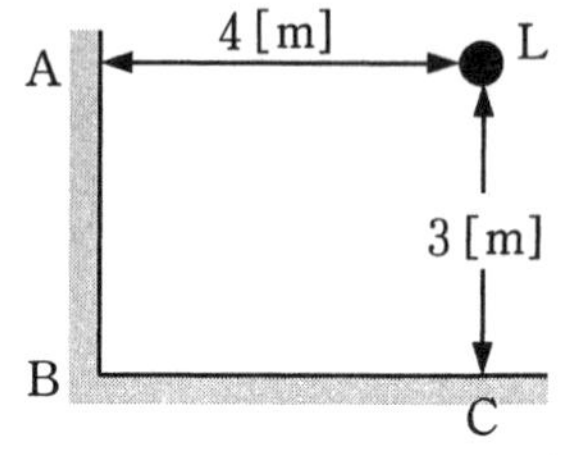

그림 1.13

1-7 균일한 휘도를 가진 긴 원통(원주) 광원의 축 중앙 수직 방향의 광도가 150 [cd]이다. 이 원통 광원의 구면광도 [cd]를 구하라.

1-8 측광량의 종류와 각각에 대한 정의를 설명하라.

1-9 조도와 광속발산도의 차이점을 설명하라.

chapter 2 조도 계산

2.1 점광원에 의한 직사조도

광원으로부터 직접 피조면에 도달하는 광속에 의한 조도를 **직사조도**라 하고, 천장, 벽 등에 반사 또는 투과되어 피조면에 생기는 조도를 **확산조도**라 한다.

직사조도는 비교적 간단한 계산으로 처리가 가능하고, 주로 도로 조명, 광장 조명 및 투광 조명 등에 적용하지만, 확산조도는 빛의 상호 반사를 고려해야 하기 때문에 계산이 매우 복잡한 점이 특징이다.

2.1.1 한 개 점광원에 의한 직사조도

1.2.3절의 **그림** 1.6과 같이 광속과 수직인 면의 조도를 **법선 조도** E_n, 책상 위와 같은 수평면의 바닥면 조도를 **수평면 조도** E_h, 바닥과 수직인 벽면상의 조도를 **수직면 조도** E_v 등 광선과 피조면의 위치에 따라 분류할 수 있다.

그림 1.6에서 광원의 높이 h, 광원의 바로 아래에서 d 떨어진 P점의 조도는 각각

$$\begin{cases} \text{법선 조도} \ : E_n = \dfrac{I}{r^2} = \dfrac{I}{h^2+d^2} \\ \text{수평면 조도} : E_h = E_n \cos\theta = \dfrac{I}{r^2}\cos\theta \\ \text{수직면 조도} : E_v = E_n \sin\theta = \dfrac{I}{r^2}\sin\theta \end{cases} \tag{2.1}$$

이고, **일반적으로 조도라 하면 수평면 조도를 의미**한다.

2.1.2 다수의 점광원에 의한 직사조도

광원이 L_1, L_2, L_3,…… 등 여러 개가 있을 때, P점에 생기는 직사조도 E는 각각의 광원에 대한 조도의 합을 구하면 된다. 즉,

$$E = E_1 + E_2 + E_3 + \cdots\cdots \tag{2.2}$$

2.2 면광원에 의한 직사조도

면광원의 대표적인 것은 광천장이 있고, 외구 속에 들어있는 전구나 형광등도 근거리의 조도 계산에서 면광원으로 취급한다. 또 면광원의 면은 어느 방향에서나 휘도가 같은 완전 확산면으로 취급하여 계산한다.

동일한 입체각에서 광원의 휘도가 같으면 광원의 형태나 거리에 관계없이 입체각의 정점에서의 휘도는 같다. 이것을 **동일 입체각의 법칙**이라 한다. **그림** 2.1의 A, B, C와 같은 단면에서 휘도가 같으면 점 P에 생기는 조도는 같기 때문에 점 P에서 관측되는 눈부심이 같은 광원은 정점에서 동일한 조도를 나타낸다.

2.2.1 평원판 광원에 의한 직사조도

그림 2.2와 같이 반지름 a, 휘도 B인 평원판 광원(반구형 광원)에서 원판 중심의 수직 하향 방향의 광도는 $I = BA = \pi a^2 B$이다. 따라서 P점의 조도는 다음 식과 같이

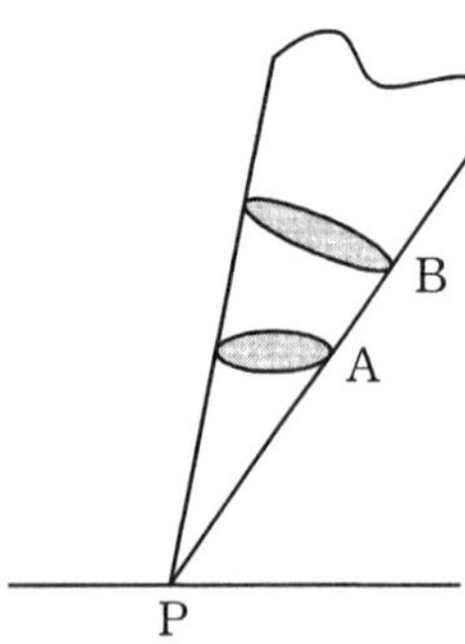

그림 2.1 동일 입체각의 법칙

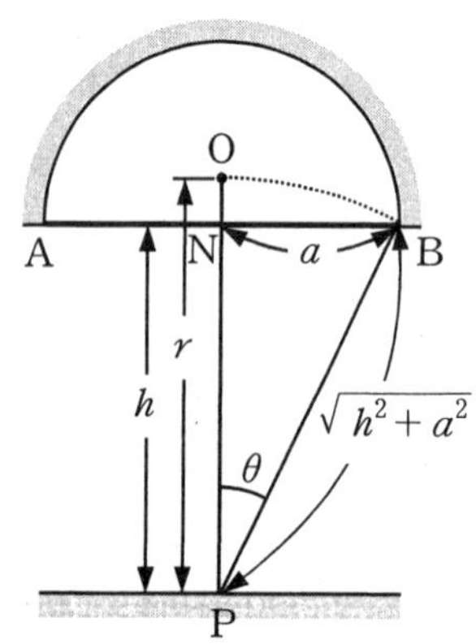

그림 2.2 평원판 광원의 조도

된다.

$$E = \frac{I}{r^2} = \frac{\pi a^2 B}{h^2 + a^2} = \pi B \sin^2\theta$$
$$\therefore \quad E = \pi B \sin^2\theta \tag{2.3}$$

또한 동일 입사각의 법칙에 의해 동일한 입체각 내에 있는 광원은 천장 속의 형태에 관계없이 조도가 모두 같기 때문에 반지름 a가 같은 평원판 광원과 반구형 광원의 조도는 위의 결과 식 (2.3)과 같은 동일한 값을 갖는다.

식 (2.3)의 결과는 다음 아래의 식에 의해, 광도 $I = \pi a^2 B$인 점광원을 점 O의 위치에 놓고, 수직 하향의 점 P에서의 법선 직사조도와 같음을 확인할 수 있다. 여기서 점 O의 위치는 $\overline{PB} = \overline{PO}$인 점이다.

$$E = \frac{I}{r^2} = \frac{\pi a^2 B}{\overline{PO}^2} = \frac{\pi a^2 B}{h^2 + a^2} \quad : \text{점광원으로 대체한 직사조도}$$

2.2.2 구형 광원에 의한 직사조도

그림 2.3과 같이 정점 P에서 구에 대한 접선을 포함한 입체각은 AB를 지름으로 하는 평원판에서의 입체각과 동일하다. 따라서 구형 광원에 의한 정점 P의 조도는 동일 입사각의 법칙에 의해 AB를 지름으로 하는 평원판 광원에 의한 조도와 같다. 즉,

$$E = \frac{\pi \overline{BN}^2 B}{\overline{BP}^2} = \pi B\left(\frac{\overline{BN}}{\overline{BP}}\right)^2$$
$$= \pi B\left(\frac{a}{h}\right)^2 = \pi B \sin^2\theta \tag{2.4}$$
$$\therefore \quad E = \pi B \sin^2\theta$$

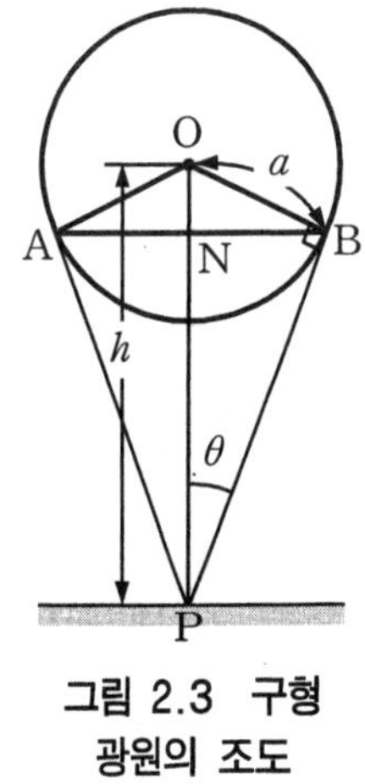

그림 2.3 구형 광원의 조도

단, $\sin\theta = \frac{a}{h}$이다. 즉, 반지름 a인 구형 광원에 의한 조도는 구의 중심 O에 광도 $I = \pi a^2 B$인 점광원에 의해 점 P에 생기는 조도와 같음을 알 수 있다.

$$E = \frac{I}{h^2} = \frac{\pi a^2 B}{h^2} \quad : \text{점광원으로 대체한 직사조도}$$

2.3 상호 반사에 의한 조도

앞 절까지는 임의의 형체와 크기를 갖는 광원에 의한 직사조도에 관한 것으로써 조도를 증가시키는 반사면이 없는 경우를 가정하여 설명하였다.

그러나 일반적으로 실내조명에서는 광원의 직사광 이외에 천장, 벽, 바닥 등의 면으로부터 반사광이 있기 때문에 직사조도 이외에 반사에 의한 확산조도를 추가로 고려해야 한다.

천장, 벽, 바닥 등의 면에 직사조도를 주면, 이들의 면 사이에서 반사가 서로 반복되는 현상이 나타나는데 이것을 **상호 반사**라 하고, 상호 반사에 의해 나타나는 조도를 **확산조도**라 한다. 따라서 상호 반사를 고려한 면에서의 조도는 직사조도만의 경우보다 확산조도만큼 증가하게 된다.

2.3.1 평행 평면의 상호 반사

그림 2.4와 같이 천장 C와 바닥 F가 무한히 넓고 평행한 경우, 바닥면에 직사조도 E가 주어질 때 상호 반사에 의해 바닥과 천장에서 일어나는 조도의 변화에 대해 알아본다.

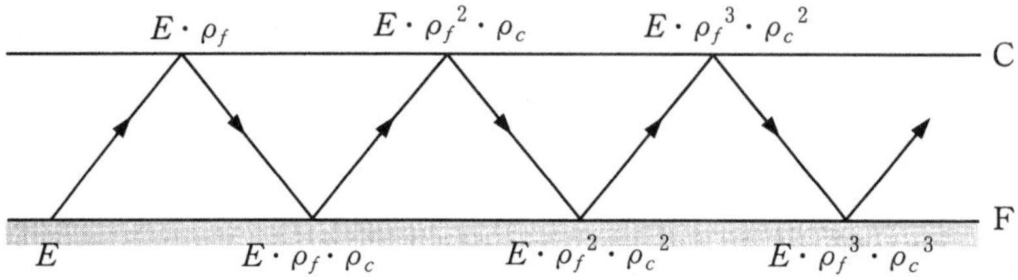

그림 2.4 평행 평면의 상호 반사

바닥의 반사율 ρ_f, 천장의 반사율 ρ_c라 하면, 직사조도 E에 의해 바닥의 광속 발산도는 식 (1.21)에서 $E \cdot \rho_f$가 된다. 바닥에서의 발산 광속밀도인 광속 발산도는 천장 측에서 볼 때 모두 입사 광속밀도인 조도가 되기 때문에, 천장의 입사조도는 바닥의 광속 발산도와 같게 되어 $E \cdot \rho_f$가 된다.

또 이 입사조도 $E \cdot \rho_f$에 의해 천장에서의 광속 발산도는 $E \cdot \rho_f \cdot \rho_c$가 되고, 다음의 바닥에 조도 $E \cdot \rho_f \cdot \rho_c$를 일으킨다.

이와 같이 상호 반사에 의해 바닥과 천장에 순차적으로 조도가 추가로 발생하여 증가하게 되며, 최종의 조도는 무한등비급수의 합이 되어 다음과 같은 식으로 표현된다.

$$\text{바닥의 조도 : } E_f = E + E \cdot \rho_f \cdot \rho_c + E \cdot (\rho_f \cdot \rho_c)^2 + \cdots\cdots$$

$$= E\{1 + \rho_f \cdot \rho_c + (\rho_f \cdot \rho_c)^2 + \cdots\cdots\} \tag{2.5}$$

$$= \frac{E}{1 - \rho_f \cdot \rho_c}$$

$$\text{천장의 조도 : } E_c = E \cdot \rho_f + E \cdot {\rho_f}^2 \cdot \rho_c + E \cdot {\rho_f}^3 \cdot {\rho_c}^2 + \cdots\cdots$$

$$= \frac{\rho_f E}{1 - \rho_f \cdot \rho_c} \tag{2.6}$$

최종의 바닥 조도 E_f는 반사율 ρ_f, ρ_c가 1에 가까운 경우에는 직사조도 E에 비해 매우 크게 증가함을 알 수 있다.

2.3.2 구 내의 상호 반사

(1) 상호반사에 의한 조도

그림 2.5에서 구의 반지름 r, 표면적 A, 내면의 반사율 ρ라 하고, 광속 F_0에 의하여 구 내에 직사조도 E_0가 분포한다면

$$F_0 = \int E_0 dA \tag{2.7}$$

가 성립한다.

직사조도 E_0는 구면의 각 부에서 동일하지 않지만, 구의 내면은 $B = \frac{R}{\pi} = \frac{\rho}{\pi} E_0$인 휘도의 2차 광원으로 되며, 따라서 구면 위에 생긴 직사조도 E_1은 구면의 각 부분에서 동일하게 된다.

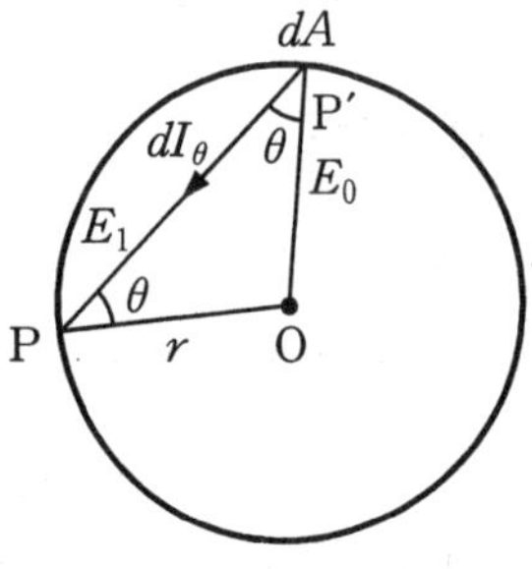

그림 2.5 구 내의 상호 반사

이것은 **그림** 2.5에서 구면 위의 임의의 점 P′의 미소면적 dA에 의해 점 P에 생기는 직사조도 E_1은

$$dE_1 = \frac{dI_\theta}{l^2}\cos\theta = \left(\frac{\rho}{\pi} E_0 dA \cos\theta\right) \cdot \frac{\cos\theta}{(2r\cos\theta)^2} = \frac{\rho E_0}{A} dA$$

$$\therefore \quad E_1 = \int dE_1 = \frac{\rho}{A}\int E_0 dA = \frac{\rho F_0}{A} \tag{2.8}$$

로 되며, 반사된 전광속은 구면 위에 균일하게 분배한 값으로 되기 때문에 점 P의 위치에 관계없는 것을 알 수 있다.

이 직사조도 E_1에서 전 구면은 광속 $F_1 = E_1 A = \rho F_0$를 받게 되어 $\rho^2 F_0$의 광속을 반사하므로 이로 인한 직사조도는 위와 같이 균일하며,

$$E_2 = \frac{\rho^2 F_0}{A} \tag{2.9}$$

로 된다. 상호 반사를 반복하는 경우, 구 내면의 전체 조도 E는

$$E = E_0 + \frac{\rho F_0}{A} + \frac{\rho^2 F_0}{A} + \cdots\cdots \tag{2.10}$$

$$\therefore \quad E = E_0 + \frac{\rho}{1-\rho}\frac{F_0}{A} = E_0 + E_i \tag{2.11}$$

로 된다. 우변의 제 1항의 E_0는 직사조도이고, 제 2항은 상호반사에 의해 증가된 확산조도 E_i이다.

(2) 상호반사에 의한 반사계수와 투과계수

완전 확산성의 반지름 r인 구형 글로브에서 반사율 ρ, 투과율 τ, 흡수율 α라고 하고, 광원의 광속을 직사조도 F_0라 할 때 반사계수와 투과계수에 대해 알아본다.

① 반사계수

그림 2.6의 구형 글로브 내에 있는 광원의 광속 F_0가 내벽에 입사하면 상호 반사에 의한 확산 광속 F_i가 발생하고 최종적으로 글로브 내면의 입사 광속 F_t는 처음의 광원 광속 F_0보다 확산 광속 F_i만큼 증가하게 되며, $F_t = F_0 + F_i$가 된다. 즉,

$$F_t = F_0 + F_i \tag{2.12}$$

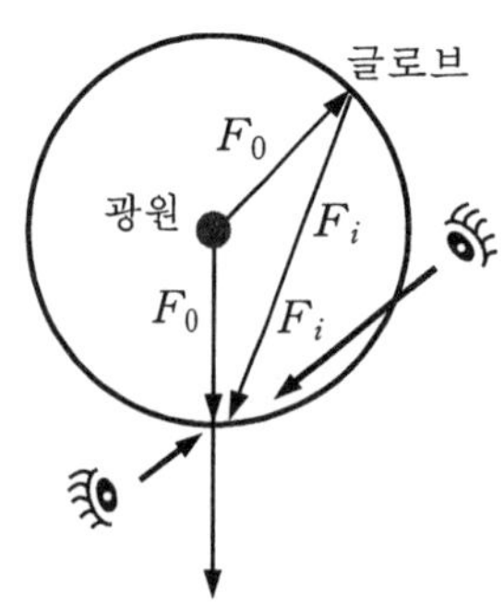

그림 2.6 글로브 효율

따라서 확산 광속 F_i와 광원 광속 F_0 사이의 관계는 식 (1.19)의 표현과 같이

$$F_i = \rho F_t = \rho(F_0 + F_i) \tag{2.13}$$

$$\therefore \quad F_i = \frac{\rho}{1-\rho} F_0 = \eta_\rho F_0 \tag{2.14}$$

가 성립한다. 여기서 η_ρ는 구형 글로브의 내벽에서 상호 반사에 의한 **반사계수**이다.

$$\textbf{반사계수} : \eta_\rho = \frac{\rho}{1-\rho} \tag{2.15}$$

또 확산조도 E_i는 확산에 의한 광속 발산도와 같으며, 식 (2.14)에 의해

$$E_i = \eta_\rho E_0 = \frac{\rho}{1-\rho} E_0 \tag{2.16}$$

이 된다. 확산조도와 광원의 직사조도와의 관계는 다음과 같이 된다.

$$E_i = \eta_\rho E_0 = \frac{\rho}{1-\rho} \cdot \frac{F_0}{A} = \frac{1}{4\pi r^2} \cdot \frac{\rho}{1-\rho} F_0 \tag{2.17}$$

2 투과계수

상호 반사를 고려한 글로브 내면의 총 입사 광속 F_t는 $F_t = F_0 + F_i$이므로, 내면의 조도는 직사조도와 확산조도의 합이 된다.

$$E = \frac{F_t}{A} = \frac{F_0}{A} + \frac{F_i}{A} = E_0 + E_i \tag{2.18}$$

따라서 글로브 외부의 광속 발산도는 확산조도의 식 (2.16)을 대입하면

$$R = \tau E = \tau(E_0 + E_i) = \frac{\tau}{1-\rho} E_0$$

$$\therefore \quad R = \frac{\tau}{1-\rho} E_0 = \eta_\tau E_0 \tag{2.19}$$

가 성립한다. 여기서 η_τ를 구형 글로브에서 **투과계수**이고, **글로브 효율**이라고도 한다.

$$\textbf{투과계수(글로브 효율)} : \eta_\tau = \frac{\tau}{1-\rho} \tag{2.20}$$

또 구면 외부에서의 휘도는 다음과 같다.

$$B = \frac{R}{\pi} = \frac{\eta_\tau E_0}{\pi} = \frac{\tau}{\pi(1-\rho)} \cdot \frac{F_0}{A} = \frac{\tau F_0}{4\pi^2 r^2 (1-\rho)} \tag{2.21}$$

예제 2.1 지름 40 [cm]인 완전 확산성 구형 글로브의 중심에 모든 방향의 광도가 균일하게 120 [cd] 되는 전구를 넣고 탁상 2 [m]의 높이에서 점등하였다. 탁상 위의 조도 [lx]를 구하라. 단, 글로브 내면의 반사율 40 [%], 투과율 50 [%]이다.

풀이

완전 확산성 구형 글로브이므로 상호 반사에 의한 확산조도를 고려해야 하고, 투과계수는 글로브 효율을 적용한다.[제1장 요약 1 참고]

글로브 효율 η는

$$\eta = \frac{\tau}{1-\rho} = \frac{0.5}{1-0.4} = 0.833$$

이고, 광원의 광속과 광도를 F_0, I_0라 하면 투과 광속 $F = \eta F_0 = \eta \cdot 4\pi I_0$가 된다.

그러므로 탁상 위의 조도를 E라고 하면 다음과 같이 된다.

$$E = \frac{F}{A} = \frac{\eta F_0}{4\pi r^2} = \frac{\eta \cdot 4\pi I_0}{4\pi r^2} = \frac{\eta I_0}{r^2}$$

$$\therefore \quad E = 0.833 \times \frac{120}{2^2} = 25 \text{ [lx]}$$

별해 구형 광원에 의한 직사조도에 의한 식 (2.4)에 의한 방법 또는 구의 중심에 점광원으로 대체하여 직접 구하는 방법으로 해도 동일한 결과가 나온다.

$$\begin{aligned} E &= \pi B \sin^2\theta = R \cdot \frac{a^2}{r^2} = \eta E_0 \cdot \frac{a^2}{r^2} \\ &= \eta \cdot \frac{F_0}{4\pi a^2} \cdot \frac{a^2}{r^2} = \eta \cdot \frac{4\pi I_0}{4\pi a^2} \cdot \frac{a^2}{r^2} \end{aligned} \qquad \therefore \quad E = \frac{\eta I_0}{r^2}$$

2.4 평균 조도

면적 A인 평면상에 광속 F가 분포할 때, 임의의 점의 조도 E는

$$E = \frac{dF}{dA}, \quad dF = E\,dA \tag{2.22}$$

이므로, 평균 조도 E_a는 다음과 같다.

$$E_a = \frac{F}{A} = \frac{\int dF}{A} \qquad (2.23)$$

또 평균 광도 I와 입체각 ω가 일정한 경우, 식 (1.5)와 식 (1.6)에 의해 평균 조도는 다음과 같이 나타낼 수 있다.

$$E_a = \frac{F}{A}, \quad F = \omega I$$

$$\therefore \ E_a = \frac{F}{A} = \frac{\omega I}{A} \qquad (2.24)$$

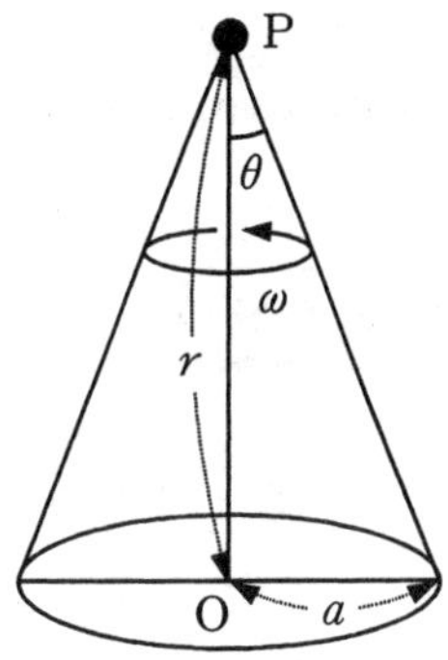

그림 2.7 평균 조도

그림 2.7에서 입체각 ω, 평면각 θ라 할 때, ω와 θ의 관계는 $\omega = 2\pi(1-\cos\theta)$이므로 평균 조도는 다음과 같이 표현된다.

$$E_a = \frac{\omega I}{A} = \frac{2\pi(1-\cos\theta)I}{\pi a^2} \quad \left(\text{단, } \cos\theta = \frac{r}{\sqrt{r^2+a^2}}\right) \qquad (2.25)$$

예제 2.2 **그림** 2.7과 같은 점광원으로부터 원뿔 밑면까지의 거리가 4 [m]이고, 밑면의 반지름이 3 [m]인 원형면의 평균 조도가 100 [lx]라고 할 때, 이 점광원의 평균 광도 [cd]를 구하라.

풀이

그림 2.7에서 높이 $r=4$ [m], 반지름 $a=3$ [m], 평균 조도 $E_a=100$ [lx]일 때, 입체각 ω는

$$\omega = 2\pi(1-\cos\theta) = 2\pi \times \left(1 - \frac{4}{\sqrt{3^2+4^2}}\right) = 0.4\pi \text{[sr]}$$

평균 조도와 평균 광도의 관계는 식 (2.25)에 의해 광도는

$$E_a = \frac{\omega I}{A} = \frac{\omega I}{\pi a^2}$$

$$\therefore \ I = \frac{\pi a^2 E_a}{\omega} = \frac{\pi \times 3^2 \times 100}{0.4\pi} = \frac{900}{0.4} = 2250 \text{ [cd]}$$

가 얻어진다.

연 습 문 제

객관식

2-1 모든 방향의 광도 360 [cd] 되는 전등을 지름 3 [m]의 책상 중심 바로 위 2 [m] 되는 곳에 놓았다. 책상 위의 최소 수평 조도 [lx]를 구하라.

㉮ 23 ㉯ 46 ㉰ 62 ㉱ 90

2-2 지름 2 [m]의 유리로 된 완전 확산면의 천장이 있다. 이것을 1000 [lx]의 조도로 위에서 균일하게 비추었을 때, 천장에 평행된 마룻바닥의 원형 천장 바로 밑의 수평면 조도 [lx]를 구하라. 단, 여기서 유리의 투과율은 80 [%], 바닥과 천장의 높이는 3 [m], 천장과 방바닥의 상호 반사는 무시한다.

㉮ 1000 ㉯ 800 ㉰ 80 ㉱ 50

2-3 반지름 a, 휘도 B인 완전 확산성 구면 광원의 중심에서 h 되는 거리의 점에서 이 광원의 중심으로 향하는 조도를 구하라.

㉮ πB ㉯ $\dfrac{\pi B a^2}{h^2}$ ㉰ $\pi B a^2 h$ ㉱ $\dfrac{\pi B a}{h}$

2-4 휘도가 B인 무한히 넓은 등휘도 완전 확산성 천장 바로 아래 h인 거리에 있는 점에서 수평조도를 구하라.

㉮ $\dfrac{B}{h^2}$ ㉯ $\dfrac{B}{h}$ ㉰ πB ㉱ $\dfrac{\pi B}{h}$

2-5 지름 1 [m]의 원형 탁자의 중심에서의 조도가 500 [lx]이고, 중심에서 멀어짐에 따라 조도는 직선으로 감소하여 주변에서의 조도는 100 [lx]가 되었다. 평균 조도 [lx]를 구하라.

㉮ 283 ㉯ 233 ㉰ 123 ㉱ 332

2-6 지름 40 [cm]인 완전 확산성 구형 글로브의 중심에 모든 방향의 광도가 균일하게 110 [cd] 되는 전구를 넣고 탁상 2 [m]의 높이에서 점등하였다. 탁상 위의 조도 [lx]를 구하라. 단, 글로브 내면의 반사율 40 [%], 투과율 50 [%]이다.

㉮ 약 53 ㉯ 약 49 ㉰ 약 33 ㉱ 약 23

주관식

2-1 **그림** 2.8과 같이 높이 3[m]의 가로등 A, B가 8[m]의 간격으로 배치되어 있고, 그 중앙의 P점에서 조도계를 A로 향하여 측정한 법선 조도가 1[lx], B를 향하여 측정한 법선 조도가 0.8[lx]라 한다. P점에서의 수평면 조도를 구하라.

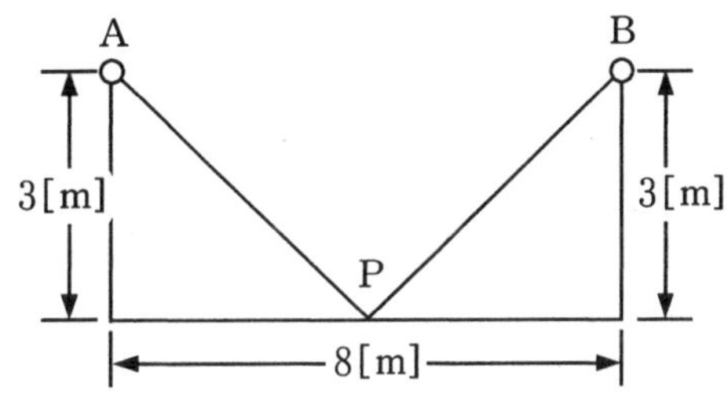

그림 2.8

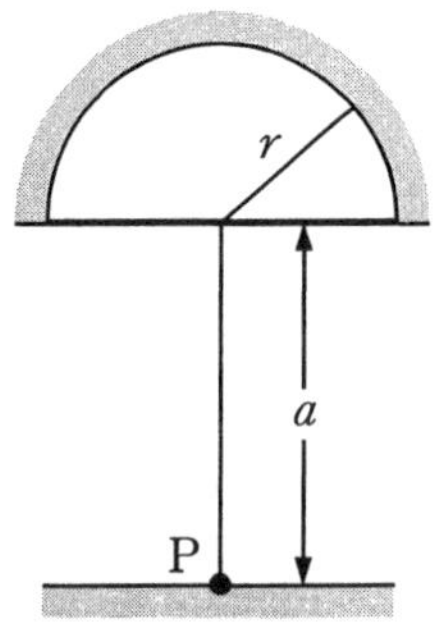

그림 2.9

2-2 **그림** 2.9와 같은 반구형 천장이 있다. 반지름 r은 30[cm], 반구 내의 휘도 B는 4,487[cd/m^2]로 균일하다. 이 때 $a=2.5$[m] 거리에 있는 바닥의 P점의 조도[lx]를 구하라.

2-3 지름 40[cm]인 완전 확산성 구형 글로브의 중심에 모든 방향의 광도가 균일하게 110[cd] 되는 전구를 넣고 탁상 2[m]의 높이에서 점등하였다. 탁상 위의 조도[lx]를 구하라. 단, 글로브 내면의 반사율 40[%], 투과율 50[%]이다.

2-4 반사율 ρ, 반지름 r인 완전 확산 구면 내의 중심에 전광속 F의 광원을 놓을 때, 구 내면상 한 점에서 확산조도를 구하라.

2-5 모든 방향으로 860[cd]의 광도를 갖는 전등을 직경 4[m]의 원형 탁자 중심에서 수직으로 3[m] 위에 점등하였다. 이 원형 탁자의 평균 조도[lx]를 구하라.

2-6 h[m]의 높이에 있는 점광원에 의한 직사조도에서 수평면 조도와 수직면 조도가 같게 되는 조건을 구하라. 단, 광원의 직하점에서 구하는 조도점까지의 거리를 d[m]라 한다.

chapter 3

측광 및 배광

3.1 빛의 측정

측광은 가시범위에 있는 광선에 대하여 눈의 감각을 자극하는 정도로써 빛의 세기를 측정하는 것을 의미한다.

조명공학에서 중요한 측광량은 광속, 광도, 조도 등이 있으며, 측정 계기는 광속계, 광도계, 조도계 등이 있다.

3.1.1 표준전구

국제적으로 통용되는 SI 단위계에서 조명에 관한 측광량의 기본단위는 광도단위인 **칸델라**[cd]이고, 광속, 조도, 휘도 등은 유도단위이다.

1 [cd]는 백금의 응고온도 2,042 [K]에서 흑체(완전 복사체)의 1/600,000 [m^2]의 면적에서 수직 방향의 광도로 정의한다.

이와 같이 광도단위 칸델라를 표준으로 정하는 원기는 **그림** 3.1과 같이 백금 흑체로를 사용하며 이를 **측광 1차 표준기**(primary standard)라고 한다. 그러나 백금 흑체로는 제작 및 측광이 어렵기 때문에 실제는 이와 비교하여 광도가 미리 정해진 **2차 표준기**(secondary standard)로 텅스텐 전구를 사용한다. 이것을 **표준전구**라 하며 물체의 측광색 및 광도의 표준이 된다.

실제로 일반 실험실이나 전구 제조 회사에서는 텅스텐 전구인 표준전구를 표준기로 사용하고 있으며, 전구 특성을 안정시키기 위하여 제작시 세심한 주의가 요구된다.

측광 특성을 일정하게 유지하기 위하여 전구의 단자에서 전압을 직접 측정하고, 일정한 전압으로 점등한다.

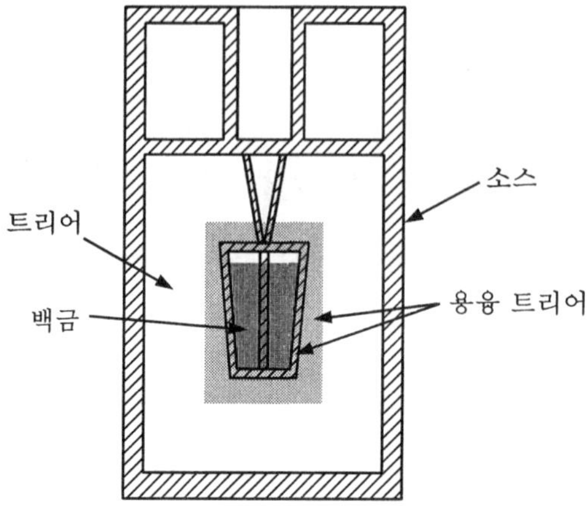

그림 3.1 백금 흑체 표준기

3.1.2 광속계

광원의 광속은 **광속계**(integrating photometer)에 의해 측정하며, 일반적으로 구형 광속계를 사용한다. **그림** 3.2는 구형 광속계의 측정 원리를 나타낸 것이다.

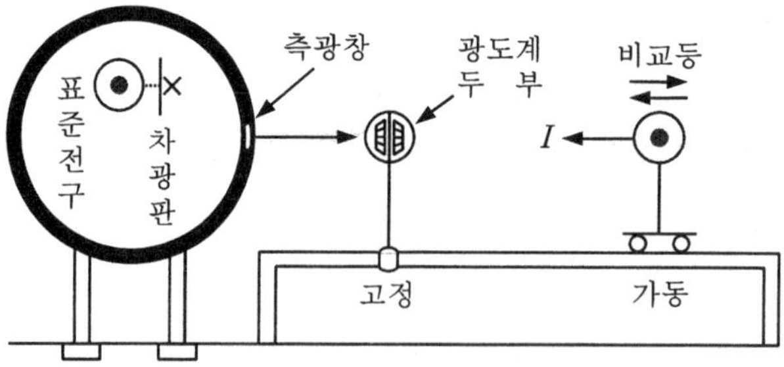

그림 3.2 구형 광속계

구의 내면에 완전 확산성 백색 도료를 도포하고, 구 벽에 우유빛 유리의 재질로 된 측광창을 부착한다. 구 내에는 표준전구 또는 측정하고자 하는 시험전구를 부착하고, 이 광원의 직사광이 직접 측광창에 입사하지 못하도록 광원과 측광창의 중간에 구 내벽과 동일한 도료를 도포한 차광판(스크린)을 설치한다.

구의 반지름 r, 내벽의 반사율 ρ 및 광원의 전 광속을 F라 할 때, 구 내벽에서의 상호반사에 의한 확산 조도는 내면과 동일하고, 차광판에 의해 직사조도는 차단되므로 측광창의 확산 조도 E는 식 (2.17)에 의해 다음과 같이 된다.

$$E = \eta_\rho \frac{F}{A} = \frac{1}{4\pi r^2} \cdot \frac{\rho}{1-\rho} F \tag{3.1}$$

따라서 측광창의 완전 확산성 우유빛 유리의 투과율을 τ라 하면, 측광창의 휘도 B는 식 (1.24)에 의해

$$\begin{aligned} B &= \frac{\tau E}{\pi} = \frac{\tau E}{4\pi^2 r^2} \\ &= \frac{\tau}{4\pi^2 r^2} \cdot \frac{\rho}{1-\rho} F = kF \end{aligned} \tag{3.2}$$

가 된다. 여기서 k는 광속계의 구조에 의해 결정되는 상수이다.

확산 조도 및 휘도는 구 내부에 점등한 광원의 전 광속에 비례하므로 표준전구와 시험전구를 구 내부에서 각각 점등하고 나서 측광창의 휘도를 비교하면 시험전구의 전 광속을 구할 수 있다.

구형 광속계의 지름은 소형전구 30 [cm], 백열전구 1~1.5 [m] 및 형광등에서 2~5 [m]를 사용한다.

3.1.3 광도계

광원의 광도를 측정하는 계기를 **광도계**(photometer)라 하며, 광원을 고정시키고 스크린이나 다른 광원을 이동하여 측정하는 계기를 **장형 광도계**(bar photometer)라 한다.

이 광도계의 스크린 부분을 **광도계 두부**(photometer head)라 하고, 광도계 두부를 이용하여 광도의 평형을 조절한다. 일반적으로 광도계 두부는 **루머 브로돈**(Lummer-Brodhun)형이 사용되고 있고, 등휘형과 대비형이 있다.

장형 광도계의 측정 방법은 시험전구를 표준전구와 직접 비교하여 측정하는 **직접법**과 비교전구와 비교하여 측정하는 **치환법**이 있다.

(1) 직접법

그림 3.3과 같이 표준전구 A와 시험전구 B로 양 측면의 반사율이 같은 반사판(screen)에 비추어 휘도가 같아지면 양면의 조도도 같아진다. 여기서 표준전구의 광도 I_S, 시험전구의 광도 I_T 및 스크린과 광원과의 거리 d_S, 시험전구와의 거리 d_T라고 하면, 두 광원의 조도는 각각 다음과 같다.

$$\begin{cases} E_S = \dfrac{I_S}{d_S^{\,2}} \\ E_T = \dfrac{I_T}{d_T^{\,2}} \end{cases} \tag{3.3}$$

또 양면의 조도와 반사율이 같다면($E_S = E_T$), 두 광원의 광도는 다음과 같다.

$$\begin{cases} I_S = I_T\left(\dfrac{d_S}{d_T}\right)^2 \\ I_T = I_S\left(\dfrac{d_T}{d_S}\right)^2 \end{cases} \qquad \left(\because \ \dfrac{I_S}{d_S^{\,2}} = \dfrac{I_T}{d_T^{\,2}}\right) \tag{3.4}$$

이와 같이 직접법은 광원으로부터 수직으로 놓여진 반사판까지의 거리를 바꾸면서 미리 알고 있는 광도의 표준전구와 측정해야 할 시험전구의 광원에 의한 조도를 동일하게 한 다음, 조도에 대한 거리의 역제곱 법칙을 이용하는 방법이다.

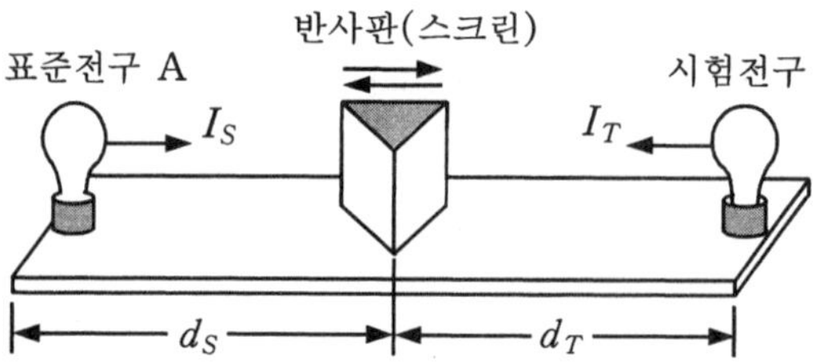

그림 3.3 장형 광도계(직접법)

(2) 치환법

치환법은 일차적으로 **그림** 3.4(a)와 같이 표준전구 A와 비교전구 C를 놓고 반사판에서 조도를 동일하게 한 다음, **그림** 3.4(b)와 같이 다시 표준전구 대신에 시험전구 B를 바꾸어 놓고 비교전구와 시험전구를 비교하여 측정하는 방법이다.

그림 3.4(a)에서 비교전구를 이동시켜 반사판의 조도가 서로 일치할 때, 표준전구와 비교전구의 광도 I_S, I_C, 각 두 전구에서 반사판까지 거리 d, d_C라 하면, 비교전구의 광도 I_C는 다음과 같다.

$$I_C = I_S\left(\frac{d_C}{d}\right)^2 \qquad \left(\because \ E_S = E_C, \ \frac{I_S}{d^2} = \frac{I_C}{d_C^{\,2}}\right) \tag{3.5}$$

그림 3.4(b)와 같이 비교전구 C를 그대로 두고 표준전구 A대신에 시험전구 B로 바꾼 다음, 비교전구를 이동시키면서 다시 조도를 동일하게 하였을 때, 두 전구와 반사판까지의 거리 d, d_C'를 구하면 시험전구 B의 광도 I_T는

$$I_T = I_C\left(\frac{d}{d_C'}\right)^2 \qquad \left(\because\ E_T = E_C,\ \ \frac{I_T}{d^2} = \frac{I_C}{{d_C'}^2}\right) \tag{3.6}$$

이다. 따라서 위의 두 식 (3.5)와 (3.6)으로부터 I_C를 소거하면, 시험전구의 광도 I_T는 다음과 같이 구해진다.

$$I_T = I_S\left(\frac{d_C}{d}\right)^2\left(\frac{d}{d_C'}\right)^2 = I_S\left(\frac{d_C}{d_C'}\right)^2 \tag{3.7}$$

치환법은 시험전구와 표준전구를 직접 비교하는 직접법에 비해 복잡하고 번거로운 점이 있지만, 표준전구의 점등시간을 감소시켜 표준전구의 특성 변동이 적다는 장점이 있다. 또한 백열전구의 광도를 측정하는 실제적인 방법이 된다.

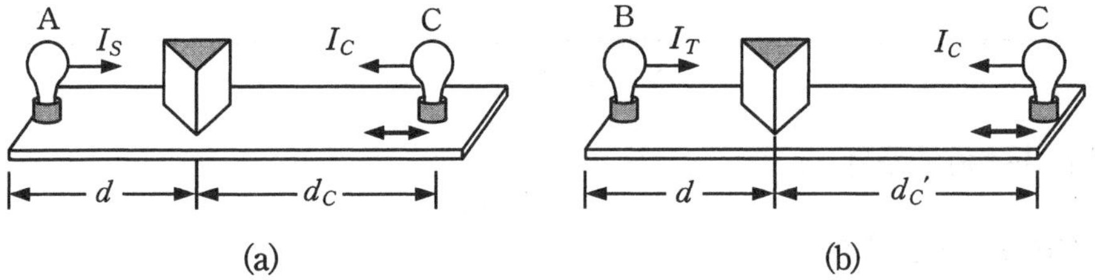

그림 3.4 장형 광도계(치환법)

> **예제 3.1** 길이 2[m]인 장형 광도계로 10[cd]의 표준등에서 90[cm]인 곳에 광도계 두부가 있을 때 측광 평형이 얻어졌다면, 측정용 전구의 광도[cd]를 구하라.

풀이

두 광원의 광도 및 거리를 I_A, I_B, d_A, d_B라 하면, 측광 평형이므로 두 광원에 의한 조도가 같다. 즉, 거리의 역제곱 법칙에 의해 조도 I_B는 다음과 같다.

$$\frac{I_A}{{d_A}^2} = \frac{I_B}{{d_B}^2} \qquad \therefore\ I_B = \left(\frac{d_B}{d_A}\right)^2 I_A$$

$$\therefore \quad I_B = \left(\frac{d_B}{d_A}\right)^2 I_A = \left(\frac{110}{90}\right)^2 \times 10 = 14.9\,[\text{cd}] \fallingdotseq 15\,[\text{cd}]$$

예제 3.2 반사갓이 붙은 60[W] 전구를 책상 위 2[m] 높이에서 점등하면 바로 밑 책상면의 조도가 17.5[lx]이었다. 이 전구를 50[cm]만큼 책상 방향으로 내릴 때, 책상면의 조도[lx]를 구하라.

풀이

처음의 조도를 E_0, 50[cm]만큼 내릴 때의 조도를 E라고 하면, 조도 E는 거리의 역제곱 법칙에 의해 다음과 같이 된다.

$$\frac{E}{E_0} = \left(\frac{2}{1.5}\right)^2$$

$$\therefore \quad E = \left(\frac{2}{1.5}\right)^2 \times E = \left(\frac{2}{1.5}\right)^2 \times 17.5 = 31\,[\text{lx}]$$

(3) 루머 브로돈 광도계

1 루머 브로돈 등휘형

그림 3.5에서 P는 루머 브로돈 입방체(cube)로 한 쪽은 밑변의 양단이 잘린 삼각 프리즘 A, 다른 쪽은 삼각 프리즘 B이고, 두 프리즘은 밑부분이 맞붙어 있다. S는 산화 마그네슘을 칠한 스크린이고 m, m'는 반사경이다.

두 광원으로 스크린 S에 빛을 비추면, 왼쪽의 피조면 상으로부터의 반사광은 m에서 전반사하여 프리즘 A의 중앙부를 직진하여 접안경 E에 도달한다.

S의 오른쪽 반사면의 반사광은 m'에서 전반사하여 프리즘 B의 중앙 부분에서 왼쪽으로 직통하지만, 프리즘 B 주위의 밑부분에 부딪친 빛은 전반사하여 접안경 E에 도달한다. 따라서 E 주위는 오른쪽 광원에 의한 S면의 휘도, 중앙부는 왼쪽 광원에 의한 S면의 휘도를 한눈으로 비교할 수 있게 된다.

또 S 양면의 조도가 같을 때에는 E에서 볼 때 주위와 중앙부와의 휘도가 같게 되어 내외의 경계가 없어져 버리는데, 이 점을 평형점이라 한다.

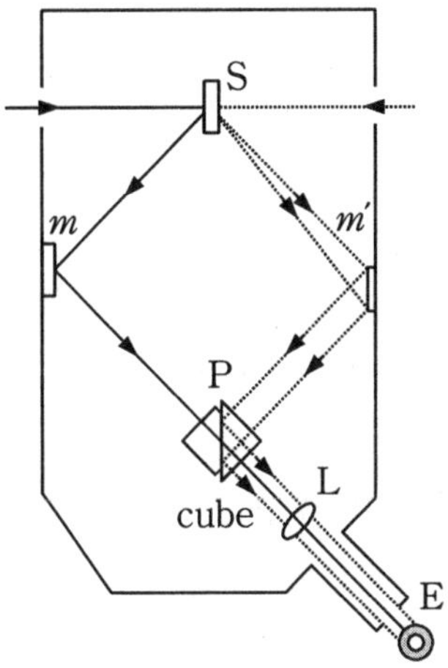

(a) 광도계 두부의 구조

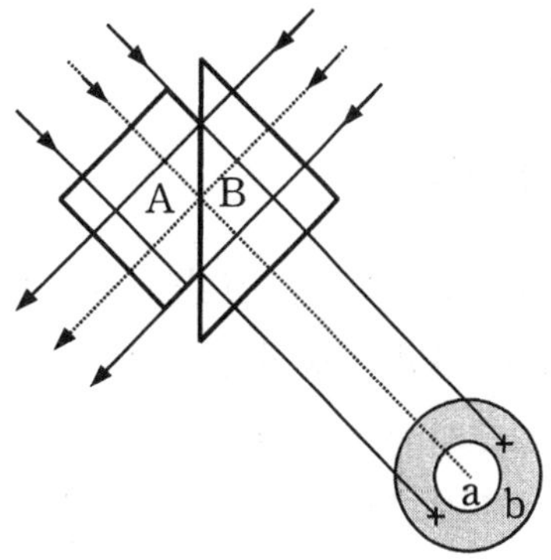

(b) 루머 브로돈 등휘형

그림 3.5 루머 브로돈 등휘형 광도계

2 루머 브로돈 대비형

그림 3.6에 나타낸 바와 같이 프리즘 A에는 경계면 상에 동일한 간격으로 홈이 패여 있기 때문에 빛의 통로 및 시야는 그림과 같이 된다. g와 g′는 투과율이 같은 필터가 붙어 있으므로 시야에서 사다리꼴로 되어 있는 a와 b와의 휘도가 같게 되어 중앙의 경계가 없어진 평형점이 된다.

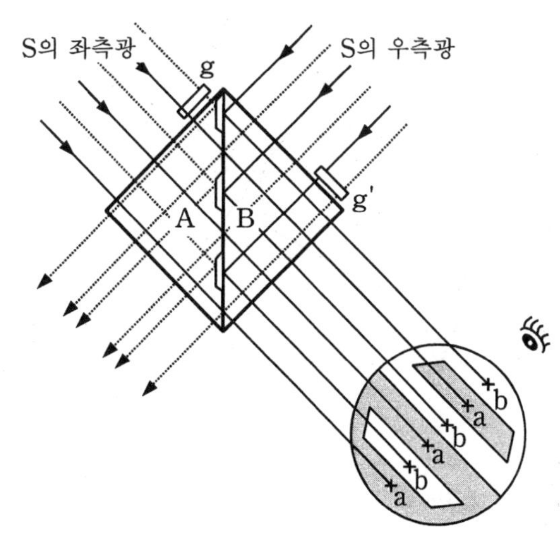

그림 3.6 루머 브로돈 대비형 광도계

육안으로는 대비형이 등휘형보다 S상의 휘도 차이를 쉽게 찾을 수 있기 때문에 그만큼 정확한 측광을 할 수 있으며, 광도계의 스크린상의 조도는 10~20 [lx] 정도가 좋다.

3.1.4 조도계

일반적으로 조도 측정은 시감에 의해 평형 측광 한 후, 측정한 광도로부터 조도를 산출하는 비교적 간단한 방법을 취한다. 그러나 실용적으로는 미리 이 방법에 의해 교정된 조도계를 주로 사용한다.

조도계는 시감에 의해 측정하는 맥베스 조도계와 물리 수광기인 간이 조도계 및 광전지 조도계 등이 있다.

(1) 맥베스 조도계

그림 3.7은 **맥베스 조도계**(Macbeth illminometer)의 구조를 나타낸 것이다. 다이얼 B를 돌려 루머 브로둔 등휘형의 큐브 P와 전구 L과의 거리를 조절할 수 있고, 조도 눈금은 L이 움직이는 측에 표시되어 있으며 B에는 지침이 있다.

조정상자에는 점등용 전원, 광도 조정용 가감 저항기 및 전류계가 있고 코드로 전구와 연결되어 있다.

측정 방법은 조도를 측정하려는 장소에서 시험판 S를 향하게 한 다음, 조도계의 접안경 E로부터 P를 보면서 다이얼을 돌려 평형을 맞추고 조도 눈금을 읽으면 시험판 S의

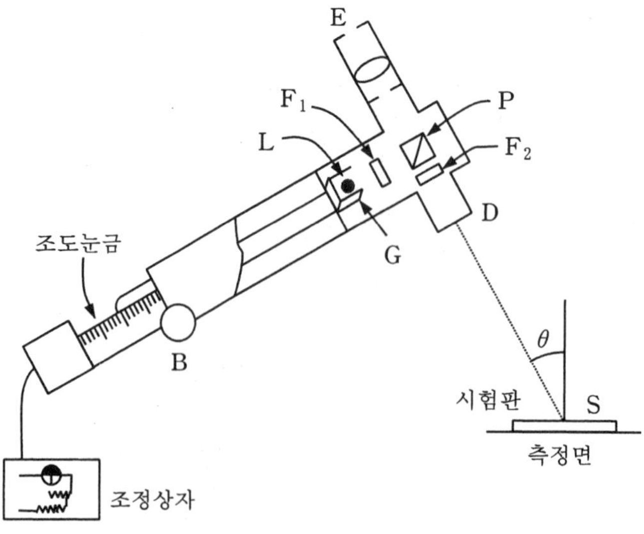

그림 3.7 맥베스 조도계

조도를 알 수 있다.

측정 범위는 10~250 [lx]이지만, 필터를 사용하면 0.1~25,000 [lx] 범위의 조도도 측정할 수 있다.

(2) 간이 조도계

간이 조도계 개인의 시감의 차이를 줄이기 위하여 미리 교정된 물리 수광기이다. 조도계의 측정 범위는 3~40 [lx]로 전구의 전류를 변화시켜 1/10 및 10배로 측정 범위를 변화시킬 수 있으며, 일반적으로 사용하는데 편리한 휴대용 간이 조도계가 있다.

(3) 광전지 조도계

셀렌 또는 산화구리에 빛을 조사하면 기전력이 발생하는데, 이 현상을 **광전지**라 한다. 발생하는 기전력은 조도에 비례하며, 이 현상을 이용한 것을 **광전지 조도계**라 한다. 광전지 조도계는 전류계 대신에 조도 눈금을 대체한 것으로 읽기가 간편한 잇점이 있다.

3.1.5 물리 측광

일반적인 광속계, 광도계, 조도계 등은 사람의 시감에 의해 휘도의 평형을 취하고 나서 측광하는 것이다. 그러나 시감은 개인 차가 매우 크고 환경 및 조건에 따라 측정값이 달라진다. 그러나 사람의 시감에 의존하지 않고, 빛이 물질에 대하여 광전효과, 열효과, 화학작용 등을 일으키는 수광 소자 등의 물리적 반응, 즉 빛의 양에 비례하여 전류가 흐르는 현상을 응용하여 측광하는 방법이 있다.

이와 같이 미리 교정된 물리 수광기를 사용하여 두 개의 측광량을 비교하여 그의 비를 구하는 것을 **물리 측광**이라 하며, 시감 측정에 비해 매우 높은 정도와 확도를 얻을 수 있다. 시감 측광에서 눈이 비교하는 측광량은 휘도이지만, 물리 측광에서는 물리 수광기가 비교하는 측광량은 광속이 된다.

물리 측광은 광전지 조도계와 같이 시감에 의해 휘도를 비교하지 않고 즉시 측정값을 읽을 수 있는 장점이 있기 때문에 최근의 측광 방법은 거의 모두 이 방법으로 이루어지고 있다.

현재 물리 측광에는 저조도 측정, 자외선측정 및 기타 정밀 측정에 사용되고 있는 광전관 조도계가 있고, 적외선의 장파장까지 측정할 수 있는 광전도 조도계 등이 있다.

3.2 배광곡선과 루소선도

3.2.1 배광곡선

광원이 있는 공간에서의 광도 분포를 **배광**이라 하며, 광원의 중심을 지나는 평면상의 광도 분포를 광도와 방향각의 극좌표로 나타낸 곡선을 **배광곡선**(distribution curve of light)이라 한다. **그림** 3.8과 같이 광원의 중심을 포함한 수평면 (ϕ) 위의 배광곡선을 **수평배광곡선**, 수직면 (θ) 위의 배광곡선을 **수직배광곡선**이라 한다.

일반적으로 배광곡선은 수직배광곡선을 의미하며, 조명기구의 가장 중요한 특성을 나타내는 것으로 조명설계의 기초가 된다.

그림 3.9는 백열전구를 아래 방향으로 점등하였을 때의 수평배광곡선과 수직배광곡선을 나타낸 것이다.

배광의 표시는 광원을 중심으로 하여 각 방향으로 직선을 긋고, 각각의 방향에 대한 광도의 값을 직선에 비례한 길이의 점들을 연결하면 배광곡선이 된다.

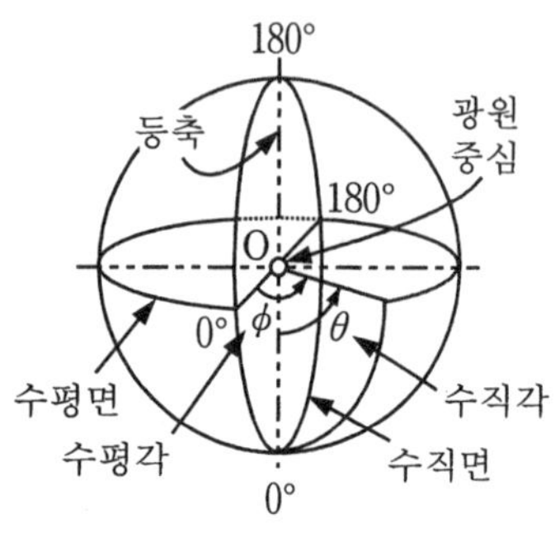

그림 3.8 배광곡선의 극좌표

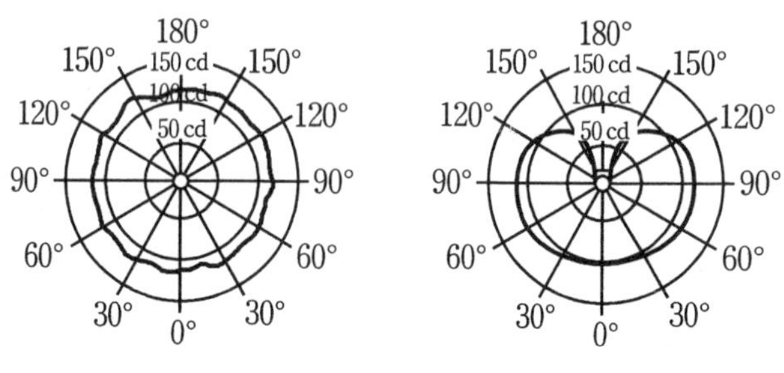

(a) 수평배광곡선 (b) 수직배광곡선

그림 3.9 배광곡선(백열전구)

3.2.2 축대칭 완전 확산 광원의 배광곡선

식 (1.11)에 의해 임의의 방향에 대한 광원의 광도 I_θ는 그 방향에서 광원을 바라보았을 때의 투영면적 A'에 휘도 B를 곱한 값, 즉 $I_\theta = A'B$가 된다.

따라서 완전 확산 광원인 경우에는 어느 방향으로 보아도 휘도가 동일하기 때문에 광원의 투영면적만 구하면, 간단히 배광곡선을 구할 수 있다.

(1) 구형 광원

반지름 r인 완전 확산성의 구형광원에서 휘도가 일정한 B일 때, 어느 방향으로 보아도 광원의 투영면적은 $A'=\pi r^2$이므로 광도 I는

$$I=\pi r^2 \cdot B \quad (I=I_n=I_\theta) \tag{3.8}$$

가 되고, 방향에 관계없이 일정하다. 따라서 **그림** 3.10과 같이 배광곡선의 반지름은 I의 원으로 된다.

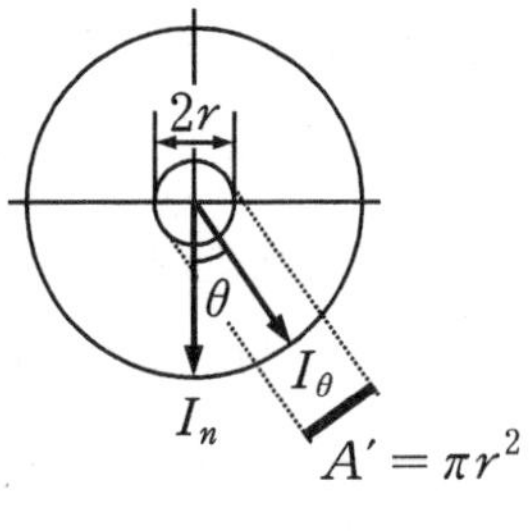

그림 3.10 구형 광원

(2) 평원판 광원

반지름 r인 완전 확산성의 평원판 광원에서 휘도가 B일 때, 광원의 바로 아래쪽인 수직각 0° 방향에서의 투영면적은 πr^2이고, 수직각 θ 방향에서의 투영면적은 $A'=A\cos\theta=\pi r^2\cos\theta$가 된다.

따라서 각각의 광도 I_n과 I_θ는

$$\begin{cases} I_n=\pi r^2 \cdot B \\ I_\theta=\pi r^2\cos\theta \cdot B=I_n\cos\theta \end{cases} \tag{3.9}$$

가 되고, **그림** 3.11과 같이 배광곡선의 지름은 수직광도 I_n인 원으로 된다.

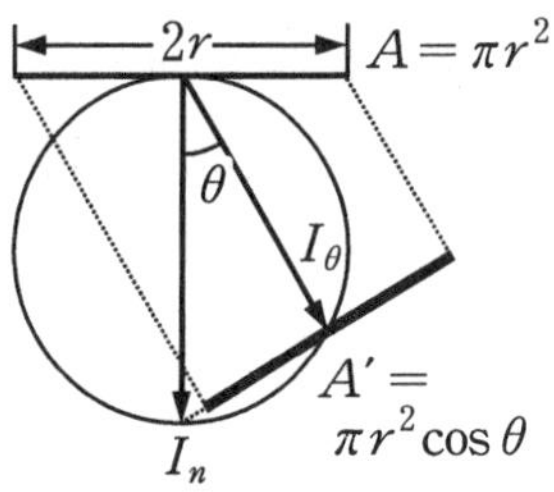

그림 3.11 평원판 광원

(3) 원통 광원

반지름 $2r$, 길이 h인 완전 확산성의 수직 원통광원에서 휘도가 B일 때, 수평 방향의 투영면적은 $A=2rh$인 직사각형이고, 수직각 θ방향의 투영면적은 $A'=A\sin\theta=2rh\sin\theta$가 된다. 따라서 각각의 광도 I_n과 I_θ는

$$\begin{cases} I_n=2rh \cdot B \\ I_\theta=2rh\sin\theta \cdot B=I_n\sin\theta \end{cases} \tag{3.10}$$

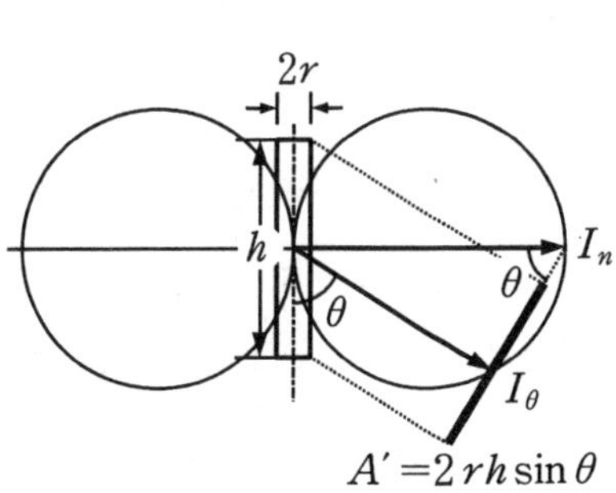

그림 3.12 원통 광원

가 되고, **그림** 3.12와 같이 배광곡선의 지름은 I_n의 원으로 된다.

3.2.3 루소선도

점광원으로부터 발산하는 전광속 F를 구하는 방법은 다음의 두 가지가 있으며, 여기서는 광도계에 의한 배광곡선으로부터 구하는 방법에 관하여 설명한다.

① 광속계로 직접 측정하는 방법
② 광도계에 의한 배광곡선으로부터 구하는 방법

광속 계산 : { 배광곡선을 이용한 직접 계산법 / 루소선도 (Rousseau diagram)법 }

(1) 배광곡선에 의한 광속 계산

점광원에 의한 배광곡선을 알고 있는 경우, 배광곡선으로부터 전광속 F를 구하는 계산 방법에 대해 알아본다.

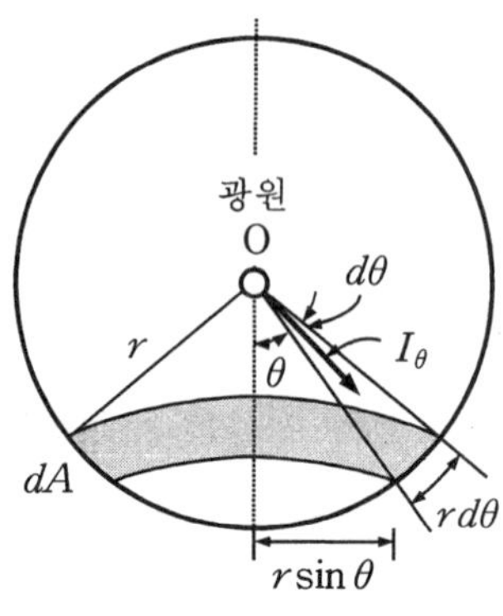

그림 3.13 구대 광속

그림 3.13과 같이 광원 O를 중심으로 반지름 r인 구 표면을 수직축에 직각으로 자른 미소 표면적, 즉 구대를 생각한다. 구대는 수직각 θ와 $\theta + d\theta$ 사이의 폭 $(d\theta)$을 가지고 있을 때, 구대의 반지름과 길이는 각각

반지름 : $r\sin\theta$, 길이 : $2\pi r\sin\theta$

이므로, 표면적 dA는

$$dA = 2\pi r^2 \sin\theta \, d\theta \tag{3.11}$$

가 된다. 또 수직각 θ 방향의 광원의 광도를 I_θ라 하면, 구 내면의 조도 E는 식 (1.6)과 식 (1.7)에 의해

$$E = \frac{I_\theta}{r^2}, \quad E = \frac{dF}{dA} \tag{3.12}$$

이므로, 구대의 광속 dF는

$$\begin{cases} dF = E \cdot dA = \dfrac{I_\theta}{r^2} \cdot 2\pi r^2 \sin\theta \, d\theta \\ \therefore \quad dF = 2\pi I_\theta \sin\theta \, d\theta \end{cases} \tag{3.13}$$

이다. 따라서 전광속 F는

$$F = 2\pi \int_0^\pi I_\theta \sin\theta \, d\theta \tag{3.14}$$

가 된다. 이와 같이 적분 계산을 하면 광원의 전광속을 구할 수 있다.

(2) 루소선도

주어진 배광곡선에서 구한 전광속의 식 (3.14)는 실제 계산에서 매우 복잡하기 때문에 계산을 간단히 하기 위하여 적분을 도해법으로 나타내는 방법이 있는데, 이것이 **루소선도**(Rousseau diagram)이다. **루소선도**는 축대칭 광원의 배광곡선에서 전광속 F 및 평균 광도 I를 구하기 위한 선도이다.

그림 3.14 루소선도

루소선도 작성법은 다음의 순서에 의해 작도하며 **그림** 3.14에 나타내었다.

① 주어진 배광곡선을 오른쪽 반만 그린다.

② 광원의 중심에서 반지름 r인 원을 그린 다음, OA, OB, OC, …… 등의 연장선을 원주와 만나도록 하면서 반지름을 여러 개 그린다.

③ 위의 반지름과 원주가 만나는 점에서 x축과 평행선을 그린다. 단, 수직선 y축으로부터 OA = aa′, OB = bb′, OC = cc′, …… 등이 되도록 한다. 따라서 x축의 각각의 길이는 배광곡선의 그 방향에 대한 광도 I_θ를 나타내는 것이다.

④ a′, b′, c′, …… 의 점들을 연결하면 하나의 곡선이 얻어진다.

여기서 얻어진 곡선을 **루소선도**라 하며, 루소선도는 광원 광도 I_θ와 방향각 θ의 극좌표로 나타낸 배광곡선을 직각 좌표 곡선의 형태로 변환한 것이다. 즉,

$$\textbf{좌표 변환}: \begin{cases} \text{배광곡선}: I_\theta \angle \arg(I_\theta) \ [\text{극좌표계}] \\ \text{루소선도}: x = I_\theta,\ y = -r\cos\theta \ [\text{직각좌표계}] \end{cases}$$

이제 루소선도로부터 광속 구하는 방법을 알아보기로 한다.

그림 3.14에서 광도 I_θ인 배광곡선의 점 D를 루소선도의 점 d′의 x, y좌표 변환은

$$x = I_\theta,\quad y = -r\cos\theta \tag{3.15}$$

가 되고, 곡선 a′, b′, c′, d′와 y축으로 이루어진 부분의 면적을 A라 하면, 다음과 같다.

$$A = \int_0^{2r} x\,dy = r\int_0^{\pi} I_\theta \sin\theta\, d\theta \tag{3.16}$$

식 (3.14)와 식 (3.16)에 의해 광원의 전광속 F와 루소선도에서 나타내는 면적 A는 다음의 관계가 성립한다.

$$F = \frac{2\pi}{r} \cdot A$$

$$\therefore\ \textbf{전광속}:\ F = \frac{2\pi}{r} \times (\text{루소선도 면적}) \tag{3.17}$$

이와 같이 루소선도에서 면적을 계산하면 전광속 F를 구하고, 또 이것으로부터 평균 구면광도 I를 구할 수 있다.

3.2.4 간단한 광원의 루소선도에 의한 광속 계산

그림 3.14의 루소선도에서 광도 I_θ인 점의 x, y 좌표는 식 (3.15)에 의해 다음과 같으며, 이 값을 이용하여 루소면적을 계산하고 식 (3.17)에 대입하면 총광속을 구할 수 있다.

$$x = I_\theta, \qquad y = -r\cos\theta$$

(1) 구형 광원

그림 3.15의 배광곡선 A와 같이 균일한 광도를 I_A라 하면, $x = I_\theta = I_A$이므로 루소선도의 기선으로부터 I_A만큼 떨어져서 평행인 루소선도 A와 같은 직선으로 되고, 이 때 루소선도의 면적은 $A = 2rI_A$로 표시된다. 따라서 전광속 F는 다음과 같다.

$$\begin{aligned} F &= \frac{2\pi}{r} \times (\text{루소선도의 면적}) \\ &= \frac{2\pi}{r} \times 2rI_A = 4\pi I_A \end{aligned} \qquad (3.18)$$

(2) 평원판 광원

그림 3.15의 배광곡선 B에서 최대광도를 I_B라 하면, $I_\theta = I_B\cos\theta$가 된다. 따라서

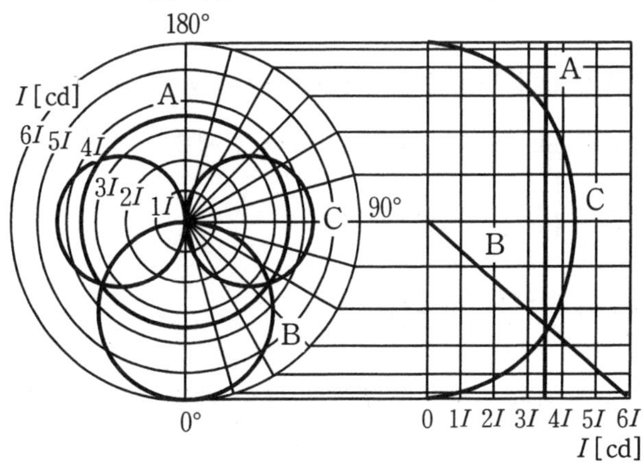

그림 3.15 간단한 광원의 배광곡선과 루소선도

$$x = I_B \cos\theta,\ \ y = -r\cos\theta$$

이고, 두 식의 관계에서 y를 구하면 다음과 같다.

$$y = -r\left(\frac{x}{I_B}\right) = -\frac{r}{I_B}x \tag{3.19}$$

이 결과는 (r/I_B)의 음의 기울기를 갖는 1차 함수이므로 **그림** 3.15의 루소선도 B와 같은 직선 그래프가 된다. 따라서 루소선도의 면적은 높이 r, 밑변이 I_B인 직각삼각형의 면적이 된다. 그러므로 총광속 F는

$$\begin{aligned} F &= \frac{2\pi}{r} \times (\text{루소선도의 면적}) \\ &= \frac{2\pi}{r} \times \frac{rI_B}{2} = \pi I_B \end{aligned} \tag{3.20}$$

가 된다.

(3) 원통 광원

그림 3.15의 배광곡선 C에서 최대 광도를 I_c라 하면 $I_\theta = I_c \sin\theta$로 된다. 따라서

$$x = I_c \sin\theta,\ \ y = -r\cos\theta \tag{3.21}$$

이고, 두 식으로부터 θ를 소거하기 위하여 $\sin^2\theta + \cos^2\theta = 1$을 이용하면

$$\frac{x^2}{I_c^{\ 2}} + \frac{y^2}{r^2} = 1 \tag{3.22}$$

이 된다. 이것은 루소선도의 가로축이 I_c, 세로축이 r인 타원이 되므로 **그림** 3.15의 루소선도 C곡선과 같이 표시할 수 있다. 따라서 전광속 F는 다음과 같다.

$$\begin{aligned} F &= \frac{2\pi}{r} \times (\text{루소선도의 면적}) \\ &= \frac{2\pi}{r} \times \frac{\pi r I_c}{2} = \pi^2 I_c \end{aligned} \tag{3.23}$$

표 3.1은 여러 가지 형상의 기하학적 광원에 대한 배광곡선과 조명특성을 나타낸 것으로 참고하기 바란다.

표 3.1 기하학적 광원의 배광곡선

성질 \ 광원	직 선	원 판	평면판	원 통	구 면	반구면
전등축(광축) 수 직 배광곡선	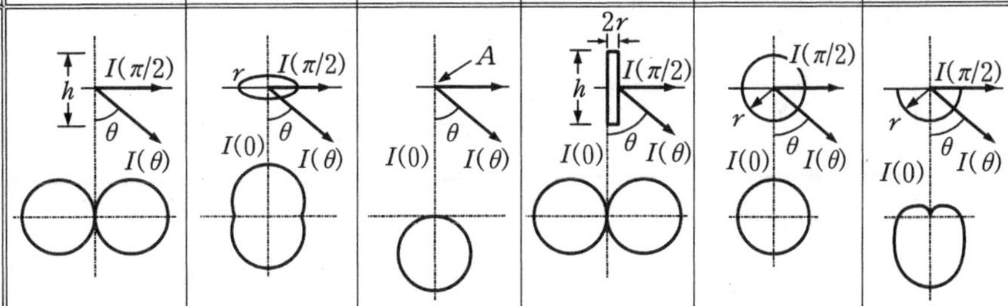					
루소선도	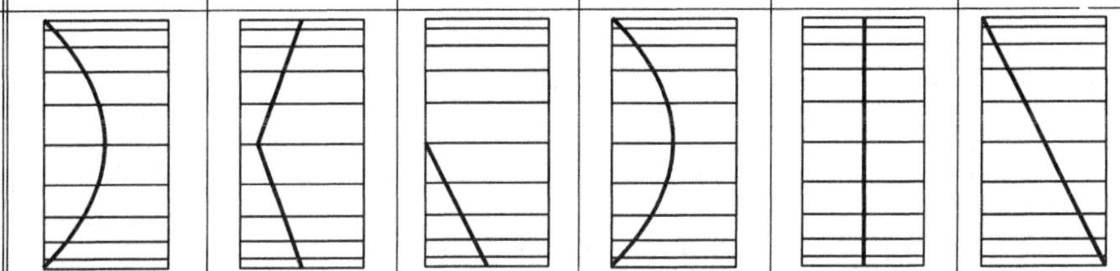					
$I(\theta)$	$I(\pi/2)\sin\theta$	$I(\pi/2)E(h)$	$I(0)\cos\theta$	$I(\pi/2)\sin\theta$	$I(\pi/2)I(0)$	$I(\pi/2)\cdot(1+\cos\theta)$
$I(\pi/2)$	hL	$4rL$	0	$2rhL$	$\pi r^2 L$	$\pi r^2 L/2$
$I(0)$	0	$2\pi rL$	AL	0	$\pi r^2 L$	$\pi r^2 L$
전광속 F_0	$\pi^2 I(\pi/2)$	$\pi^2 I(0)$	$\pi I(0)$	$\pi^2 I(\pi/2)$	$4\pi I(0)$	$2\pi I(0)$
하반구 광속	$F_0/2$	$F_0/2$	F_0	$F_0/2$	$F_0/2$	$3F_0/4$
상반구 광속	$F_0/2$	$F_0/2$	0	$F_0/2$	$F_0/2$	$F_0/4$

예제 3.3 **그림** 3.16과 같이 루소 선도가 표시될 때, 주어진 질문에 답을 구하라.

(1) 배광곡선의 식

(2) 하반구 광속

(3) 상반구 광속

(4) 총 광속

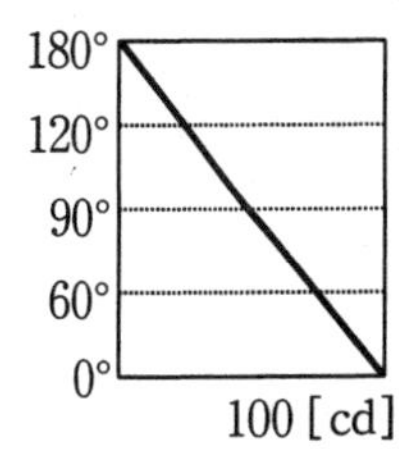

그림 3.16

풀이

【루소선도 해독법】

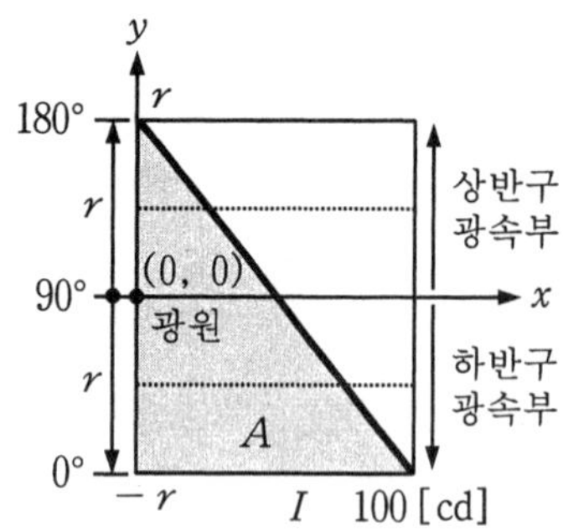

그림 3.17

① 광원 중심 (90°) : 원점

② 좌표 : $\begin{cases} x = I_\theta \\ y = -r\cos\theta \end{cases}$

③ y축 : $\begin{cases} 0° \sim 90° : \text{하반구 광속부(거리 } r) \\ 90° \sim 180° : \text{상반구 광속부(거리 } r) \\ 0° \sim 180° : \text{전 광속부(거리 } 2r) \end{cases}$

④ 방향각 기준 (0°) : 광원의 법선 방향의 수직축

(1) 배광곡선의 식 : 광도 I_θ를 θ의 함수로 표현

일차 함수 : $y = -\dfrac{2r}{I}x + r$ $\left(\because \text{ 기울기 : } -\dfrac{2r}{I}, \ y\text{절편 : } r\right)$

결과 식에 $(I_\theta, \ -r\cos\theta)$를 대입하면, 다음과 같은 배광곡선 식이 된다.

$$\therefore \ I_\theta = \frac{I}{2}(\cos\theta + 1) = 50(\cos\theta + 1)$$

(2) 하반구 광속 : 0°~90° 범위

루소선도 면적 : $A = 100r - \dfrac{50r}{2} = 75r$

하반구 광속 : $F = \dfrac{2\pi}{r} \cdot A = \dfrac{2\pi}{r} \times 75r = 150\pi = 471$ [lm]

(3) 상반구 광속 : 90°~180° 범위

루소선도 면적 : $A = \dfrac{50r}{2} = 25r$

상반구 광속 : $F = \dfrac{2\pi}{r} \cdot A = \dfrac{2\pi}{r} \times 25r = 50\pi = 157$ [lm]

(4) 총 광속 : 0°~180° 범위

루소선도 면적 : $A = \dfrac{100 \times 2r}{2} = 100r$

총 광속 : $F = \dfrac{2\pi}{r} \cdot A = \dfrac{2\pi}{r} \times 100r = 200\pi = 628$ [lm]

또한 위의 결과로부터 총 광속 = 상반구광속 + 하반구광속 = 628 [lm]이 된다.

연 습 문 제

객관식

3-1 60 [W] 전구를 책상 위 2 [m]인 곳에서 점등하였을 때 전구 바로 밑의 조도가 18 [lx]가 되었다. 이 전구를 50 [cm]만큼 책상 쪽으로 가까이 할 때의 조도 [lx]를 구하라.

㉮ 약 13.5　　㉯ 약 18　　㉰ 약 24　　㉱ 약 32

3-2 루소선도에서 전광속 F와 루소선도의 면적 S사이에는 어떠한 관계가 성립하는가? 단, a, b는 상수이다.

㉮ $F=\frac{a}{S}$　　㉯ $F=aS$

㉰ $F=aS+b$　　㉱ $F=aS^2$

3-3 루소선도에 의하여 광원의 광속을 구할 경우, 광원을 중심으로 한 원의 반경을 R, 루소선도의 면적 S라 하면 광원의 광속 F는 사이에는 어떠한 관계가 성립하는가? 단, a, b는 상수이다.

㉮ $F=\frac{2\pi S}{R}$　　㉯ $F=\frac{S}{2R}$

㉰ $F=\frac{4\pi S}{R}$　　㉱ $F=\frac{4\pi R^2}{S}$

3-4 어떤 전구의 상반구 광속은 2000 [lm], 하반구 광속은 3000 [lm]이다. 평균 구면 광도 [cd]를 구하라.

㉮ 200　　㉯ 400　　㉰ 600　　㉱ 800

주관식

3-1 길이 4 [m]인 장형 광도계로 30 [cd]의 표준등에서 1 [m]인 곳에 광도계 두부가 있을 때 측광 평형이 되었다면, 피측정 전구의 광도 [cd]를 구하라.

3-2 장형 광도계로 **그림** 3.18과 같이 광도 P면을 수직으로 비추어 평형을 이루었을 때, 거리 D_1은 60 [cm]이다. 거리 D_2를 구하라.

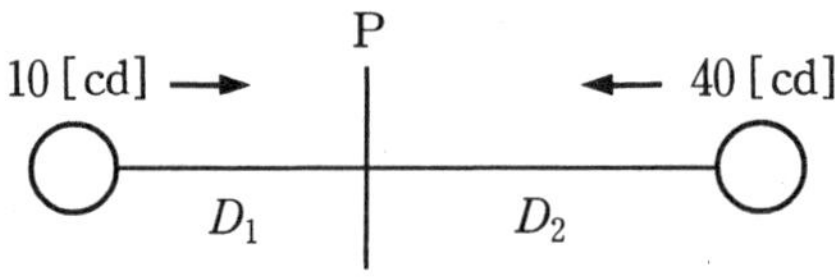

그림 3.18

3-3 광도 측정의 종류와 방법에 대해 설명하라.

3-4 물리 측광에 대해 설명하라.

3-5 배광곡선과 루소선도와의 상관 관계를 설명하라.

3-6 **그림** 3.19와 같은 루소선도에서 광원의 배광곡선 식과 전 광속을 구하라.

3-7 루소선도가 **그림** 3.20과 같이 표시되는 광원의 상반구 광속 [lm]을 구하라. 단, 이 그림에서 곡선 BC는 사분원이다.

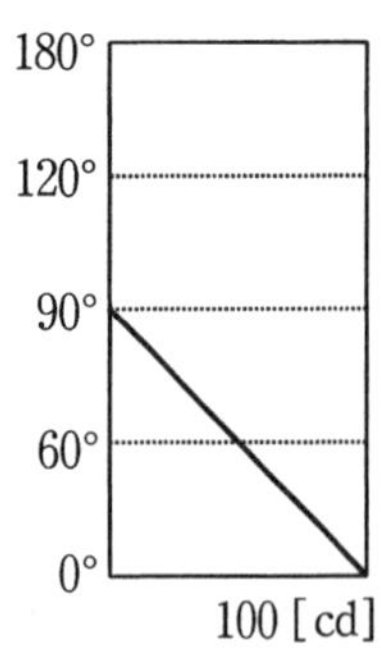

그림 3.19

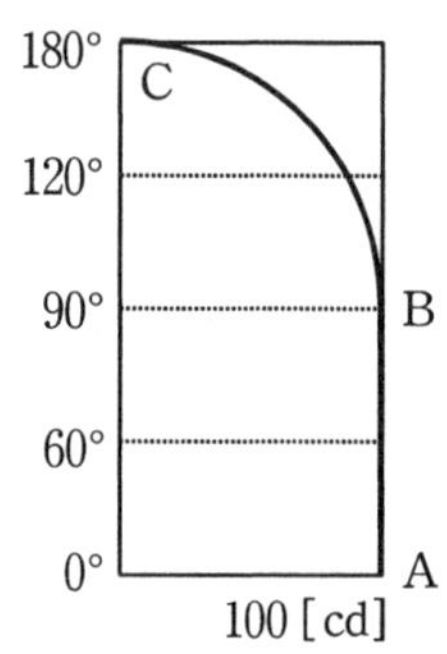

그림 3.20

chapter 4

광 원

4.1 발광의 원리

4.1.1 온도 복사(열 복사)

물체에 온도를 높여 가면 처음에는 적외선을 복사하고, 500[℃] 이상으로 하면 적색의 빛을 발산하기 시작한다. 더욱 더 온도를 높이면 적색이 감소하고 백색, 즉 백열의 상태가 된다. 이와 같이 온도 상승에 의해 물체 표면에서 여러 가지 파장의 전자파가 방출하는 현상을 **온도 복사(열 복사** : temperature radiation)라 한다. 온도 복사의 파장 분포는 연속 스펙트럼이고, 백열등 및 전열선 등이 해당한다.

흑체(black body)는 입사하는 복사 에너지를 모두 흡수하고 반사도 투과도 하지 않는 물체, 즉 흡수율이 100[%]인 가상적인 물체를 의미한다. 흑체는 온도복사가 일어나는 가장 이상적인 물체이고, 온도 복사이론의 기준이 된다. 완전 흑체는 현실적으로 존재하지 않지만, 백금흑(platinum black)이나 탄소 등이 이와 비슷한 성질을 가지고 있다.

그림 4.1은 흑체의 온도 복사 특성곡선을 나타낸 것으로써 온도 상승과 더불어 복사 에너지는 급속히 증가하고, 최대 복사 에너지를 내는 파장은 짧은 파장 쪽으로 이동하는 것을 알 수 있다. 흑체의 온도 복사는 다음의 법칙을 따른다.

(1) 스테판-볼츠만 법칙

흑체의 단위 면적으로부터 방출되는 복사 에너지 W는 절대온도 T[K]의 4제곱에 비례한다. 이것을 **스테판-볼츠만 법칙**(Stefan−Boltzmann's law)이라 한다.

$$W = \alpha T^4 \, [\mathrm{W/m^2}] \tag{4.1}$$

여기서 $\alpha = 5.6696 \times 10^{-8} \, [\mathrm{W/m^2 \cdot K^4}]$이고, 이것을 스테판-볼츠만 상수라 한다.

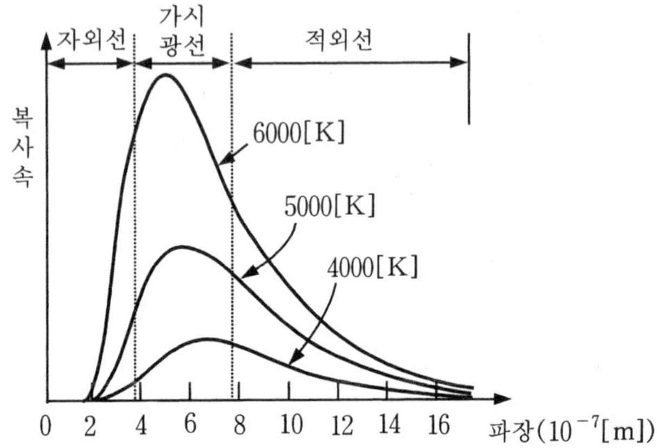

그림 4.1 흑체의 온도 복사 특성곡선

(2) 빈의 변위 법칙

흑체에서 최대 분광 복사속 발산도를 발생하는 파장 λ_m은 절대온도 T[K]에 반비례한다. 이것을 **빈의 변위 법칙**(Wien's displacement law)이라 한다.

$$\lambda_m = \frac{b}{T} \, [\mu\mathrm{m}] \quad (\text{단, } b = 2,896 \, [\mu\mathrm{m \cdot K}]) \tag{4.2}$$

(3) 플랑크의 복사법칙

절대온도 T[K], 임의의 파장 λ에서 분광 복사속 발산도 P_λ는 다음과 같다.

$$P_\lambda = \frac{C_1}{\lambda^5} \cdot \frac{1}{e^{C_2/\lambda T}} \, [\mathrm{W/m^2 \cdot nm}] \tag{4.3}$$

여기서 $C_1 = 3.714 \times 10^{20} \, [\mathrm{W/m^2 \cdot nm^4}]$, $C_2 = 1.438 \times 10^{-2} \, [\mathrm{m \cdot deg}]$이다.

(4) 색온도

어떤 광원의 광색이 어느 온도의 흑체의 광색과 같을 때, 그 흑체의 온도를 광원의 **색온도**(color temperature)라 하며, 색온도는 실제온도보다 높다.

예제 4.1 시감도가 최대인 파장 555 〔nm〕의 온도를 구하라.

풀이

빈의 변위 법칙에 의해 온도는 다음과 같다.

$$T = \frac{b}{\lambda_m} = \frac{2896}{0.555} = 5218\,[\mathrm{K}]$$

예제 4.2 6000 〔K〕에서 최대 복사 에너지의 파장이 555 〔nm〕일 때, 4000 〔K〕에서의 최대 복사 에너지의 파장과 색깔을 구하라.

풀이

빈의 변위 법칙에 의해 임의의 온도에서 최대 파장과 절대온도는 반비례하므로

$$\frac{\lambda}{555} = \frac{6000}{4500} \qquad \therefore\ \lambda = 555 \times \frac{6000}{4500} = 740\ [\mathrm{nm}]$$

이고, 적색이 된다.

4.1.2 루미네선스

루미네선스(luminescence)는 온도 복사 이외의 모든 발광 현상, 즉 열을 수반하지 않고 어떤 자극에 의해 빛을 발산하는 현상을 의미하며, 이런 이유로 **냉광**(cold light)이라고도 한다. 열에너지의 소모가 거의 이루어지지 않기 때문에 에너지 변환 효율은 매우 높은 것이 특징이다.

루미네선스는 자극 후 발광의 지속시간에 따라 **형광**과 **인광**으로 구분한다.

형광	① 자극이 주어지고 있는 시간만 발광하는 것 ② 물질 내의 전자가 여기상태로 되었다가 곧 기저상태로 돌아가면서 발광하는 경우
인광	① 자극이 사라진 후에도 어느 정도 지속적으로 발광을 계속하는 것 ② 물질 내의 전자가 여기상태에서 일단 준안정상태로 이행한 다음에 다시 기저상태로 돌아가는 경우

또한 루미네선스는 자극의 종류에 따라 **표** 4.1과 같이 분류하고, 실제적으로 광원으로 사용하는 것은 전기 및 복사 루미네선스이다.

표 4.1 루미네선스의 분류

종 류	원 리	적 용
전기 루미네선스	기체 방전에 의한 발광 현상	방전등
복사 루미네선스	① 광선, 자외선 및 X선 등의 자극에 의해 그 파장보다 긴 파장의 빛을 발산(스토크스의 법칙) ② 보통 기체와 액체는 형광, 고체는 인광을 발산	형광등(형광) 야광도료(인광)
열 루미네선스	물체를 강하게 가열할 때 같은 온도의 흑체복사보다 더 강한 복사속을 발산하는 현상	금강석 대리석, 형석
음극선 루미네선스	형광체에 음극선의 조사에 의한 발광 현상	브라운관
파이로 루미네선스	휘발성 금속원소 또는 그 염류를 가스의 불꽃에 넣을 때 금속증기의 발광현상(알칼리 금속)	발염 아아크등 불꽃 반응
생물 루미네선스	① 생물에 의한 발광으로 일종의 광화학 반응 ② 발광물질은 루시페린이고, 열을 수반하지 않음	야 광 충 개똥벌레
화학 루미네선스	화학반응, 특히 산화과정에 의한 발광	황린의 자연발화
마찰 루미네선스	물질의 기계적 파괴 또는 마찰에 의해 순간적으로 발광	각설탕 석 영

【참고】 스토크스의 법칙(Stokes' law)

형광체는 자극광의 빛에너지를 흡수하여 그 일부를 다시 빛에너지로 복사하는 물질이며, 이 때 형광체에서 발산하는 복사의 파장은 자극광의 파장보다 항상 길다. 이 현상을 **스토크스의 법칙**이라 한다.

일반적으로 복사 에너지는 파장과 반비례하기 때문에 자극광보다 에너지가 적은 형광의 파장은 자극광의 파장보다 항상 길다. 따라서 자극광은 가시범위의 파장보다 짧은 자외선이나 X선 등으로 조사해야 가시범위의 복사 루미네선스를 얻을 수 있다.

4.2 백열전구

4.2.1 원리와 구조

백열전구는 필라멘트에 전류를 흘려서, 고온으로 가열하여 온도복사에 의한 발광 원리를 이용한 것이다. **그림 4.2**는 백열전구의 구조 및 각 부의 명칭을 나타낸다.

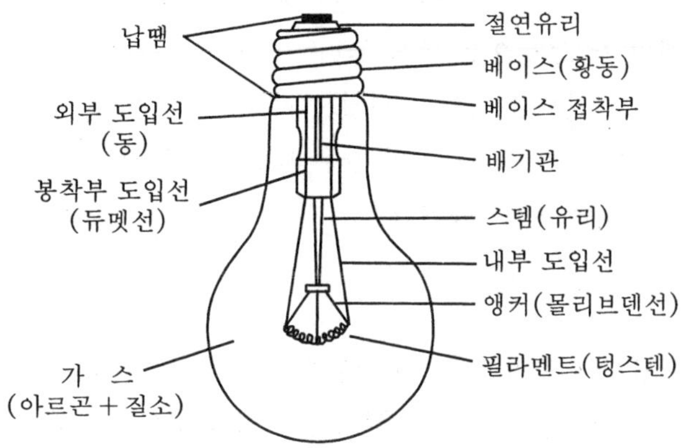

그림 4.2 백열전구의 구조

(1) 유리구

일반용 전구는 연질유리의 소다석회유리를 사용하고, 고용량의 전구는 내열용으로 경질유리의 붕규산유리를 사용한다.

(2) 베이스

전구에 전원을 접속하기 위한 부분이고, 재질은 황동 또는 알루미늄으로 되어 있지만 기계적 강도 및 내부식성을 고려하여 현재는 알루미늄을 주로 사용한다.

베이스의 크기와 모양은 한국산업규격(KS)에서 규정하고 있고, 보통형은 10~200 [W], 대형은 300~1000 [W]이다.

① 나사식(Edison base) : 일반 전구용(E)
특소형(E_{10}), 소형(E_{12}), 중형(E_{17}), 보통형(E_{26}), 대형(E_{39})

② 차입식(Swan base) : 기차, 자동차, 선박용 전구 등의 진동이 심한 장소(S)

③ 바이포스트식(bipost base) : 형광등과 같은 긴 전구(G)

(3) 앵커

앵커(anchor)는 필라멘트의 지지용으로 내열성, 내진성이 요구되고, 고온에서 인장 강도가 변하지 않으며, 또한 유리와 밀착성이 강한 몰리브덴선을 사용한다.

(4) 도입선

베이스 단자와 필라멘트를 전기적으로 연결하는 부분이고, 외부 도입선, 봉착부 도입선, 내부 도입선의 세 부분으로 되어 있다.

외부 도입선은 구리, 내부 도입선은 니켈을 사용하고, 봉착부 도입선은 유리를 관통하므로 공기가 새지 않도록 유리와 거의 같은 팽창계수를 갖는 철-니켈합금에 구리를 피복한 **듀멧선**(dumet wire)이 사용된다.

(5) 필라멘트

백열전구에서 발광체인 필라멘트는 **텅스텐**을 사용한다. 탄소는 융점이 3,550[℃]로써 가장 높지만 고온에서 증발작용이 심하고, 기계적 강도가 약하기 때문에 현재에는 사용하지 않는다.

그러나 텅스텐은 융점이 3,392[℃]로 탄소보다 낮지만, **기계적 강도가 강하며, 고온에서 증발작용이 적을 뿐만 아니라 가공이 용이하고, 선팽창계수가 작은 장점이 있다.**

백열전구에서 텅스텐 필라멘트의 사용온도는 2,145~2,750[℃]이다.

필라멘트는 보통 지름 10[μm]를 사용하며, 형태는 직선형, 코일형 및 2중 코일형이 있다. 30[W] 이하의 진공전구는 직선형, 40[W] 이상의 가스 봉입전구는 코일형 또는 2중 코일형을 사용한다.

(6) 게터

유리구의 내부는 고온의 필라멘트의 산화를 방지하기 위하여 전구의 제조시에 진공도 10^{-4}[mmHg]로 배기하지만, 미량의 남아있는 산소에 의해 유리구 내벽을 검게 하는 흑화현상을 초래한다. 따라서 필라멘트의 산화를 방지하기 위하여 필라멘트에 발라놓은 **게터**(getter)를 사용한다.

게터는 처음에 점등하면 기화하여 산소와 화합하면서 진공도를 10^{-5}[mmHg]까지 높이게 되어 필라멘트의 산화를 방지한다.

게터는 30[W] 이하의 진공전구는 붉은 인, 40[W] 이상의 가스 봉입전구는 질화바륨을 사용한다.

(7) 봉입가스

필라멘트는 발광효율를 높이기 위하여 고온으로 하기 때문에 표면에서 승화작용이 매우 심하게 일어나면서 점차로 가늘어지고 수명도 짧아지게 된다. 따라서 필라멘트의 승화작용을 억제하기 위하여 유리구 내부를 진공으로 한 후 고온에서 텅스텐과 화합하지 않는 **불활성기체**를 봉입한다.

불활성기체는 주기율표 18족 원소로써 헬륨(He), 네온(Ne), 아르곤(Ar), 크립톤(Kr), 크세논(Xe) 및 라돈(Rn)이 있고, 다른 물질과 화합하지 않는 안정된 성질이 있다. 또 고온에서 증발에 의해 압력을 상승시키며, 열전도율이 적고, 아크 방전전압이 낮으며, 방전시 특유의 광색을 내는 특징이 있다. 이러한 특징으로 인하여 백열전구 및 방전등에 주로 봉입가스로 사용하고 있다.

봉입가스는 **아르곤**과 **질소**를 사용하며, 일반용 전구는 아르곤 85 [%]와 15 [%]의 질소로 하는 것이 표준이다. 또 불활성기체 중 아르곤 대신에 크립톤, 크세논을 봉입한 전구도 사용되지만, 가격이 비싸지게 된다.

유리구 내부에서 봉입가스의 작용을 알아보면 다음과 같다.

① 고온의 필라멘트에 의해 가열되어 심한 대류를 일으켜 유리구나 베이스의 온도를 상승시키면서 필라멘트를 냉각시킨다. 이 전력 손실을 **가스손**이라 하고, 필라멘트가 가늘수록 더욱 크게 나타난다.

② 가스의 압력 : 상온에서 1/2~3/4기압, 점등시에는 1기압 정도이다.

③ 가스의 압력을 상승시키면 필라멘트의 승화작용을 감소시킬 수 있지만, 압력을 상승시키는 것은 한계가 있다. 따라서 필라멘트의 형태를 코일형과 **2중 코일형**으로 하여 가스와의 접촉면적을 적게 하면서 가스손을 감소시키고, 발광효율을 높게 할 수 있다.

④ 혼합 질소 가스는 유리구 내에서 대류작용을 억제하여 아르곤의 낮은 아크 방전전압을 상승시키는 역할을 한다.

표 4.2 진공전구와 가스 봉입전구의 비교

종 류	소비전력	필라멘트	게 터	봉입가스
진공전구	30 W이하	직 선 형	붉은 인	–
가스봉입전구	40 W이상	코 일 형 2중 코일형	질화바륨	아르곤 질 소

30[W] 이하의 전구는 진공, 40[W] 이상의 전구는 가스 봉입을 사용하고, 가스손이 있음에도 불구하고 가스 봉입전구가 진공전구보다 효율이 높다.

표 4.2는 진공전구와 가스 봉입전구의 비교를 나타낸 것이다.

4.2.2 백열전구의 특성

(1) 동정 특성

새로 제작한 전구는 처음에 점등하면 필라멘트의 특성이 균일하지 않고 광속, 전류, 효율 등의 변화가 심하고, 수십 분 정도 지나면 **그림 4.3**과 같이 전구의 특성이 감소하면서 거의 일정한 값으로 안정화 되어간다.

① **에이징**(aging) : 최초의 점등에서 필라멘트의 특성을 안정화시키는 작업을 **에이징**이라 한다.

② **초특성** : 약 1시간 정도의 에이징 후에 측정한 전구의 특성

③ **동정**(performance) : 에이징이 끝난 후 전구 특성의 변화하는 과정을 **동정**, 이 전구 특성 변화를 **그림 4.3**과 같은 곡선으로 나타낸 것을 **동정곡선**, 전구의 수명이 1/2인 시점에서 측정한 전구의 특성을 **동정특성**이라 한다.

④ **수명**(life) : 전구의 점등 후 필라멘트가 단선될 때까지의 시간

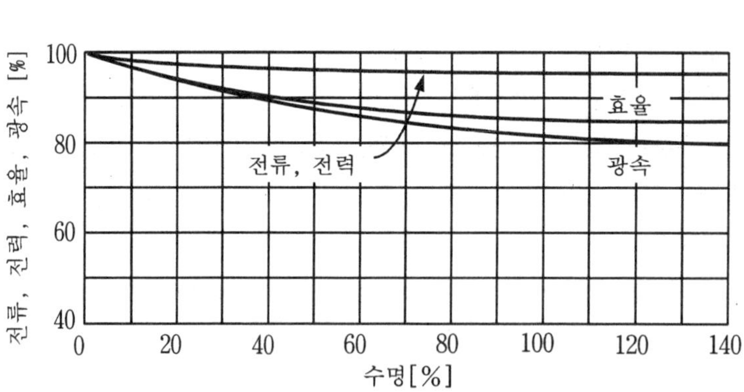

그림 4.3 동정곡선(200W의 백열전구)

(2) 전압 특성

백열전구는 전압 변동에 의해 필라멘트의 온도변화가 일어나게 되고, 저항이 변화하여 전류, 광속, 효율 및 수명 등의 전구 특성이 변화하는데, 이를 **전압특성**이라 한다.

그림 4.4는 가스 봉입전구의 전압특성을 나타낸 것이고, 전압특성 변화는 전구에 따라 다소 차이가 있지만 일반적으로 다음의 실험식을 만족한다.

광속 : $\dfrac{F}{F_0} = \left(\dfrac{V}{V_0}\right)^{3.6}$ 수명 : $\dfrac{L}{L_0} = \left(\dfrac{V}{V_0}\right)^{-13}$

광도 : $\dfrac{I}{I_0} = \left(\dfrac{V}{V_0}\right)^{3.6}$ 효율 : $\dfrac{\eta}{\eta_0} = \left(\dfrac{V}{V_0}\right)^{1.9}$

전류 : $\dfrac{I}{I_0} = \left(\dfrac{V}{V_0}\right)^{0.5}$ 전력 : $\dfrac{W}{W_0} = \left(\dfrac{V}{V_0}\right)^{1.5}$

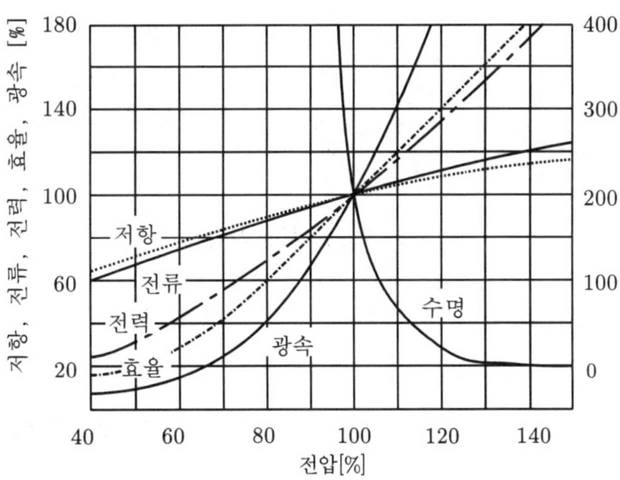

그림 4.4 가스 봉입전구의 전압특성

(3) 효율과 수명

전구는 입력전압과 소비전력으로 표시한다. 실제 입력 중 빛으로 이용하는 것은 6~12[%] 정도이고, 나머지는 적외선과 열손실로 소모된다.

특성은 필라멘트의 온도가 높을수록 발광효율은 증가하지만, 증발속도가 커지기 때문에 수명이 짧아진다. 반면에 전압이 낮아지면 발광효율은 저하하지만 수명은 길어진다. 즉, 효율의 증감은 수명에 큰 영향을 미치고, 백열전구의 수명은 900~1,500시간 정도이다.

백열전구의 특성 및 수명에 관한 한국산업규격(KS)을 부록에 수록하였으니 참고하기 바란다.

4.2.3 할로겐 전구

백열전구는 고온에서 텅스텐의 증발로 분자가 전구의 내벽에 부착하여 흑화현상을 일으키면서 광속이 저하하고 효율도 낮아진다. 이를 개선한 것이 **할로겐 전구**이고, 미량의 할로겐 화합물을 봉입하여 할로겐 재생 사이클의 원리를 이용한 가스 봉입전구이다. 할로겐 전구의 원리와 구조에 대하여 설명한다.

(1) 할로겐 전구의 원리

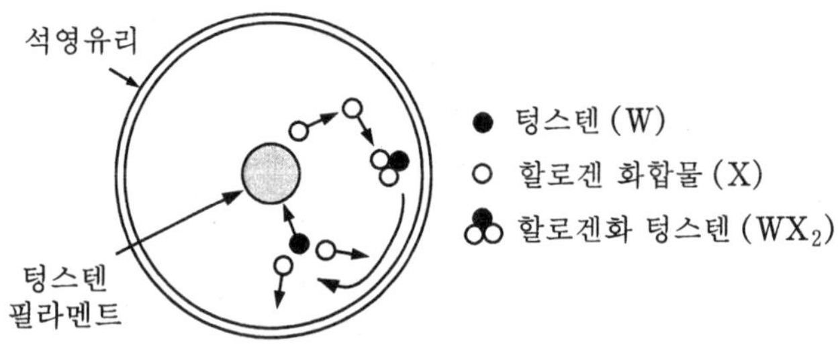

그림 4.5 할로겐 재생 사이클

① 텅스텐의 증발작용을 감소시켜 수명을 증가하기 위하여 유리구 내에 미량의 할로겐 화합물 (I_2, Br_2, Cl_2)을 봉입한다.

② 할로겐 화합물은 낮은 온도에서 텅스텐과 결합하고, 높은 온도에서 분해하는 성질이 있다.

③ 할로겐 화합물은 증발하여 확산하고 관벽 가까이의 증발된 텅스텐과 결합하여 할로겐화 텅스텐을 만들고 이것이 필라멘트에 가까이 가면 고온에 의해 분해하여 텅스텐은 필라멘트로 되돌아가고 할로겐은 다시 확산한다. 이러한 반복과정을 **할로겐 재생 사이클**이라 한다.

$$\text{할로겐 사이클의 반응 : } \begin{cases} \text{관벽 : } W + 2X \rightarrow WX_2 \text{ (결합)} \\ \text{필라멘트 : } WX_2 \rightarrow W + 2X \text{ (분해)} \end{cases}$$

④ 할로겐 사이클로 인하여 필라멘트의 증발작용이 억제되고, 흑화가 거의 일어나지 않으므로 유리관을 소형화할 수 있다.

(2) 할로겐 전구의 구조

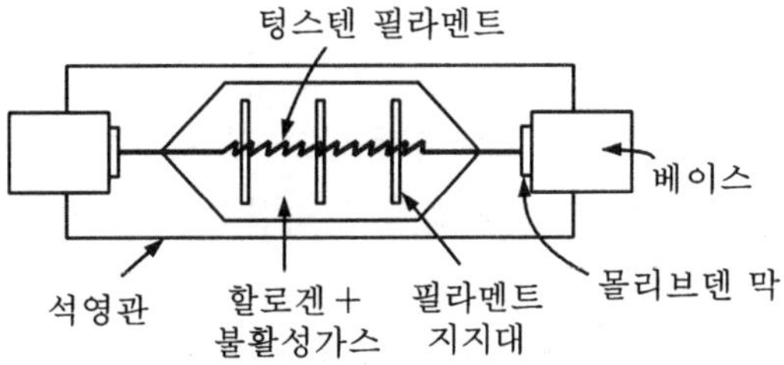

그림 4.6 할로겐 전구의 구조

① 유리관 : 관형(석영관)
온도 : 250℃(고온)
② 봉착부 도입선부 : 몰리브덴 막
③ 봉입가스 :
할로겐 화합물 : I_2, Br_2, Cl_2
불활성가스 : Ar

(3) 할로겐 전구의 특징 및 용도

① 흑화가 거의 일어나지 않아 초소형으로 제작이 가능하다.(일반전구 1/10정도)
② 수명이 길고 광속 변화가 거의 없다.
③ 할로겐 화합물은 비중이 크므로 수평의 위치에서 점등한다.(기울어짐 한계 : 4°)
④ 비임 제어가 가능하고, 연색성이 양호하다.
⑤ 베이스가 고온이다.
⑥ 박물관, 투광조명, 자동차용, 스포트라이트용, 복사기 및 광학용에 이용된다.

표 4.3 백열전구와 할로겐 전구의 특성 비교

종 류	백 열 전 구	할로겐 전구
용 량 효 율 수 명	2~1000 W 7~22 lm/W 900~1500시간	500~1500 W 20~22 lm/W 2000~3000시간
점등부속장치	불 필 요	불 필 요
광질 및 특색	① 일반적으로 휘도가 높고 열복사가 많다. ② 광색에는 적색이 많고 배광제어가 용이 ③ 스위치를 넣고 점등에 이르는 순응성이 크다.	① 고휘도이고 광색은 적색부분이 많은 편 ② 배광제어가 용이 ③ 흑화가 거의 일어나지 않음
용 도	① 비교적 좁은 장소의 전반조명, 액센트조명의 분위기 조명 연출 ② 대형은 고천장 및 투광용 조명	① 장관형은 고천장이나 경기장, 광장 등의 투광용 조명 ② 단관형은 영사기용에 적합

4.2.4 적외선 전구

적외선 전구는 적외선에 의한 가열, 건조 등 산업용으로 활용되고 있다. 적외선 건조용 전구는 필라멘트의 색온도를 2,500 [K] 정도로 낮게 하여 적외선 복사를 80 [%]까지 높이고 있으며, 경질의 내열유리를 사용한다.

수명은 약 5,000시간이고, 차량이나 기계의 도장 또는 섬유, 농수산물의 건조에도 많이 사용되고 있으며, 최근에는 사람의 물리치료에도 응용되고 있다.

4.3 방전등의 원리

방전등은 기체 중의 방전현상을 이용한 것으로 유리관에 두 전극을 넣고 전압을 인가하여 전류가 흐를 때 방출하는 빛을 이용하는 전기 루미네선스이다.

4.3.1 방전이론

그림 4.7(a)와 같이 유리관 내에 낮은 압력의 기체를 넣고 평행평판 전극을 설치한 구조에서 직류 전압을 인가하면 처음에 미소전류가 흐르고, 더욱 전압을 상승시키면 전극간의 기체의 절연이 파괴되면서 불꽃을 동반한 매우 큰 전류가 흐르기 시작한다.

이와 같은 기체의 절연 파괴를 **방전**(discharge)이라 한다.

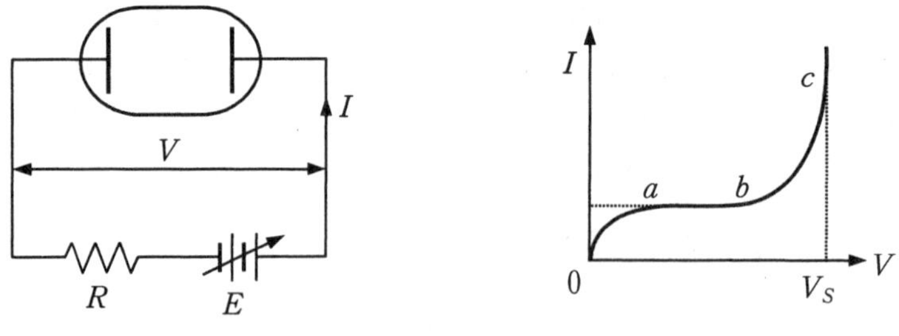

(a) 평행평판 전극 (b) 전압-전류 특성

그림 4.7 방전 특성

그림 4.7(b)는 전압-전류 특성 곡선으로 각 영역별로 방전에 이르는 메커니즘을 설명한다. 공기중의 기체는 우주선, 자외선, 방사선으로부터 약간이지만 항상 전리작용이 일어나면서 전자와 양이온의 하전입자가 발생하고, 부착, 재결합, 확산 등에 의해 소멸하는 과정을 반복한다. 이 기체를 두 전극 사이에 넣고 전압을 인가하면 하전입자

는 다음의 과정을 거치면서 방전에 이르게 된다.

① $0-a$ 영역 : 인가전압의 상승과 더불어 하전입자는 반대 극성의 전극으로 이동속도를 증대시키고 전극에 유입되기 전에 소멸되는 비율이 적어지므로 전류는 점차로 상승한다.

② $a-b$ 영역 : 하전입자의 생성비율은 일정하고, 생성된 하전입자가 전극 사이에서 소멸되기 전에 모두 전극에 도달하여 나타나는 전류이므로 일정한 **포화전류**가 흐른다. 즉 이 영역의 포화전류는 하전입자의 생성비율에 의해 결정된다.

③ $b-c$ 영역 : 전압을 더욱 상승시키면 음극에서 방출된 전자는 충분한 에너지를 가지고 기체 중성분자나 원자와 충돌하여 전리(충돌전리작용, α작용)를 일으키고, 이 때 발생한 양이온이 재차 중성분자 또는 음극과 충돌하여 전자를 방출(전자방출작용, γ작용)시켜 하전입자가 급증하는 전리증식과정인 **전자사태**(electron avalanche)가 발생한다. 따라서 전류가 급격히 상승하고 불꽃(spark)을 동반한 방전을 개시하는데, 이 때의 전압을 **불꽃전압** 또는 **방전개시전압**, V_S라 하고, 이 영역의 방전을 **타운센드 방전**(Townsend discharge)이라 한다.

(1) 파센의 법칙

평등전계에서 기체의 온도가 일정한 경우, 불꽃전압 V_S는 압력 p와 전극간의 거리 d의 곱 pd의 함수로 결정된다. 이것을 **파센의 법칙**(Paschen's law)이라 한다.

$$V_S = f(pd) \tag{4.4}$$

그림 4.8은 공기, N_2 및 H_2의 파센의 법칙에 관한 관계를 나타낸 것이다.

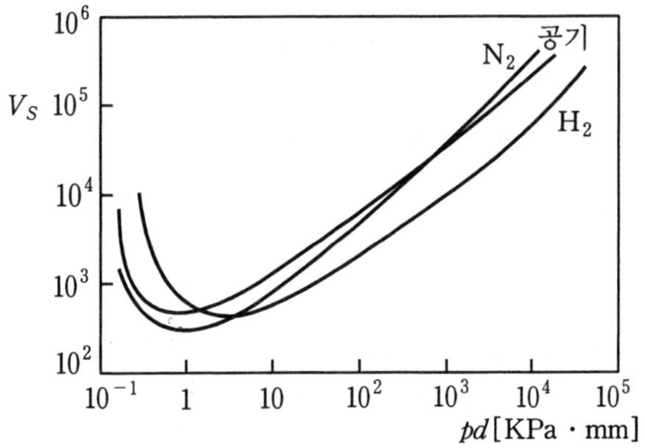

그림 4.8 파센의 법칙

이 곡선의 특징은 방전개시전압 V_S가 극소가 되는 점이 있는 것이고, pd가 극소점보다 크거나 적으면 방전개시전압은 상승한다. 따라서 전극 간격이 고정된 방전등에서 방전개시전압을 낮추기 위해서는 대체로 압력이 낮아야 하지만 너무 낮거나 높아도 되지 않고 적정의 압력을 필요로 하는 이유이다.

(2) 페닝 효과

두 종류의 혼합기체에서 불활성기체나 수은과 같이 준안정상태에 있는 기체의 여기전압이 미량으로 혼합된 다른 기체의 전리전압보다 높으면 미량의 기체가 쉽게 전리가 일어나게 되어 혼합기체의 방전개시전압이 매우 낮아지게 되는데, 이 현상을 **페닝 효과**(Penning effect)라고 한다.

방전등 및 형광등에 미량의 아르곤을 봉입하는 이유는 바로 페닝 효과를 이용한 방전개시전압을 낮추기 위한 것이다.

그림 4.9는 네온과 아르곤의 혼합기체의 방전개시전압을 나타낸 것으로 페닝효과를 만족하고 있다.

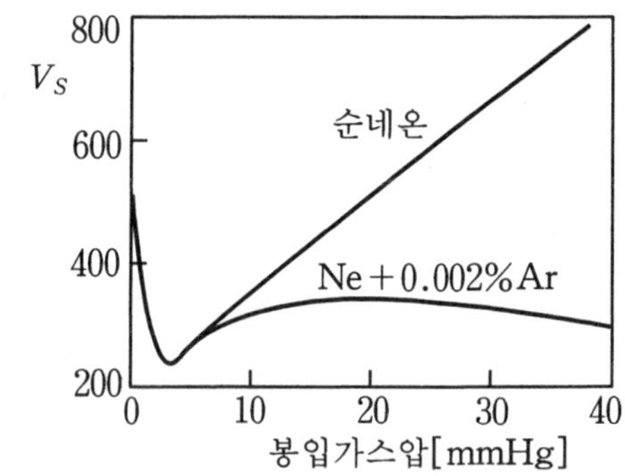

그림 4.9 혼합기체의 방전개시전압

4.3.2 방전의 종류

저기압의 방전관에 전압을 인가하면 방전개시전압에서 불꽃을 동반한 타운센드 방전이 일어나는 현상을 **그림** 4.7(b)에서 설명하였다. **그림** 4.10은 그 이후의 변화 과정을

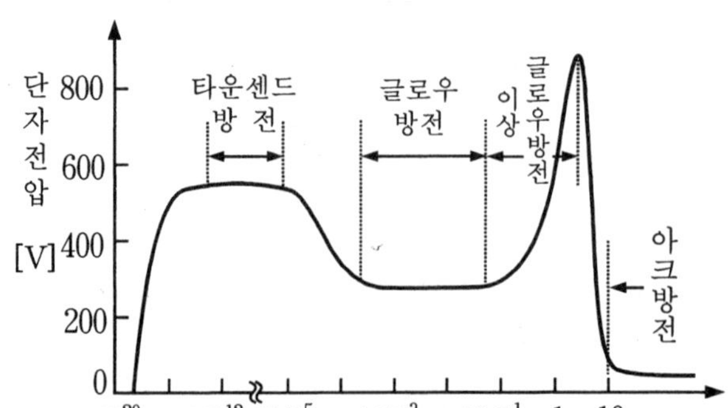

그림 4.10 글로우 방전과 아크 방전

나타낸 전압－전류 특성곡선이며, 방전개시전압에서 타운센드 방전에 도달하면 자동적으로 전압과 전류의 반비례 관계를 나타내는 부(－) 특성 부분으로 전이되고 전극 사이는 **글로우 방전**(glow discharge)에 머무르게 된다. 또 저항을 이용하여 전류를 더욱 증가시키면 정점을 넘게 되어 **아크 방전**(arc discharge)으로 진행한다.

방전관을 이용한 조명등은 글로우 방전과 아크 방전의 원리를 적용한 것이다.

(1) 글로우 방전

압력이 비교적 낮은 0.1~1[mmHg] 정도의 기체가 봉입된 가는 유리관의 양단에 전극을 설치하고 고전압을 인가하면, 기체의 충돌전리와 이 때 발생한 양이온의 충돌에 의한 음극에서의 전자 방출이 일어나 기체방전을 일으켜 발광하게 된다. 이 현상을 **글로우 방전**이라고 한다.

그림 4.11은 유리관 내부에서 글로우 방전의 발광상태 및 광도를 나타내었다. 즉 음극에서부터 아스톤 암부, 음극 글로우, 음극 암부, 좁게 빛나는 부글로우(4) 및 패러데이 암부의 순서로 되고, 이 곳부터 양극까지 빛나는 것을 양광주(6)라 하며, 양극 전극 자체의 면에서 약하게 빛나는 것을 양극 글로우라고 한다.

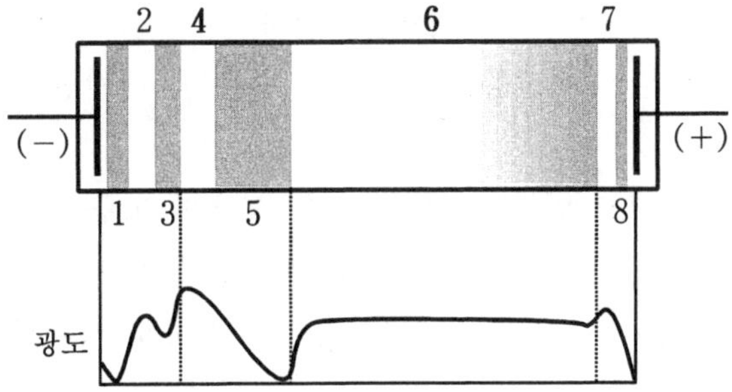

1. 아스톤암부　2. 음극글로우
3. 음극암부　4. 부글로우
5. 패러데이암부　6. 양광주
7. 양극글로우　8. 양극암부

그림 4.11 글로우 방전

전극의 간격을 좁게 하면 음극 부근의 상태는 변화가 없지만 양광주는 짧아지고 더욱 단축시키면 사라진다. 이러한 경우에는 음극에서 부글로우만이 발광하게 된다.

따라서 네온관등 및 형광등은 관의 길이를 길게 하여 **양광주**을 이용하고, 네온전구는 전극 사이를 짧게 하여 **부글로우**를 이용한 조명등이다.

그림 4.11의 전원을 교류로 점등하면 양광주와 부글로우가 두 전극에 번갈아 생기므로 패러데이 암부는 보이지 않고 양광주만 빛으로 되지만, 두 극의 근처는 약간 흐리며 빛의 명멸현상인 깜빡거림(flicker)이 발생하게 된다.

글로우 방전시 양광주와 부글로우의 색은 기체의 종류 및 방전전류에 따라 다르며, 목적에 따라 광색을 연출하기 위하여 다양한 기체들이 사용되고 있다.

표 4.4는 기체의 종류에 따른 광색을 나타내었으며, 네온, 아르곤, 수은, 헬륨 등의 기체가 주로 사용된다.

표 4.4 기체의 종류에 따른 광색

기체종류	Ne	Ar	Hg	He	Na	N_2	O_2	CO_2	K
부글로우	등적	담청	청백	백록	황록	청	황백	청백	청
양 광 주	적	적자	청록	적황	황	황	황	백	녹

(2) 아크 방전

글로우 방전에서 전류를 더 증가시키면 음극에서 양이온의 충돌작용은 더욱 가속화되어 국부적인 가열이 발생하면서 열음극에 의한 열전자 방출이 활발해진다. 따라서 음극의 전압강하는 급격히 감소하고 전극사이의 전압은 기체의 전리전압에 가깝게 되어 양광주가 강렬하게 발광하는데, 이 현상을 **아크 방전**이라 한다.

아크 방전의 원리를 이용한 방전등은 탄소 아크등, 나트륨등, 수은등, 메탈할라이드 등이 있다.

방전의 종류는 방전등의 원리에 응용되고 있는 평행평판 전극구조의 평등전계에서 발생하는 **글로우 방전** 및 **아크 방전**이 있고, 또 침전극 대 평판전극과 같은 불평등전계에서 발생하는 **코로나 방전**이 있다. 코로나 방전은 전기집진장치의 원리에 적용된다.

4.3.3 안정기

도체에서 전류가 증가하면 전압은 상승하고, 기체 방전에서는 반대로 전류가 증가하면 전압은 감소하는 현상이 나타난다. 도체에서와 같은 현상을 **정(+)특성**, 기체 방전에서의 현상을 **부(-)특성**이라 한다.

그림 4.10과 같이 글로우 방전이나 아크 방전의 기체 방전의 원리를 응용한 방전등은 부특성을 나타내기 때문에 일정 전압의 전원에서 일단 방전이 개시되면 급격한 전류의 상승으로 방전등을 손상시키기 때문에 회로에 안정된 전류를 공급하기 위하여 전류 제한장치를 삽입할 필요가 있다.

방전등에서 안정된 전류를 공급하기 위하여 직렬로 접속하는 저항이나 초크 코일을 **안정기**(ballast)라 한다. 안정기는 직류와 교류에 따라 다음과 같이 분류된다.

(1) 직류회로

그림 4.12(a)와 같이 방전관에 직렬로 저항을 접속하고 직류의 일정 전압이 공급되는 회로를 고려한다. 전원 전압 E, 저항 R, 방전관의 단자전압을 V라고 하면

$$E = IR + V \tag{4.5}$$

의 관계가 된다.

방전관만은 전압과 전류의 관계가 부특성이므로 **그림** 4.12(b)의 ①과 같은 특성을 가진다. 또 직렬 저항과 방전관을 포함하는 단자전압 V_t는 $RI + V$로 되며, 전원 전압과 단자전압이 $E = V_t$가 성립하는 전류 I에서 점등하게 된다. 그러므로 **그림** 4.12(b)에서 A, B 점의 두 값이 존재한다. A점 근처는 부특성이므로 불안정하고, B점 근처는 정특성으로 안정하게 점등된다.

이와 같이 방전관을 안정되게 점등하기 위해 직렬로 **안정저항**을 접속하여 저항 R과 방전관에 의한 전압 강하분이 합성되도록 하면 안정된 전류를 흘릴 수 있게 된다.

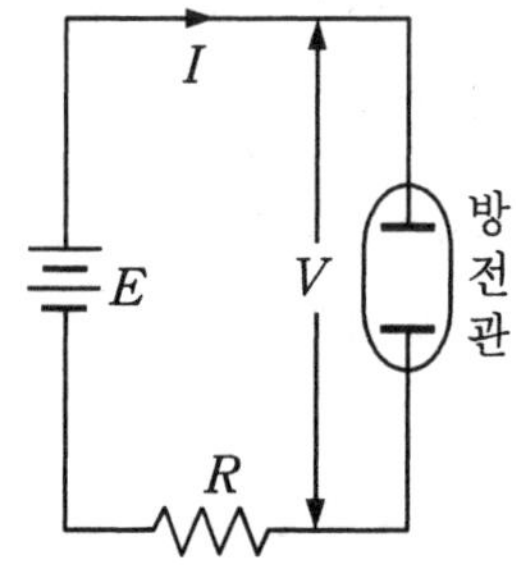

(a) 안정저항의 원리

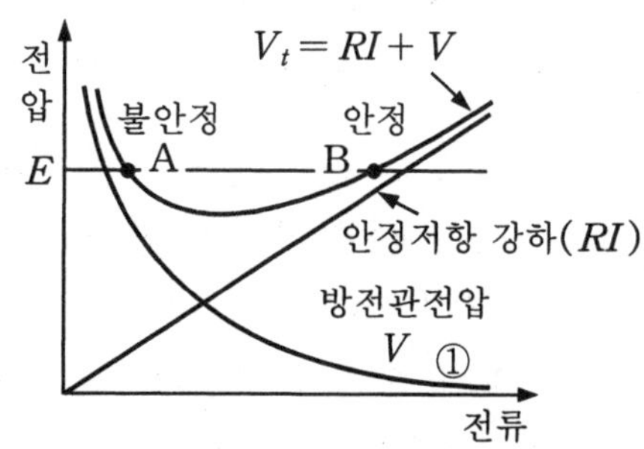

(b) 방전관 전압과 안정기의 관계

그림 4.12 안정저항의 원리 및 특성

(2) 교류회로

직류회로에서는 방전등의 전류 제한용의 안정기는 직렬 저항만이 사용되지만, 교류회로에서는 직렬 저항 외에 직렬 인덕턴스 및 LC공진회로를 이용한다.

교류는 직렬 저항회로에서 각 사이클마다 점등과 소멸을 반복하므로 빛의 명멸이 발생하여 직류용에 비해 효율이 떨어진다. 따라서 인덕턴스 직렬회로를 널리 사용한다.

1 인덕턴스 직렬회로

직렬 저항회로에서 전원 전압의 약 1/2 정도가 저항에 걸리므로 전력손실이 크고, 빛의 명멸이 심하지만, 인덕턴스 직렬회로는 전력손실 및 빛의 명멸이 적으므로 현재 가장 널리 사용되고 있다. 대부분의 형광방전등, 수은등의 점등회로에 이용되고 있다.

그러나 역률이 60 [%] 정도이므로 역률 개선용으로 콘덴서를 삽입해야 하고, 안정도 및 빛의 명멸을 고려하여 램프전압은 전원전압의 3/4을 초과하지 않아야 하며 보통은 50~70 [%]로 설계한다.

2 자기 누설변압기

네온사인과 같이 전원전압으로 직접 기동할 수 없고 승압을 필요로 하는 경우 자기 누설변압기를 사용한다. 누설 변압기는 누설 리액턴스를 매우 크게 한 변압기로 1차측의 전원전압이 일정하고 부하 임피던스가 변동해도 거의 일정한 2차 전류가 흐르도록 한 변압기이다. 주로 네온관등, 방전등, 아크 용접기 및 전자렌지 등에 사용한다.

4.4 방전등

방전등은 아크 방전, 글로우 방전 및 저압 수은등의 관 속에 형광물질을 도포한 것으로부터의 발광 원리를 이용한 것으로 다음과 같이 구분한다.

① 아크 방전 : 탄소 아크등, 수은등, 메탈 할라이드등, 나트륨등, 크세논등
② 글로우 방전 : 네온사인, 네온전구가 있고, 관 속에 넣는 가스의 종류에 따라 여러 가지의 발광색을 이용
③ 저압 수은등의 관 속에 형광물질을 도포(글로우 방전의 일종) : 형광방전등 또는 간단히 형광등(일반 조명용)

4.4.1 탄소 아크등

그림 4.13과 같이 두 개의 탄소막대 전극의 선단을 접촉하고, 그 사이에 전류를 흘리면서 전극을 서서히 떼어 놓으면, 두 전극 사이에 아크가 발생한다. 이것을 **탄소 아크등** (carbon arc lamp)이라 한다. 탄소 아크등은 다른 광원보다 높은 휘도와 광도를 얻을 수 있으므로 주로 청사진 제작이나 영사용으로 사용한다.

탄소 아크등은 전류가 일정값을 초과하면 소음이 발생하고 특성이 약간 불연속으로 되기 때문에 전류 제한용의 직렬 저항이 필요하다.

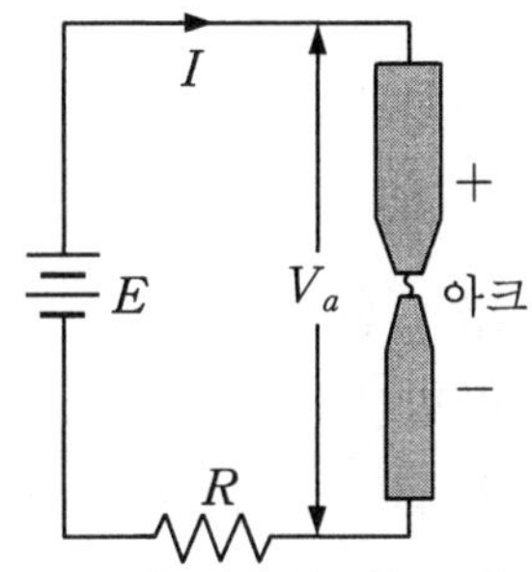

그림 4.13 탄소 아크등

탄소 아크등에는 순탄소 아크등, 발염 아크등 및 고휘도 아크등이 있다.

① **순탄소 아크등** : 직류로 점등하고 흑연전극을 사용하며, 양(+)극이 특히 세게 가열되어 전극소모가 빠르므로 음극보다 굵은 전극을 사용해야 하고 전극소모를 자동적으로 보충하는 장치가 필요하다. 효율은 20 [lm/W]이하, 휘도는 9,000~15,000 [cd/cm^2], 전극의 소모는 1 [mm/min] 정도이고, 주로 실험용으로 사용된다.

② **발염 아크등** : 전극에 금속염류를 함유한 것으로 금속의 특유 스펙트럼을 발산하는 빛을 광원으로 이용한다. 빛은 화구보다 화염에서 많이 나오므로 발광면적이 크고 효율은 최고 80 [lm/W] 정도이며, 주로 제판용, 소형 영사용, 광욕용 등에 사용한다.

③ **고휘도 아크등** : 양극의 중심에 불화세륨, 산화세륨 등의 발광제, 음극에는 탄소를 주로 한 발광제를 삽입한 것이고, 어느 전류값에 도달하면 화구가 생기어 백색의 불꽃이 발생한다. 화구의 온도는 4,200 [K]이하이지만, 양극의 온도는 최고 5,800 [K] 정도가 된다. 광선은 연속 스펙트럼이 복사되고 특히 4,000 [Å]부근에서 높게 된다. 휘도는 최고 120,000 [cd/cm^2] 정도이며, 주로 탐조등, 영사용에 사용된다.

4.4.2 수은등

수은등(mercury lamp)은 유리관 내에 봉입된 수은 증기압 중의 방전에 의한 발광을 이용한 것이다. 상온의 수은 증기압은 대단히 낮으므로 기동을 용이하게 하기 위하여 페닝 효과를 이용한 미량의 아르곤 가스를 봉입한다. 방전이 시작되면 온도의 상승에 따라 수은이 증발하여 적당한 압력으로 된다.

수은 증기압과 효율의 관계는 일반적으로 **그림** 4.14와 같이 수은 증기압이 높아질수록 효율이 좋지만, 저압 수은등과 고압 수은등에서는 효율이 떨어지는 곳이 있다.

수은 증기에서의 아크 방전에 의한 발산하는 복사는 증기압에 따라 다르며, 다음과 같이 분류할 수 있다.

① 저압 수은등(0.01 [mmHg]) : 선 스펙트럼
2537 [Å] : 강력한 자외선 발산,
4358 [Å](청색), 5461 [Å](녹색) : 가시광선 일부 포함

② 고압 수은등(800 [mmHg]) : 선 스펙트럼
4047~4078 [Å], 4358 [Å], 5461 [Å], 5770~5791 [Å] : 가시광선 증가

③ 초고압 수은등(20기압) : 연속스펙트럼
연속스펙트럼의 경향을 나타내고, 광색은 백색에 근접

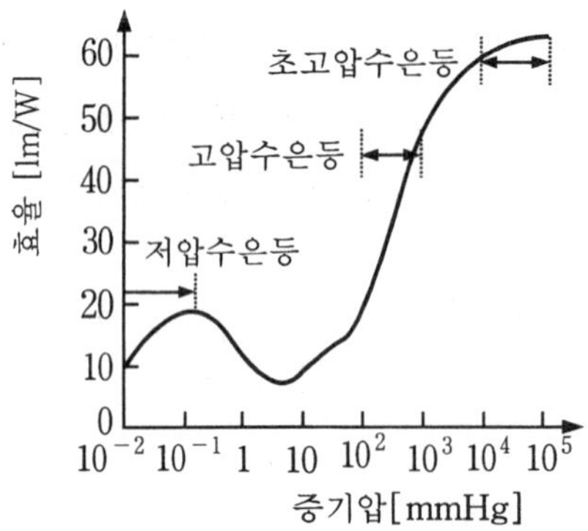

그림 4.14 수은등의 증기압과 효율

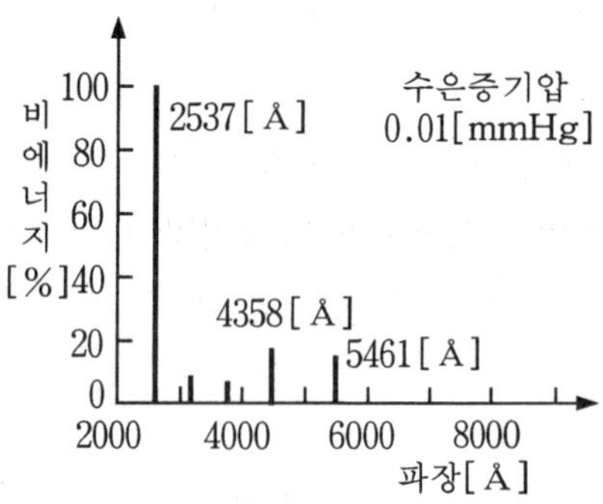

그림 4.15 저압 수은등의 분광 분포

(1) 저압 수은등(low pressure mercury lamp)

저압 수은등은 수은을 봉입한 가늘고 긴 유리관의 양단에 전극을 설치한 방전관으로 증기압이 0.001~0.1 [mmHg] 정도인 수은등을 의미한다.

그림 4.15는 수은 증기압 0.01 [mmHg]에서 분광 분포를 나타낸 것으로, 수은의 공진선은 2537 [Å]으로 자외선이 가장 많고, 전 복사에너지의 90 [%] 이상이 된다. 또 가시범위의 스펙트럼은 4358 [Å], 5461 [Å]이 가장 많기 때문에 광색은 청색이 된다.

저압 수은등은 발광효율이 5 [lm/W]로 직접 조명용으로 사용하지 않지만, 이를 응용하여 만든 살균등과 형광등을 사용하고 있다.

① **살균등** : 저압 수은등에서 2537 [Å]의 자외선이 가장 많이 나오는 것을 이용하여 응용한 것이다. 일반 유리는 자외선을 흡수하므로 석영관 또는 자외선 투과 유리

관을 사용한다. 15 [W] 살균등의 수명은 약 3,000시간 정도이다.

② **형광등** : 저압 수은등의 유리관 내면에 형광물질을 도포하여 자외선을 가시광선이 나오도록 변환한 스토크스의 법칙을 응용한 것이다.

(2) 고압 수은등(high pressure mercury lamp)

고압 수은등은 100∼760 [mmHg]의 압력으로 봉입된 수은 증기의 방전에 의한 발광 현상을 이용한 것으로 투명형, 형광형 및 반사형이 있다.

그림 4.16과 **그림 4.17**은 고압 수은등의 구조와 분광분포를 나타낸 것이다.

유리구는 발광관과 외관의 이중 구조를 이루고, 발광관은 고온, 고압에 견딜 수 있는 석영유리 또는 내열 경질유리, 외관은 연질유리로 되어있다.

발광관에는 수은과 미량의 아르곤이 봉입되어 있고, 아르곤은 페닝 효과를 이용한 기동전압을 낮추기 위한 것이다. 외관은 발광관을 보호하며, 온도를 유지하고, 내부에 금속 부분의 산화를 방지하며 또 자외선이 외부로 나오지 않도록 질소를 봉입한다.

수은의 증기압은 상온에서 매우 낮지만, 온도 상승에 따라 방전이 일어나면서 수은이 증발하기 시작하여 약 1기압의 압력에 도달한다.

고압 수은등의 기동은 전압이 인가되면 먼저 보조전극과 주전극 사이에 글로우 방전이 일어나고, 그 열이 수은을 증발시켜 주전극 사이로 방전이 이동한다.

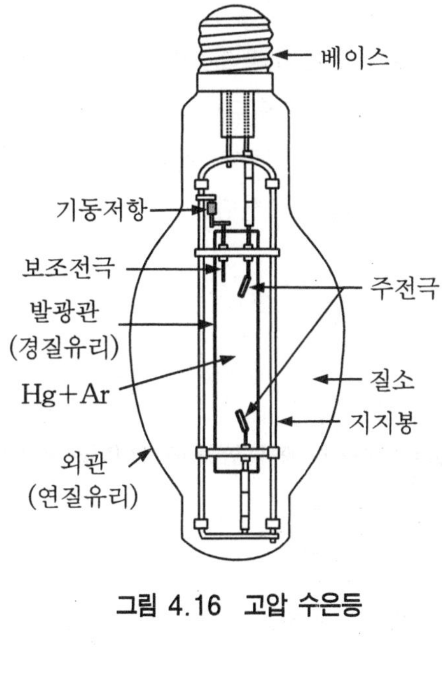

그림 4.16 고압 수은등

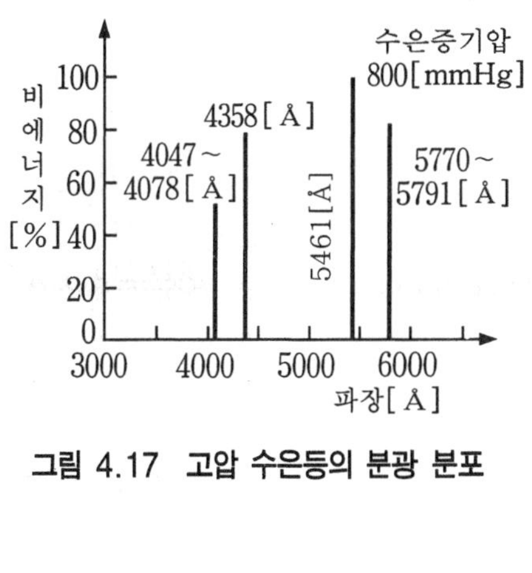

그림 4.17 고압 수은등의 분광 분포

따라서 고압 수은등의 기동은 약 8~10분 정도 걸리며, 이 때 발광관의 온도는 400~500[℃] 정도가 된다. 또 일단 소등 후에는 수은 증기압이 높기 때문에 재기동이 어려우며, 약 10분 정도 걸려 냉각된 후 재기동된다.

고압 수은등의 발광효율은 20~50[lm/W]이고, 백열전구에 비해 3배 이상이 높다. 또 수명도 약 9,000~12,000시간으로 우수한 특성을 나타낸다.

광색은 수은의 선스펙트럼이 대부분이고 노랑을 띤 파란색으로 연색성이 나쁘기 때문에 일반 조명에 적당하지 않고 도로조명, 광장조명, 고천장 공장조명 등에 널리 사용하고 있다.

이를 개선하기 위해 화학물질을 혼입하고 형광물질을 도포한 형광형 고압 수은등이 개발되어 다양한 색을 연출할 수 있도록 하였다.

고압 수은등의 특성에 관한 한국산업규격을 부록에 수록하였으니 참고하기 바란다.

(3) 초고압 수은등(super-high pressure mercury lamp)

초고압 수은등은 수은 증기압이 10~200기압이고, 발광효율은 40~70[lm/W]에 도달하며 휘도가 매우 높은 초소형의 점광원으로 수명은 300시간 정도이다.

유리구는 발광관과 외관의 이중 구조이고, 발광관은 1.5[cm] 간격의 두 개의 전극과 수은 및 미량의 아르곤 가스를 봉입한다.

그림 4.18은 초고압 수은등의 분광분포를 나타낸 것이고, 압력을 높이면 내부 중심 온도가 높아져 연속 스펙트럼이 발산하고 백색광에 가까워진다.

초고압 수은등은 옥외 조명용, 투광기, 영사용 등으로 사용하고, 외구가 백열전구와 비슷하므로 백열전구와 병용하여 일반 사무실이나 공장용으로도 사용된다.

초고압 수은건강등은 외관을 자외선 투과 유리로 하고 다량의 자외선을 발산하게 하여 일광이 부족한 지하실 또는 보건용 조명에 이용되기도 한다.

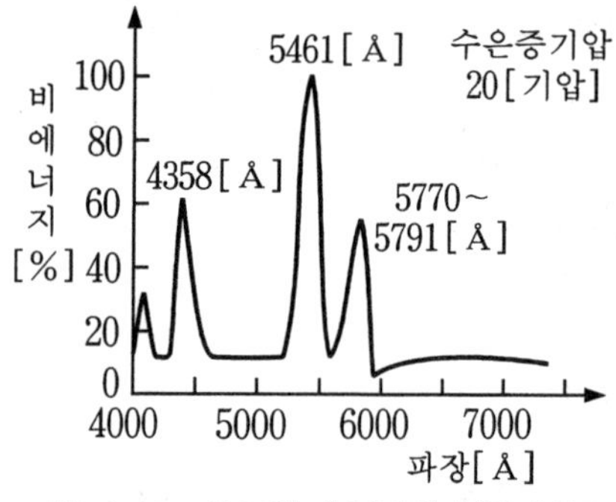

그림 4.18 초고압 수은등의 분광 분포

4.4.3 메탈 할라이드등(metal halide lamp)

메탈 할라이드등은 고압 수은등의 발광관에 금속 할로겐화물을 봉입하여 연색선과 효율을 개선한 방전등이다.

그림 4.19와 같이 구조는 고압 수은등과 거의 동일하지만, 발광관 내에 수은, 아르곤 외에 금속 할로겐화물이 봉입되어 있다. 현재 금속 할로겐화물은 나트륨(Na), 인듐(In), 탈륨(Ti) 및 토륨(Th) 등이 사용되고 있다.

그림 4.20은 메탈 할라이드등의 분광분포를 나타낸 것이며, 연속 스펙트럼을 보이고 있다. 광색은 인체에 가장 이상적인 주광색이고, 연색성이 매우 우수하다.

발광효율은 일반적으로 70~80 [lm/W]으로 높고, 전력소모는 수은등이나 백열전구보다 적다.

기동시간은 고압 수은등과 비슷하지만, 재점등시에는 약간 길어 약 10분 정도를 냉각시킨 후 점등해야 한다. 수명은 고압 수은등보다 약간 짧고, 약 9,000~10,000시간 정도이다.

메탈 할라이드등의 특성(Dy−Tl−In)에 관한 한국산업규격을 부록에 수록하였으니 참고하기 바란다.

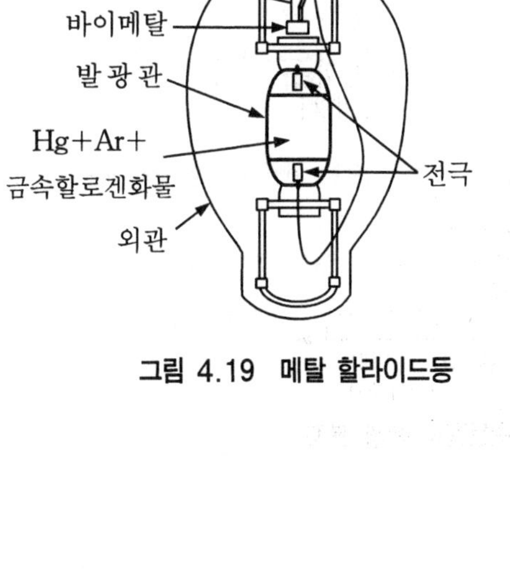

그림 4.19 메탈 할라이드등

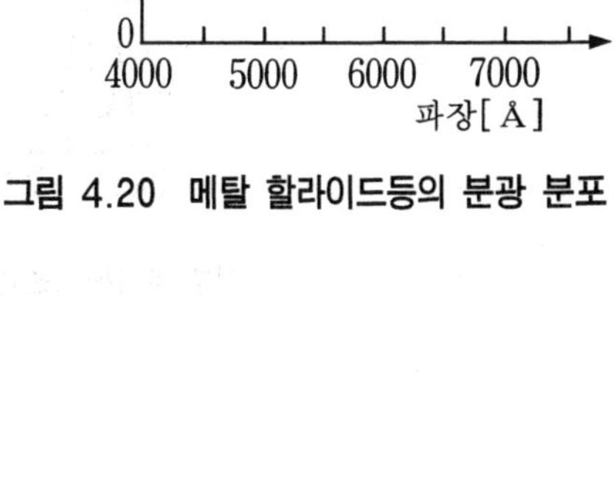

그림 4.20 메탈 할라이드등의 분광 분포

4.4.4 나트륨등

(1) 저압 나트륨등(low pressure natrium lamp)

저압 나트륨등은 열음극을 가지고 있는 발광관과 외관으로 되어 있으며 그 사이는 단열 효과를 위하여 고진공으로 되어 있다. 외관 내벽은 산화석에 의한 적외선 반사막을 만들어 효율의 향상을 도모하고 있다.

발광관의 관 내에 분산 설치된 수 개의 돌기부(dimple)는 금속 나트륨의 저장 장소로써 점등시에는 나트륨 증기를 균등하게 분산할 수 있도록 하고, 소등시에는 다시 되돌아오면서 냉각시켜 저장하는 역할을 한다.

그림 4.21은 저압 나트륨등의 구조, **그림 4.22**는 분광 분포를 나타낸 것이다.

발광관 내에는 금속 나트륨과 기동용으로 점등 전압을 내리기 위해 네온에 미량의 아르곤을 혼합하여 봉입되어 있다. 기동용으로 봉입하는 아르곤은 페닝 효과에 의한 방전개시전압을 낮추기 위한 것이고, 네온은 적색광을 복사하여 발광관을 가열시키면서 나트륨의 증발을 유도한다.

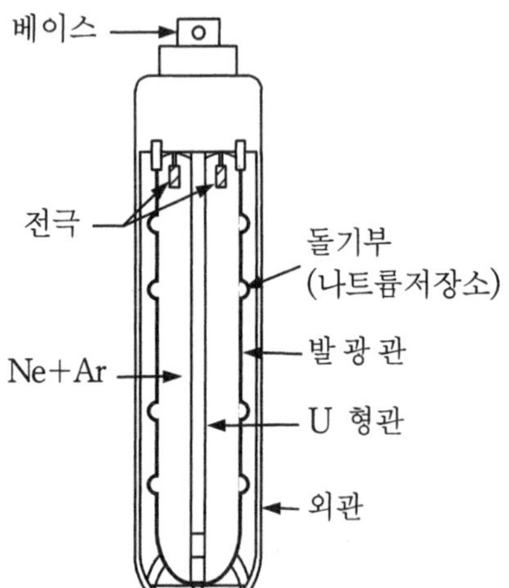

그림 4.21 저압 나트륨등

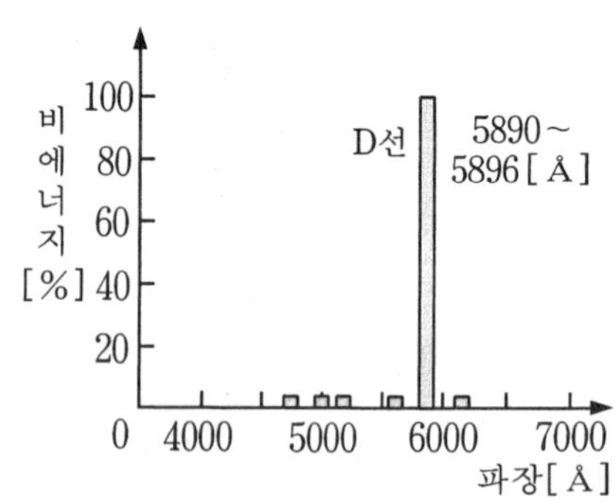

그림 4.22 저압 나트륨등의 분광 분포

발광관의 온도가 270 [℃]에 도달했을 때 발광효율은 100~160 [lm/W]로 최대가 되며, 이 온도를 유지하기 위하여 발광관과 외관 사이를 고진공으로 하는 것이다. 따라서 기동하는데 소요시간은 약 8~10분 정도가 걸린다.

저압 나트륨등은 포화 증기압 0.004 [mmHg]의 나트륨 증기를 통하여 발생하는 전

복사에너지의 76[%]를 차지하는 D선(5890~5896[Å])을 빛으로 이용한다. D선은 등황색의 유일한 단색광으로 형체의 식별에는 우수하지만 연색성은 매우 나쁘다.

평균 수명은 6,000~9,000시간이고, 용도는 도로조명, 터널조명, 항만조명, 표지조명 등에 사용하고 있다.

(2) 고압 나트륨등(high pressure natrium lamp)

나트륨의 증기압을 0.004[mmHg]보다 높게 하면, 자기 흡수 때문에 발광효율은 일단 떨어지지만 증기압을 더 높여가면 발광효율은 다시 상승하며, 100~200[mmHg] 부근에서 최대가 된다. 따라서 발광 스펙트럼의 파장영역도 바뀌면서 D선의 양측에 연속 스펙트럼의 발광이 분포되어 황백색으로 되고 색온도는 2,100[K]이다. 400[W] 고압 나트륨등에서 램프효율은 120[lm/W], 평균수명은 9,000시간 정도이다.

고압 나트륨등의 구조는 **그림** 4.23과 같이 고압 수은등이나 메탈 할라이드등과 유사하다. 그러나 발광관은 700~800[℃]의 고온에서 나트륨에 침해당하지 않도록 고압 수은등이나 메탈 할라이드등의 발광관보다 가늘고 긴 유백색의 다결정 알루미나를 사용하고, 관 내부에는 나트륨, 수은 및 시동에 필요한 크세논 가스가 봉입된다.

고압 나트륨등의 효율은 수은등의 약 2배 정도이고, 점등 방향이 자유로우며, 점등 후 광속의 감소가 적다. 방전개시전압은 메탈 할라이드등보다 높고 1,500~2,500[V]가 필요하다. **그림** 4.24는 고압 나트륨등의 분광분포를 나타낸 것으로 연속 스펙트럼이 나타나고, 고압 나트륨등의 특성은 부록에 수록하였으니 참고하기 바란다.

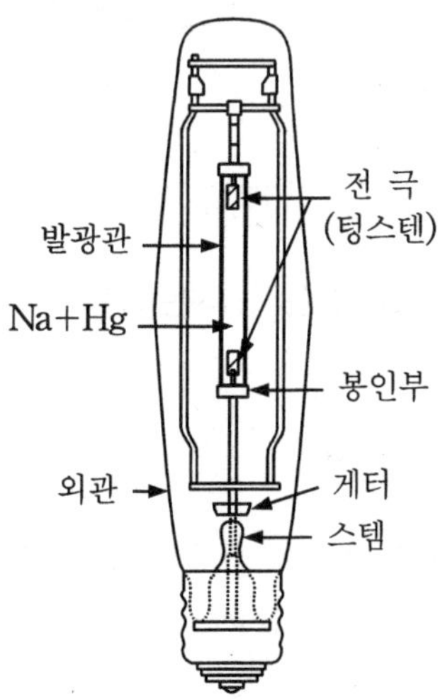

그림 4.23 고압 나트륨등

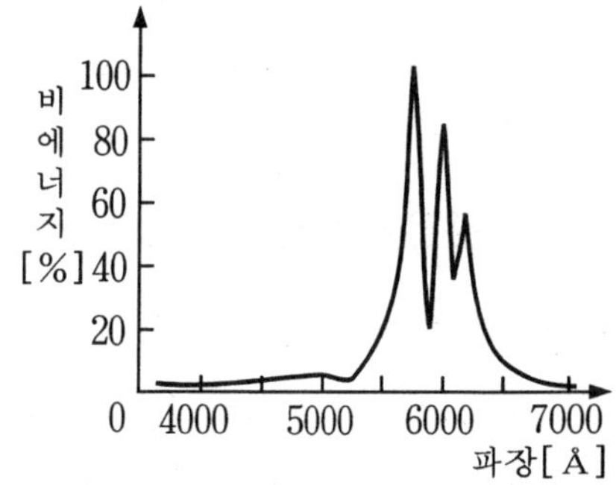

그림 4.24 고압 나트륨등의 분광 분포

4.4.5 크세논등(xenon arc lamp)

크세논등은 크세논 가스의 방전을 이용한 것으로 초고압 수은등과 비슷하며, 아크의 형상에 따라 단아크등과 장아크등이 있다. 크세논 가스의 봉입 압력은 1~10기압이다.

① **단 아크등** : 직류로 점등하며, 기동에는 안정기 외에 고압펄스 발생장치가 필요하다. 석영관에 양극과 음극을 수 [mm]의 간격으로 설치하며, 봉입가스는 점등 중 30기압 정도이다. 표준 백색 광원 및 고휘도로 영사용 광원에 이용한다.

② **장 아크등** : 교류로 점등하며, 효율은 23~29 [lm/W]로 광장조명, 운동장 및 건축물 투광 조명에 사용된다.

분광 스펙트럼은 4000~7000 [Å]으로 적외선 영역부터 자외선 영역까지 연속적으로 나타나 자연광과 비슷하여 연색성이 가장 우수하다.

기동시간은 매우 짧아서 점등과 동시에 안정된 광출력을 얻을 수 있고, 순시 재점등도 가능한 것이 큰 특징이다.

크세논등의 기동은 최초의 봉입가스가 고압이므로 파센의 법칙으로부터 기동전압이 높아야 한다. 따라서 기동시에만 20~50 [kV]의 고전압을 가할 수 있는 특별한 기동장치가 필요하며, **그림** 4.25는 크세논등의 점등회로, **그림** 4.26은 분광분포를 나타낸다.

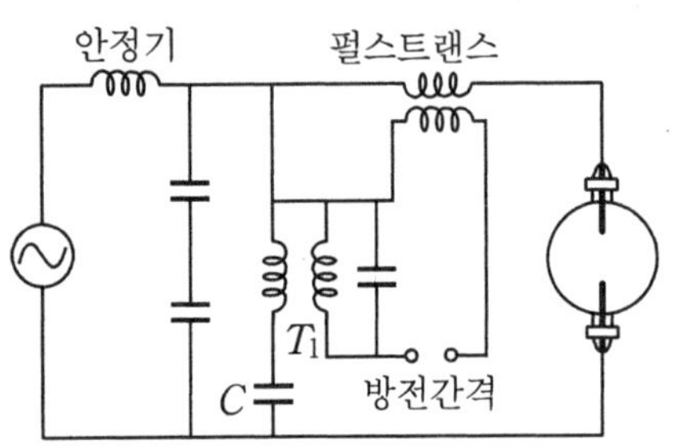

그림 4.25 크세논등의 점등회로

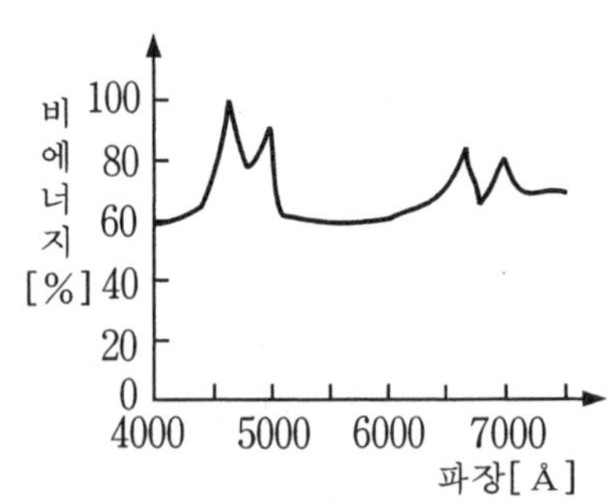

그림 4.26 크세논등의 분광 분포

4.4.6 지르코늄 방전등(zirconium discharge lamp)

지르코늄 방전등은 현재 사용되고 있는 광원 중에서 가장 이상적인 점광원으로 색온도는 약 3,000 [K]이고, **그림** 4.27과 같은 구조를 가지고 있다.

양극은 텅스텐 또는 몰리브덴 등의 금속판에 바늘구멍 정도의 구멍이 뚫려 있고, 음극은 탄탈 또는 텅스텐의 원통에 산화 지르코늄을 넣은 것이다.

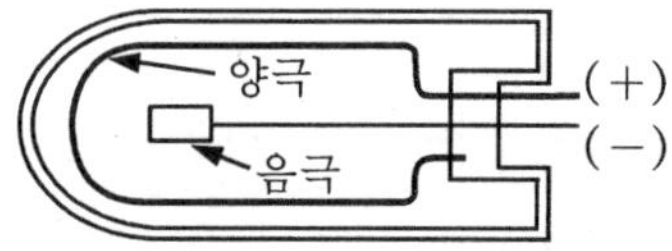

그림 4.27 지르코늄 방전등

전극 간격은 1[mm]로 하고 봉입가스는 순아르곤을 1기압 정도 넣고 방전시키면 음극부의 산화물은 환원되어 표면에 얇은 금속층이 생기고 그 중앙에 밝은 음극점이 형성되며, 이 빛이 양극의 가는 구멍을 통하여 밖으로 나오게 된다.

매우 작은 점광원으로 휘도가 매우 높기 때문에 광학용 검사 광원으로 적당하다.

4.4.7 글로우 방전등

(1) 네온관등

네온관등(neon tube lamp)은 지름 12~15[mm]의 긴 유리관을 진공으로 한 다음 8[mmHg] 정도의 압력으로 불활성 가스 또는 수은을 봉입하고 원통형의 냉음극 전극에 고압의 교류를 가하면 양광주가 뚜렷이 빛난다.

주로 광고용의 **네온사인**에 사용되고, 광색은 봉입가스 및 유리관의 종류에 따라 **표 4.5**와 같이 여러 가지 색을 연출할 수 있다.

표 4.5 봉입가스와 광색

봉입가스	유리관색	광 색	봉입가스	유리관색	광 색
네 온	투 명	등 적 색	헬 륨	투 명	백 색
〃	청 색	등 색	〃	황갈색	황 갈 색
아르곤과 수은	투 명	청 색	아 르 곤	투 명	고 동 색
〃	황 록 색	녹 색			

네온관은 길이 1 m 당 약 1,000[V]의 전압을 필요로 하므로 특별한 누설변압기가 필요하며, 이 누설 변압기를 **네온관용 변압기** 또는 **네온 트랜스**라고 한다.

그림 4.28은 네온관등 회로를 나타낸 것이며, 네온관등은 네온관용 변압기로 점등하고 자동점멸장치를 조작하여 네온관에 2차 전압 3,000~15,000[V]를 인가한다. 즉 개폐장치는 변압기의 2차측이 고압이므로 아크가 발생하지 않도록 반드시 1차측에서 접

속해야 한다.

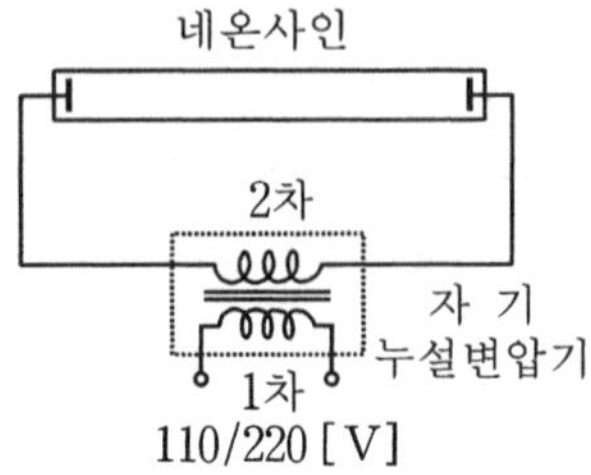

그림 4.28 네온관등 회로

네온관용 변압기는 2차 전압 15,000 [V], 2차 단락전류 50 [mA]이하로 전기설비 기술 기준에 정해져 있고, 실제적으로는 1차 전압 110/220 [V], 2차 전압은 3,000/6,000/9,000/12,000/15,000 [V], 2차 단락전류는 20 [mA]를 정격으로 하고 있다.

(2) 네온전구

그림 4.29와 같이 유리구 내에 전극 간격을 2~3 [mm]로 하고, 네온 또는 아르곤을 수 10 [mmHg]의 압력으로 봉입한 것으로, 베이스 내에 1,500~3,000 [Ω]의 금속선의 안정저항을 직렬로 삽입한다.

그림 4.29 네온전구

네온전구(neon lamp)는 전극 간격이 짧으므로 부글로우의 발광을 이용한 것이고, 용도는 다음과 같다.

① 소비전력이 매우 적으므로 배전반의 표시램프 등에 적합하다.
② 부글로우이기 때문에 직류의 극성 판별용에 이용된다.
③ 일정전압에서 점화하므로 검전기, 교류 파고치의 측정에 사용된다.
④ 빛의 관성이 없고, 어느 범위에서는 광도와 전류가 비례하므로 오실로스코프, 스트로보스코프용에 이용된다.

4.4.8 EL 램프

그림 4.30은 EL 램프의 구조를 나타낸 것이고, 황화아연계의 특수한 형광체를 유기 도체와 혼합하여 박막화한 것을 유리면에 투명한 도전성 피막을 부착하여 한 쪽면에 투명전극을 형성하고 다른 면에 알루미늄 등의 금속박막의 전극을 형성한 후 전극에 교류전압을 인가하면 형광이 발생하는 것을 **EL 램프**(electro-luminescent lamp)라 한다.

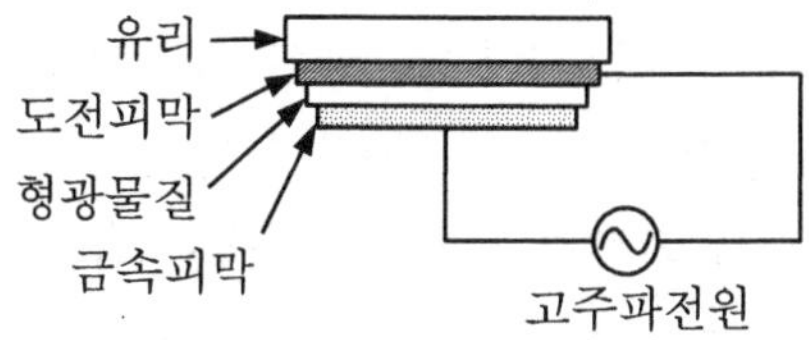

그림 4.30 EL 램프

발광효율은 0.5~5 [lm/W]로 낮으므로 휘도가 낮은 일반조명과 계기 및 표시등의 조명에 사용된다.

【용어】 연색성(color rendering)

광원의 종류에 따라 대상물의 색이 보이는 상태가 달라진다. 즉 물체의 색감에 미치는 광원의 성질을 **연색성**이라 하고, 단위는 **연색지수**, Ra를 사용한다.

연색지수는 태양광 또는 백열전구와 같은 연속 스펙트럼을 가진 가장 좋은 광색, 즉 주광색(daylight)을 100으로 하여 비교한 수치이고, 일반적으로 연색지수가 80이상인 광원을 연색성이 양호한 것으로 본다. 각종 조명등의 평균 연색지수는 다음과 같다.

표 4.6 각종 조명등의 연색지수

종 류	연색지수	종 류	연색지수
백열전구 할로겐 전구	100	고압 수은등	30
크세논등	95	고압 나트륨등	25
메탈 할라이드등	80	형 광 등	65~95

색온도(color temperature)

어떤 광원의 광색이 어느 온도의 흑체의 광색과 같을 때, 그 흑체의 온도를 광원의 **색온도**라 하며, 색온도는 실제온도보다 높다.

① 주광색 : 6,500 [K], ② 백 색 : 4,500 [K]

③ 온백색 : 3,000 [K], ④ 백열전구 : 2,700 [K]

【참고】 HID 방전등의 특성

HID 램프(high intensity density lamp)는 고광도 방전등을 의미하며, 대표적인 종류는 고압 수은등, 메탈 할라이드등, 고압 나트륨등이다.

HID 램프의 공통된 특징은 휘도가 매우 높고 발광관을 가지고 있으며, 점등시간이 수분 지연되고 재점등시에는 약간 더 소요된다. 또 방전시 고전압이 요구되므로 안정기를 포함한 별도의 점등회로가 필요하다.

발광관의 전극은 열음극에 의한 열전자 방출을 쉽게 하기 위하여 주기율표 2족 원소인 알칼리 토금속류의 산화 피막 전극을 이용한다.

표 4.7은 HID 램프의 특성 비교를 나타낸 것이다.

표 4.7 고광도 방전등의 특성 비교

종 류	고압 수은등	메탈 할라이드등	나트륨등
용 량 효 율 수 명	250~1,000 W 30~55 lm/W 10,000시간	175~1,000 W 70~80 lm/W 9,000시간	100~400 W 80~150 lm/W 10,000시간
점 등 부속장치	안정기	안정기	안정기
광 질 특 색	① 고휘도 광색 : 청백색 ② 배광제어 용이 ③ 완전점등 10분 소요	① 고휘도 광색 : 주광색(6000 K) 연색성 우수 ② 배광제어 용이 ③ 수평점등 필요	① 저압 : 전광속의 76 %가 5890~5896 Å인 D선(등황색의 단색광) ② 고압 : 2100 K(황백색) ③ 수평점등 원칙 ④ 실내조명 : 연색성 불량으로 부적합
용 도	① 한 등당 큰 광속 얻음, 장수명 ② 고천장, 투광용, 도로조명	① 한 등당 큰 광속 얻음 장수명 ② 연색성을 고려한 고천장, 옥외조명에 적합	도로조명, 터널조명

4.5 형광등

형광등(fluorescent lamp)은 열음극 저압 수은등의 일종이며, 저압 수은등에서 발산하는 강력한 자외선 2537 [Å]을 이용하여 방전관 내벽에 도포된 형광물질을 자극시켜 가시 광선으로 변환하고 발산하도록 한 스토크스의 법칙을 응용한 형광 방전등이다.

4.5.1 구조와 원리

그림 4.31과 같이 형광등의 전극은 텅스텐의 이중 코일에 열전자가 쉽게 방출하도록 주기율표 2족 원소인 알칼리 토금속의 바륨(Ba), 스토론듐(Sr), 칼슘(Ca) 등의 산화물을 피복하고, 관 내부에는 소량의 수은을 넣고 점등 중에 수은 증기압 0.01 [mmHg]이 되도록 한다. 또 페닝 효과를 응용하여 방전을 쉽게 하기 위해 아르곤을 수 [mmHg]를 봉입하고, 관 내벽에 형광체를 도포한다.

형광등의 빛의 발생 원리는 필라멘트에 전류가 흐르면 전극에서 열전자가 방출되고 관 내부의 증기 상태인 수은 원자와 충돌하여 파장 2,537 [Å]의 강한 자외선을 전 복사 에너지의 90 [%] 이상을 방출한다. 이 방출된 자외선은 유리관 내부에 도포된 형광 물질을 자극하여 여기(exited state)시키면서 외부로 가시광선을 방출한다.

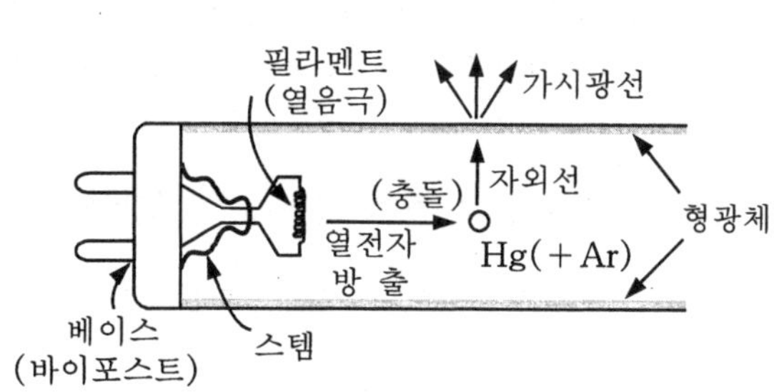

그림 4.31 형광등의 구조와 원리

형광물질을 사용하는 목적은 스토크스의 원리에 의해 눈에 보이지 않는 자외선을 이보다 긴 파장의 가시선으로 변환하여 볼 수 있도록 하기 위한 것이다.

텅스텐 필라멘트의 이중 코일 전극은 전자를 방출하기 위하여 약 2,000 [℃] 이상의 고온이 필요하지만, 알칼리 토금속의 산화물을 도포하면 900 [℃] 정도에서도 충분한 열전자를 방출할 수 있다. 이와 같이 열음극을 이용하면 전극에 인가하는 전압을 그만큼 낮추어서 방전을 개시할 수 있는 장점이 있다.

(1) 점등 방식에 의한 형광등의 분류

글로우 방전을 이용한 형광 방전등의 전극은 냉음극과 열음극으로 분류된다.

냉음극은 주로 네온사인에 사용되고, 현재 주로 사용되고 있는 열음극형 형광 방전등은 기동방법에 따라 **예열기동형**(preheat start type), **속시기동형**(rapid start type), **순시기동형**(instant start type)으로 분류된다.

1 예열기동형 형광등

일반적인 열음극 형광 방전등이며, **그림** 4.31과 같은 구조로써 바이포스트식 베이스가 있고, 전극은 이중 코일형 텅스텐 필라멘트로 되어 있다. 점등시에 전극을 2초 정도 예열한 후 전극간에 전압이 인가되어 방전관이 기동되는 방식을 예열기동형이라 한다.

2 속시기동형 형광등

전극의 예열과 동시에 전극간에 전압을 인가하여 점등관 없이 약 1초간에 점등이 되는 방식이고, 삼중 코일형 텅스텐 필라멘트를 사용한다.

습기에 의한 기동 장해를 막기 위하여 유리관의 외면에 물이 묻지 않도록 실리콘막을 설치한 것도 있고, 이 경우에는 조명기구에 근접도체를 필요로 한다.

3 순시기동형 형광등

점등을 쉽게 하기 위하여 필라멘트 양단을 함께 놓은 것으로 외부핀은 한 개로 되어 있다. 전극은 예열하지 않고 냉음극으로 순시에 수백 [V]를 인가하여 강제적으로 방전을 개시하는 방식이다.

순시기동에 사용되는 방전관은 가늘고 긴 특징 때문에 **슬림라인**(slimline)이라고도 하며, 기동전압이 높은 경향이 있다.

(2) 형광체

형광 방전관은 유리관 내벽에 도포된 형광체에 짧은 파장의 자극선인 자외선(여기파장)이 자극을 주면 그보다 긴 파장의 가시광선(발기파장)이 발산한다는 스토크스의 법칙을 이용한 것이다.

한국산업규격(KS)에는 형광등의 광색을 주광색(daylight, D)과 백색(white, W)으로 구분하고, 주광색과 백색의 색온도는 각각 6,500 [K], 4,500 [K]의 광색이 된다.

표 4.8과 같이 형광체의 종류에 따라 여러 가지 광색을 얻을 수 있으며, 짧은 시간의 잔광 현상이 나타난다.

표 4.8 형광체의 종류와 특성

형 광 체	분 자 식	광 색	여기 파장[Å]		발기 파장[Å]		잔광시간
			범 위	극 대	범 위	극 대	
텅스텐 칼슘	$CaWO_4-Sb$	청 색	2,200 ~3,000	2,720	3,800 ~7,000	4,400	1×10^{-5}
텅스텐산 마그네슘	$MgWO_4$	청백색	2,200 ~3,200	2,850	3,800 ~7,200	4,800	5×10^{-5}
규산아연	$ZnSiO_3-Mn$	녹 색	2,200 ~2,960	2,537	4,500 ~6,200	5,250	14×10^{-3}
규산카드뮴	$CdSiO_2-Mn$	등 색	2,200 ~3,200	2,400	4,300 ~7,200	5,950	24×10^{-3}
붕산카드뮴	CdB_2O_5	핑크색	2,200 ~3,600	2,500	4,000 ~7,200	6,150	16×10^{-3}
할로린산 칼 슘	$2Ca_3(PO_4)_4\cdot Ca_2(Cl_2F_2)-$ Sb, Mn	황백색	1,500 ~3,200	2,537	3,800 ~7,200	5,950	30×10^{-3}

4.5.2 형광등의 점등회로

방전관은 사용전압보다 더 높은 전압으로 기동해야 하며, 전압과 전류의 관계가 부특성이기 때문에 정전압 회로로 점등하려면 안정기로써 초크코일을 직렬로 삽입하여 안정 상태를 유지해야 한다. 안정기는 반드시 사용전압에 맞도록 사용해야 하지만, 형광 방전관은 110 [V]와 220 [V]에 구별 없이 사용한다.

형광등의 점등회로는 글로우 스타터(glow starter)형, 속시기동(rapid starter)형, 순시기동(instant starter)형, 전자 스타터형, 고주파 점등회로가 있다.

(1) 글로우 스타터 점등회로

그림 4.32는 고정전극과 바이메탈 재질의 가동전극으로 이루어진 **점등관**과 글로우 스타터 점등회로를 나타낸 것이다.

점등관은 글로우 램프(glow lamp) 또는 스타터(starter)라고도 하며, 점등관 내에는 아르곤 또는 네온 가스가 봉입되어 있다.

점등관을 이용한 글로우 스타터 방식의 전극은 예열 기동형이며, 이 점등회로의 점등 과정은 다음과 같다.

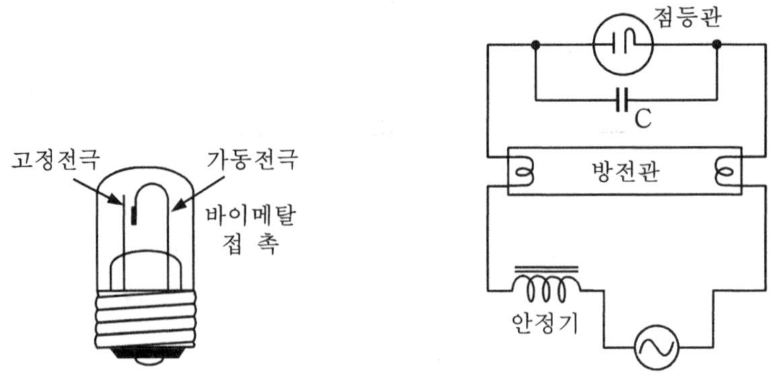

(a) 점등관(starter) (b) 점등회로

그림 4.32 글로우 스타터 회로

그림 4.32(b)의 회로에 전원이 인가되면 점등관의 고정전극과 바이메탈의 가동전극 사이에 글로우 방전이 일어나고, 글로우 방전에 의해 가열된 바이메탈은 팽창하여 1~2초간 두 전극이 접촉하게 된다. 이 때 회로에는 기동 전류가 흘러 형광 방전관 내의 필라멘트를 예열한다. 이 순간 점등관의 접촉 상태에서 글로우 방전은 멈추고 바이메탈은 다시 냉각되면서 고정전극으로부터 분리하게 된다.

점등관의 바이메탈이 분리되는 순간, 예열전류는 차단되고 안정기 양단에 $-L\frac{di}{dt}$의 높은 킥 전압(kick voltage)이 발생하여 형광등의 주전극 사이에서 방전이 개시되면서 점등 상태로 된다.

그림 4.33은 글로우 스타터 점등회로의 점등 과정을 점등관과 방전관으로 나누어 나타낸 것이다.

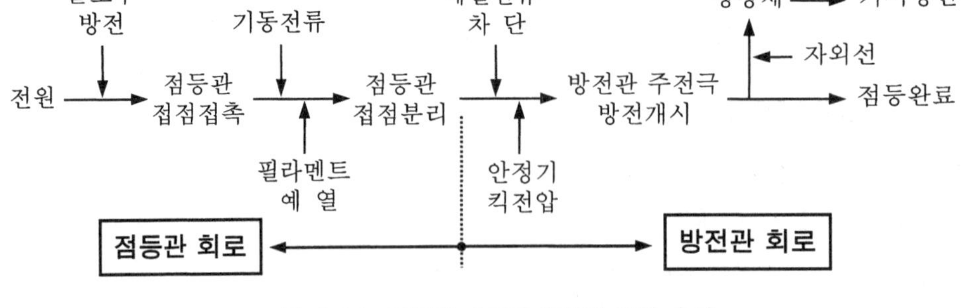

그림 4.33 글로우 스타터 회로의 동작 순서

형광등이 점등한 후 관전류는 안정기에서 제한된 전류에 의해 형광등의 방전을 지속적으로 유지시키고, 이 때 방전관의 단자 전압은 60~70 [V] 정도로 내려간다.

따라서 점등 중에 점등관에 인가되는 전압은 방전개시전압보다 낮기 때문에 형광등에만 전압이 인가되고, 점등관은 동작하지 않게 된다.

백열 전구의 역률은 필라멘트의 저항만이 관계하므로 거의 100 [%]이지만, 형광등은 직렬로 안정기가 접속되어 있기 때문에 약 50~60 [%] 정도이다. 방전관 자체는 저항부하에 가깝고 그 역률은 약 90 [%] 정도이지만 회로에 삽입되어 있는 안정기로 인하여 저역률로 되기 때문이다.

따라서 역률을 개선하기 위하여 역률 개선용 콘덴서를 전원과 병렬로 접속하며, 역률 85 [%]의 고역률로 개선하기 위하여 정전 용량 3.5~5.5 [㎌] 정도의 콘덴서를 병렬 접속해야 한다.

(2) 속시기동(래피드 스타터) 점등회로

일반 형광등은 기동시간이 지연되고, 기동에 높은 전압이 필요하며, 점멸을 자주 하면 수명이 짧아지는 결점이 있다. 속시기동 점등회로는 이러한 결점을 보완하여 즉시 점등할 수 있는 회로이다.

그림 4.34와 같이 안정기에 별도로 전극 가열용 권선이 채택되어 있으며, 점등시에 항상 3~6 [V] 정도로 전극을 가열하고 있기 때문에 점등관이 필요 없는 회로이고, 전극은 삼중 코일 필라멘트를 사용한다.

형광등의 관벽에 절연저항을 높게 하도록 실리콘을 도포하고, 기동전압을 낮추기 위하여 접지된 근접도체를 부착하여 형광등에 근접시켜 사용한다.

속시기동 점등회로의 특징은 짧은 시간에 점등이 되고 저전압에서도 기동되며 전원전압이 낮아져도 소등되지 않는다.

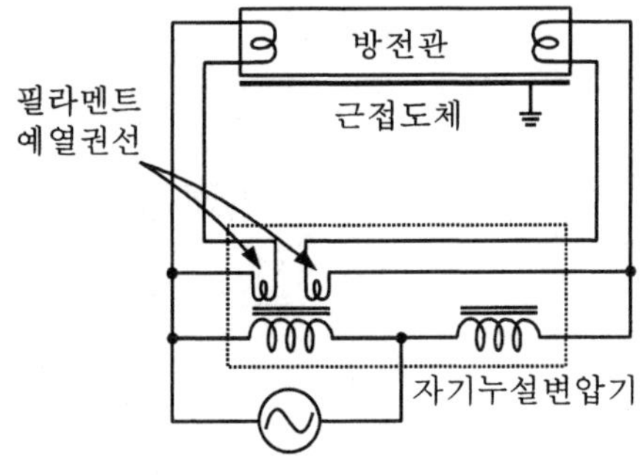

그림 4.34 속시기동 점등회로

(3) 순시기동(슬림라인) 점등회로

순시기동 점등회로는 **그림 4.35**와 같이 필라멘트를 예열하지 않고 직접 형광등에 고전압을 가하여 순간적으로 기동하는 점등회로이며, 전극은 기동시에는 냉음극, 동작시에는 방전전류에 의한 열음극으로 작용한다.

기동시 형광등에 고전압이 걸리므로 수명이 짧아지고 2차 전압도 높으므로 점등장치가 비싸며 전력손실도 커진다.

순시기동회로에 사용되는 형광등을 **슬림라인**이라 하고, 예열기동형 형광등보다 가늘고 길며 한 개의 베이스핀을 가지고 있다.

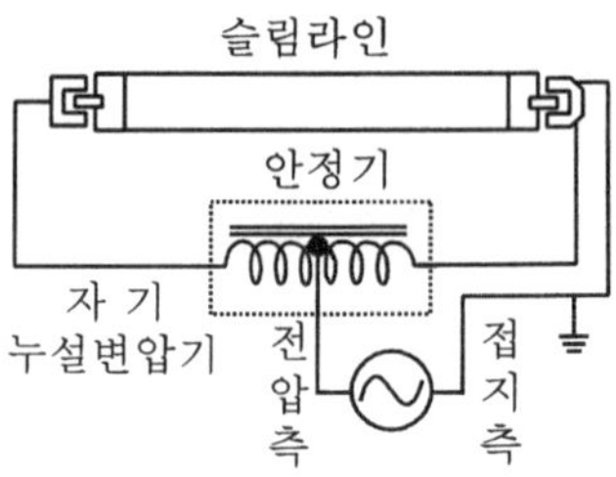

그림 4.35 순시기동 점등회로

(4) 전자스타터 점등회로

글로우 스타터 점등회로에서 안정기와 점등관 대신에 반도체의 사이리스터 회로로 바꾼 것으로 1초 이내에 점등이 가능하며 최근 많이 사용되고 있다.

그림 4.36에 전자스타터 점등회로를 나타낸다.

(5) 고주파 점등회로

형광등을 트랜지스터 인버터에 의한 고주파로 점등하면 회로손실의 감소, 플리커 현상의 감소, 효율의 증가 및 전자잡음 등이 없어지고 안정기도 소형 경량화가 된다.

그림 4.37은 고주파 점등회로, 즉 인버터 점등회로를 나타낸 것이고, 입력전원의 상용주파수를 컨버터로 직류로 변환, 다시 인버터로 고주파의 교류로 변환하는 방식을 채택한 회로이다. 주파수는 대략 20~50 [kHz]가 사용된다.

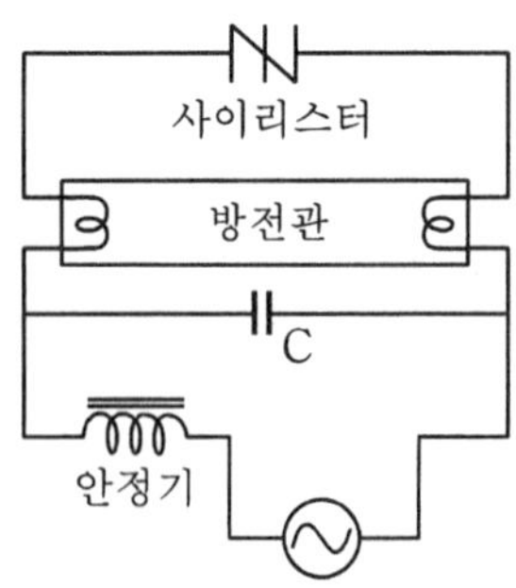

그림 4.36 전자스타터 점등회로

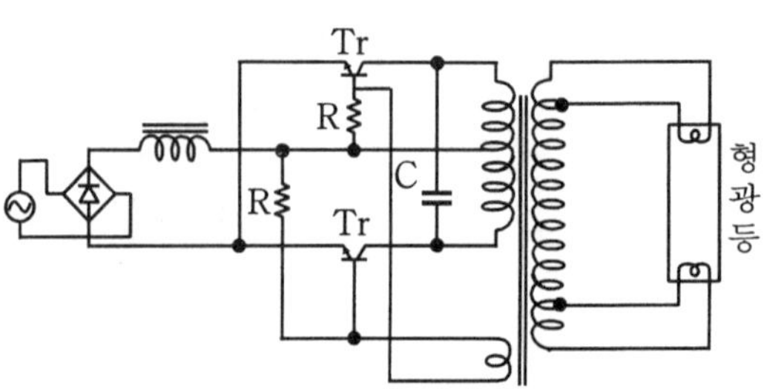

그림 4.37 고주파 점등회로

4.5.3 형광등의 특성

(1) 동정특성

그림 4.38은 형광등의 **동정곡선**(performance curve)이고, 점등 시간에 대한 전류, 전압, 전력 및 효율 등의 관계를 나타낸 것이다.

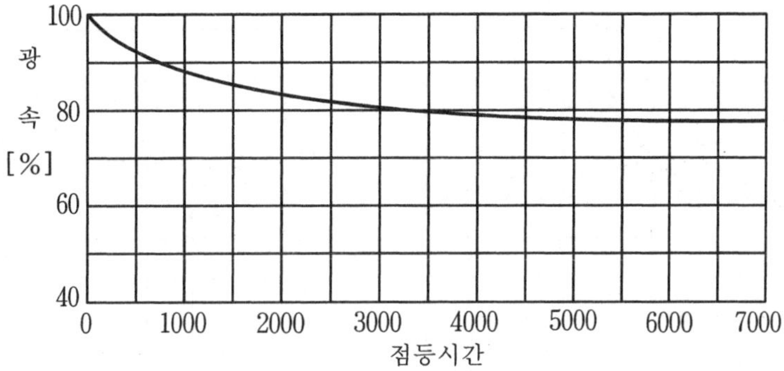

그림 4.38 형광등의 동정곡선

형광등은 점등 후 100시간까지는 광속이 급격히 감소한 후 1,000시간까지는 완만한 감소를 보이면서 그 이후는 비교적 안정한 상태를 보이고 있다. 따라서 한국산업규격(KS)에서 형광등에 대한 **초특성**의 광속은 100시간 점등 후의 광속으로 하고, **동정특성**의 광속은 500시간 점등 후의 광속 값으로 규정하고 있다.

형광등의 수명은 점등 후 광속이 80 [%]로 되었을 때의 시간과 방전불능의 상태가 될 때까지의 시간 중 짧은 것으로 정한다. 규격품의 수명은 4,000시간으로 되어 있지만 7,000시간까지 수명을 가진 제품도 있다.

(2) 전압과 온도특성

그림 4.39는 전원전압에 대한 형광등의 특성을 나타낸 전압특성곡선이다. 공급전압이 정격전압보다 높아지면 전극이 필요 이상으로 가열되어 전극소모로 인한 흑화가 진행되고, 정격전압보다 낮아지면 전극에 대한 이온의 충격으로 불꽃방전이 오래 지속되면서 수명이 짧아진다. 또 정격전압 이상에서 전압상승에 대한 광속 증가비율은 관전류의 증가비율에 미치지 못하므로 상대적으로 효율도 떨어진다.

따라서 형광등은 정격전압의 ±6 [%]의 범위 내에서 사용하는 것이 바람직하다.

그림 4.40은 형광등의 온도특성을 나타낸 것으로써, 저온에서는 수은 증기압이 감소

하므로 광속의 감소와 방전개시전압의 상승을 가져오지만, 고온에서는 방전개시전압은 감소하지만 관내의 압력이 증가하여 자외선의 여기파장이 약하게 되므로 역시 광속의 감소를 초래한다.

따라서 형광등은 **주위온도** 20~25[℃], **관벽온도** 40~45[℃]에서 가장 적당한 조건이 되고, 이 때 여기파장 2,537[Å]의 자외선 방출이 최대가 된다.

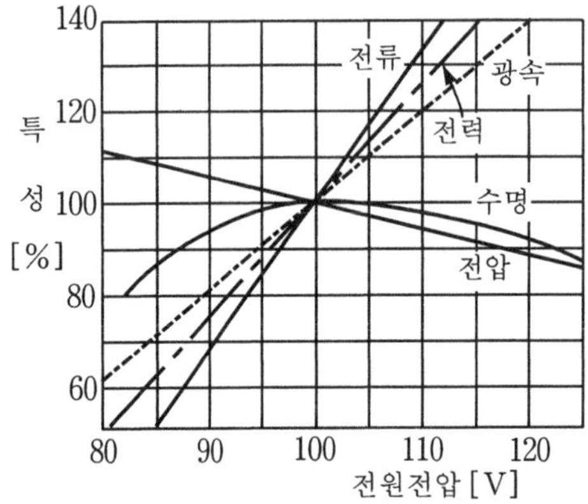

그림 4.39 형광등의 전압특성

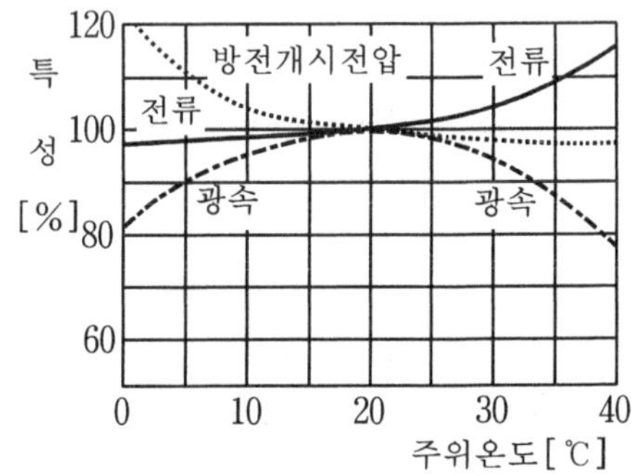

그림 4.40 형광등의 온도특성

표 4.9는 백열전구와 형광등의 특성을 비교한 것이고, 형광등의 특성에 관한 한국산업규격은 부록에 수록하였으니 참고하기 바란다.

표 4.9 백열전구와 형광등의 특성 비교

종 류	백 열 전 구	형 광 등
용 량 효 율 수 명	2~1000 W 7~22 lm/W 900~1,500시간	4~110 W 40~80 lm/W 2,400~8,000시간
점등부속장치	불 필 요	안 정 기
광질 및 특색	① 고휘도, 열복사 많음 ② 광색 : 적색, 배광제어 용이 ③ 즉시 점등	① 저휘도, 광색 조절은 비교적 용이 ② 열복사 적음 ③ 점등 시간 소요(속시기동형 제외)
용 도	① 좁은 장소의 전반조명, 액센트조명의 분위기조명 연출 ② 대형은 고천장 및 투광용 조명	① 옥내외의 전반조명, 국부조명에 적합 ② 경제적인 명시조명에 효과적 ③ 간접조명에 의한 분위기 조명에 효과적

4.5.4 형광등의 흑화현상

형광등의 양단이 검게 되는 **흑화현상**은 안정기 선정의 부적절, 점멸 횟수의 빈번함, 전압변동 등에 의해 발생하며, 이러한 원인이 심한 경우에는 동정특성에도 나쁜 영향을 미치게 된다.

형광등을 사용함에 따라 광속이 감소하는데 그 원인은 다음과 같다.

① 전극에서의 전자 방출의 감소
② 전극물질이 승화하여 방전관 양단의 흑화
③ 형광체의 열화

형광등의 양단에 나타나는 흑화의 형태는 다음과 같다.

① 전극에서 5 [cm] 부근에서 나타나는 환상의 흑화는 정상적인 점등상태에서 수십 시간 사용하면 나타나는 것으로 특성에 영향을 미치지 않는다.
② 베이스의 가까운 부분에 나타나는 짙은 반점은 기동전류 및 점등시의 전류가 과대한 경우에 발생한다.
③ 방전관 끝부분의 넓은 흑화현상은 관의 수명 말기에 생기며 필라멘트 표면의 바륨(Ba)이 승화되어 관 내벽에 부착한 것이다.

흑화현상이 발생하면 방전개시전압은 매우 높아지기 때문에 점등관이 동작하면 필라멘트만 가열되고 점멸을 반복해도 안정된 점등은 불가능하다. 형광체의 열화는 수은과 형광체가 혼합되거나 자외선의 심한 자극으로부터 열화한 것이다.

4.5.5 플리커 개선 및 역률 개선

(1) 플리커 개선

형광등을 교류로 점등하면 주파수의 2배의 횟수로 점멸이 일어나고, 전류가 흐르지 않는 순간에도 형광체의 잔광현상에 의해 빛은 파형으로 되어 눈에서 반복되는 빛의 명멸을 느끼게 된다. 이 빛의 명멸을 **플리커**(flicker)라 하며, 다음의 식으로 표시한다.

$$\text{플리커} = \frac{\text{최고 광도} - \text{평균 광도}}{\text{평균 광도}} \times 100\,[\%] \tag{4.4}$$

형광등의 플리커 현상은 정상 점등시에 시감할 수 없지만, 움직이는 물체를 장시간 보게되면 감지할 수 있고 눈의 피로도를 가중시키며, 백열전구에 비해 대단히 크다.

표 4.10은 각종 광원에 대한 플리커를 나타내었다.

표 4.10 각종 광원의 플리커

광 원	플리커 [%]	광 원	플리커 [%]
백열전구 40 [W] 백열전구 100 [W]	13 5	형광등 백색(1등용) 형광등 백색(2등용) 형광등 백색(3등용)	45 20 6
형광등 주광색(1등용) 형광등 주광색(2등용) 형광등 주광색(3등용)	60 28 8	형광등 청색 (1등용) 형광등 녹색 (1등용) 형광등 분홍색(1등용)	95 20 20

그림 4.41과 같이 형광등 두 개를 동일기구에 설치하고, 콘덴서를 직렬로 접속하여 한 쪽 형광등의 전류 위상을 90° 빠르게 하면, 주광색 형광등은 28 [%], 백색 형광등은 20 [%]로 플리커 현상을 감소시킬 수 있다. 이 형광등을 **플리커리스**(flickerless) **형광등**이라 한다.

3상회로의 선간에 세 개의 형광등을 각각 설치하면 플리커는 더욱 감소하여 6~8 [%]로 되고, 전류도 각 상이 평형을 이루어 역률도 개선되는 장점이 있다.

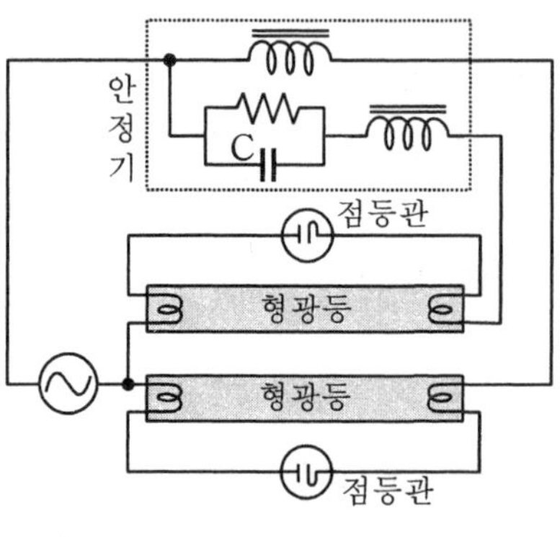

그림 4.41 플리커리스 형광등

(2) 역률 개선

백열전구는 필라멘트의 저항만으로 이루어져 있으므로 역률은 거의 100 [%]이다. 그러나 형광등에서 방전관 자체는 저항 부하로 약 90 [%]이지만, 유도성 부하의 안정기가 접속되어 있으므로 50~60 [%]의 저역률이 된다.

역률을 개선하기 위하여 수배전 선로의 부하측에 전력용 콘덴서를 접속하는 것과 마찬가지로 회로에 콘덴서를 병렬로 삽입한다.

그림 4.42는 부하의 역률을 $\cos\theta_1$에서 $\cos\theta_2$로 개선하기 위하여 콘덴서의 용량 Q_c를 구하기 위한 벡터도이다.

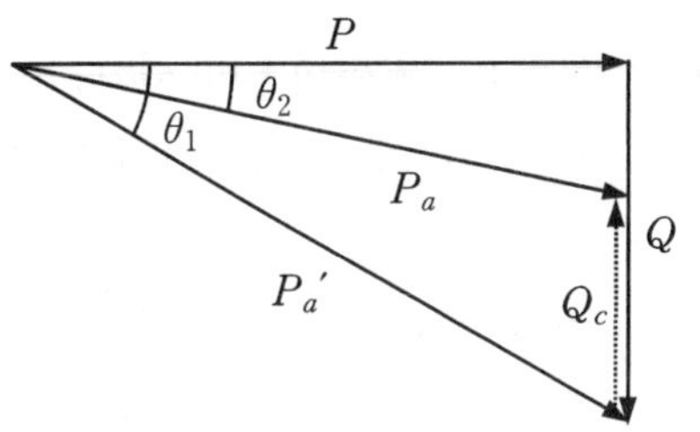

그림 4.42 역률개선

Q_c : 콘덴서 용량 [Var]
P : 부하의 유효전력 [W]
$\cos\theta_1$: 개선 전의 역률
$\cos\theta_2$: 개선 후의 역률
P_a : 역률개선 전의 피상전력 [VA]
P_a' : 역률개선 후의 피상전력 [VA]

콘덴서의 용량 Q_c는

$$Q_c = P(\tan\theta_1 - \tan\theta_2)$$

$$= P\left\{\sqrt{\frac{1}{\cos\theta_1} - 1} - \sqrt{\frac{1}{\cos\theta_2} - 1}\right\} \tag{4.5}$$

이 되고, 따라서 $Q_c = \omega C V^2$에서 콘덴서의 정전용량 C는 다음과 같이 구해진다.

$$C = \frac{Q_c}{\omega V^2} = \frac{P}{2\pi f V^2} \cdot (\tan\theta_1 - \tan\theta_2) \tag{4.6}$$

형광등의 역률을 85 [%]의 고역률로 개선하려면 한 등당 3.5~5.5 [㎌]의 콘덴서를 병렬로 접속하여야 한다.

4.5.6 형광등의 특징

① **수명이 길다.** : 형광등의 평균 수명은 약 7,000시간으로 전구의 수명 1,000시간에 비해 매우 길다.

② **효율이 높다.** : 형광등의 효율은 백열전구의 효율보다 3~4배 높다.(**표** 4.9 참고)

③ **열이 거의 발산하지 않는다.** : 백열전구는 전 복사에너지의 90 [%], 형광등은 약 45 [%] 정도가 열로 복사된다.

④ **임의의 색광을 얻을 수 있다.** : 형광체에 따라 원하는 색광을 얻을 수 있으며, 효율이 높다.

⑤ **휘도가 낮다.** : 광원의 발광면적이 넓으므로 휘도가 0.6~10[cd/cm^2]이다. 장시간 동안 볼 수 있는 휘도의 한계는 0.5[cd/cm^2]로 이보다 휘도가 높으면 눈부심을 느낀다.

⑥ **전원전압의 변화에 대한 광속변동이 적다.** : 백열전구의 전압변화에 비해 광속의 변화가 적으며, 전압 1[%] 변화에 대해 1~2[%]의 광속변동만 있다.

⑦ **역률이 낮다.** : 안정기의 사용으로 역률이 60[%] 정도로 나쁘기 때문에 역률을 개선하기 위하여 병렬로 콘덴서를 접속한다.

⑧ **주위온도의 영향을 받는다.** : 주위온도가 20~25[℃]에서 효율이 가장 높고, 이보다 높거나 낮으면 효율이 떨어진다.

⑨ **기동시간이 길다.** : 점등관식은 약 3초 정도 걸리며, 주위온도가 낮아지면 시간이 더 걸린다. 기동시간을 줄이기 위해 속시기동형과 순시기동형이 사용된다.

⑩ **전원 주파수의 변동이 광속과 수명에 영향을 미친다.** : 안정기로 초크코일이나 콘덴서를 사용하므로 주파수의 영향을 받아 광속과 수명에 영향을 미친다.

⑪ **빛의 명멸(flicker)이 있다.**

⑫ **라디오에 장해를 준다.** : 형광등에서 방해전파가 발생하여 라디오에 잡음 장해를 준다.

4.5.7 전구형 형광등(삼파장 형광등)

네덜란드의 필립스사에서 개발한 전구형 형광등(삼파장 형광등)은 삼파장 전구 및 삼파장 형광등으로 불리어지고 있지만, 백열전구와 형광등의 장점을 결합한 의미에서 **전구형 형광등**이 가장 적당할 것으로 생각된다.

기존 형광등의 형광물질은 적색의 발광 성분이 부족하기 때문에 청색광의 차가운 느낌을 주고 연색성도 떨어진다.

이를 보완하기 위하여 개발된 전구형 형광등은 기존의 할로린산칼슘과 같은 형광체 대신에 적색의 발광 성분을 포함한 **희토류 원소**를 형광체로 사용하여 광원의 삼원색인 적색(R), 녹색(G), 청색(B)의 **삼파장**의 광색을 발산하도록 한다. 따라서 백열전구와 같은 분위기 조명 효과와 연색성을 좋게 하면서 효율의 개선효과를 얻을 수 있다.

휘토류 원소는 주기율표 3A족인 란탄계열의 원자번호 57~71의 15원소와 스칸듐

(Sc), 이트륨(Y)을 합친 17원소를 총칭한 것으로 지구상에 적은 양이 분포되어 가격이 비싼 것이 결점이다.

일반 형광등은 한 개의 파장을 이용한 선스펙트럼이지만, **그림** 4.43과 같이 전구형 형광등은 적색(R), 녹색(G), 청색(B)의 가시광의 폭 넓은 파장 영역이 강력하게 나오는 연속스펙트럼을 보이고 있다.

그림 4.44와 같이 희토류 형광체를 사용한 전구형 형광등은 수명이 끝날 때까지 광속의 저하가 적다.

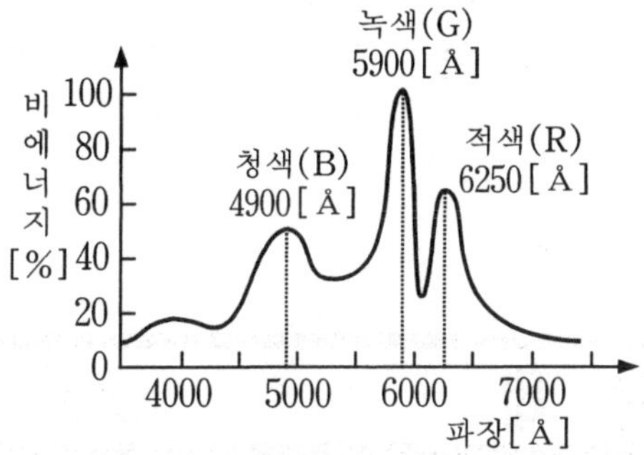

그림 4.43 삼파장 형광등의 분광 분포

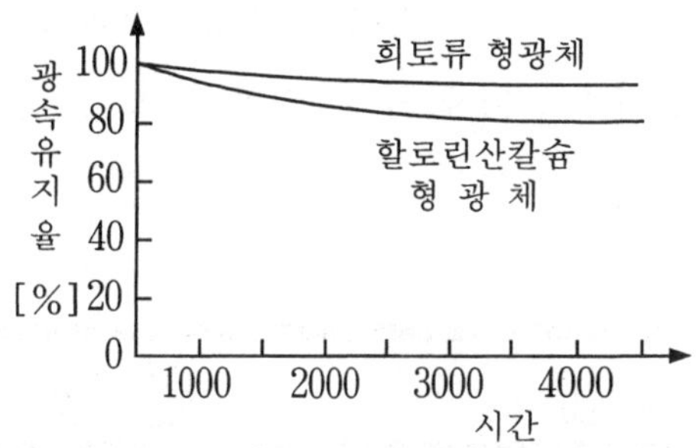

그림 4.44 희토류 원소의 광속유지율

전구형 형광등은 지름 12[mm] 정도로 가늘고, 관 전체 길이에 비해 짧게 보이도록 U자 모양으로 구부린 후 다시 2~3개를 연결한 구조이고, 유리구 내면에 형광물질을 도포하는 방법은 다음의 두 가지가 있다.

① 1층 도포법 : 유리구 내에 희토류 형광물질을 도포하는 것으로 도포량이 많기 때문에 가격 상승 요인이 된다.

② 2층 도포법 : 유리구 내벽에 직접 할로린산칼슘의 형광물질을 도포하고, 그 위에 희토류 형광물질을 도포하는 것으로써 1층 도포법에 비해 연색성과 효율은 떨어지지 않으면서 경제적인 방법이 된다.

방전관과 안정기가 일체형인 전구형 형광등의 효율은 삼파장 형광물질 외에 전자식 안정기가 큰 역할을 한다.

고주파 점등회로를 채택한 전자식 안정기는 방전 초기의 급격한 전류 상승으로 인한 형광등의 소손을 막아주고, 상용주파수 60[Hz]를 인버터에 의해 20~50[kHz]로 변환시켜주기 때문에 플리커 현상의 감소와 전력손실을 감소시켜 준다.

전구형 형광등의 특징은 다음과 같다.

① 백열전구는 전 복사에너지에서 가시광선이 약 5[%] 정도이지만, 전구형 형광등은 열손실이 적기 때문에 약 25[%] 이상으로 효율이 높고, 수명도 약 6배 정도 길다.
② 광색은 태양과 비슷한 자연 주광에 가깝고, 연색성이 우수하다.
③ 순간 점등이 가능하며 소음이 없고 플리커 현상이 매우 적다.
④ 10[%]의 전력절감 효과가 있지만, 가격이 비싼 것이 결점이다.

전기제품에 의한 전력에너지 사용량은 매년 약 10[%]씩 급격히 증가하고 있으며, 조명이 차지하는 비중은 약 20[%] 정도이다. 그 중 백열전구의 전력소모는 약 56[%]에 해당하기 때문에 에너지 절감 차원에서 형광등의 장점을 살린 삼파장 전구형 형광등의 대체는 더욱 확대되어야 한다.

연 습 문 제

객관식

4-1 발광 현상에서 복사에 관한 법칙이 아닌 것은?

㉮ 스테판-볼츠만의 법칙 ㉯ 빈의 변위 법칙
㉰ 입사각의 코사인 법칙 ㉱ 플랑크의 법칙

4-2 발광 현상이 없는 것은 무엇인가?

㉮ 온도방사 ㉯ X선 ㉰ 전기불꽃 ㉱ 인광

4-3 파이로 루미네선스를 이용한 것은 무엇인가?

㉮ 텔레비전 영상 ㉯ 수은등 ㉰ 형광등 ㉱ 발염 아크등

4-4 적외선 전구는 다음의 어떤 목적에 사용되는가?

㉮ 살균용 ㉯ 건조용 ㉰ 조명용 ㉱ 장식용

4-5 다음 광원 중 루미네선스에 의한 발광 현상을 이용하지 않은 것은 무엇인가?

㉮ 형광등　㉯ 수은등　㉰ 백열전구　㉱ 네온전구

4-6 진공 전구에 적린 게터를 사용하는 이유는 무엇인가?

㉮ 광속을 많게 한다.　㉯ 전력을 적게 한다.
㉰ 효율을 좋게 한다.　㉱ 수명을 길게 한다.

4-7 광원 중 램프효율이 가장 좋지 않은 것은 무엇인가?

㉮ 백열전구　㉯ 수은램프　㉰ 형광램프　㉱ 메탈 할라이드램프

4-8 백열전구의 앵커에 사용되는 재료는 무엇인가?

㉮ 철　㉯ 크롬　㉰ 망간　㉱ 몰리브덴

4-9 백열전구에 가스를 봉입하는 이유와 관계가 없는 것은 무엇인가?

㉮ 필라멘트의 증발 억제작용을 한다.　㉯ 수명을 길게 한다.
㉰ 발광효율이 높아진다.　㉱ 휘도가 낮아진다.

4-10 가스를 넣은 전구에서 질소 대신 아르곤을 쓰는 이유는 무엇인가?

㉮ 값이 싸다.　㉯ 열의 전도율이 크다.
㉰ 열의 전도율이 작다.　㉱ 비열이 작다.

4-11 가스입 전구에 아르곤 가스를 넣을 때, 질소를 봉입하는 이유는 무엇인가?

㉮ 대류작용 촉진　㉯ 아크 방지
㉰ 대류작용 억제　㉱ 흑화 방지

4-12 형광등에서 아르곤을 봉입하는 이유는 무엇인가?

㉮ 연색성 개선한다.　㉯ 효율을 개선한다.
㉰ 역률을 개선한다.　㉱ 방전을 용이하게 한다.

4-13 텅스텐 필라멘트 전구에서 2중 코일의 주목적은 무엇인가?

㉮ 수명을 길게 한다.　㉯ 광색을 개선한다.
㉰ 휘도를 줄인다.　㉱ 배색을 개선한다.

4-14 백열전구에 필라멘트의 재료로서 필요 조건 중 틀린 것은 무엇인가?

㉮ 고유저항이 적어야 한다. ㉯ 선팽창율이 적어야 한다.
㉰ 가는 선으로 가공하기 쉬워야 한다. ㉱ 기계적 강도가 커야 한다.

4-15 백열전구의 동정곡선은 다음 중 어느 것을 결정하는 중요한 요소가 되는가?

㉮ 전류, 광속, 효율, 시간 ㉯ 전류, 광속과 전압
㉰ 광속, 휘도와 전류 ㉱ 전류, 광도 및 전압

4-16 형광 램프의 동정특성에서 광속은 어느 때 측정한 값을 말하는가?

㉮ 제조 직후 ㉯ 점등 100시간 후
㉰ 점등 500시간 후 ㉱ 점등 1000시간 후

4-17 전구의 봉함부 도입선으로 쓰이는 재료는 무엇인가?

㉮ 구리선 ㉯ 몰리브덴
㉰ 구리에 니켈강을 피복한 것 ㉱ 니켈강에 구리를 피복한 것

4-18 복사 루미네선스 중 자극을 주는 조사가 계속되는 동안만 발광 현상을 일으키는 것은 무엇인가?

㉮ 형광 ㉯ 마찰 ㉰ 인광 ㉱ 파이로

4-19 다음의 법칙은 어느 법칙에 해당되는지 문자를 잘 읽고 골라라. 평등전계하에서 방전개시전압은 기체의 압력과 전극거리와의 곱의 함수가 된다.

㉮ 스토크스 법칙 ㉯ 스테판-볼츠만 법칙 ㉰ 파센의 법칙 ㉱ 플랑크의 법칙

4-20 일반적으로 발광되는 파장은 발광시키기 위하여 가한 원복사의 파장보다 길다는 법칙은 무엇인가?

㉮ 플랑크의 법칙 ㉯ 스테판-볼츠만 법칙 ㉰ 스토크스 법칙 ㉱ 빈의 변위법칙

4-21 형광등의 주위온도는 몇 [℃]일 때 가장 효율이 높은가?

㉮ 5~10 ㉯ 10~15 ㉰ 20~25 ㉱ 35~40

4-22 형광등의 관벽온도는 몇 [℃]일 때 가장 효율이 높은가?

㉮ 10~20 ㉯ 20~30 ㉰ 30~40 ㉱ 40~50

4-23 다음 광원 중 효율이 가장 높은 것은 무엇인가?

㉮ 자동차전구 ㉯ 백열전구 ㉰ 탄소 아크등 ㉱ 형광등

4-24 고압 수은등 10^{-2}[mmHg]에서 방전할 경우 발생하는 스펙트럼의 최대에너지의 파장은 얼마인가?

㉮ 5791 ㉯ 4358 ㉰ 3663 ㉱ 2537

4-25 방전등의 일종으로서 효율이 대단히 좋으며, 광색은 순황색이고 연기나 안개속을 잘 투과하며 대비성이 좋은 램프는?

㉮ 수은등 ㉯ 형광등 ㉰ 나트륨등 ㉱ 옥소전구

4-26 나트륨등의 이론 효율[lm/W]은 약 얼마인가?

㉮ 255 ㉯ 300 ㉰ 395 ㉱ 500

4-27 다음 램프 중에서 분광 에너지 분포가 주광 에너지 분포와 가장 가까운 것은 무엇인가?

㉮ 형광등 ㉯ 나트륨등 ㉰ 크세논등 ㉱ 고압 수은등

4-28 직류 극성을 판별하는데 이용하는 것은?

㉮ 형광등 ㉯ 수은등 ㉰ 네온전구 ㉱ 나트륨등

4-29 네온관등의 발광에 이용하는 것은 무엇인가?

㉮ 양광주 ㉯ 부글로우 ㉰ 음극 글로우 ㉱ 양극광막등

4-30 투명 네온관등에 네온가스를 봉입하였을 때, 가장 적당한 방전의 색은?

㉮ 등색 ㉯ 황색 ㉰ 등적색 ㉱ 백색

4-31 방전등의 전압－전류 특성은 마이너스(부특성)이므로 이것을 일정 전압의 전원에 연결하면 전류가 급속히 증대되어 방전등을 파괴한다. 이것을 방지하기 위하여 필요한 장치는 무엇인가?

㉮ 점등관 ㉯ 콘덴서 ㉰ 안정기 ㉱ 초크코일

4-32 다음 등 중에서 방전등이 아닌 것은 무엇인가?

㉮ 나트륨등 ㉯ 크세논등 ㉰ 형광등 ㉱ EL등

4-33 네온전구의 용도에서 잘못된 것은?

㉮ 소비 전력이 적으므로 배전반의 파일럿, 종야등에 적합하다.
㉯ 일전 전압에서 점화하므로 검전기, 교류 파고값 측정에 필요 없다.
㉰ 음극만 빛나므로 직류의 극성 판별용에 사용된다.
㉱ 빛의 관성이 없고 어느 범위 내에서는 광도와 전류가 비례하므로 오실로스코프용, 스트로보스코프 등에 이용된다.

주관식

4-1 온도가 2000 [K]되는 흑체의 전 방사에너지는 1000 [K]일 때 값의 몇 배가 되는지 구하라.

4-2 완전 흑체의 온도가 4000 [K]일 때, 단색 방사 발산도가 최대가 되는 파장은 730 [mμ]이다. 최대의 단색 방사 발산도가 555 [mμ]인 흑체의 온도 [K]를 구하라.

4-3 3300 [K]에서 흑체의 최대파장 [μm]을 구하라.

4-4 파셴의 법칙과 페닝의 효과를 설명하라.

4-5 스토크스의 법칙에 대하여 설명하라.

4-6 글로우 방전과 아크 방전을 구분하여 설명하라.

4-7 방전관에서 안정기의 역할을 설명하라.

4-8 형광등의 점등방식에 대하여 설명하라.

4-9 수은등의 발광 원리에 대하여 설명하라.

4-10 고휘도 방전등의 종류는 무엇이 있는지 설명하라.

chapter 5

조명 설계

5.1 우수한 조명의 조건

조명설비는 총 전력에너지 소비량의 약 20 [%] 정도의 비중을 차지하고 있다. 따라서 조명설계는 주어진 장소의 사용 목적에 가장 알맞은 명시조건을 만족시키고, 조명대상물의 환경과 조화를 이루면서 경제적인 측면을 고려하여 광원과 기구의 종류, 크기 및 위치 등의 조명시설을 결정하는 것이다.

이와 같이 조명설계는 여러 가지 수치만이 중요한 것이 아니라 조명대상물의 용도 및 환경을 충분히 고려하여 최적의 조명의 목적을 달성할 수 있어야 한다.

조명은 크게 **명시조명**과 **분위기조명**으로 분류할 수 있고 조명의 목적이 되며, 이들은 각각 다음과 같다.

① **명시조명** : 물체가 잘 보이고 육체적, 정신적 피로를 최대한 적게 할 목적으로 작업 능률을 중요시하는 실리적 조명(학교, 사무실, 공장, 작업장 등)

② **분위기조명** : 건축 환경의 미적 효과와 심리적 효과를 극대화할 수 있는 기분 및 분위기를 중요시하는 장식적 조명(백화점, 음식점, 호텔, 극장 등)

우수한 조명의 조건은 명시조명과 분위기조명을 동시에 고려해야 하지만 반드시 그렇지만은 않으며, 조명대상물의 용도 및 환경에 따라 조명의 목적을 검토하여 두 가지 조명 중에서 강조할 조명을 적재적소에 채택하는 것이다.

조명설계의 실제 조건으로 필요한 사항은 다음과 같다.

① 조도 : 물체를 보거나 작업에 필요한 밝음

표 5.1은 조명설계의 권장 조도단계를 나타낸 것이다.

표 5.1 조도 단계

조도단계	표준조도[lx]	조도범위[lx]	작업단계(공장)
aaa	1,000	1,500~700	초정밀작업
aa	500	700~300	정밀작업
a	200	300~150	보통작업
b	100	150~70	거친작업
c	50	70~30	건　　조
d	20	30~15	–
e	10	15~7	–
f	5	7~3	–
g	2	3~1.5	–

② 광속발산도 분포 : 시야 내의 균일한 밝음(휘도차가 없는 분포)

표 5.2는 시야 내의 휘도 분포의 허용한도를 나타낸 것이다.

표 5.2 시야 내의 휘도 분포 허용한도

시야 내의 범위	사무실, 학교	공 장
작업대상물과 그 주위와의 사이 (Ex : 책과 책상면)	3 : 1	5 : 1
작업대상물과 그것으로부터 떨어진 면 (Ex : 책과 바닥)	10 : 1	20 : 1
조명기구 또는 창과 그 부근 면과의 사이 (Ex : 천장, 벽면)	20 : 1	50 : 1
보통 통로 내의 각 부	40 : 1	80 : 1

③ 눈부심 : 광원의 직접 또는 반사에 의한 눈부심이 없을 것

눈부심의 허용한계 : { 항상 시야 내에 들어오는 광원 : 0.2 [cd/cm^2]이하
　　　　　　　　　　　때때로 시야 내에 들어오는 광원 : 0.5 [cd/cm^2]이하

④ 그림자 : 밝고 어두움의 비(명암비)가 적당해야 할 것(3 :1)

⑤ 분광분포 : 각 파장의 에너지가 같은 것을 요구하며, 물체 보임의 결정적 요소
⑥ 심리적 효과 : 조명에 의한 분위기 조성
⑦ 미적 효과 : 조명기구 배치 및 의장(design)의 미적 효과와 조명 대상물과의 조화
⑧ 경제성 : 조명등의 효율과 유지보수 비용의 검토

표 5.3은 명시조명과 분위기조명에 대해 우수한 조명의 요건별로 점수화하여 그 특성을 상호 비교 검토한 것이다.

표 5.3 명시조명과 분위기조명의 비교

우수한 조명 요건	명시조명(실리적 조명)		분위기조명(장식적 조명)	
	물체의 보임 장시간의 작업에 눈의 피로 감소 목적	점수	미적, 심리적 효과 중시 단시간의 작업 오락	점수
조 도	밝을수록 좋지만 경제상 한계 고려	25	환경에 따라 낮고 높은 조도 필요	5
광속발산도 분 포	밝음의 차가 없을수록 좋다. 주변 3:1, 작업면 5:1	25	계획에 따라 명암의 조도 배분을 고려	20
눈 부 심	광원의 직접 또는 반사가 없도록 한다.(휘도 0.5[cd/cm^2]이하)	10	눈부심이 가장 사람의 시선을 집중	0
그 림 자	방해되는 그림자가 있으면 안됨 명암비 3:1이 가장 적당 (보통 2:1~7:1)	10	입체감, 원근감 때문에 때로는 2:1이하 또는 7:1이상도 사용	0
분광분포	표준주광이 좋고 적외선, 자외선이 없는 것이 좋다.	5	심리적으로 난색, 한색, 색의 미화의 색광을 이용	5
심리적 효과	맑은 날 옥외의 감각이 좋다.	5	목적에 따라 다른 감각 필요	20
미적 효과	간단한 기구로 간단한 기하도형 배열이 좋다.	10	계획된 미의 배치 및 조합이 필요	40
경 제 성	광속 효율이 높을 것	10	광속, 조도는 수치의 대소보다 조명효과의 달성도를 고려	10
완전설계에 대한 총점수		100		100

5.2 조명 방식

조명 방식은 조명기구의 의장, 배광, 배치, 설치 및 건축화 조명 등에 의해 분류하며, 조명 대상물의 구조 및 사용목적에 따라 조명효과가 달라지므로 조명 방식의 선정에 신중을 기해야 한다.

5.2.1 조명기구의 의장에 의한 분류

광원이 보이는 모양에 따라 단등 방식, 다등 방식, 연속열 방식 및 면 방식으로 분류하며, 조명기구의 의장(design)에는 장식적인 것과 효율적인 것으로 되어 있다.

(1) 단등 방식

광원이 점 또는 점에 가까운 모양으로 기구가 배치되는 방식이며, 일반적인 배치 방식이다.

(2) 다등 방식

몇 개의 광원을 한 곳에 모아서 배치하는 방식으로 조도가 높고 화려하게 보이는 배치 방식이다.

(3) 연속열 방식

전체적인 광원의 모양이 선 또는 선형으로 배치되는 방식으로 사무실, 복도 등에 설치하며, 진취적이고 행동감을 느낄 수 있는 방식이다.

(4) 면 방식

발광면이 평면으로 보이도록 배치되는 방식이며, 광원면이 밝아 깨끗한 느낌을 줄 수 있으므로 백화점 및 호텔의 1층 로비 등에 주로 사용한다.

5.2.2 조명기구의 배광에 의한 분류

조명기구의 배광에 따라 직접조명, 반직접조명, 전반확산조명, 반간접조명 및 간접조명 방식의 5종류로 분류된다.

(1) 직접조명 방식

① 발산광속은 하향으로 90~100 [%]이고 작업면을 직접 투사하여 효율이 가장 높으며 일반적인 조명 방식이다.

② 작업면에서는 높은 조도를 얻을 수 있지만 휘도의 차이가 심하고 그림자와 눈부심이 있다.

③ 눈부심을 피하기 위하여 반사갓의 보호각을 15°~20° 정도로 적당히 설치할 필요가

있다.

④ 설치높이가 높은 곳에서는 빛을 집중시키는 기구를 적용하고, 설치높이가 낮은 곳에서는 빛을 분배시키는 기구를 적용한다.

(2) 반직접조명 방식

① 발산광속은 하향으로 60~90 [%] 직사하고 상향으로 10~40 [%]의 빛을 천장이나 위벽 부분에 반사하여 반사광이 조도를 증가시키는 방식이다.

② 하면 개방형이고 갓은 젖빛유리나 플라스틱을 사용한다.

③ 사무실, 학교, 주택 조명용으로 사용한다.

표 5.4는 조명기구의 배광에 의한 분류를 정리하여 나타낸 것이다.

표 5.4 조명기구의 배광에 의한 분류

	직접조명	반직접조명	전반확산조명	반간접조명	간접조명
형태분류	↑10~0% 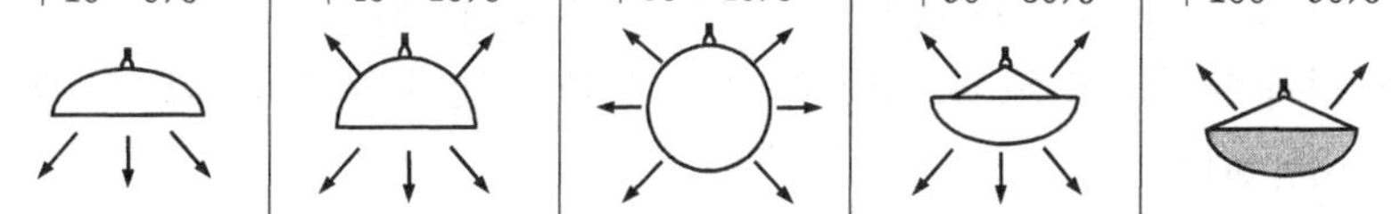 ↓90~100%	↑40~10% ↓60~90%	↑60~40% ↓40~60%	↑90~60% ↓10~40%	↑100~90% ↓0~10%
배광곡선	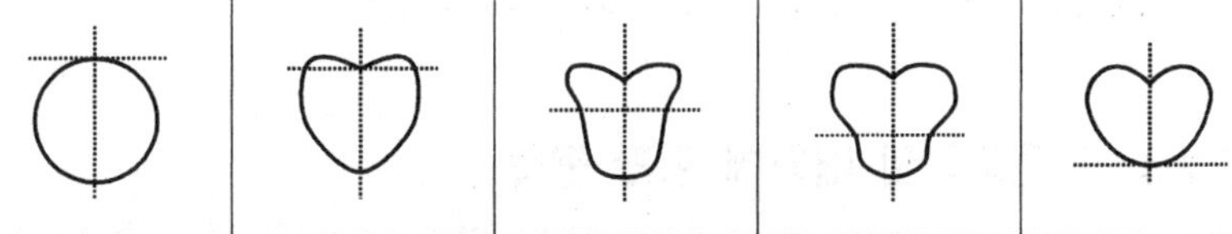				
분광분포 (상부 100 / 50 / 0, 하부 50 / 100)	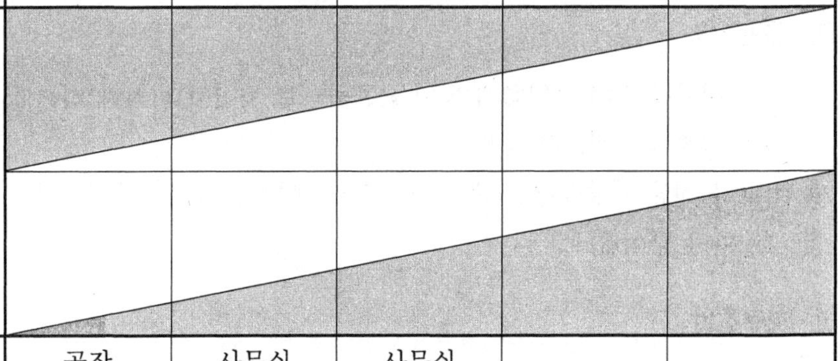				
용 도	공장 다운라이트	사무실 학교, 주택	사무실 학교, 상점	병실, 침실	병실, 침실

(3) 전반확산조명 방식

① 발산광속이 하향과 상향 40~60 [%]로 고르게 발산하는 조명 방식이다.
② 젖빛 외구형은 발광면을 크게 함으로써 광원의 휘도를 감소시켜 눈부심을 느끼지 않도록 하고, 외구 내의 온도상승 억제 목적으로 외구의 크기 조절을 한다.
③ 사무실, 학교, 상점 등에 사용한다.

(4) 반간접조명 방식

① 발산광속이 상향으로 60~90 [%]로 천장을 주광원으로 이용하기 때문에 천장의 색과 유지율을 고려하여야 한다.
② 장시간 정밀 작업을 하는데 적당하다.
③ 휘도는 0.5 [cd/cm^2]를 초과하지 않도록 한다.

(5) 간접조명 방식

① 발산광속이 상향으로 90~100 [%] 정도 발산하며, 천장 및 위벽 부분에서 반사하여 방의 각 부분으로 확산되도록 하는 방식이다.
② 직사 눈부심이 없고, 천장과 위벽 부분은 빛이 잘 확산되도록 광택이 없는 마감을 이용한다.
③ 우수한 확산성과 낮은 휘도를 얻을 수 있다.
④ 경상비와 유지비가 많이 소요되는 단점이 있다.

5.2.3 조명기구의 배치에 의한 분류

(1) 전반조명

① 실내 전반에 걸쳐 균일하게 빛이 분포하므로 작업의 위치가 변해도 조명기구의 배치를 변경시킬 필요가 없다.
② 기구나 전등의 종류를 적게 할 수 있기 때문에 보수가 용이하다.
③ 그림자가 부드럽다.

(2) 국부조명

① 각 대상마다 작은 범위로 개별 조명을 하는 방식으로 유동성이 있다.
② 필요한 대상마다 요구되는 조건으로 조도를 충분히 줄 수 있고, 개별 소등이 가능

③ 어떤 조명대상물에 특히 높은 조도를 주어 두드러지게 하는데 효과적이다.
④ 빛의 방향을 자유로이 바꾸어 그림자의 변화를 줄 수가 있기 때문에 같은 사물이라도 다른 느낌을 줄 수가 있다.

전반조명과 국부조명을 병용한 **전반국부 병용조명**을 채택하면 경제적이고 실용적인 조명을 얻을 수 있다.

5.2.4 조명기구의 설치에 의한 분류

국부조명은 스탠드인 이동형 기구와 지향성이 강한 기구를 천장에 직접 붙이거나 매입 또는 벽이나 기둥 등에 가설하는 방식이 있다. 최근에는 트롤리선을 따라 이동되는 이동형 기구를 많이 사용한다.

전반조명은 천장에 부착하는 기구가 대부분이며, 매달림, 바로 붙임 또는 매입하는 방식이 있다. 특수 조명으로써 다음에서 설명하는 건축화 조명을 들 수 있다.

5.2.5 건축화 조명에 의한 분류

건축화 조명은 건축구조나 표면마감을 조명기구의 일부로 이용할 수 있다는 개념에서 건축물의 일부를 광원화하여 장식 및 반사광에 의한 조명방식이다.

건축화 조명은 등기구의 매입방법에 따라 다음과 같이 분류하며 그 방법과 효과를 설명한다.

① 천장면 건축화 조명 : 광천장조명, 다운 라이트조명, 코퍼조명, 광량조명
트로퍼조명, 코브조명, 루버조명
② 벽면 건축화 조명 : 코너조명(천장, 벽), 코니스조명(벽 하방)
밸런스조명(벽 상・하방)

(1) 광천장 조명

① 천장에 광원을 설치하고 그 하부에 확산투과재로 천장 마감한 방식(**그림** 5.1)
확산투과재는 젖빛 플라스틱이 사용되며 메탈아크릴 수지판의 특성이 가장 우수
② 천장 전면의 낮은 휘도로 부드럽고 깨끗한 분위기를 연출할 수 있다.
③ 보수가 용이하고, 고조도(1000～1500 lx)를 필요로 하는 장소에 가장 유리하다.
(1층 홀, 쇼룸)

④ 설계시 유의 사항

㉠ 발광면의 휘도차이로 밝음에 얼룩이 생기면 미관상 좋지 않으므로 램프배열을 고려해야 한다.

㉡ 천장 내부와 보, 덕트에 의해 그늘이 생기지 않도록 하고, 특히 작은 보 등이 있는 경우에는 보조 조명을 활용한다.

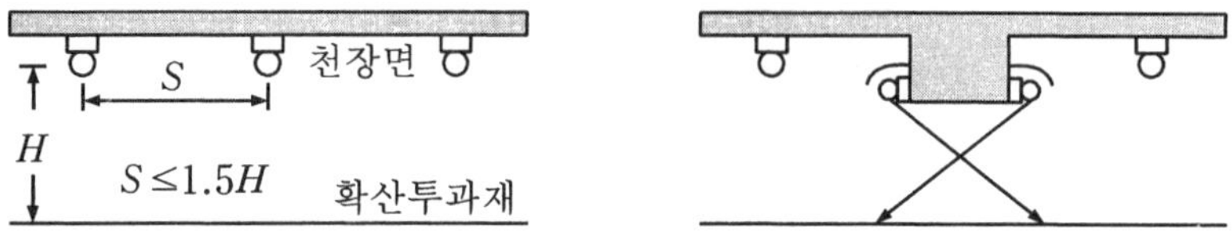

(a) 광천장 조명의 기본구조 (b) 보가 있는 경우

그림 5.1 광천장 조명

(2) 다운 라이트(down light) 조명

① 천장에 작은 구멍을 뚫어 그 속에 조명기구를 삽입하여 조명하는 방식

② 천장면은 어두우나 조명효과 및 분위기를 연출할 수 있다.

③ 구멍이 극히 작은 것을 **핀홀 라이트**(pinhole light)**조명**이라 하며, 등간격 배치 방법과 임의 배치 방법이 있다.

④ 전시장, 영화관 등

(3) 코퍼(coffer) 조명

① 사각이나 동그라미 등의 여러 형체의 천장 매입기구로 단조로움을 깨는 조명 방식

② 기구는 천장면에 매입하고 밑면에 플라스틱을 붙이거나 코퍼의 중앙에 반간접기구를 매다는 방식으로 높은 천장의 은행 영업실, 빌딩의 홀, 백화점 1층 등에 사용

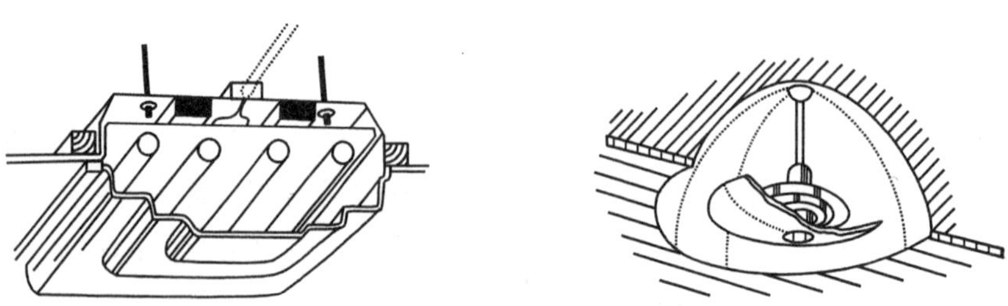

그림 5.2 코퍼 조명

(4) 광량조명

① 연속열 방식의 천장매입으로 건축화 조명 중 가장 간단한 방법

② 사무실, 호텔 등의 복도에 적용

※ **트로퍼(troffer)조명** : 설치방법은 광량조명과 동일하지만 연속열기구가 아닌 방식

그림 5.3 광량조명

(5) 코브(cove) 조명

① 코브의 벽이나 천장을 이용한 간접조명으로 그의 반사광을 채광하는 방식

② 효율면에서 가장 나쁜 조명이나 눈부심과 그림자가 없기 때문에 실내 공간의 부드럽고 차분한 분위기 연출 (건축화 조명의 대표적 조명 방법)

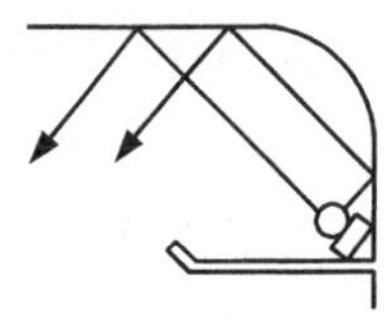

그림 5.4 코브 조명

③ 코브의 높이와 천장 폭과의 비율은 약 1:5가 적당

④ 코브는 목재, 플라스틱으로 만들며, 일반적으로 열차 및 유람선에 채택

(6) 루버(louver) 조명

① 천장에 광원을 취부하고 그 하부에 루버를 설치하는 방식

② 직사 눈부심이 없고 밝은 직사광을 얻고 싶은 곳과 천장면에 배관, 부설물이 있어 미관이 좋지 않은 곳에 사용하며, 루버는 손상하기 쉽고 보수가 곤란한 단점

③ 보호각 30° : $S \leq 1.5H$, 보호각 45° : $S \leq H$

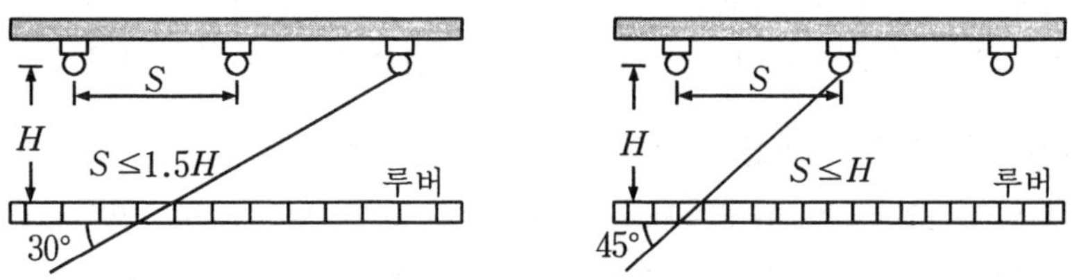

그림 5.5 루버조명의 보호각

(7) 코너(corner) 조명

천장과 벽면의 경계 구석에 기구를 배치하여 천장과 벽면을 동시에 조명하는 방식으로 지하도 조명에 이용한다.(**그림** 5.6)

(8) 코니스(cornice) 조명

① 천장과 벽면의 경계에 차광판을 사용한 광원을 벽면 하방으로 배치하여 벽면을 조명하는 방식으로 형광등을 주로 이용한다.(**그림** 5.7)

② 벽화, 벽지, 붉은 벽돌 및 돌 등으로 되어 있는 벽면에 효과적이다.

(9) 밸런스(valance) 조명

① 창이나 벽면 상부에 광원을 부착하고 광원 앞에 밸런스판을 설치하여 벽 또는 커튼의 하부와 상부 방향으로 광원이 나오도록 하여 실내 전반을 조명하는 방식으로 **그림** 5.8에 나타낸다.

② 직사광은 아래쪽의 벽이나 커튼에, 위쪽은 천장면에 반사하여 분위기 조명을 연출

③ 밸런스판은 목재, 금속판 등을 이용

④ 호텔의 객실 등

그림 5.6 코너조명

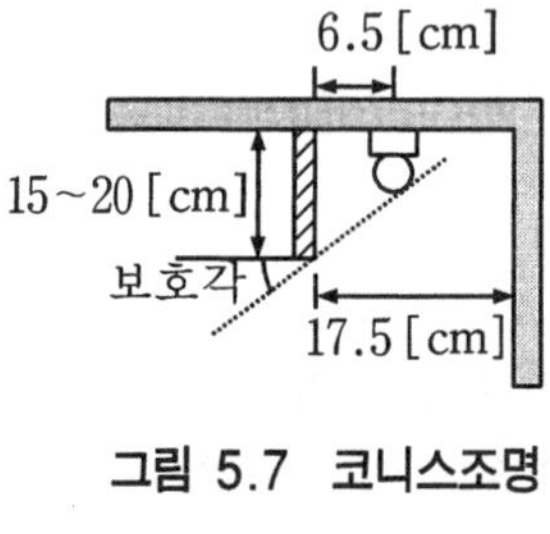

그림 5.7 코니스조명

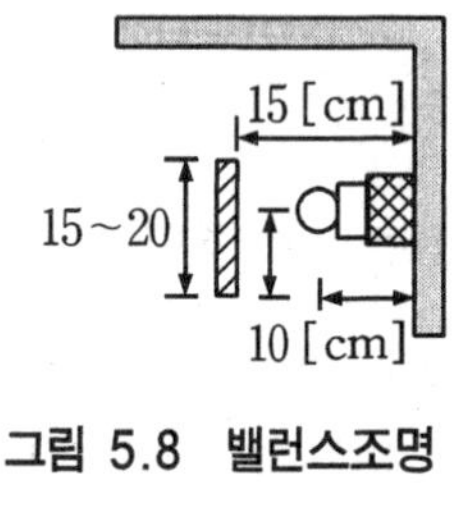

그림 5.8 밸런스조명

건축물은 고층화, 현대화, 고급화됨에 따라 고급빌딩일수록 건물의 외형과 의장도 중요하지만 건축화 조명설비를 우수하게 하여 건축물을 한층 돋보이게 할 수 있다.

따라서 건축 설계자와 조명 설계자 사이에는 다음과 같이 상호 협의하고 설계에 반영하여 일반화되고 있는 건축화 조명에 대한 대처능력을 키우고 발전시켜야 한다.

① 건축설계가 끝난 후 조명설계를 하는 것이 일반적이지만, 건축화 조명에서는 반드시 건축 설계자와 조명 설계자가 사전에 상호 협의하여 설계를 진행한다.

② 건축 설계자는 건축공간에 대한 의장, 천장 및 마감 등을 사전협의하고, 조명 설계자는 건축에 알맞은 광원의 효율, 광색 및 배치를 고려하여 설계에 반영하도록 한다.

5.3 실내 조명설계

피조면에서 조도의 산출은 축점법과 광속법이 이용되고 있다.

축점법은 피조면 임의의 점에서 거리 역제곱의 법칙에 따라 조도를 계산하고 각 점에서의 조도를 비교하면서 설계하는 방법으로 국부조명에 주로 사용된다.

광속법은 방의 형태, 조명률 및 감광보상률 등을 고려하여 기준조도에 따라 사용 등수를 결정하는 방법으로 사무실, 학교 등과 같이 실내 전체의 균일한 조도를 얻기 위한 전반조명을 요구하는 장소에서 주로 사용된다.

광속법을 이용하는 **전반조명의 설계과정**은 다음과 같다.

① 조명대상물의 철저한 파악
② 필요조도의 결정
③ 광원의 선택
④ 조명기구의 선택
⑤ 조명기구의 간격과 배치
⑥ 실지수의 결정
⑦ 조명률의 결정
⑧ 감광보상률(유지율)의 결정
⑨ 광원의 크기 계산
⑩ 실내면의 광속발산도 계산

(1) 조명대상물의 철저한 파악

① 건축물의 조건 조사 : 목적 및 성격, 내부 구성, 자연채광
② 각 공간의 조건 조사 : 사용목적, 방의 구조 및 치수, 채광창
③ 우수한 조명의 요건 : 명시조명, 분위기 조명, 조명방식 선택 및 적용

(2) 필요조도의 결정

물체를 보거나 작업을 하는 데 필요한 밝음이 있다. 즉 조도가 높을수록 좋으나 경제성의 한도가 있다. 이와 함께 조명대상물의 용도, 목적, 작업내용 등을 고려하고, **표 5.1**의 조도 기준표를 참고하여 각 실에 적합한 필요조도를 결정한다.

(3) 광원의 선택

① 조명목적에 적합한 광원 선택 : 연색성, 눈부심을 고려한 광색, 효율, 수명 및 경제성을 고려
② 옥내조명 : 백열전구, 형광등, 할로겐전구
③ 옥외조명 : 수은등, 나트륨등, 메탈 할라이드등, 크세논등

(4) 조명기구의 선택

① 설치 장소에 알맞은 조명기구의 선택

② 설치 장소의 특성, 조도, 휘도, 그림자 및 의장 등을 고려하여 선정

(5) 조명기구의 간격과 배치

① 균등한 조도 분포를 얻기 위한 조명기구의 간격과 배치 고려

② 조명기구의 간격 및 배치는 **표** 5.5와 같으며, 이들의 관계는 원칙적인 것이고 실제 설계에서는 조명률표와 조명기구에 따라 설치간격이 표시되어 있는 것을 이용한다.

표 5.5 조명기구의 간격 및 배치

구 분	직접조명(반직접, 전반확산)	간접(반간접조명)
기호 설명	H : 작업면에서 광원의 높이 H_0 : 작업면에서 천장의 높이 S : 광원의 간격	H : 작업면에서 천장의 높이 H_1 : 천장에서 광원의 높이 S : 광원의 간격
작업면에서 광원의 높이	$H=\frac{2}{3}H_0$	–
광원의 상호간격	$S \leq 1.5H$(일반적인 경우) (기구에 따라 별도적용)	$S \leq 1.5H$(일반적인 경우) (기구에 따라 별도적용)
천장과 광원의 높이	$H_1=\frac{1}{3}H_0$	$H_1=\frac{1}{5}S$
벽과 광원의 간격	$S_0 \leq \frac{1}{2}H$ (벽 이용하지 않는 경우)	
	$S_0 \leq \frac{1}{3}H$ (벽 이용하는 경우)	

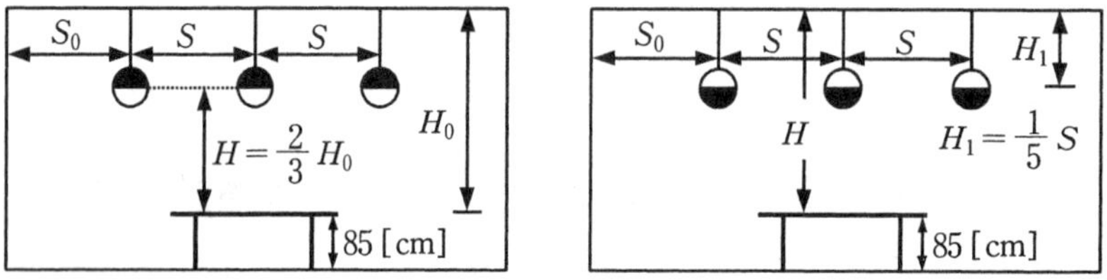

(a) 직접조명 (b) 간접 및 반간접조명

그림 5.9 각종 조명방식에서의 전등의 높이와 간격

(6) 실지수의 결정

① 조명률을 결정하기 위하여 실지수를 결정

② 천장 높이에 비해 바닥면이 넓은 큰 방은 빛을 흡수하는 벽면이 적으므로 작은 방보다 빛의 효율이 높고, 또 같은 이유로 천장 높이가 낮은 방도 효율이 높다.

이와 같이 방의 크기, 모양, 광원의 위치에 따라 결정되는 계수를 **실지수**(room index) 또는 **방지수**라 하고, 방의 높이가 높을수록 실지수는 감소하고 낮을수록 실지수는 증가한다.

$$\text{실지수} = \frac{XY}{H(X+Y)} \tag{5.1}$$

여기서 X, Y는 방의 폭과 길이, H는 작업면에서 광원까지의 높이(직접, 반직접, 전반확산조명)와 작업면에서 천장까지의 높이(간접, 반간접조명)를 표시한다.

실지수의 분류 기호는 식 (5.1)에서 계산한 실지수의 값으로부터 **표** 5.6의 분류 기호표를 적용하여 구할 수 있다.

표 5.6 실지수와 분류 기호표

실지수	5	4	3	2.5	2	1.5	1.25	1	0.8	0.6
기 호	A	B	C	D	E	F	G	H	I	J

또한 실지수의 기호는 X/H, Y/H를 계산하고 **그림** 5.10의 노모그래프에 적용하여 구할 수도 있다. 예를 들면 $X/H=6$이고, $Y/H=4$이면 실지수는 D가 된다.

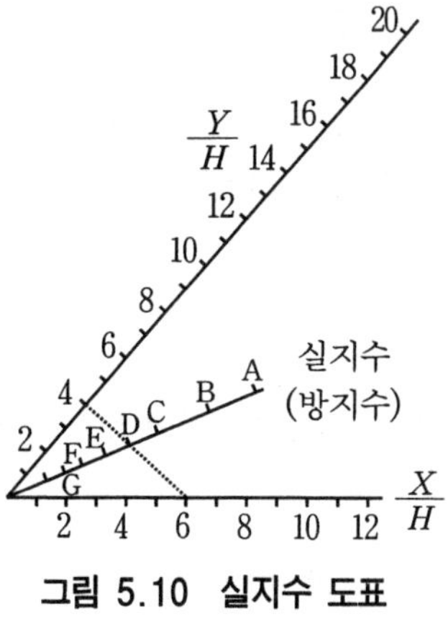

그림 5.10 실지수 도표

(7) 조명률의 결정

조명률(coefficient of utilization), U는 사용하는 광원의 전광속과 작업면에 입사하는 광속의 비를 의미하며, 방의 크기 및 모양, 즉 실지수와 조명기구의 종류 및 실내면의 반사율 등에 의하여 결정된다.

$$조명률 = \frac{작업면의\ 광속}{광원의\ 전광속} \tag{5.2}$$

① 방 내면의 반사율은 **표** 5.7의 값을 적용하는 것이 우수한 조명의 조건이 된다.

표 5.7 방 내면의 반사율

반사면	천 장	벽 면	책상면	바 닥
반사율[%]	80이상	50~60	35~50	15~30

② 실지수와 조명률의 관계 : 조명률은 실지수가 적어지면 감소한다.

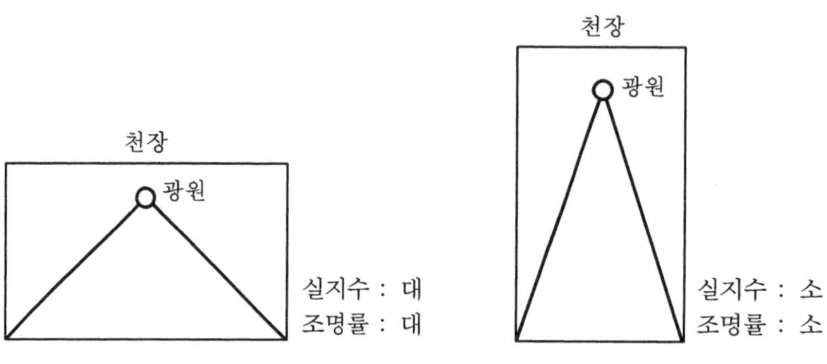

(a) 바닥면 넓고 천장높이 낮은 경우　　(b) 바닥면 좁고 천장높이 높은 경우

그림 5.11 실지수와 조명률의 관계

(8) 감광보상률(유지율)의 결정

조명시설은 사용하면서 작업면의 조도가 점차적으로 감소되어 가는데 그 원인은 다음과 같다.

① 필라멘트의 증발에 따른 광속의 감소

② 유리구 내면의 흑화

③ 전압변동에 따른 필라멘트의 열화

④ 조명기구 및 실내 반사면의 먼지축적으로 반사율의 감소

따라서 조명설계에서 작업면의 광속 감소를 예상하여 소요 광속에 여유를 취해주는 정도를 **감광보상률** (D)이라 하고, **유지율** (M)은 감광보상률의 역수를 의미한다.

표 5.8은 조명설계에 적용하는 감광보상률의 값을 나타낸 것이다.

표 5.8 감광보상률의 적용값

적 용		감광보상률 (D)
백열전구	깨끗한 곳(보통장소)	30% → 1.3
	먼지가 많은 곳	100% → 2.0
간접조명		1.5~2.0
형 광 등		1.3~2.4

(9) 광원의 크기 계산

전등 한 개가 발산하는 광속 F는 광속법에 의해 다음과 같이 구한다.

$$F = \frac{EDA}{NU} = \frac{EA}{NUM} \text{ [lm]} \tag{5.3}$$

단, E : 작업면의 평균조도, D : 감광보상률, A : 방의 면적,
N : 광원수, U : 조명률, M : 유지율

이 식에 의해 광속이 결정되면 한국산업규격에 따른 광원의 크기를 결정한다.

(10) 실내면의 광속발산도 계산

① 설계조건에 대한 전반적인 검토항목으로 최적의 보임 조건을 도출하는 항목

② 실계수 $= \dfrac{Z(X+Y)}{2XY}$ 로 계산 (Z : 천장에서 바닥까지의 거리)

③ 허용치 한계 : (3:1 ~7:1이하)

표 5.9 조명률, 감광보상률 및 광원의 간격

배광 기구간격(최대값)	기구 의장	감광보상률(D) 보수상태			반사율 천장	75			50			30	
					벽	50	30	10	50	30	10	30	10
		상	중	하	실지수	조명률 U[%]							
간 접	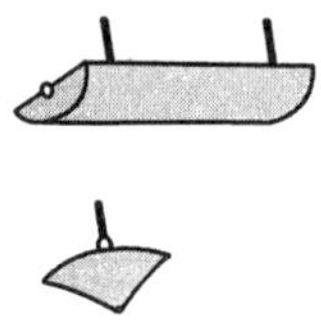	전 구			J	16	13	11	12	10	08	06	05
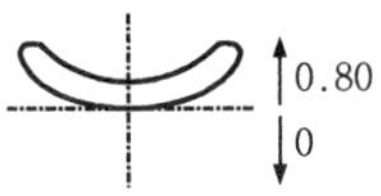					I	20	16	15	15	13	11	08	07
					H	23	20	17	17	14	13	10	08
		1.5	1.8	2.0	G	28	23	20	20	17	15	11	10
					F	29	26	22	22	19	17	12	11
		형 광 등			E	32	29	26	25	21	19	13	12
					D	36	32	30	26	24	22	15	14
					C	38	35	32	28	25	24	16	15
$S \leq 1.2H$		1.6	2.0	2.4	B	42	39	36	30	29	27	18	17
					A	44	41	39	33	30	29	19	18
반 간 접	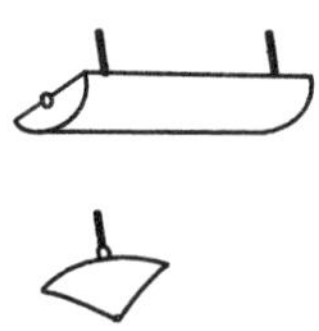	전 구			J	18	14	12	14	11	09	08	07
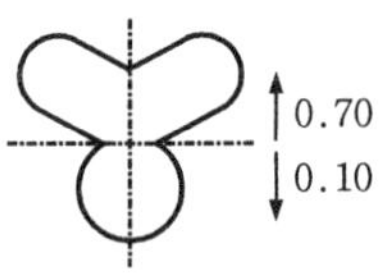					I	22	19	17	17	15	13	10	09
					H	26	22	19	20	17	15	12	10
		1.4	1.5	1.8	G	29	25	22	22	19	17	14	21
					F	32	28	25	24	21	19	15	14
		형 광 등			E	35	32	29	27	24	21	17	15
					D	39	35	32	29	26	24	19	18
					C	42	38	35	31	28	27	20	19
$S \leq 1.2H$		1.6	1.8	2.0	B	46	42	39	34	31	29	22	21
					A	48	44	42	36	33	31	23	22
전반확산	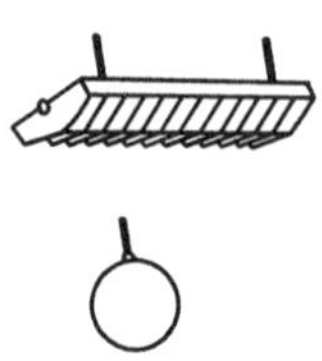	전 구			J	24	19	16	22	18	15	16	14
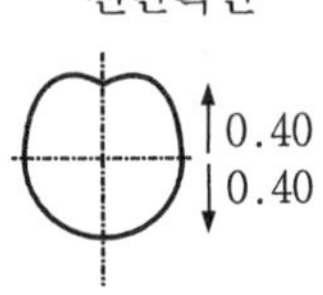					I	29	25	22	27	23	20	21	19
					H	33	28	26	30	26	24	24	21
		1.4	1.5	1.7	G	37	32	29	33	29	26	26	24
					F	40	36	31	36	32	29	29	26
		형 광 등			E	45	40	36	40	36	33	32	29
					D	48	43	39	43	39	36	34	33
					C	51	46	42	45	41	38	37	34
$S \leq 1.2H$		1.4	1.5	1.7	B	55	50	47	49	45	42	40	38
					A	57	53	49	51	47	44	41	40
반 직 접	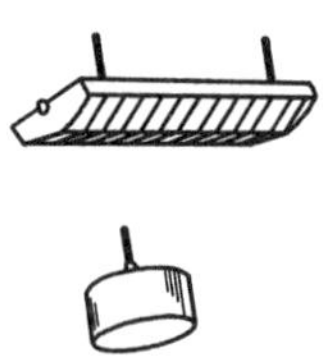	전 구			J	26	22	19	24	21	18	19	17
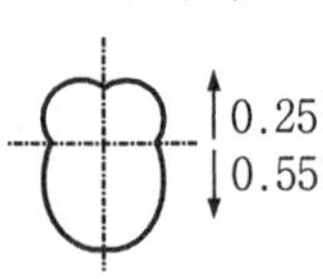					I	33	28	26	30	26	24	25	23
					H	36	32	30	33	30	28	28	26
		1.3	1.5	1.7	G	40	36	33	36	33	30	30	29
					F	43	39	35	39	35	33	33	31
		형 광 등			E	47	44	40	43	39	36	36	34
					D	51	47	43	46	42	40	37	37
					C	54	49	45	48	44	42	42	38
$S \leq H$		1.3	1.5	1.8	B	57	53	50	51	47	45	43	41
					A	59	55	52	53	49	47	47	43
직 접	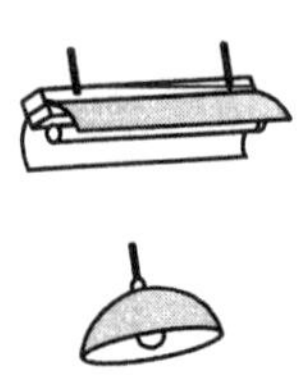	전 구			J	34	29	26	34	29	26	29	26
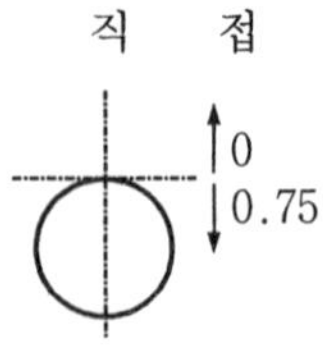					I	43	38	35	42	37	35	37	34
					H	47	43	40	46	43	40	42	40
		1.3	1.5	1.7	G	50	47	44	49	46	43	45	43
					F	52	50	47	51	49	46	48	46
		형 광 등			E	58	55	52	57	54	51	53	51
					D	62	58	56	60	59	56	57	56
					C	64	61	58	62	60	58	59	58
$S \leq 1.3H$		1.5	1.7	2.0	B	67	64	61	65	63	61	62	60
					A	68	66	64	66	64	66	64	63

예제 5.1 12×18 [m^2]인 일반사무실의 조명설계를 하라. 단, 천장의 높이는 바닥으로부터 3.8 [m], 그리고 6 [m]마다 기둥이 서 있고, 그 사이에 30 [cm]의 보가 있으며 천장은 6 [m]×6 [m]의 소구간으로 나누어져 있다. 반사율은 천장 75 [%], 벽 50 [%], 바닥 10 [%]로 한다.

풀이

조명 설계의 순서에 따라 계산한다.

① 필요조도의 결정 : 사무실의 조도는 **표** 5.1에서 200 [lx]로 선정한다.

② 광원의 선택 : **표** 5.9에서 사무실에 적합한 형광등 $FL-40$ [W] 2등용

③ 조명기구의 선택 : **표** 5.3과 **표** 5.9에서 반직접조명기구를 선택한다.

④ 조명기구의 간격과 배치 :

작업면의 높이는 바닥에서 85 [cm]를 기준으로 하면

$$3.8-0.85=2.95\,[\mathrm{m}], \quad \therefore \quad H=3.8-0.85=2.95\,[\mathrm{m}] \fallingdotseq 3\,[\mathrm{m}]$$

광원의 최대 간격은 **표** 5.9에서 $S \leq H$(반직접)이므로 $S \leq 3$ [m]

$$\therefore \quad S=3\,[\mathrm{m}]$$

벽과 광원의 최대 간격은 **표** 5.5에서 $S_0 \leq \frac{1}{2}H$이므로 $S_0 \leq 1.5$ [m]

$$\therefore \quad S_0=1.5\,[\mathrm{m}]$$

⑤ 실지수의 결정 : 실지수의 분류기호

$$\text{실지수}=\frac{XY}{H(X+Y)}=\frac{12\times 18}{3(12+18)}=2.5$$

이므로 **표** 5.6에 의해 실지수의 분류기호 D를 구한다.

또는 $X/H=12/3=4$, $Y/H=18/3=6$이므로 **그림** 5.10의 실지수 도표로부터 실지수 분류기호 D를 구할 수 있다.

⑥ 조명률(U)의 결정 :

천장 75 [%], 벽 50 [%], 바닥 10 [%]이고, 실지수 D이므로 **표** 5.9에서

조명률 : $U=0.51$

⑦ 감광보상률(D)의 결정 : **표** 5.9에서 상을 기준으로 한다.

$$\therefore \quad D=1.3$$

⑧ 소요 광속의 계산 :

$$NF = \frac{EDA}{U} = \frac{200 \times 1.3 \times 216}{0.51} = 220,000\,[\mathrm{lm}]$$

⑨ 광원의 크기 계산 :

$FL-40\,[\mathrm{W}]$의 1등용의 광속 $F=2300\,[\mathrm{lm}]$이므로 2등용은 $4600\,[\mathrm{lm}]$이다.

조명기구의 개수 : $N = \dfrac{220000}{4600} = 23.93 \fallingdotseq 24\,[\mathrm{EA}]$

5.4 도로 조명

도로 조명은 야간에 교통안전을 최대의 목적으로 하고 있다. 시가지 도로는 상가에서의 시선 집중의 효과가 필요하고, 주택가 도로에서는 방범의 효과도 부수적으로 얻을 수 있어야 한다.

도로 조명에서의 조건은 물체에 충분한 빛을 주어 잘 보이게 하기 위하여 노면에 균등하고 충분한 조도가 필요하며 눈부심이 없는 것 등의 조건이 필요하다.

표 5.10 각종 도로의 권장조도

표준조도 [lx]	조도범위 [lx]	도로의 장소			
		고속도로	교통도로	상업도로	주택지구
50	70~30	터 널	–	–	–
20	30~15	터널 출구 도로, 톨게이트 부근, 정류소, 급유소	터 널	상점가 교차로 다 리	–
10	15~7	옥외 주차장	옥외 주차장	–	–
5	7~3	관련도로와 연결된 부시가지의 고속도로 본선	교통량 많고 번화한 도로 교차로, 역전, 광장, 다리	–	–
2	3~1.5	–	교통량 많고 번화하지 않은 도로, 교차로, 역전, 광장, 다리	폐점 후의 상점가	–
1	1.5~0.7	–	교통량 적은 도로	–	주택지구
0.5	0.7~0.3	–	–	–	공 원 기타광장

도로는 고속도로, 일반도로, 상점가, 주택가 등이 있으며, **표** 5.10에 각종 도로 조명의 권장조도를 나타낸다.

광원은 백열전구, 형광등, 고압수은등, 나트륨등, 메탈 할라이드등 등이 사용되며 각각의 특성을 고려하여 선정하여야 한다.

5.4.1 조명기구의 배치

그림 5.12는 도로에서의 기구 배치를 나타낸 것이다. **직선도로**는 대칭식, 지그재그식, 중앙 일렬식, 편측식 등이 있으며, 분리대가 있는 경우에도 이에 준한다.

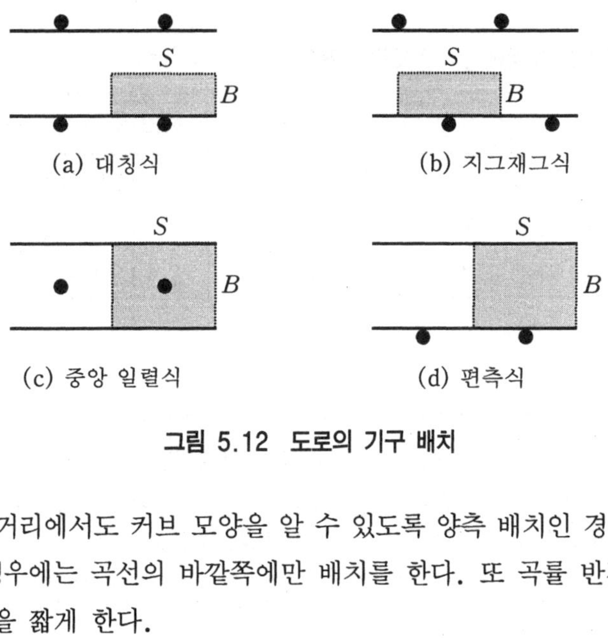

그림 5.12 도로의 기구 배치

곡선도로는 원거리에서도 커브 모양을 알 수 있도록 양측 배치인 경우 대칭식으로 하고, 편측식인 경우에는 곡선의 바깥쪽에만 배치를 한다. 또 곡률 반경이 작을수록 기구의 배치 간격을 짧게 한다.

5.4.2 도로 조명의 계산

도로 조명의 계산은 실내의 전반조명설계와 같은 광속법에 의해 다음과 같다.

$$F = \frac{EDBS}{NU} \text{ [lm]} \tag{5.4}$$

단, F : 광원 1개당의 광속, E : 도로의 평균조도, D : 감광보상률,
B : 도로의 폭, S : 기구의 간격, N : 광원수, U : 조명률

여기서 도로의 폭 B는 기구의 배치에 따라 다르므로 **그림** 5.12를 참고하기 바란다.

조도 E가 결정되면 D, B, N, U는 상수이므로 F와 S를 구하면 된다. 즉 광원을 크게 하면 S도 커져서 기구의 수가 감소되어 건설비는 절약되지만, 조도의 균제도가 떨어진다. 반대로 광원을 작게 하면 조도는 균일하지만 기구수가 증가하여 건설비가 증가한다.

일반적으로 기구의 가설 높이는 5.5~7 [m], 설치 간격은 40 [m]이다. S는 배광특성 때문에 크게 할 수 없으므로 S를 가정하여 식 (5.4)에 대입하면 광원의 종류와 크기가 결정되고, 계산으로부터 구한 S를 도로의 전 길이로 나누면 기구수가 정해진다.

표 5.11은 도로에서 조도의 균제도를 나타낸 것이다.

표 5.11 도로에서의 조도의 균제도

	최소조도/평균조도	최소조도/최대조도
고속도로	1/5 이상	1/10 이상
교통량 많은 도로	1/7 이상	1/14 이상
교통량 적은 도로	1/10 이상	1/20 이상

예제 5.2 폭 20 [m]인 도로 중앙에 6 [m]의 높이로 간격 24 [m]마다 400 [W]의 수은등을 가설하려고 한다. 조명률 0.25, 감광보상률 1.3이라 할 때, 도로면의 평균조도 [lx]를 구하라. 단, 400 [W] 수은등의 전광속은 2300 [lm]이다.

풀이

도로 조명 중 **그림** 5.12(c)의 중앙 일렬식이므로 수은등 1개의 피조면 면적은

$$BS = 20 \times 24\,[\mathrm{m}^2]$$

이고, 식 (5.4)에서 도로의 평균조도 E는 다음과 같이 얻어진다.

$$E = \frac{FU}{DBS} = \frac{23000 \times 0.25}{1.3 \times 20 \times 24} = 9.2\,[\mathrm{lx}]$$

연 습 문 제

객관식

5-1 직접조명기구에서 하향 광속의 비율은 얼마인가?

㉮ 10~40 [%] ㉯ 40~60 [%] ㉰ 60~90 [%] ㉱ 90~100 [%]

5-2 반직접조명에서 하향광속의 배광은 몇 [%]인가?

㉮ 0~30 ㉯ 30~60 ㉰ 60~90 ㉱ 90~100

5-3 다음 중 전반조명의 특색을 나타낸 것은 무엇인가?

㉮ 효율이 좋다.
㉯ 휘도가 낮다.
㉰ 충분한 조도가 얻어진다.
㉱ 작업시 등의 위치를 옮기지 않아도 된다.

5-4 사무실, 공장에 적당한 조명방식은 무엇인가?

㉮ 전반조명 ㉯ 국부조명 ㉰ 전반국부병용조명 ㉱ 중점 배열조명

5-5 무영등(無影燈)의 사용이 절실히 요구되는 곳은?

㉮ 수술실 ㉯ 초정밀 가공실 ㉰ 축구 경기장 ㉱ 천연색 촬영실

5-6 다음 장소 중에서 실리적 명시조명에 적합하지 않은 곳은?

㉮ 사무실 ㉯ 교실 ㉰ 음식점 ㉱ 공장

5-7 빛의 아래쪽에 확산, 복사시키며 또 눈부심을 적게 하는 조명기구는 무엇인가?

㉮ 루버 ㉯ 반사볼 ㉰ 투광기 ㉱ 글로브

5-8 반간접조명의 설계에서 등의 높이는 무엇인가?

㉮ 바닥에서 천장 ㉯ 피조면에서 천장
㉰ 피조면에서 등기구 ㉱ 방바닥에서 등기구

5-9 확산되는 빛만 이용하므로 그림자가 없고, 눈부심이 적은 균일성이 높은 조명으로 조명률이 가장 나쁘고 천장이나 벽의 영향이 가장 많으며 특별한 목적에만 사용되는 조명방식은 무엇인가?

㉮ 반직접조명 ㉯ 전반확산조명 ㉰ 간접조명 ㉱ 직접조명

5-10 조명률에 관계없는 사항은 무엇인가?

㉮ 조명기구 ㉯ 방지수 ㉰ 실내면의 반사율 ㉱ 보수상태

5-11 지름 2 [m]인 작업면의 중심 직상 1 [m]의 높이에서 각 방향의 광도가 100 [cd] 되는 광원 1개로 조명할 때의 조명률 [%]을 구하라.

㉮ 약 50 ㉯ 약 30 ㉰ 약 20 ㉱ 약 15

5-12 가로 10 [m], 세로 20 [m]인 사무실에 평균조도 200 [lx]를 얻고자 40 [W], 전광속 2500 [lm]인 형광등을 사용하였을 때 필요한 등수는 얼마인가? 단, 조명률은 0.5, 감광보상률은 1.25이다.

㉮ 250 ㉯ 40 ㉰ 200 ㉱ 100

주관식

5-1 면적 200 [m^2]인 강의실에 2000 [lm]의 광속을 발산하는 40 [W] 형광등 30개를 점등하였다. 조명률은 0.5이고, 감광보상률은 1.5라 할 때, 이 강의실의 평균조도 [lx]를 구하라.

5-2 평균 구면광도 100 [cd]의 전구 5개를 지름 10 [m]인 원형의 방에 점등할 때, 조명률 0.5, 감광보상률 1.5라 할 때, 방의 평균조도 [lx]를 구하라.

5-3 바닥 면적 200 [m^2]인 교실에 전광속 2500 [lm]의 40 [W] 형광등을 시설하여 평균조도를 150 [lx]로 하려고 할 때, 설치할 전등수를 구하라. 단, 조명률 50 [%], 감광보상률 1.25로 한다.

5-4 폭 24 [m]인 가로의 양쪽에 20 [m] 간격으로 지그재그식으로 등주를 배치하여 가로상의 평균조도를 5 [lx]로 하려고 한다. 각 등주 상에 설치할 전구의 광속 [lm]을 구하라. 단, 가로면에서의 광속 이용률은 25 [%]이다.

제 2편 전열 공학

chapter 1

전열의 기초

1.1 전기 가열

전열은 전기 가열에 의해 전기 에너지를 열 에너지로 변환하는 것을 말하며, 일반적으로 사용되고 있는 전기 가열 방식의 분류와 다른 열원과 비교한 특징에 대하여 설명한다.

1.1.1 전기 가열 방식의 분류

일반적으로 사용하는 **전기 가열의 방식**을 분류하면 다음과 같다.

① **저항 가열** : 도체에서 전류가 흐를 때 발생하는 저항손에 의한 줄열을 이용한 가열

② **아크 가열** : 아크 방전에 의해 발생하는 아크열을 이용하는 가열 방식

③ **고주파 가열** : 유도 가열, 유전 가열

ⓐ **유도 가열** : 교류자계 내의 도전성 피열물에서 전자유도로 발생하는 와전류손 또는 히스테리시스손을 이용하여 가열하는 방식

ⓑ **유전 가열** : 고주파 전계 내에 절연성 피열물을 놓고, 여기에 생기는 유전체손을 이용하여 가열하는 방식

⑤ **적외선 가열** : 복사 가열이라고도 하며, 적외선 전구 또는 비금속 발열체 등에서 복사되는 적외선을 피열물의 표면에 조사하여 가열하는 방식

⑥ **전자빔 가열** : 진공 중에서 직류 고전압에 의해 고속으로 가속된 전자가 피열물에 충돌하여 발생하는 에너지로 가열시키는 방식

1.1.2 전기 가열의 특징

열원 중에서 전력을 이용하는 전기 가열은 여러 가지 방면으로 사용 범위가 확대되고 있으며, 석탄, 석유, 가스 등 연료의 열원에 의한 가열 방식과 비교하여 중요한 특징을 나타내면 다음과 같다.

① **매우 높은 온도를 얻을 수 있다.**

연료에 의한 가열은 연소에 의해 얻어지는 온도가 1,500[℃] 정도이지만, 아크 가열에 의한 발열 온도는 3,000[℃] 이상의 높은 온도를 쉽게 얻을 수 있다.

② **열효율이 매우 좋다.**

연료에 의한 가열은 연소 가스 중 다량의 불완전 가스가 다량 함유하고 있기 때문에 열효율이 떨어지지만, 전기 가열에서는 가스 발생이 없고 밀폐 보온을 할 수 있어 열효율이 매우 높다.

③ **내부 가열을 할 수 있다.**

연료에 의한 가열은 물체 표면을 가열하기 때문에 열원과 물체 사이의 열저항에 의한 온도차가 발생하여 피열물의 온도는 열원보다 낮아지고 열효율이 떨어지며 내부를 균일하게 가열할 수 없다.

전기 가열은 유도가열, 유전가열 및 직접 통전하여 가열하는 경우 등 모두 피열물의 내부에서 직접 열을 발생시킬 수 있으므로 피열물 자신이 최고 온도가 될 수 있고 열절연도 쉽기 때문에 열효율도 좋고 내부의 균일 가열도 가능하다.

④ **노기 제어가 쉽다.**

연료를 사용하는 노(furnace)에서는 연소에 의해 발생한 가스나 불순물이 피열물에 나쁜 영향을 주지만, 전기 가열에서는 연소 가스가 발생하지 않으므로 노 내부를 진공 또는 불활성, 환원성 가스를 넣어 노내 분위기를 제어하여 산화방지, 침탄 및 질화 등을 행할 수가 있다.

이와 같이 **노기 제어**(furnace atmosphere gas control)는 목적에 따라 전기로 내의 분위기를 임의로 선택할 수 있는 것을 의미한다.

⑤ **온도제어 및 조작이 간단하다.**

연료에 의한 가열은 점화 연료량, 공기량 등의 연소 조건에 의해 가열온도를 조절하기 때문에 매우 복잡하다.

전기 가열에서는 열원이 부하의 일부로 전기회로를 구성하고 있기 때문에 공급전력의 조정이 매우 쉽고, 온도 분포, 가열온도, 가열시간 등의 조절이 매우 간단하다.

⑥ **방사열의 이용이 쉽다.**

연료를 사용하는 노에서는 복사열을 아래쪽으로 집중시키기가 어렵지만, 전기 가열에서는 임의의 방향으로 향하게 할 수 있다.

⑦ **제품의 품질이 균일화된다.**

연료를 사용하는 노에서는 연소에 의해 발생한 가스나 불순물에 의해 제품이 오손, 변질되어 품질이 떨어진다.

전기 가열에서는 온도분포가 좋고 온도제어가 쉽기 때문에 불량품의 경감, 원료손실의 최소화 및 제품 품질의 균일화가 이루어진다.

1.2 열량과 전력량

1.2.1 열량

(1) 열량의 단위

열량의 단위는 물을 기초로 하여 정한 것이고, 물 1 [g]을 1 [℃] 높이는 데 필요한 열량을 1 [cal]라 한다. 정확히 표현하면 물 1 [g]을 14.5 [℃]에서 15.5 [℃]까지 1 [℃] 높이는 데 필요한 열량을 의미한다.

공업적으로 가장 많이 사용하는 공업 단위는 1,000 [cal]를 단위로 하여 1 [kcal]로 표시하며, M.K.S 단위계에서의 열량 단위는 에너지의 단위인 **줄**(Joule, J)이 된다.

열량 단위, 즉 칼로리 [cal]와 줄 [J]의 관계는 다음과 같다.

$$1\,[\mathrm{cal}] = 4.186\,[\mathrm{J}], \quad 1\,[\mathrm{J}] = \frac{1}{4.186} \fallingdotseq 0.24\,[\mathrm{cal}]$$

또, 1 [BTU, british thermal unit]는 물 1 파운드 [lb]를 1 [°F] 높이는 데 필요한 열량의 단위이며, 칼로리로 환산하면 다음과 같다.

$$1\,[\mathrm{BTU}] = 252\,[\mathrm{cal}]$$

(2) 비열

어떤 물질 1 [kg]의 온도를 1 [K] 또는 1 [℃] 높이는 데 필요한 열량을 그 물질의 **비열**(specific heat)이라 하고, 단위는 J/kg · K 또는 kcal/kg · ℃로 나타낸다.

(3) 열용량

어떤 물질 전체 m[kg]의 온도를 1[K] 또는 1[℃] 높이는 데 필요한 열량을 그 물질의 **열용량**(heat capacity)이라 하고, 단위는 J/K 또는 kcal/℃로 나타낸다.

비열 c, 질량 m인 물질의 열용량 C는

$$C = mc \tag{1.1}$$

가 된다.

(4) 열량

비열 c, 질량 m인 물체가 온도 θ_1에서 θ_2까지 온도차 $\Delta\theta(=\theta_2-\theta_1)$만큼 상승시킬 때, 물체가 흡수 또는 방출하는 열량 Q는

$$Q = C\Delta\theta = m\,c\,\Delta\theta = mc(\theta_2-\theta_1) \tag{1.2}$$

이다. 이와 같이 상태 변화는 없으면서 온도 변화만 일어날 때 필요한 열량을 **현열**(sensible heat)이라 한다.

물의 비열은 액체, 고체 물질 중에서 가장 크고 다음과 같다.

$$c = 1\,[\text{cal/g}\cdot℃] = 1\,[\text{kcal/kg}\cdot℃] = 1\,[\text{BTU/lb}\cdot°\text{F}]$$
$$= 4,186\,[\text{J/kg}\cdot\text{K}]$$

(5) 잠열(숨은열)

어떤 물질이 온도는 변화하지 않고 고체, 액체, 기체로 상태 변화하기 위해 필요한 열량을 **잠열**(latent heat)이라 하고, 다음의 융해열과 기화열이 있다.

① **융해열** : 고체가 녹으면서 같은 온도의 액체로 상태 변화만을 일으키는 데 필요한 열량(얼음의 융해열 : 80[cal/g]=80[kcal/kg])

② **기화열** : 액체를 같은 온도의 기체로 상태 변화만을 시키는 데 필요한 열량 (물의 기화열 : 539[cal/g]=539[kcal/kg])

잠열 H인 물체의 질량이 m일 때, 상태 변화에만 사용되는 열량 Q는 다음과 같이 나타낸다.

$$Q = mH \tag{1.3}$$

[가열 열량 계산] $\begin{cases} \text{현열 : 온도 변화(상태 일정)} \quad Q = mc\Delta\theta \\ \text{잠열 : 상태 변화(온도 일정)} \quad Q = mH \end{cases}$

또 물체의 질량 m이 온도 변화와 상태 변화가 동시에 일어나는 경우의 열량은

$$Q = mc\Delta\theta + mH = m(c\Delta\theta + H) \tag{1.4}$$

가 되어 현열과 잠열을 모두 포함하는 식이 된다.

예제 1.1 철의 비열은 0.11 [kcal/kg · ℃]이다. 철 1 [kg]의 온도를 50 [℃] 높이는 데 필요한 열량 [kcal]을 구하라.

풀이

식 (1.2)에서 철 1 [kg]의 온도를 50 [℃] 높이는 데 필요한 열량 Q는

$$Q = mc\Delta\theta = 1 \times 0.11 \times 50 = 5.5\,[\text{kcal}]$$

예제 1.2 0 [℃]의 얼음 2.5 [kg]을 융해시켜 90 [℃]까지 상승시키는 데 필요한 열량 [kcal]을 구하라.

풀이

0 [℃]의 얼음 2.5 [kg]이 융해하여 0 [℃]의 물로 상태 변화를 일으키는데 필요한 융해열과 0 [℃]의 물에서 90 [℃]까지 온도 상승을 시키는데 필요한 현열의 합이 필요한 전체의 열량이 된다. 따라서 식 (1.4)에 의해 가열 열량 Q는 다음과 같다.

$$Q = \text{융해열} + \text{현열} = mH + mc(\theta_2 - \theta_1)$$

$$= 2.5 \times 80 + 2.5 \times 1 \times 90 = 2.5 \times (80 + 90) = 425\,[\text{kcal}]$$

예제 1.3 0 [℃]의 얼음 1 [l]를 1기압하에서 비등시키는 데 필요한 열량 [kcal]을 구하라.

풀이

부피와 질량의 단위 관계에서 1[l]=1,000[g]=1[kg]이고, 0[℃]의 얼음 1[l]가 비등하는 변화 과정에서 각각 필요한 가열 열량은 다음과 같다.

① 0[℃]의 얼음 → 0[℃]의 물 : 융해열(잠열)

$$Q_1 = mH = 1000\,[\text{g}] \times 80[\text{cal/g}] = 80,000[\text{cal}] = 80[\text{kcal}]$$

② 0[℃]의 물 → 100[℃]의 물 : 현열

$$Q_2 = mc(\theta_2 - \theta_1) = 1000\,[\text{g}] \times 1[\text{cal/g}\cdot℃] \times 100[℃]$$
$$= 100,000\,[\text{cal}] = 100\,[\text{kcal}]$$

③ 100[℃]의 물 → 100[℃]의 수증기 : 기화열(잠열)

$$Q_3 = mH = 1000\,[\text{g}] \times 539[\text{cal/g}] = 539,000[\text{cal}] = 539[\text{kcal}]$$

따라서 전체 필요한 가열 열량 Q는

$$Q = \text{융해열} + \text{현열} + \text{기화열}$$
$$= Q_1 + Q_2 + Q_3 = 80 + 100 + 539 = 719\,[\text{kcal}]$$

1.2.2 전력량

전력 P는 전계에너지가 1[s] 동안 한 일로써

$$P = \frac{W}{t} = \frac{qV}{t} = IV = I^2R = \frac{V^2}{R}\,[\text{W}] \tag{1.5}$$

이고, 전력의 단위는 J/s를 와트[W, Watt]로 표시한다.

전력량 W는 전력 P[W]가 t[s] 동안 한 일을 나타내며

$$W = Pt = VIt = I^2Rt = \frac{V^2}{R}t\,[\text{W}\cdot\text{s}] \tag{1.6}$$

단위는 [W·s]이고 [J]과 같으며, 실생활에서는 [Wh], [kWh]를 사용한다.

전력량[W·s=J]을 열량[cal]으로 나타내려면 칼로리와 줄의 관계로부터 전력량의 0.24배를 하면 된다.

$$Q = 0.24W = 0.24Pt = 0.24VIt = 0.24I^2Rt = 0.24\frac{V^2}{R}t\,[\text{cal}] \quad (1.7)$$

즉, 전력량 1[kWh]를 열량[kcal]으로 환산하면

$$W = Pt = 1000\,[\text{W}] \times 3600\,[\text{s}] = 3.6 \times 10^6\,[\text{J}]$$

$$Q = \frac{1}{4.186}W = \frac{1}{4.186} \times 3.6 \times 10^6 \fallingdotseq 860 \times 10^3\,[\text{cal}] = 860\,[\text{kcal}]$$

$$\therefore \quad 1\,[\text{kWh}] = 860\,[\text{kcal}]$$

가 된다.

【정리】 가열 열량과 가열 전력의 관계

① 전력 P[W]로 시간 t[s] 동안 질량 m[g], 비열 c[cal/g · ℃]인 물질을 온도 θ_1에서 θ_2까지 상승(온도차 : $\theta = \theta_2 - \theta_1$ [℃])시킬 때의 관계식

$$\begin{cases} \text{가열 열량} : Q = mc\theta\,[\text{cal}] \\ \text{가열 전력} : Q = 0.24Pt\eta\,[\text{cal}] \end{cases} \qquad \therefore \quad 0.24Pt\eta = mc\theta$$

② 전력 P[kW]로 시간 t[h] 동안 질량 m[kg], 비열 c[kcal/kg · ℃]인 물질을 온도 θ_1에서 θ_2까지 상승(온도차 : $\theta = \theta_2 - \theta_1$ [℃])시킬 때의 관계식

$$\begin{cases} \text{가열 열량} : Q = mc\theta\,[\text{kcal}] \\ \text{가열 전력} : Q = 860Pt\eta\,[\text{kcal}] \end{cases} \qquad \therefore \quad 860Pt\eta = mc\theta$$

예제 1.4 10[Ω]의 저항에 10[A]를 10분간 흘렸을 때의 발열량[kcal]을 구하라.

풀이

가열 전력 Q는 식 (1.7) 또는 정리 ①에서

$$Q = 0.24Pt = 0.24I^2Rt = 0.24 \times 10^2 \times 10 \times (10 \times 60)$$
$$= 144,000\,[\text{cal}] = 144\,[\text{kcal}]$$

가 된다.

예제 1.5 500[W]의 온수기로 20[℃]의 물 2[l]를 100[℃]까지 높이는 데 걸리는 시간을 구하라. 단, 온수기의 효율은 80[%]이다.

풀이

가열열량과 가열전력의 관계는 앞의 정리에서와 같이 단위에 따라 두 가지 방법이 있다.

$$0.24Pt\eta = mcT\,(P\,[\mathrm{W}],\ t[\mathrm{s}],\ m[\mathrm{g}],\ c[\mathrm{cal/g\cdot ℃}],\ T[℃])$$

$$\therefore\ t = \frac{mcT}{0.24P\eta} = \frac{2000\times1\times(100-20)}{0.24\times500\times0.8} = 1666.67\ [\mathrm{s}]$$

$$\therefore\ t = 27.8\ [\mathrm{min}] \fallingdotseq 28\ [\mathrm{min}]$$

별해 $860Pt\eta = mcT\,(P\,[\mathrm{kW}],\ t[\mathrm{h}],\ m[\mathrm{kg}],\ c[\mathrm{kcal/kg\cdot ℃}],\ T[℃])$

$$\therefore\ t = \frac{mcT}{860P\eta} = \frac{2\times1\times(100-20)}{860\times0.5\times0.8} = 0.465\ [\mathrm{h}]$$

$$\therefore\ t \fallingdotseq 28\ [\mathrm{min}]$$

1.3 열의 전달

물체의 온도가 주위온도보다 높으면 주위로 열을 발산하게 되고, 이와 같은 열의 전달은 전도, 대류 및 복사에 의해 이루어진다.

전도는 고체 내부에서 열의 이동에 의한 것이고, **대류** 및 **복사**(방사)는 고온 물체 표면에서 외부로의 열 발산으로 행하여진다. 그러나 대류와 복사의 온도에 따른 열 전달을 비교하면, **온도가 낮은 경우**의 열 전달은 주로 **대류**에 의해 이루어지고, **온도가 높은 경우**에는 **복사**에 의한 방식으로 주로 이루어진다.

이들의 각각에 대한 열의 전달 방식을 정리하면 다음과 같다.

① **전도**(conduction) : 열전달의 매개물은 고체이며, 고체 내부에서 열이 고온부에서 저온부로 이동하는 열의 흐름 방식 (αT)

② **대류**(convection) : 기체나 액체의 유동에 의해 분자가 열의 운반체가 되어 열의 전달이 이루어지는 방식 (αT)

③ **복사**(radiation) : 빛이나 적외선과 같이 중간 매개물이 없이 전자파 형태의 복사 에너지에 의해 열이 전달되는 방식 (αT^4)

1.3.1 전도

전류가 흐르는 전기회로에서의 전기전도는 일반적으로 1차원적인 형태이지만, 열전도는 3차원적인 형태가 대부분이다. 그러나 열이 봉 또는 판 등의 매개물에서 한 방향으로 흐르거나 원통, 구와 같이 대칭적으로 흐르는 경우에는 전기회로로 등가시켜 해석하면 매우 편리하다.

그림 1.1(a)와 같이 단면적 S가 균일하고 길이가 l인 봉상 막대의 양단의 온도가 θ_1, θ_2 ($\theta_1 > \theta_2$)일 때, 열의 흐름은 열역학 제 2 법칙에 의해 온도가 높은 곳에서 낮은 곳으로 이동한다.

따라서 봉상 막대에서 외부로 열의 방출이 없고, 고온부(θ_1)에서부터 저온부(θ_2)까지 축방향으로 열의 전도가 일어나는 경우, **단위 시간당 흐르는 열량**을 **열류**라 한다. 즉 열류는 $I = dQ/dt$를 의미하므로 단위는 [J/s]=[W]로 표시된다.

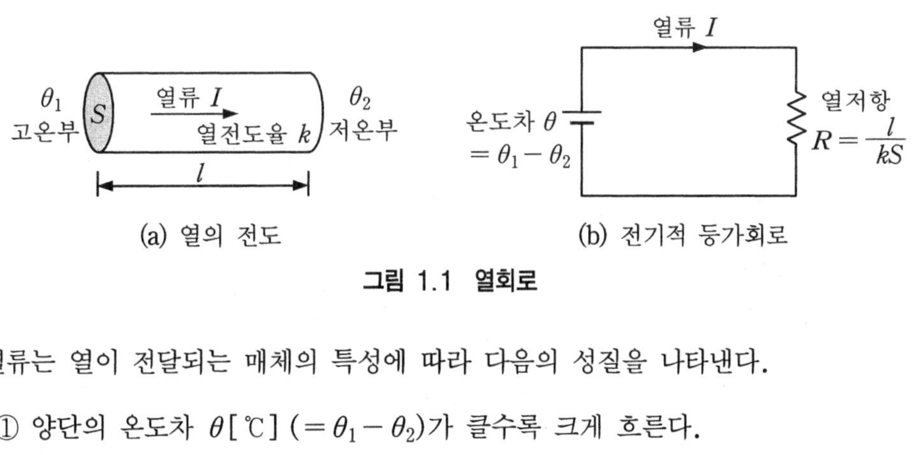

(a) 열의 전도 (b) 전기적 등가회로

그림 1.1 열회로

열류는 열이 전달되는 매체의 특성에 따라 다음의 성질을 나타낸다.

① 양단의 온도차 θ[℃] ($= \theta_1 - \theta_2$)가 클수록 크게 흐른다.

② 단면적 S[m^2]가 클수록 크게 흐른다.

③ 길이 l[m]이 길면 적게 흐른다.

④ 재질에 따라 다르게 흐른다.(비례상수 k : 열도전율)

이것을 식으로 표현하면 다음과 같다.

$$I = k\frac{S}{l}\theta \tag{1.8}$$

단, 비례상수 k는 재질에 따라서 정해지는 상수로써 **열도전율**(thermal conductivity)이라 하고, 단위는 식 (1.8)에서 [W/m · ℃]로 유도된다. 또 도전율의 역수가 저항률이므로 열도전율 k의 역수를 **열저항률** ρ라 하며, 단위는 [m · ℃/W]로 된다.

이상으로부터 식 (1.8)은 다음과 같이 나타낼 수 있다.

$$\theta = I \cdot \left(\frac{l}{kS}\right) = I \cdot \left(\rho\frac{l}{S}\right) = RI\,[℃]$$
$$\therefore \quad \theta = RI\,(\text{열전도에서 옴의 법칙}) \tag{1.9}$$

식 (1.9)의 괄호 내는 전기회로의 전기저항에 해당하므로 **열저항**(thermal resistance)이라 부르고, 단위는 [℃/W]로 표시한다. 즉, 온도차는 열저항과 열류의 곱이 되고, 이것을 열전도에서의 **옴의 법칙**(Ohm's law)이라 한다.

도체에서의 전기전도의 식은 다음과 같으며, 이것을 전기전도에서의 옴의 법칙이라 하고, 열전도의 옴의 법칙인 식 (1.9)와 유사한 것을 알 수 있다.

$$V = I \cdot \left(\frac{l}{kS}\right) = I \cdot \left(\rho\frac{l}{S}\right) = RI\,[\text{V}] \tag{1.10}$$

그림 1.1(b)는 열의 전도를 전기회로로 변환한 등가회로이고, 전기전도와 열전도의 상호 대응 관계를 **표** 1.1에 나타낸다.

표 1.1 전기전도계와 열전도계의 대응

전 기 전 도 계		열 전 도 계	
전 기 량	Q[C]	열 량	Q[J]
전압(전위차)	E[V]	온 도 차	θ[deg]
저 항	R[Ω, V/A]	열 저 항	R[deg/W]
전 류	I[A]	열 류	I[W]
도 전 율	σ[1/Ω · m]	열전도율	k[W/m · deg]
저 항 률	ρ[Ω · m]	열저항률	ρ[m · deg/W]
정전용량	C[F, C/V]	열 용 량	C[J/deg]
시 정 수	$\tau = RC$[s]	열시정수	$\tau = RC$[s]
$E = RI$, $Q = \int I dt$ $I = \frac{dQ}{dt}$, $Q = CV$ $R = \frac{l}{\sigma S} = \rho\frac{l}{S}$		$\theta = RI$, $Q = \int I dt$ $I = \frac{dQ}{dt}$, $Q = C\theta$ $R = \frac{l}{kS} = \rho\frac{l}{S}$	

1.3.2 대류

기체 또는 액체의 유동에 의한 열의 전달을 **대류**라 한다. 물체 표면에서 가열되거나 열을 받을 때 표면에서 발산 또는 흡수되는 단위 면적당의 열류, 즉 열류밀도는 표면과 주위의 온도차에 의해 결정된다. 따라서 열류밀도를 $P\,[\mathrm{W/m^2}]$라 하면 대류에 의한 열류는 다음과 같이 된다.

$$I = PS = hS\theta\,[\mathrm{W}] \tag{1.11}$$

단, 열류 $I\,[\mathrm{W}]$, 고온의 고체와 주위의 유체와의 온도차 $\theta\,[℃]$, 표면적 $S\,[\mathrm{m^2}]$, 열전달율 $h\,[\mathrm{W/m^2 \cdot ℃}]$라 한다. 열전달율은 물체 주위에 있는 유체의 물질 및 유속에 따라 변화하는 값이다. 식 (1.11)를 다음과 같이 변형하면

$$\frac{\theta}{I} = \frac{1}{hS}(=R) \tag{1.12}$$

이 되고, **열저항**이라 한다. 이것은 물체 표면에서 방열 또는 수열을 하는 경우의 온도차와 열류 사이의 열저항이고, 열 전도에서의 열저항과 구분하기 위하여 **표면 열저항**이라고 부른다.

1.3.3 복사

물체 표면에서 외부로 전자파의 복사 에너지에 의해 열이 방출되어 전달되는 것을 **복사**라 한다. 표면의 단위 면적에서 방출되는 복사 에너지는 스테판-볼츠만 법칙에 의해 절대온도 $T\,[\mathrm{K}]$의 4제곱에 비례한다.

즉, 물체 표면과 그 주위의 절대온도의 차 $T\,[\mathrm{K}]$, 발열체의 열발산율 ϕ이라 할 때, 표면에서 방출되는 단위 면적당의 열류, 즉 열류밀도 $I\,[\mathrm{W/m^2}]$는

$$I = \phi\alpha T^4\,[\mathrm{W/m^2}] \tag{1.13}$$

이고, $\alpha = 5.6696\times10^{-8}\,[\mathrm{W/m^2 \cdot K^4}]$은 스테판-볼츠만 상수이다.

예제 1.6 원형의 단면적이 $0.2\,[\mathrm{m^2}]$, 길이가 $5\,[\mathrm{m}]$인 봉상 도체에서 한 끝의 온도는 $300\,[℃]$, 다른 끝의 온도는 $100\,[℃]$이다. 이 도체에서 1시간에 $50\,[\mathrm{kcal}]$의 열이 전달되었을 때, 이 도체의 열전도율$[\mathrm{kcal/h \cdot m \cdot ℃}]$을 구하라.

풀이

열전도의 옴의 법칙 식 (1.9)로부터 열류 I는

$$I=\frac{\theta}{R}\quad\left(\text{열저항 : } R=\rho\frac{l}{S}=\frac{l}{kS}\right)$$

이고, 이 식에 열저항 R을 대입하면 열전도율 k는 다음과 같이 얻어진다.

$$I=\frac{\theta}{R}=\frac{kS\theta}{l}$$

$$\therefore\quad k=\frac{lI}{S\theta}=\frac{5\times 50}{0.2\times(300-100)}=6.25\,[\text{kcal/h}\cdot\text{m}\cdot\text{℃}]$$

예제 1.7 중공 원통도체의 내면에서 외부로 향하는 열류가 있을 경우의 열저항을 구하라.

풀이

그림 1.2에서 중공 원통의 내경을 r_1, 외경을 r_2, 열저항율을 ρ라 하면 원통의 단위 길이당의 열저항 R은

$$R=\int_{r_1}^{r_2}\frac{\rho}{S}\,dr=\rho\int_{r_1}^{r_2}\frac{dr}{2\pi r}$$

$$=\frac{\rho}{2\pi}\,[\ln r]_{r_1}^{r_2}=\frac{\rho}{2\pi}\ln\frac{r_2}{r_1}$$

가 된다.

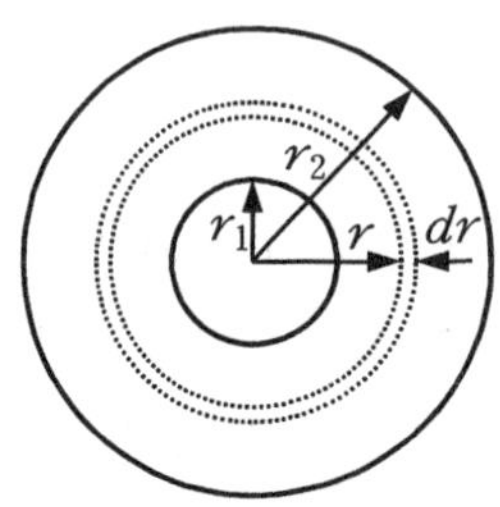

그림 1.2 중공 원통도체

1.4 열의 가열과 냉각

1.4.1 열의 가열

물체를 가열하면 온도상승 θ은 식 (1.2)에서 다음과 같이 변형할 수 있고, 열량 Q에 비례하고 열용량 C에 반비례한다.

$$\theta = \frac{Q}{C} \tag{1.14}$$

또 물체의 열용량 C[J/℃], 열류 I[W]라 하면 온도상승 θ[℃]는 다음의 식으로 나타낼 수 있다.

$$\theta = \frac{1}{C}\int I dt \text{ [℃]} \tag{1.15}$$

전기전도와 열전도의 유사성에 대한 대응을 나타내는 **표** 1.1과 같이 식 (1.14)는 콘덴서를 충전할 때, 전위상승은 $V = Q/C$에 의해 가해진 전기량 Q에 비례하고, 정전용량 C에 반비례하는 현상과 같으며, 식 (1.15)도 정전용량 C인 콘덴서를 전류 I로 충전할 때의 전위상승 V의 식과 동일하다. 이것은 전기회로의 콘덴서에서 누설전류가 없는 경우에 해당한다.

위의 열에 관한 두 식은 물체가 열용량만을 가지고 있고, 외부로 전혀 열의 누설이 없는 경우에 해당하는 것이다. 그러나 실제는 열의 완전한 차단은 없고 반드시 누설 열량이 있으며 온도상승이 클수록 많아지기 때문에 온도상승은 가해진 열량에 반드시 비례하는 것을 아니다.

열의 누설이 없는 경우와 누설이 있는 경우의 열회로를 전기회로로 대응시켜 각각 나타낸 것이 **그림** 1.3이다.

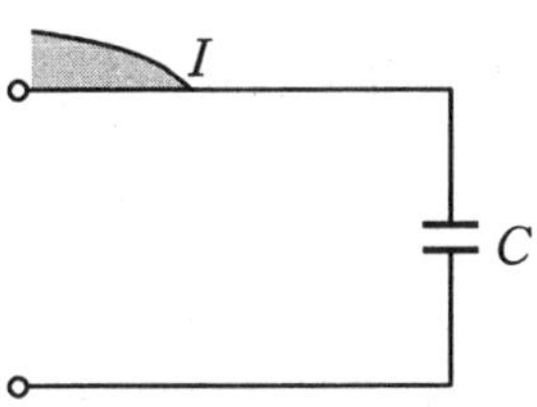

(a) 누설열량이 없는 경우

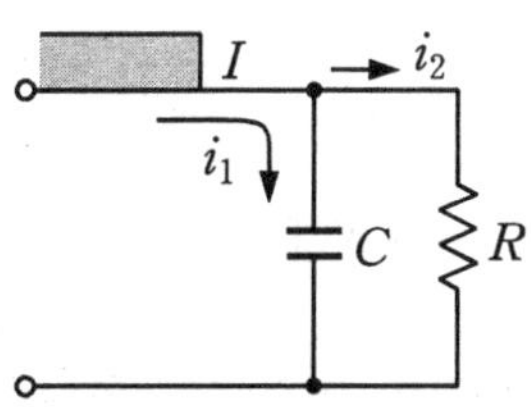

(b) 누설열량이 있는 경우

그림 1.3 물체 가열의 등가회로

열의 흐름에서 누설열량이 있는 경우에 열저항 R, 열용량 C라 하면 **그림** 1.3(b)와 같이 전기회로로 적용시킬 수 있고, 일정한 열류 I로 가열될 때의 온도상승 θ는

$$\begin{cases} I = i_1 + i_2 \\ \theta = \dfrac{1}{C}\displaystyle\int i_1 dt = R i_2 \end{cases} \tag{1.16}$$

가 된다. 이 식의 해는 다음과 같이 된다.

$$\theta = \theta_m\left(1 - e^{-\frac{1}{RC}t}\right) = RI\left(1 - e^{-\frac{1}{RC}t}\right) \tag{1.17}$$

이 결과는 일정한 열류로 가열할 때의 온도상승을 나타내는 기본식이고, **그림** 1.4는 시간에 대한 온도상승을 그래프로 표현한 것이다.

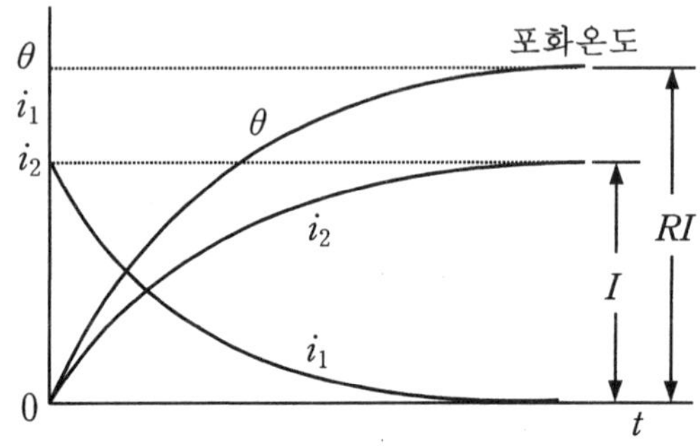

그림 1.4 온도상승(일정한 열류 가열) 곡선

1.4.2 열의 냉각

일정한 온도로 가열된 물체가 냉각할 때, 축적되어 있던 열량은 발산하면서 점차로 온도가 강하하고 최종적으로 주위온도와 같아진다. 물체의 열용량 C[J/℃], 축적되어 있던 열량 Q[J]이라 하면 물체의 온도 θ_0[℃]는 식 (1.14)에서

$$\theta_0 = \frac{Q}{C}\ [℃] \tag{1.18}$$

이다. 만약 물체의 열절연이 완전하다면 열의 누설이 없으므로 항상 이 온도를 유지하게 되지만, 실제로는 반드시 열의 누설이 있기 때문에 온도는 점차로 떨어지면서 주위온도와 같아지는 것이다.

이것은 **그림** 1.5와 같이 정전용량 C에 축적되어 있는 전기량이 저항 R을 통하여 방전할 때 전위가 떨어지는 것과 동일하다. 따라서 열이 냉각하는 경우의 온도강하는 다음 식과 같이 된다.

$$\theta = \theta_0\, e^{-\frac{1}{RC}t} = RI\left(1 - e^{-\frac{1}{RC}t}\right) \tag{1.19}$$

그림 1.6은 식 (1.19)의 시간에 대한 온도강하를 그래프로 표현한 것이다.

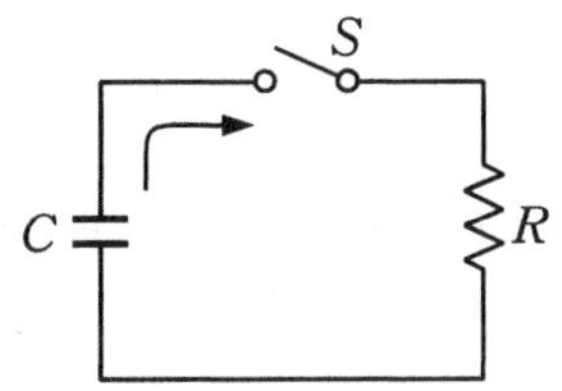

그림 1.5 물체 냉각의 등가회로

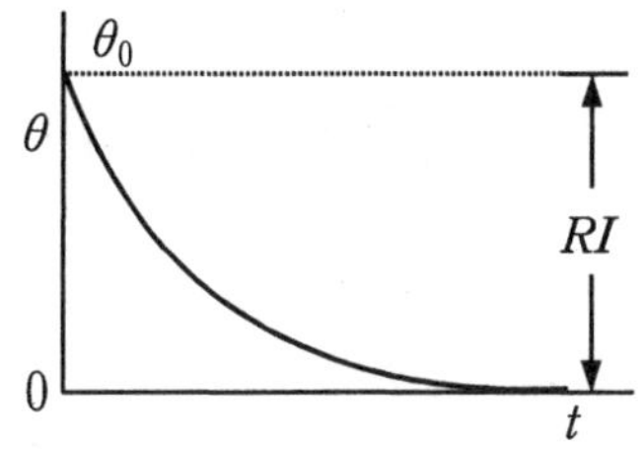

그림 1.6 물체 냉각의 온도변화

1.5 온도계의 종류와 온도제어

1.5.1 온도계의 종류

온도의 검출에는 검출단을 측정 대상 물체의 내부 또는 표면에 접촉시켜 검출단의 온도가 대상 물체의 온도와 같게 하는 **접촉식**과 검출단을 측정 대상 물체에 직접 접촉하지 않고 대상 물체로부터 나오는 복사(방사)에너지로 온도를 측정하는 **비접촉식**(방사식)이 있다. 온도계의 종류는 검출 방식에 따라 다음과 같다.

① **접촉 방식** : 저항 온도계, 열전 온도계, 압력 온도계, 액체봉입 유리 온도계
② **비접촉 방식** : 광 고온계, 방사(복사) 고온계

(1) 저항 온도계

순수 금속이나 반도체의 전기저항이 온도에 의해 직선적으로 변화하는 특성을 이용한 온도계를 **저항 온도계**(resistance thermometer)라 한다.

이 온도계에 사용되는 순수 금속은 백금(Pt), 니켈(Ni), 구리(Cu)이고, 반도체 소자는 서미스터(thermister)를 사용한다. 이와 같이 저항 온도계에서 사용하는 저항체를 **측온 저항**이라 하며, 순수 금속은 저항률이 온도 변화에 비례하는 정(+)의 온도계수 특성, 반도체 소자인 서미스터는 부(−)의 온도계수 특성이 나타난다.

따라서 저항 온도계는 측온점에 놓인 측온 저항의 변화량을 측정하여 온도를 파악하고자 하는 것이며, 측온 저항, 보호관, 지시계기로 구성되어 있다. 측정범위는 대략 −200~500 [℃]이고, 열전 온도계보다 적다.

【저항 온도계의 원리】

온도 t_1 및 t_2에서 금속의 저항을 각각 R_1, R_2, 온도 t_1에서 저항의 온도계수를

α_1이라 할 때, t_1에서 t_2로 온도 상승한 후의 변화된 저항 R_2는 다음과 같다.

$$R_2 = R_1\{1 + \alpha_1(t_2 - t_1)\}\ (t_2 > t_1) \tag{1.20}$$

여기서 t_1 [℃]에서의 저항 온도계수 α_1은 0 [℃]에서의 온도계수 α_0가 주어지면 다음과 같이 구할 수 있다.

$$\alpha_1 = \frac{\alpha_0}{1 + \alpha_0 t_1} \tag{1.21}$$

저항의 온도계수 α는 온도 변화 1 [℃]에 대한 저항의 변화율을 의미하며, 금속은 정(+, $\alpha > 0$), 반도체 및 절연체는 부(−, $\alpha < 0$)의 특성을 가지고 있다. 특히 구리는 0 [℃]에서 저항의 온도계수 $\alpha_0 = 1/234.5 = 0.0043$이다.

표 1.2는 측온 저항체의 종류, 0 [℃]의 온도계수 α_0 및 측정범위를 나타낸 것이다.

표 1.2 측온 저항체의 종류, 온도계수 및 측정범위

종 류	온도계수 (α_0)	측정범위 [℃]
백 금	0.0038	−183~630.5
니 켈	0.0064	−50~300
구 리	0.0043	0~120
서미스터	−0.02~−0.05	−30~150

식 (1.20)과 식 (1.21)의 관계에서 온도 상승한 후의 온도 t_2는

$$t_2 = \frac{R_2}{R_1}\left(\frac{1}{\alpha_0} + t_1\right) - \frac{1}{\alpha_0} \tag{1.22}$$

로 된다. 따라서 주위온도 t_1에서 저항 R_1을 알고 온도상승 후의 저항 R_2를 측정하면 식 (1.22)에 의해 피측온점의 t_2가 구해진다.

예제 1.8 온도 20 [℃]에서 저항이 온도계수 $\alpha_{20} = 0.004$인 저항선의 저항이 100 [Ω]이다. 이 저항선의 온도가 80 [℃]로 상승될 때 저항 [Ω]을 구하라.

풀이

$t_1=20$[℃]일 때 $R_1=100$[Ω], $\alpha_1=0.004$이고, $t_2=80$[℃]일 때 저항 R_2는 식 (1.20)에 의해 다음과 같이 구한다.

$$R_2=R_1\{1+\alpha_1(t_2-t_1)\}=100\{1+0.004(80-20)\}=124\ [\Omega]$$

예제 1.9 온도 t[℃]에서 저항 R_t[Ω]인 동선이 온도 30[℃]로 변화하였을 때 저항 [Ω]을 구하라.

풀이

0[℃]에서 동선의 저항 온도계수 : $\alpha_0=\dfrac{1}{234.5}$

t[℃]에서 동선의 저항 온도계수 : $\alpha_t=\dfrac{\alpha_0}{1+\alpha_0 t}=\dfrac{1}{234.5+t}$

따라서 식 (1.20)에 의해 30[℃]에서 저항 R_{30}은 다음과 같이 구한다.

$$R_{30}=R_t\{1+\alpha_t(30-t)\}=R_t\left\{1+\frac{1}{234.5+t}(30-t)\right\}$$

$$\therefore\ R_{30}=\frac{264.5}{234.5+t}R_t\ [\Omega]$$

(2) 열전 온도계

이종 금속선으로 폐회로를 만들고 두 접점에 온도차를 주면 회로 내에는 열기전력이 발생하여 전류가 흐르는 현상이 나타난다. 이 현상을 **제벡 효과**(Seebeck effect)라 한다. 제벡 효과의 원리를 응용한 것이 **열전 온도계**(thermoelectric pyrometer)이다.

열전대(thermocouple)의 두 접점 중 냉접점의 온도를 0[℃] 또는 일정한 실온으로 하고 열접점을 피측온점으로 한 다음, 열전대의 회로에 미소전압계를 접속하여 열기전력을 측정하면 피측온점의 온도를 알 수 있다.

열전대의 접점은 손상되기 쉬우므로 열전대를 보호할 수 있는 보호관이 필요하며, 강관, 크롬강 및 니켈－크롬강 재질의 금속 보호관과 석영유리 재질의 비금속 보호관이 있다.

그림 1.7(a)는 열전 온도계의 구조, **그림** 1.7(b)는 열전대의 온도에 따른 열기전력 특성을 나타낸 것이다.

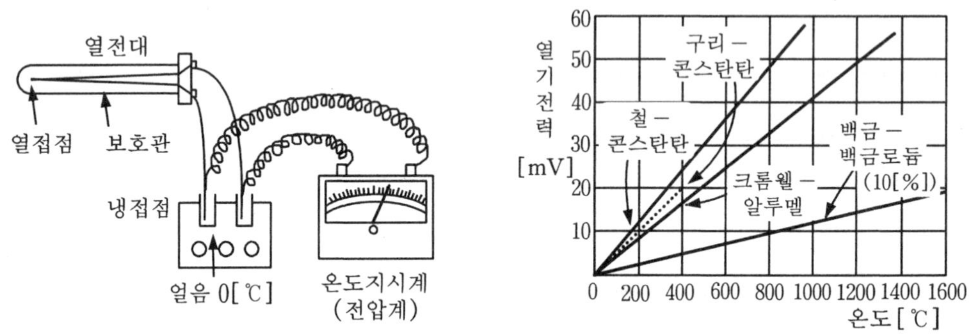

(a) 열전 온도계의 구조 (b) 열전대의 열기전력 특성

그림 1.7 열전 온도계와 열전대의 열기전력 특성

표 1.3은 주로 사용하는 열전대의 구성과 사용온도를 나타낸 것이고, 이것과 **표** 1.2를 비교하면 열전 온도계는 저항 온도계보다 온도 측정범위가 넓은 것을 알 수 있다.

표 1.3 열전대의 구성과 사용온도

종 류	구 성		열기전력[mV] 기준접점 0[℃] 측온접점 400[℃]	감 도 (400[℃]) [mV/℃]	사용한도[℃]	
	+	−			연 속	과 열
PR	백금로듐 (Pt, Rh)	백 금 (Pt)	3.4	0.1	1,400	1,600
CA	크로멜 (Ni, Cr)	알 루 멜 (Ni, Al, Mn)	16.4	0.04	1,000	1,200
IC	철 (Fe)	콘스탄탄 (Cu, Ni)	22.0	0.06	500	750
CC	구 리 (Cu)	콘스탄탄 (Cu, Ni)	20.9	0.06	350	600

열전대의 냉접점은 일정한 온도를 유지하기 위하여 보온병에 얼음을 넣어 0[℃]로 하고 이곳에 삽입하지만, 실제는 실온의 실내에 냉접점부를 놓고 적당한 보상법으로 환산하고 있다. 보상법에는 다음의 세 가지 방법이 있다.

① 계산에 의해 보정하는 방법 또는 도표에 의한 방법

② 계기의 영점을 조절하는 방법
③ 보상도선을 사용하는 방법(가장 보편화되어 실용적으로 사용하고 있는 방법)

(3) 복사 고온계(방사 고온계)

일반적으로 물체는 발광온도(약 600 [℃])보다 훨씬 낮은 온도에서 복사(방사)를 하고 있다. 따라서 **복사 고온계**(radiation pyrometer)는 피측온체의 표면에서 나오는 전 복사 에너지를 렌즈 또는 반사경으로 모아서 **열전대열**(thermopile)에 흡수시키고 이것의 온도상승을 **열기전력**으로 변화시켜 측온하는 방식이다. 여기서 열전대열은 수많은 열전대를 직렬로 접속하여 각 열전대의 미소 열기전력을 누적시킨 것이다.

복사 고온계의 특징은 다음과 같으며, **그림** 1.8에 동작 원리를 나타낸다.

① 온도복사에 관한 **스테판-볼츠만 법칙**을 이용한 온도계이다.
② 피측온물의 떨어진 위치에서 연속적으로 기록할 수 있고, 직독이 가능하다.
③ 온도의 측정범위는 600~4,000 [℃] 정도로 매우 넓다.

복사 고온계는 열전대열의 냉접점이 고온계 속에 삽입되어 있으므로 냉각수에 의해 냉접점을 냉각시켜는 장치가 필요하게 되어 장치가 커지는 단점이 있다.

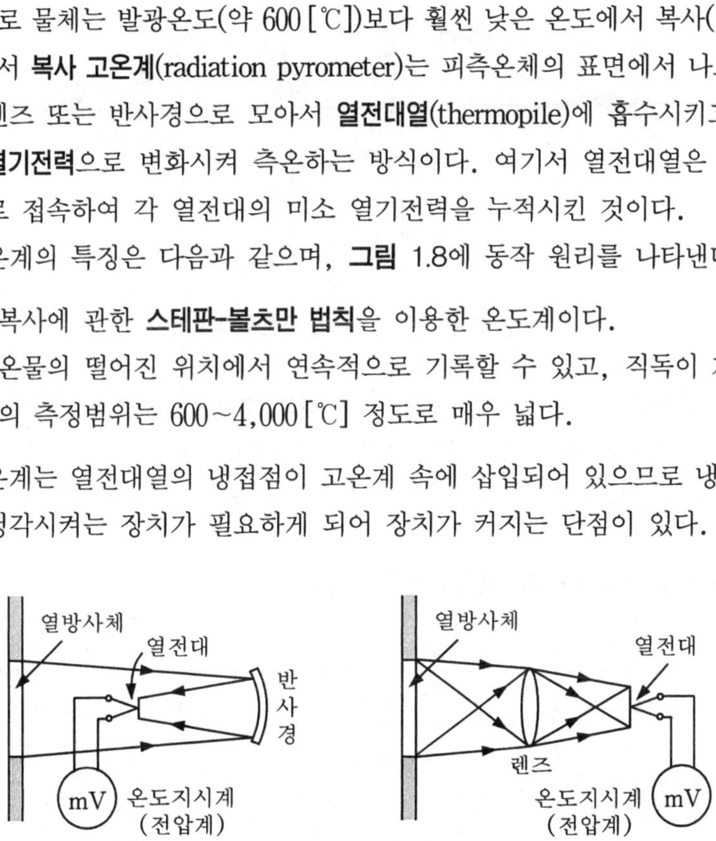

(a) 반사경에 의한 집열 (b) 렌즈에 의한 집열

그림 1.8 복사 고온계의 원리

(4) 광 고온계

복사 고온계는 전 복사선을 측정하지만, **광 고온계**(optical pyrometer)는 가시부분의 단색광, 즉 파장 650 [nm]의 적색 단색광을 이용하여 **플랑크의 복사법칙**을 응용한 온도계이다. 저온에서는 가시광이 거의 방출되지 않으므로 주로 700 [℃]이상의 높은 온도 측정에 이용된다.

그림 1.9의 광 고온계 구조에 나타낸 바와 같이 피측온체의 휘도 B_1과 고온계 내부에 있는 전구의 휘도 B_2가 일치하였을 때 전구의 필라멘트에 흐르는 전류를 측정하여 피측온체의 온도 T_1를 구하는 방법이다.

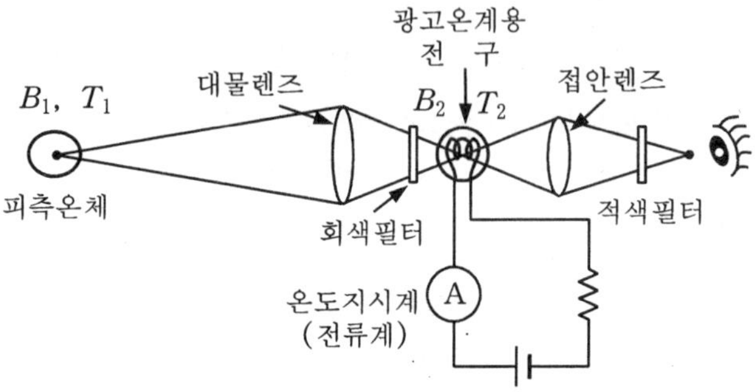

그림 1.9 광 고온계의 구조와 원리

광 고온계의 특징은 복사 고온계에 비하여 정도(accuracy)가 높고, 피측온물의 크기가 지름 0.1 [mm] 정도의 작은 경우에도 측정할 수 있다.

각종 온도계의 원리와 온도 지시계기를 정리하여 **표** 1.4에 나타내었다.

표 1.4 각종 온도계의 원리와 온도 지시계기

종 류	원 리	온도 지시계기
저항 온도계	측온체의 저항값 변화 (브리지형, 교차 코일형)	검류계, 교차코일형
열전 온도계	제벡효과 (열전대 : 열기전력)	전압계 (밀리볼트미터)
복사 고온계	스테판-볼츠만 법칙 (열전대열 : 열기전력)	전압계 (밀리볼트미터)
광 고온계	플랑크의 복사 법칙(전구)	전류계

1.5.2 온도제어

피열물을 희망하는 온도로 유지하기 위하여 열원으로 사용하는 가열 전력을 증감하는 것을 **온도제어**(temperature control) 또는 **온도조절**이라 한다. 전열은 자동으로 온도제어가 가능한 장점이 있기 때문에 다른 열원보다 우수하며 사용하기에 편리하다.

온도에 따라 자동 개폐되는 **온도조절기**는 **서모스탯**(thermostat)이라고도 불리어지며,

감열부와 개폐부로 구성되어 있다. 설정온도에 도달하면 자동으로 회로를 차단하고, 강하되면 회로를 단락시켜 주는 동작 기능이 된다.

또 감열부는 기체 또는 고체의 팽창을 이용하며, 주로 바이메탈이 사용되고 있다.

(1) 기체의 팽창

기체의 팽창을 이용한 것은 기압계의 원리와 같으며, 지침을 움직이게 하는 동작을 가지고 전기회로의 개폐작용을 하도록 한다.

전기 냉장고에 사용되는 온도조절기는 냉장고의 냉각기에 접촉하고 있는 감열관과 다이어프램 사이에 프레온가스를 봉입한 금속관으로 접속되어 있다. 이 때 냉각기의 온도가 상승과 하강을 하게 되면 기체가 팽창 또는 수축을 하여 다이어프램을 작동시켜 자동으로 접점을 개폐하게 된다.

(2) 고체의 팽창

고체의 팽창을 이용한 것으로는 주로 **바이메탈**(bimetal)이 있다. 바이메탈은 금속의 선팽창 계수가 서로 다른 이종의 금속판을 접합한 것으로 여러 가지의 형태가 있으며, 온도상승에 의해 두 금속판의 신축이 달라지는 성질을 이용하여 접점의 개폐를 자동으로 하는 온도조절기이다.

1.6 전열재료

전열에 사용되는 재료는 다음과 같이 분류할 수 있다.

① 발열체(전극재료) : 고온도의 열을 발생시키는 재료
② 열절연 재료(단열재) : 열을 절연시키는데 사용하는 재료
③ 내화물 : 고온도에서 발열체 또는 열절연 재료를 지지하거나 몸체를 구축하는 재료

1.6.1 발열체

발열체의 종류는 **금속 발열체**(합금 발열체, 순금속 발열체), **비금속 발열체**(탄화규소 발열체, 탄소질 발열체) 및 중간 성질에 속하는 **규화 몰리브덴 발열체** 등이 있다.

전기 가열 방식 중에서 일반적으로 가장 많이 사용하고 있는 간접식의 저항 가열은 발열체가 필요하다. 발열체의 온도는 반드시 피열물의 온도(가열온도)보다 높기 때문에 발열체의 최고사용온도는 가열온도보다 높아야 하므로 고온에서 안정성이 좋아야

한다. 따라서 **발열체의 구비조건**은 다음과 같다.

① 내열성이 클 것 (용융, 산화온도가 높고, 산화막이 견고할 것)
② 내식성이 클 것(화학적으로 안정할 것)
③ 적당한 저항값을 가질 것(저항률이 비교적 크고, 저항의 온도계수는 적고 정(+) 특성을 갖을 것, 선팽창 계수가 작을 것)
④ 연성 및 전성이 풍부하여 가공이 쉬울 것
⑤ 원료가 풍부하여 가격이 저렴할 것

(1) 금속 발열체

금속 발열체는 가장 일반적으로 사용되고 있는 발열체로써 **합금 발열체**와 **순금속 발열체**가 있다.

금속 발열체 { 합금 발열체 : 니크롬선, 철크롬선
순금속 발열체 : 백금, 몰리브덴, 텅스텐, 탄탈 }

1 합금 발열체

합금 발열체는 니켈-크롬계 합금(니크롬선)과 가격이 비싼 니켈 대신에 철과 알루미늄을 사용한 철-크롬계 합금(철크롬선)이 있다.

표 1.5는 합금 발열체의 종류와 이들의 특성, 용도 등을 나타낸다.

표 1.5 합금 발열체의 종류, 특성과 용도

합금발열체 [기 호]	주성분[%]				저항률 [μΩ·cm]	최고 사용 온도[℃]	특성과 용도
	Ni	Cr	Fe	Al			
니크롬 제1종 [NCH1]	80	20	1.5	-	104±5	1,100	고온에서 내열성, 내가스성 강함, 가공용이, 고온 전기로용
니크롬 제2종 [NCH2]	65	17	13	-	110±6	900	가공성 양호, 900[℃]이하의 전열기, 전기로에 적합
철크롬 제1종 [FCH1]	-	23	67	5	140±7	1,200	특히 고온 사용에 적합, 가공성 불리, 고온에서 강도 저하, 공업용 고온 전기로에 사용
철크롬 제2종 [FCH2]	-	20	72	3	120±5	1,100	철크롬 제1종보다 가공성 용이 전열기, 전기로

2 순금속 발열체

순금속 발열체는 용융온도가 높은 **백금**, **몰리브덴**, **텅스텐**, **탄탈** 등이 사용된다. 백금과 탄탈은 수소 가스 중에서 사용하면 고온도에서 수소를 흡착하므로 피하는 것이 좋고, 백금을 제외한 나머지 금속은 적당한 보호가스(불활성 가스) 또는 진공 중에서 사용하는 것이 바람직하다. 또 백금은 실험용으로 1400[℃] 정도의 온도에서 사용된다.

표 1.6은 순금속 발열체의 종류와 특성을 나타낸다.

표 1.6 순금속 발열체의 종류와 특성

순금속 발열체	융점[℃]	저항률 [μΩ·cm]	최고 사용 온도[℃]	특 성
백 금 [Pt]	1,768	10.6(20[℃])		대기중에서 융점 부근까지 안정
몰리브덴 [Mo]	2,610	5.2(0[℃])	1,800	수소, 아르곤, 헬륨에서 융점 부근까지 안정, 진공중 1,700[℃]까지 안정
텅 스 텐 [W]	3,392	5.5(0[℃])	2,100	수소, 헬륨, 아르곤에서 융점 부근까지 안정, 진공중 2,000[℃]까지 안정
탄 탈 [Ta]	2,996	12.5(20[℃])		헬륨, 아르곤에서 융점 부근까지 안정

(2) 비금속 발열체

1 탄화규소 발열체

탄화규소(SiC), 즉 **카보런덤**(carborundum)을 주성분으로 한 발열체로써 합금 발열체보다 높은 온도에서 사용하며, 최고 사용온도는 약 1500[℃] 정도이다. 그러나 저항의 온도계수가 부(−)특성이고, 기계적 강도가 약하며 균일한 저항값을 얻기 어려운 단점이 있지만, 전열선을 사용할 수 없는 고온도의 경우에 실용적으로 사용되고 있다.

2 탄소질 발열체

탄소입자(**크립톨**, cryptole)를 사용하는 것과 **인조흑연**을 가공하여 사용하는 것이 있다.

탄소입자의 저항은 입자의 크기, 압력, 온도 등에 따라 현저히 변화하고, 일반적으로 입자가 클수록 탄소입자간의 접촉저항에 의하여 전기저항이 커지며 압력과 온도가 높을수록 작아진다. 탄소입자 발열체는 탄소와 점토를 혼합한 탄소입자(알갱이), 즉 **크립톨**들의 접촉저항을 이용한 발열체로 약 2,000[℃]이하의 온도에서 사용한다.

인조흑연은 봉형, 관형이 있으며 표준 크기를 적당하게 잘라서 가공하는 것이며, 약 3,000[℃] 정도에서 사용한다.

(3) 규화 몰리브덴 발열체

규화 몰리브덴($MoSi_2$)을 주성분으로 한 고온용의 발열체로써 **칸탈선**(kanthal wire)이라고도 한다. 최대 사용온도는 약 1,700 [℃]이고 탄화규소 발열체보다 고온에서 사용할 수 있다. 내식성은 크지만 상온에서 부서지기 쉽고 충격에 약하며 연화되기 쉽다.

(4) 염욕 발열체

염류는 비교적 낮은 온도에서 용해되고, 높은 도전성을 가지는 액체 발열체이다. 복잡한 모양을 가진 피열물의 균일 가열이나 금속의 열처리에 사용되고, 피열물과 용기가 염류에 침식되지 않도록 조치해야 한다. 저항의 온도계수는 부특성이므로 전류를 흘리기 전에 염류를 미리 용해하고, 직렬로 리액터를 연결하여 사용한다.

염욕(salt bath)은 $NaNO_3$, KNO_3, $CaCl_2$, NaCl, KCl, KF 및 Na_2CO_3, 또는 이들의 혼합물이 사용된다.

1.6.2 단열재와 내화물

단열재는 열 효율을 높이기 위하여 열의 절연에 사용하는 재료이고, 열절연물 또는 보온재라고도 한다. 단열재는 적당한 크기의 열용량을 가져야 한다. 즉 급열 급냉을 하는 경우에는 열용량이 적고, 일정 온도를 장시간 유지하는 경우에는 열용량이 큰 것이 바람직하다.

내화물은 고온도에서 발열체, 열절연 재료 및 피열물을 지지하거나 몸체를 구축하는데 필요한 재료이다. 용해 및 연화온도가 높고, 피열물과의 화학작용이 생기지 않아야 한다. 즉, 피열물이 산성인 경우에는 산성의 내화물, 알칼리성인 경우에는 알칼리성의 내화물을 사용해야 부식이 발생하지 않는다.

1.6.3 탄소 재료

탄소 재료는 고온의 전기로에서 발열체, 전극 및 내화재 등 다양한 용도로 사용되고 있다. 이러한 용도를 쉽게 이해할 수 있도록 탄소 재료들의 화학적, 물리적 성질과 제조법을 설명하기로 한다.

먼저 노에서 사용되는 **전극의 구비조건**은 다음과 같다.

① 전기 전도율이 크고, 열 전도율이 작을 것

② 내열성과 기계적 강도가 클 것 ③ 피열물과 화학 작용을 일으키지 않을 것

(1) 탄소(카본, carbon)

비결정성의 흑색 분말이고, 융점은 3,550[℃]로 가장 높으며 각종 용매에 녹지 않고 화학적으로 안정하지만 흑연보다 활성이 강하다. 비결정성 탄소는 유기물의 불완전연소에 의해 생성된다. 즉, 유기물을 300~400[℃] 정도 가열하면 탄화(carbonization)가 일어나기 시작하고 그 열분해 과정에서 생성되며, 공기 중에서는 500~600[℃] 정도에서 자연 착화하여 연소한다.

비결정성 탄소인 순수 탄소는 전기 저항률이 작고, 저항의 온도계수가 부(−)특성이며, 고온에서 승화작용이 심하고, 기계적 강도가 약하다. 또 수소와 반응하여 아세틸렌(C_2H_2) 기체를 생성하고, 규소와 반응하여 탄화규소(SiC)인 카보런덤을 생성한다.

(2) 코크스(cokes)

석탄은 탄화도에 따라 탄소 성분 함유량이 60[%]인 이탄, 70[%]인 갈탄, 80~90[%]인 역청탄, 95[%]인 무연탄으로 분류하고, 탄화도가 클수록 비결정성 탄소의 함유량은 증가하고 휘발성분은 줄어든다.

석탄 중에서 휘발성분이 많은 점결탄인 역청탄을 코크스로 안에 장입하고, 노벽에서 1,200[℃]의 온도로 가열하면 노벽에 가까운 부분부터 용해하기 시작, 열분해(건류)에 의해 휘발 성분이 배출된다. 이 용융 상태에 있는 층의 온도를 더욱 상승시키면 고온의 고체화가 되고 이것을 물로 분사시켜 냉각하면 코크스가 생성된다. 즉, 점결탄의 고온 열분해에 의해 생기는 다공질의 고체연료이다. 가열 시간은 보통 16~24시간이다.

코크스는 비결정성 탄소이고, 회색을 띤 흑색이며, 금속성 광택을 지닌다. 착화온도는 400~600[℃] 정도이고, 주로 제철용 및 주물용의 연료로 사용한다.

(3) 흑연(graphite)

흑연은 금속광택을 가진 흑색이고, 육각형의 결정 구조를 가진 탄소이다. 즉, 2차원적으로 평면상에 결정 구조가 연속적으로 배열, 연결되어 평판이 겹쳐 쌓인 판상 구조를 하고 있기 때문에 층간 결합력이 약하여 잘 부서지는 성질이 있다.

흑연은 **천연흑연**과 **인조흑연**이 있으며, 인조흑연은 비결정성 탄소를 공기와 차단한 상태에서 약 2,500[℃] 정도로 가열하면 열분해가 일어나면서 육각형의 적층 규칙성이 생겨 흑연 결정구조가 생성, 발달하는 **흑연화**(graphitization) 과정을 거쳐 흑연이 제조된다. 흑연재료는 가공성도 우수하기 때문에 관상, 봉상, 판상, 입상 등 여러 가지 형상의 발열체를 만들 수 있다.

화학적 구조는 안정하여 내열성, 내충격성이 크고 전기저항이 적당히 있기 때문에 고온 전기로의 발열체 및 전극으로 사용되며 활마재로도 사용된다. 또 용융금속 등의 고온에서도 연화, 용융되지 않으며 내식성도 강하기 때문에 내화물의 원료가 된다.

(4) 천연흑연 전극

천연흑연을 주원료로 하고, 타르, 피치를 결합제로 하여 성형 소성하여 만든 것으로 제강, 제선, 페로알로이(ferroalloy, 합금철), 카바이드용의 전기로 등에 사용된다.

(5) 인조흑연 전극

석유 코크스 또는 피치 코크스에 타르, 피치의 점결제를 혼합하여 약 1,000[℃] 이상에서 가압 소성한 비결정성 탄소 전극을 흑연화로에서 다시 약 2,500[℃] 정도의 고온으로 가열하여 흑연화한 것이다. 기계적 강도가 강하고 도전율이 높으며 불순물이 적은 특징이 있고, 제선, 제강용의 전기로 전극에 사용된다.

표 1.7 소형 탄소전극의 고유저항

탄소 전극	고유저항[Ω·cm]
인조흑연 전극	0.0005~0.0012
천연흑연 전극	0.003~0.0076
비결정탄소 전극	0.005~0.008

(6) 내화재

카바이드로 및 제선로의 바닥과 측벽에 내화재로 사용되는 탄소 재료는 베드 카본(bed carbon) 및 사이드 카본(side carbon)이라 부르고 천연흑연 또는 탄소전극을 사용한다. 베드 카본은 노 바닥의 내화재, 동시에 노 바닥 전극으로도 사용된다.

【참고】

(1) **피치 코크스** (pitch cokes)

콜타르(coal tar), 피치(역청물질, pitch)를 고온에서 열분해하여 생성된 코크스이며, 전극, 탄소막대, 탄소벽돌 등을 만드는 데 사용되고, 특히 알루미늄 전해제련용의 양극원료로 사용된다. 여기서 콜타르는 석탄을 고온 건류할 때 부산물인 검은 유상 역청물질이고, 피치도 역청물질이다.

(2) **석유 코크스**(petroleum cokes)

석유의 찌꺼기를 고온에서 열분해시켜서 만든 다공질의 광택이 있는 코크스이다. 석유의 찌꺼기를 원료로 하여 480~520[℃]에서 공기를 차단하고 열분해하면 가스와 경질유를 발생시키는 동시에 중질유는 축합되므로 마지막에는 탄화하여 코크스가 된다.

황 성분이 적은 원료유를 선택함에 따라 순도가 높은 공업용 탄소재료가 되고, 전극 및 금속탄화물의 원료가 되며, 야금용 및 연료용 등에 사용된다.

(3) **숯과 카본 블랙**

숯과 카본 블랙(그을음)은 탄소가 무질서한 육각형으로 배열된 구조이다. 숯은 공기를 차단한 채 나무를 고온으로 가열하면 열분해에 의해 생성되고, 카본 블랙은 천연가스를 불완전 연소시켜 제조한다. 이들은 흡착력이 뛰어나 탈색, 탈취제로 사용되며, 특히 카본 블랙은 타이어, 잉크 및 화장품의 제조에 이용된다.

1.6.4 발열체의 설계

(1) 가열전력

발열체의 설계는 우선 가열전력을 결정하여야 한다. 물체를 가열하는데 공급하는 총열량은 다음과 같다.

$$\text{공급 열량}\,[\text{kWh}] = \text{유효열량} + \text{축열량} + \text{손실열량}\,[\text{kWh}] \tag{1.23}$$

여기서 유효열량은 공급열량이 유효하게 피열물에 흡수되는 열량, 축열량은 가열체(열원, 보온물, 즉 노체)에 축적되는 열량이고, 손실열량은 외부로 방출되는 열량을 의미한다. 따라서 공급 총열량을 가열시간으로 나누면 **평균 가열전력**이 된다. 즉

$$\begin{aligned}\text{평균 가열전력}\,[\text{kW}] &= \frac{\text{공급 열량}\,[\text{kWh}]}{\text{가열시간}\,[\text{h}]} \\ &= \frac{\text{유효열량} + \text{축열량} + \text{손실열량}\,[\text{kWh}]}{\text{가열시간}\,[\text{h}]}\end{aligned} \tag{1.24}$$

이고, **열효율**은 다음과 같다.

$$\text{열효율} = \frac{\text{공급열량} - \text{손실열량}\,[\text{kWh}]}{\text{공급열량}\,[\text{kWh}]} = 1 - \frac{\text{손실열량}}{\text{공급열량}} \tag{1.25}$$

물체의 가열, 융해, 증발 등이 일어나는 경우의 유효열량은 아래와 같다.

$$\text{유효열량} = (\text{피열물 중량}) \times (\text{비열}) \times (\text{온도상승}) + (\text{잠열}) \tag{1.26}$$

(2) 표면 전력밀도

발열체의 온도를 규정하는 것은 **표면 전력밀도**[W/cm^2]이다. 발열체는 고온이므로 대류에 의한 열전달보다는 복사에 의한 열전달이 크기 때문에 표면 전력밀도는 복사밀도라고 할 수 있다. 즉, 표면 전력밀도는 스테판-볼츠만 법칙에 의해

$$W_d = \phi\alpha(T_1^{\ 4} - T_2^{\ 4})\,[\mathrm{W/cm^2}] \tag{1.27}$$

이고, $\alpha = 5.6696 \times 10^{-12}\,[\mathrm{W/cm^2 \cdot K^4}]$은 스테판-볼츠만 상수이다.

또 발열체의 전표면적 $S\,[\mathrm{cm^2}]$, 가열전력 $P\,[\mathrm{W}]$라 할 때 표면 전력밀도 W_d는 다음과 같다.

$$W_d = \frac{P}{S}\,[\mathrm{W/cm^2}] \tag{1.28}$$

(3) 발열체의 굵기 결정

가열전력과 전압이 주어지면 전류를 구하고, 재료와 구조가 정해지면 발열체의 표면 전력밀도와 고유저항이 정해진다. 이들로부터 발열체의 지름이 결정된다. 또는 전압과 전류에 의해서 저항이 결정되므로 지름과 길이를 구할 수 있다.

예제 1.10 전열기의 열판의 표면 전력밀도는 3[W/cm^2]이다. 600 [W] 전열기의 열판 면적[cm^2]을 구하라.

풀이

표면 전력밀도는 식 (1.28)에서

$$W_d = \frac{P}{S}\,[\mathrm{W/cm^2}]$$

이고, 따라서 열판의 면적 $S\,[\mathrm{cm^2}]$는 다음과 같이 구해진다.

$$\therefore\ S = \frac{P}{W_d} = \frac{600}{3} = 200\,[\mathrm{cm^2}]$$

연 습 문 제

객관식

1-1 전기가열의 특징에서 잘못된 것은?

㉮ 조작이 어렵다. ㉯ 내부가열이 가능하다.
㉰ 온도 조절이 용이하다. ㉱ 열효율이 높다.

1-2 1 [BTU]는 약 몇 [cal]인가?

㉮ 860 ㉯ 420 ㉰ 250 ㉱ 100

1-3 200 [W]는 약 몇 [cal/s]인가?

㉮ 0.8621 ㉯ 47.78 ㉰ 0.2389 ㉱ 71.67

1-4 공업 단위에서 열저항의 단위는 무엇인가?

㉮ [℃] ㉯ [kcal/h] ㉰ [℃ · h/kcal] ㉱ [kcal/℃]

1-5 열전도율을 표시하는 단위는 무엇인가?

㉮ [J/kg · deg] ㉯ [W/m^2 · deg] ㉰ [W/m · deg] ㉱ [J/m^3 · deg]

1-6 열회로의 열량은 전기회로의 무엇에 상당하는가?

㉮ 전류 ㉯ 전압 ㉰ 전기량 ㉱ 열저항

1-7 다음 중 열용량의 단위를 나타내는 것은 무엇인가?

㉮ [J/℃kg] ㉯ [J/℃] ㉰ [J/cm^2℃] ㉱ [J/cm^3℃]

1-8 일정 전류가 통하는 도체의 온도상승 θ와 반지름 r과의 관계식은?

㉮ $\theta \propto \frac{1}{r^{2/3}}$ ㉯ $\theta \propto \frac{1}{r^2}$ ㉰ $\theta \propto \frac{1}{r^4}$ ㉱ $\theta \propto \frac{1}{r^3}$

1-9 100 [V], 500 [W]의 전열기를 90 [V]에서 사용할 때의 전력 [W]은 얼마인가?

㉮ 405 ㉯ 425 ㉰ 450 ㉱ 500

1-10 지름 30[cm], 길이가 1.5[m]인 탄소 전극의 열저항값[열Ω]은 약 얼마인가? 단, 전극의 고유저항은 2.5[열Ω · cm]이다.

㉮ 0.73 ㉯ 0.43 ㉰ 0.53 ㉱ 0.63

1-11 500[W]의 전열기를 정격 상태에서 1시간 사용시 발생하는 열량[kcal]은 얼마인가?

㉮ 430 ㉯ 520 ㉰ 610 ㉱ 860

1-12 500[W]의 전열기가 있다. 장시간 사용에 의하여 전열선의 직경이 균일하게 5[%] 감소하고, 수리에 의하여 그 길이가 10[%] 감소하였을 때의 [W]수는 약 얼마인가?

㉮ 557 ㉯ 528 ㉰ 501 ㉱ 475

1-13 열전 온도계의 원리는?

㉮ 핀치 효과 ㉯ 제에만 효과 ㉰ 제벡 효과 ㉱ 홀 효과

1-14 두 도체 또는 반도체의 폐회로에서 두 접합점의 온도의 차로서 전류가 생기는 현상은?

㉮ 홀 효과 ㉯ 광전 효과 ㉰ 펠티에 효과 ㉱ 제벡 효과

1-15 반도체의 발달로 2종의 금속이나 반도체를 이용하여 열전대를 만들고 이 때 생기는 열의 흡수, 발생을 이용한 전자냉동이 실용화되고 있다. 다음 중 어떤 현상을 이용한 것인가?

㉮ 제벡 효과 ㉯ 펠티에 효과 ㉰ 톰슨 효과 ㉱ 핀치 효과

1-16 보통 사용되는 열전대의 조합은?

㉮ 구리－콘스탄탄 ㉯ 크롬－콘스탄탄
㉰ 비스무스－백금 ㉱ 백금－스테인레스강

1-17 공업용 온도계로서 가장 높은 온도를 측정할 수 있는 것은?

㉮ 백금－백금 로듐 ㉯ 크롬웰－알루멜
㉰ 철－콘스탄탄 ㉱ 동－콘스탄탄

1-18 복사 고온도계의 온도를 측정하는 계기는?

㉮ 수은 온도계 ㉯ 밀리볼트미터 ㉰ 밀리암미터 ㉱ 전력계

1-19 약 2,000[℃]까지 측정할 수 있고 취급 간편한 온도계는?

㉮ 열전 온도계 ㉯ 복사 고온계 ㉰ 광 고온계 ㉱ 저항 온도계

1-20 플랑크의 방사법칙을 이용하여 온도를 측정하는 것은?

㉮ 광 고온계 ㉯ 방사 온도계 ㉰ 열전 온도계 ㉱ 저항 온도계

1-21 방사 고온계의 특징 중 잘못된 것은?

㉮ 온도를 직독할 수 있다.

㉯ 피측온물의 크기가 매우 작은(0.1[mm] 정도까지) 경우에도 측정할 수 있다.

㉰ 피측온물로부터 떨어진 위치에서 온도를 기록할 수 있다.

㉱ 온도의 측정 범위(약 900~4,000[℃] 정도)가 넓다.

1-22 발열체의 필요 조건에 해당되지 않는 것은?

㉮ 압연성이 풍부할 것 ㉯ 내식성이 클 것

㉰ 온도 조정이 용이할 것 ㉱ 내열성이 클 것

1-23 발열체의 구비 조건이 아닌 것은?

㉮ 팽창계수가 클 것 ㉯ 적당한 저항값을 가질 것

㉰ 내식성이 클 것 ㉱ 내열성이 클 것

1-24 다음 발열체 중 최고사용온도가 가장 높은 것은?

㉮ 니크롬 제1종 ㉯ 니크롬 제2종 ㉰ 철크롬 제1종 ㉱ 탄화규소 발열체

1-25 최고사용온도가 1,100[℃]이고, 고온강도가 크고 냉간가공이 용이하며 고온용 발열체에 적합한 것은?

㉮ 니크롬 제2종 ㉯ 니크롬 제1종 ㉰ 철크롬 제2종 ㉱ 철크롬 제1종

1-26 니크롬 제2종의 최고사용온도[℃]는?

㉮ 700 ㉯ 900 ㉰ 1,100 ㉱ 1,400

1-27 전극재료의 구비조건이 잘못된 것은?

㉮ 불순물이 적고, 산화 및 소모가 적을 것

㉯ 고온에서도 기계적 강도가 크고 열팽창율이 작을 것

㉰ 열전도율이 많고 도전율이 작아서 전류밀도가 작을 것

㉱ 피열물에 의한 화학작용이 일어나지 않고 침식되지 않을 것

주관식

1-1 합금 발열체의 종류와 각각의 최고사용온도를 설명하라.

1-2 순금속 발열체의 종류와 그 중에서 용융온도가 가장 높은 것을 설명하라.

1-3 어떤 전열기에서 5분 동안에 900,000[J]의 일을 했다고 한다. 이 전열기에서 소비한 전력[W]을 구하라.

1-4 1[kW]의 전열기를 이용하여 20[℃]의 물 5[l]를 70[℃]까지 올리는 데 요하는 시간[min]을 구하라.

1-5 1.2[l]의 물을 15[℃]로부터 75[℃]까지 10분간 가열시키고자 할 때, 전열기의 용량[W]을 구하라. 단, 효율은 70[%]이다.

1-6 0[℃]의 얼음 2.5[kg]을 용해시켜 40[℃]의 물로 만들려고 한다. 용량 2[kW]의 전열기를 사용할 때 소요되는 시간[min]을 구하라. 단, 전열기 효율은 80[%]이다.

1-7 1[kWh]에 대해 25원의 심야 전력을 사용하여 2[kWh] 전열기로 40[℃]의 물 100[l]를 90[℃]로 데우는 데 전기요금을 구하라. 단, 가열장치의 효율은 90[%]이다.

1-8 5기압, 150[℃]의 증기를 매시간 1[t]을 발생하는데 소요되는 전기보일러의 전력[kW]를 구하라. 단, 보일러의 효율은 95[%], 5기압에서의 물의 비등점은 150[℃], 기화잠열은 500[kcal/kg]이고, 보일러 공급수의 온도는 20[℃]이다.

chapter 2

전열의 응용

2.1 전기가열 방식

일반적으로 사용되고 있는 **전기가열 방식**은 저항 가열, 아크 가열, 유도 가열, 유전 가열, 적외선 가열 및 실험실용의 전자빔 가열 등으로 분류할 수 있다.

2.1.1 저항 가열

저항 가열(resistance heating)은 도체에서 전류가 흐를 때 발생하는 저항(옴)손에 의한 줄열을 이용한 가열 방식으로 직접식과 간접식이 있다. 구조와 취급이 간편하기 때문에 가장 널리 사용되고 있는 방식이며, **그림** 2.1에 직접식과 간접식을 나타낸다.

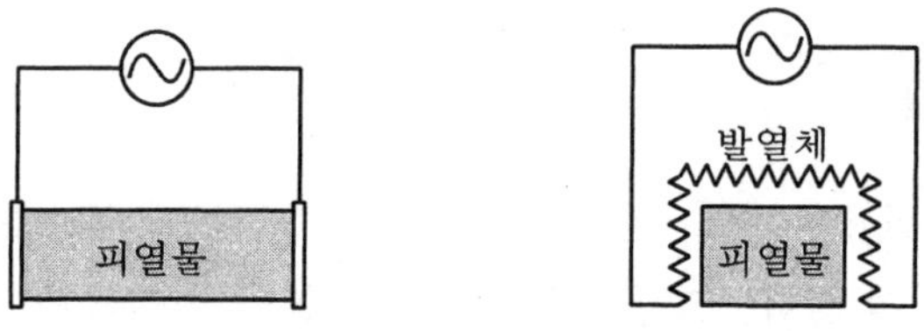

(a) 직접식 (b) 간접식

그림 2.1 저항 가열

(1) 직접식 저항 가열

피열물 자체에 상용 주파수 또는 직류전류를 흐르게 하고 줄열에 의해 발열시키는 방식이다. 피열물은 적당한 저항률을 가진 도전성 물질이어야 하고, 상온에서 저항이 커도 고온이 되면 비교적 저항이 작아지는 물체에 적합한 방법이다.

직접식 저항 가열은 다음을 요구하는 경우에 적용할 수 있다.

① 피열물의 내부가열을 요구하는 경우
② 직접식에서는 피열물이 최고 온도가 되므로 내화물의 내화도보다 고온도로 할 수 있기 때문에 특히 고온도를 요구하는 경우
③ 경금속의 저항용접과 같이 온도상승 속도가 빠른 것을 요구하는 경우
④ 피열물에 전류를 흘려 가열과 동시에 전기화학작용을 요구하는 경우

(2) 간접식 저항 가열

발열체로부터 열을 전도, 대류, 복사에 의해 피열물에 전달하여 가열하는 방식이고, 구조와 취급이 간편하기 때문에 공업용 전기로, 가정용 전열기기 및 각종 전기가열 장치에 널리 이용되고 있다.

간접식 저항 가열은 열원으로 반드시 발열체를 필요로 하고, 발열체의 온도는 피열물의 온도보다 항상 높기 때문에 발열체의 최고 사용온도는 피열물의 온도보다 높아야 한다. 따라서 이 방식은 발열체 자체의 특성에 의해 용도가 지배되고 있다.

간접식 저항 가열의 특징은 다음과 같다.

① 피열물에 제한을 받지 않으므로 전기가열 중에서 사용범위가 가장 넓다.
② 다른 열원에 비해 온도분포가 양호하다.
③ 밀폐형 및 유기형 구조를 쉽게 만들 수 있고, 진공 가열식은 노기 제어가 쉽다.
④ 노를 밀폐할 수 있기 때문에 열효율이 매우 좋다.

2.1.2 아크 가열

아크 가열(arc heating)은 아크 방전에 의해 발생하는 아크열을 이용하는 가열하는 방식으로 직접식과 간접식이 있다. **그림** 2.2는 아크 가열의 직접식과 간접식을 나타낸다.

① 직접식 : 피열물 자체를 전극으로 하거나, 아크의 매질로 삼아 가열하는 방식
② 간접식 : 아크열을 복사, 전도, 대류에 의해 피열물에 전달하여 가열하는 방식

아크 방전의 발생 원리 및 특성에 대하여 설명하면 다음과 같다.

두 개의 탄소전극을 접촉시킨 상태에서 전류를 흘리고 나서 전극을 분리시켜 차츰 간격을 크게 하면 전극 사이에 아크가 발생하고 지속적으로 전류가 흐른다. 이 아크주

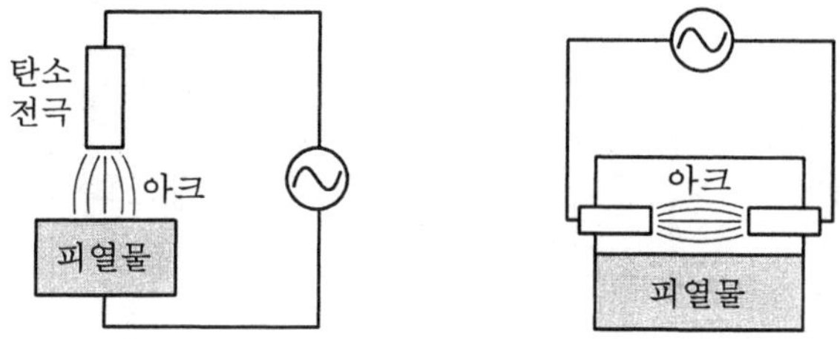

(a) 직접식 (b) 간접식

그림 2.2 아크 가열

의 온도는 5,000~6,000 [K]의 고온이기 때문에 전계에 의해 가속된 기체 원자 또는 분자는 매우 높은 열운동 에너지를 가지고 상호 충돌하면서 전리를 일으켜 방전을 지속시킨다. 전극의 온도는 2,000~4,000 [K] 정도이며 아크주보다 낮고, 양극 전극이 음극 전극보다 높다.

그림 2.3과 같이 아크 전압은 아크 전류가 증가함에 따라 감소하는 반비례 관계가 있으며 부저항 특성을 나타낸다. 이와 같은 전압-전류의 관계를 **수하특성**(dropping characteristic)이라 한다.

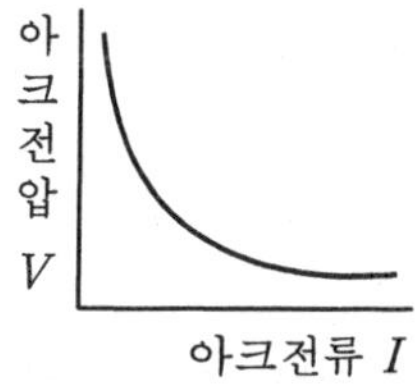

그림 2.3 V-I 특성

2.1.3 고주파 가열

고주파 가열 방식은 원리적으로 유도 가열과 유전 가열로 분류된다.

(1) 유도 가열

유도 가열(induction heating)은 금속류의 도전성 피열물을 고주파 전류에 의해 만들어지는 교류 자계 내에 놓으면 전자유도작용으로 와전류손 또는 히스테리시스손이 발생하여 내부발열로 가열되는 방식이다.

유도 가열 방식은 자계를 발생시키는 유도 가열용 코일이 필요하고, **그림 2.4**와 같이 직접식과 간접식이 있다.

① 직접식 : 코일 내의 금속 자체가 피열물이 되어 유도 가열되는 방식으로 금속의 용융 등의 내부가열과 금속의 표면 열처리(담금질) 등의 표면가열 방식이 있다.
② 간접식 : 절연성인 피열물을 도전성 용기에 넣고, 이 용기를 유도 가열하여 그 열의 복사(방사)에 의해 피열물을 가열하는 방식

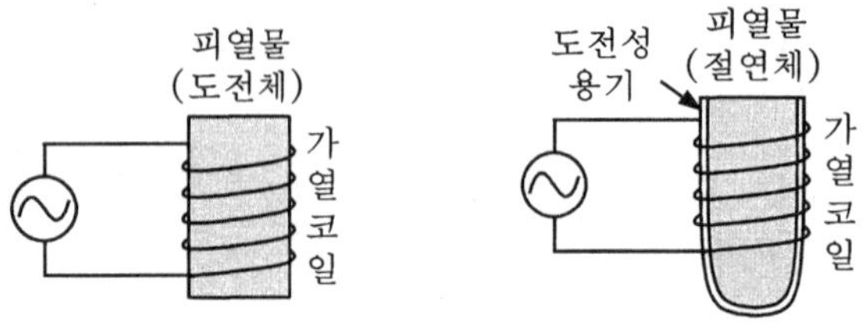

(a) 직접식 (b) 간접식

그림 2.4 유도 가열

고주파에 의한 유도 가열은 주로 와전류에 의한 자기발열에 기인하는 것이고, 이 와전류는 도전성 피열물의 내부로 들어감에 따라 감소하여 도체 표면에 집중하여 흐르게 된다. 이 현상을 **표피효과**(skin effect)라 하고, 이 때 **침투깊이** δ는 주파수 f[Hz], 투자율 μ[H/m], 도전율 σ[S/m]라 하면

$$\delta = \sqrt{\frac{1}{\pi f \sigma \mu}} \text{ [m]} \tag{2.1}$$

가 된다. 즉, 주파수가 높을수록 침투깊이는 작고 표면에만 전류가 흐르게 된다. 따라서 적당한 주파수를 선정하여 균일 가열과 표면 가열을 결정하게 된다.

유도 가열의 특징은 다음과 같다.

① 주파수를 적당히 선정, 피열물 전체의 균일 가열이나 표면만을 가열할 수 있다.
② 직접가열 방식은 급속 가열이 가능하므로 연속처리를 할 수 있기 때문에 대량 생산 방식에 적합하다.
③ 가열코일을 적당히 설계하여 피열물에 국부가열을 할 수 있다.
④ 반도체의 정련, 단결정의 제조 등 특수 열처리가 가능하다.

유도 가열은 전원 주파수에 따라 저주파와 고주파 유도 가열로 구분하고, 저주파 유도 가열은 상용 주파수 정도를 사용하고, 그 이상의 주파수를 사용하는 것을 고주파 유도 가열이라 한다.

유도 가열은 일반적으로 고주파 유도 가열을 의미하고, 고주파의 표준 사용 주파수는 1~20[kHz]이지만, 소형의 노에서는 400[kHz]까지도 사용한다.

1 고주파 유도 가열용 전원

고주파 유도 가열용 전원장치는 고주파 전동 발전기, 불꽃 간극식 고주파 발진기, 진공관 발진기 등이 이용되고 있다.

고주파 전동 발전기는 주파수가 0.5~10 [kHz] 범위에서 이용되고, 상용 주파 발전기보다 극수와 회전수를 많게 해야 한다.

불꽃 간극식 고주파 발진기는 주파수가 10~100 [kHz] 범위에서 이용되고, 구조가 간단하지만 유도장해 등으로 점차 사용하지 않는 경향이 있다.

진공관 발진기는 주파수가 100 [kHz] 이상에서 일반적으로 이용된다.

2 유도 가열용 코일

가열용 코일은 코일에 흐르는 고주파 전류에 의하여 시간적으로 변화하는 자계를 만들어 내는 것을 목적으로 한다. 따라서 원리적으로 원주상 도체의 단층 솔레노이드를 사용해도 되지만, 피열물의 형상에 맞추어 코일을 변형하여 사용한다.

유도 가열용 코일은 원통형의 표면 가열용, 평면용의 평판 가열용, 실린더나 구멍 등의 가열에 이용하는 내면 가열용이 있다.

3 고주파 유도 가열의 응용

① 금속의 표면 담금질

유도 가열의 표피효과를 이용하여 금속 내부의 전성과 연성이 바뀌지 않고 금속 표면만 고온에서 급냉시켜 내마모성을 갖도록 하는 표면 열처리 방법이다.

② 고주파 납땜(brazing)

국부가열과 급속가열을 이용하여 기계 부품을 금속적으로 접합하는 경우에 응용된다.

③ 기어의 열간전조

기어의 제작은 절삭공구의 가공에 의존하였지만, 최근에는 방전가공 또는 열간전조에 의해 제작하고 있다.

기어의 열간전조는 재료를 적당한 온도로 가열하여 가소성을 갖게 한 후 모형의 기어로 눌러가면서 회전시켜서 재료에 소성 변형을 일으켜 기어를 제작하는 방법이다.

④ 실리콘, 게르마늄 등 **반도체의 정련**, **단결정의 제조** 등 특수 열처리에 응용된다.

4 저주파 유도 가열의 응용

저주파 유도 가열은 비교적 낮은 온도에서 부피가 큰 피열물의 가열에 사용한다. 따라서 케이블에 납을 씌울 경우, 케이블을 용융 납이 들어있는 박스를 통과시켜 제작하는데 용융 납은 약 200 [℃]로 유지해야 하므로 용융 납의 박스를 가열할 때 응용된다.

(2) 유전 가열

유전 가열(dielectric heating)은 절연성 피열물에 고주파 전계를 인가하여 발생하는 유전체손에 의한 내부발열로 가열되는 방식이다.

절연성 피열물은 목재, 고무, 면 등의 유전체가 사용되고, 이것을 전극 사이에 놓고 1~100 [MHz]의 고주파 전계를 인가하면 내부로부터 균일하게 가열된다.

평행평판 전극 사이에 유전체인 피열물을 삽입하고 고주파 전압을 인가하면 **그림 2.5**와 같이 등가회로와 전류의 벡터도를 나타낼 수 있다.

유전체 손실각 δ라 하면 유전체 손실, 즉 유전체의 소비전력 P는 다음과 같다.

$$P = VI_R = VI_C \tan\delta = \omega CV^2 \tan\delta = 2\pi fCV^2 \tan\delta \text{ [W]} \tag{2.2}$$

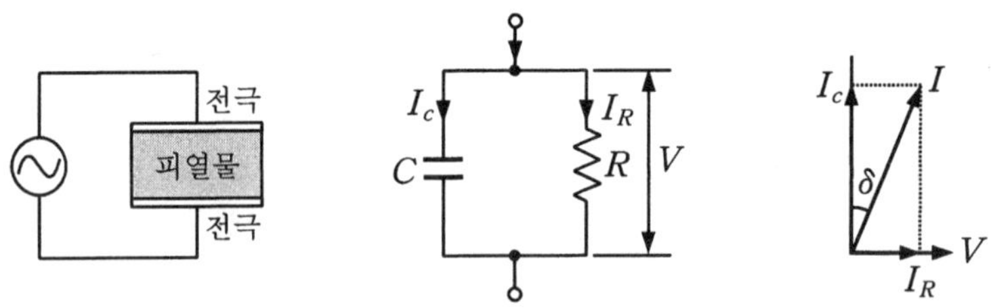

그림 2.5 유전 가열의 등가회로와 벡터도

유전체에서 정전용량 C, 전계의 세기 E 및 체적 $V_{체적}$은 각각

$$C = \frac{\varepsilon S}{d} = \frac{\varepsilon_0 \varepsilon_s S}{d}, \quad E = \frac{V}{d}, \quad V_{체적} = d \cdot S \tag{2.3}$$

이다. 이 세 가지 관계식 (2.3)을 식 (2.2)에 대입하여 변형하면, **피열물의 단위 체적당 소비전력** P가 다음과 같이 구해진다.

$$\begin{aligned} P &= 2\pi f \cdot \left(\frac{\varepsilon_0 \varepsilon_s S}{d}\right) \cdot V^2 \tan\delta \cdot \left(\frac{1}{dS}\right) \\ &= 2\pi f \varepsilon_0 \varepsilon_s \left(\frac{V}{d}\right)^2 \tan\delta \end{aligned}$$

$$\begin{aligned} \therefore \quad P &= 2\pi f \varepsilon_0 \varepsilon_s E^2 \tan\delta \text{ [W/m}^3\text{]} \\ &= \frac{5}{9} f \varepsilon_s E^2 \tan\delta \times 10^{-12} \text{ [W/cm}^3\text{]} \end{aligned} \tag{2.4}$$

표 2.1은 유전 가열의 특징을 장점과 단점으로 구분하여 설명한 것이다.

표 2.1 유전 가열의 특징

장 점	단 점
① 유전체손에 의해 피열물의 자기발열로 균일 가열을 할 수 있다. ② 온도상승 속도가 빠르고 온도제어가 쉬우며 선택가열도 가능하다. ③ 전원 차단과 동시에 가열은 멈추고, 주위 물체의 축적된 열에 의한 과열이 없다. ④ 표면의 소손과 균열이 없다.	① 전 효율이 고주파 발진기의 효율(50~60 [%])에 의하여 제한되고, 회로손실도 가해지므로 효율이 나쁘다. ② 피열물이 기하학적 형상이면 내부 전계가 일정하지 않으므로 균일가열을 할 수 없다. ③ 전파의 누설에 의해 통신 장애를 일으키므로 장치의 차폐가 필요하다. ④ 설비비가 고가이다.

1 고주파 유전 가열용 전원

유전 가열은 주파수가 수 [MHz]이므로 진공관 발진기를 사용한다. 진공관 발진기는 양극전압을 연속적으로 변화시켜 발진기 출력을 제어할 목적으로 사이러트론(thyratr-on) 또는 사이리스터(thyristor) 등을 사용하고 있다.

유전 가열에서 사용되는 전극은 피열물의 형상, 재질 및 가열 목적에 따라 결정된다. 판상에서는 평행평판 전극, 구부러진 경우에는 U자형 및 L자형 전극, 수증기나 가스가 나오는 피열물은 그리드형 전극, 이동하는 피열물에서는 롤러형 전극이 사용되고 있다.

2 선택 가열

고주파 유전 가열에서 일반적으로 피열물은 단일 유전체보다 여러 층으로 구성된 복합 유전체로 되어 있다. 전극 사이의 복합 유전체에 고주파를 인가하면 임의의 주파수에서 특정의 유전체가 다른 것보다 더욱 발열시킬 수 있다.

이와 같이 특정의 유전체를 다른 유전체보다 특히 많이 발열할 수 있도록 주파수 조작에 의하여 고주파 유전 가열하는 것을 **선택 가열**이라 한다.

3 유전 가열의 응용

① 목재의 건조와 접착

유전 가열의 내부가열과 선택가열을 이용하여 목재의 건조, 접착 등에 응용한다. 즉, 목재 내부의 온도를 상승시키는 내부가열을 이용하여 중심부는 고온, 표면은 저온의 분포가 되도록 하여 수분을 제거하여 건조시킨다. 목재 사이의 접착제는 외부가열이 불가능하므로 선택가열을 이용하여 접착제를 접착시킨다.

② **플라스틱의 성형과 비닐막 접착**

열경화성 수지의 성형 가공은 유전 가열을 이용하여 성형 시간의 단축, 성형 압력의 감소 및 제품 품질의 향상을 도모할 수 있다. 또 열가소성 수지의 염화비닐 등 플라스틱 박막을 접합하는 경우에도 이용한다.

③ **고무의 가황**

생고무는 매우 연하고 온도 변화에 민감하기 때문에 유황, 가황 촉진제, 충진제 등을 적당히 배합하고 110~160[℃] 정도로 가열하여 실용적인 고무를 만든다. 이와 같이 생고무에 유황을 가하는 조작을 고무의 가황이라 하며, 가황 작업에 유전 가열을 이용하면 균일하게 가열시킬 수 있다.

2.1.4 적외선 가열

적외선 가열(infrared ray heating)은 적외선 전구 또는 비금속 발열체 등에서 복사되는 적외선을 피열물의 표면에 조사하여 가열하는 방식으로 **복사 가열**이라고도 한다.

이 방식은 **그림 2.6**과 같이 주로 건조에 이용되기 때문에 **적외선 건조**라고도 한다.

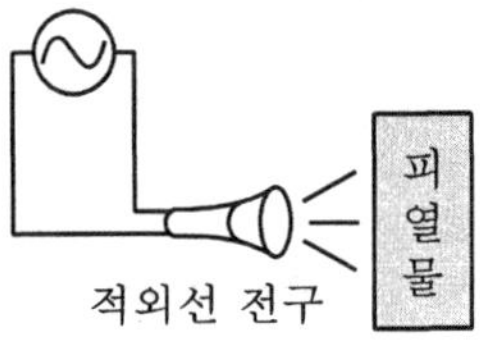

그림 2.6 적외선 가열

적외선 건조의 발열체는 적외선 전구와 비금속 발열체가 있지만, 일반적으로 적외선 전구를 사용한다. 적외선 건조의 특징은 다음과 같다.

① 적외선 전구에 의한 복사열(방사열)을 이용한다.
② 신속하고 효율이 좋으며 표면가열이 가능하다.
③ 조작이 간단하고 온도조절도 쉬우며, 시간 지연이 매우 적다.
④ 설비비가 적고, 소요 면적이 적어도 가능하다.
⑤ 구조는 적외선 전구를 배열하는 것으로써 매우 간단하다.
⑥ 두께가 얇은 재료의 건조에 적합하다.

(1) 적외선 전구

적외선 전구는 R형과 관형이 있으며, R형은 복사에너지를 피열물에 집중시키기 위하여 유리구 정면을 제외한 내측면을 반사경면으로 사용한 특수형 전구이다. 반사경면은 일반적으로 알루미늄을 진공 증착한 것이 사용된다.

전구의 재질은 경질의 내열유리 또는 석영을 사용하고, 이들은 파장 1,000~4,000 [nm]를 가장 잘 투과하기 때문에 근·원적외선의 방사원이 된다.

복사에너지는 스테판-볼츠만의 법칙에 의해 방사원의 온도가 높을수록 증가하지만, 빈의 법칙에 의해 최대에너지를 가진 파장은 짧아지게 된다. 그러나 파장이 길수록 열효과는 커지고 복사에 의한 건조에도 좋기 때문에 방사원의 온도는 적당하게 선정해야 한다.

적외선 전구의 복사에너지는 80 [%]가 적외선이고, 필라멘트 온도는 약 2,200~2,500 [K], 수명은 약 5,000시간이다.

(2) 적외선 건조의 응용

적외선 건조는 두께가 얇은 재료에 적합하고, 도장 및 섬유 분야의 건조에 약 75 [%] 정도가 이용된다.

① **도장의 건조** ② **섬유의 건조**
③ **도자기의 건조** ④ **인쇄 잉크의 건조**

2.1.5 전자빔 가열

전자빔 가열(electron beam heating)은 진공 중에서 직류 고전압에 의해 고속으로 가속된 전자가 피열물에 충돌하여 발생하는 에너지로 가열시키는 방식이다.

전자빔 가열의 특징은 다음과 같다.

① 전자빔을 국소로 집중시키면 에너지밀도가 대단히 높아서 용접, 용해 및 천공 작업에 응용된다.
② 가열 범위를 좁게 할 수 있기 때문에 열에 의한 변질을 최소화할 수 있다.
③ 에너지밀도나 분포를 자유로이 할 수 있고, 급속 가열을 할 수 있다.
④ 고융점 재료 및 금속박 재료의 용접이 쉽다.
⑤ 진공 중에서 가열하기 때문에 산화 등의 영향이 적다.

전자빔 가열은 고전계에 의해 고속으로 가속된 전자빔을 피열물에 충돌시켜 그 운동에너지를 피열물에 전달하여 강력하게 가열할 수 있다. 따라서 이를 이용하여 금속이나 세라믹의 천공 및 절삭 가공, 융해, 증착 및 용접 등에 응용된다.

2.1.6 초음파 가열

가청음파에서의 반사, 굴절, 투과 및 흡수 등 여러 법칙은 초음파에서도 그대로 적용되며 본질적으로 변화가 없다. 그러나 매질, 주파수 및 세기는 현저히 큰 차이를 보이고 있으며 음파에서는 상상할 수 없는 현상이 나타난다.

(1) 초음파의 성질

① **매질은 공기 중에서만이 아니다.**

가청음파의 대부분은 공기 중의 파인데 대하여 초음파는 기체, 액체, 고체 등의 매질 중에서도 사용되며 특히 액체, 고체에 이용되는 경우가 많다. 따라서 응용 범위도 대단히 넓다.

② **주파수가 높다. 즉 파장이 짧다.**

가청주파수는 16~20,000 [Hz]이고, 그 이상의 어떤 주파수도 사용할 수 있지만, 공업 분야는 1 [kHz]~200 [MHz] 정도가 일반적으로 사용되고 있고, 동력적 응용 분야에서는 수 [MHz] 정도까지 사용되고 있다.

주파수(f)와 파장(λ)은 $v = f\lambda$에 의해 반비례 관계가 있으므로 초음파에서는 파장이 짧다. 따라서 방향성이 있는 음속이 얻어진다.

③ **강도가 세다.**

공기 중의 음파는 0 [dB](=10^{-16} [W/cm^2])에서 120 [dB](=10^{-4} [W/cm^2]) 정도까지의 소리를 들을 수 있으며, 그 이상이 되면 귀에 장애를 줄 수 있다. 그러나 초음파의 응용에서는 1 [W/cm^2] 이상의 것이 사용되기 때문에 여러 가지 특이한 현상이 발생한다.

(2) 초음파의 작용 및 응용

초음파는 종파인 소밀파이기 때문에 매질에서 압력의 변동이 전달되어 진행한다. 따라서 초음파의 파동에너지가 액체에 작용하면 유동이 일어나고, 베르누이 정리에 의해 유속이 빠른 부분은 압력이 저하되는 현상이 나타난다.

유체 속에서 압력이 낮은 부분이 생기면 유체 중에서 증기가 발생하거나, 유체 중에 포함되어 있는 기체가 분리되어 기포를 발생시킨다. 이와 같이 유체의 압력이 포화 증기압보다 낮아져 증기 또는 기포가 발생되는 현상을 **공동현상**(**캐비테이션**, cavitation)이라 한다.

공동현상에 의해 발생한 기포는 압력이 높은 부분에 오면 급격히 부서져 소음과 진동의 원인이 되고, 또 기포가 사라져 없어질 때 기포의 부피가 급격히 축소되면서 그 부분의 압력이 매우 커지며, 이것이 물체를 침식시키는 원인이 된다.

이와 같은 공동현상의 원인을 응용한 강력한 초음파는 유화분산작용, 탈기작용, 산화작용, 화학반응 촉진작용, 세정작용 및 금속과 플라스틱의 접합과 가공 등에 사용하고 있다.

초음파의 공동현상은 물리적, 화학적, 생물학적, 야금적 작용으로 구분할 수 있다.

① 물리적 작용

초음파는 캐비테이션(cavitation) 현상에 의하여 액체 내에 녹아있는 기체를 거품으로 만들어 제거한다. 또 충격파에 의해 액체 내에 놓인 고체를 침식하거나 고체 표면의 더러움을 제거하고, 서로 혼합되지 않는 액체를 유화 분산시키는 작용을 한다.

② 화학적 작용

초음파는 충격파의 발생, 온도상승, 이온화 등의 결과, 반응속도를 빨리 하거나 산화나 분해를 촉진하여 고분자를 파괴한다. 또 전기분해나 전기도금의 경우, 전극에 초음파를 가하면 분극전위를 변화시키거나 도금의 효율 및 품질을 향상시키는 작용을 한다.

③ 생물학적 작용

캐비테이션에 의한 충격파나 물의 이온화 등의 화학작용은 세균이나 생물의 세포를 파괴하거나 미세한 생물을 죽이는 살균 작용을 한다.

④ 야금적 작용

초음파를 용융된 금속에 가하면 응고가 빨라지고 결정이 미세화 되어 혼합이 어려운 금속을 합금할 수 있고, 용융된 금속에서 내부에 녹아 있는 기체를 제거하는 작용을 한다.

2.2 전기로

전력을 공급하여 피열물을 가열하는 노를 총칭하여 **전기로**(electric furnace)라 한다. 전기로는 화학공업, 기계공업, 금속공업 등 거의 모든 공업 분야에 널리 이용되고 있으며, 실험실에서도 갖추어야 할 장치이다.

전기로의 분류는 가열 방식, 전원, 구조, 가열 온도 및 용도 등에 따라 다르지만, 일반적으로 가열 방식에 의해 구분하고 있다. **전기로의 가열 방식**은 **저항 가열, 아크 가열, 유도 가열**의 세 종류가 있고, 이들은 각각 직접식과 간접식으로 분류된다.

열효율은 저항로, 아크로, 유도로 중에서 **저항로**가, 간접식보다는 **직접식**이 높다.

표 2.2는 전기로의 가열 방식에 따라 분류하고, 특성을 나타낸 것이다.

표 2.2 전기로의 가열 방식과 특성

분류	전 기 로	온 도[℃]	특 성		
			상별, 전압[V]	용량[kVA]	역률[%]
직접 저항 가열	흑 연 화 로	2,500	단상, 100~120	2,000~4,000	65~85
	카 보 런 덤 로	2,000	단상, 130~290	1,500~2,000	90~95
	카 바 이 드 로	2,200	3상, 100~200	3,000~20,000	75~90
	합 금 철 로	1,500~2,000	3상, 80~90	1,000~7,000	80~90
	제 선 로	1,600	3상, 40~90	1,000~5,000	80~90
	알루미늄 전해로	1,000	직류 전기분해 병용		
간접 저항 가열	니크롬선 발열체로	1,100 이하			
	철크롬선 발열체로	1,100 이하			
	탄화규소 발열체로	1,400 이하			
	흑연저항로(탐만로)	2,500 이하	잘 녹지 않는 금속의 용해용		
	크 립 톨 로	2,000 이하	고온의 실험실용		
	진 공 전 기 로	3,000 이하	실험실 특별 고온용(산화방지)		
	염 욕 로	1,400 이하	균열, 급열, 급냉의 특징, 금속의 열처리용		
아크 가열	제강로(직접식)	1,600 이상	3상, 80~250	600~15,000	85~95
	요 동 식 아크로(간접식)	3,000 이상	단상, 80~140	100~460	
			동-알루미늄 합금의 용해용(용해로)		
	고압아크로(간접식)	3,000 이상	4,000~5,000[V], 공중질소 고정용		
유도 가열	저주파 유도로	1,600 이하	동합금, 아연, 경합금, 주철의 용해용		
	고주파 유도로	1,800 이하	특수강 합금의 제조 및 용해, 귀금속 용해, 진공 용해		

2.2.1 저항로

저항로(resistance furnace)는 전류가 흐를 때 발생하는 저항손에 의한 줄열을 이용한 가열 방식으로 **직접식 저항로**와 **간접식 저항로**로 구분하며, 다음과 같이 분류된다.

- 저항로
  - 직접식 :
    - 단상 : 흑연화로, 카보런덤로, 지로식 전기로
    - 3상 : 카바이드로, 페로알로이로(합금철로), 제선로
  - 간접식 : 발열체로, 크립톨로, 염욕로

(1) 직접식 저항로

단상교류를 사용하는 가로형의 흑연화로, 카보런덤로와 세로형의 지로식 전기로가 있고, 3상 교류를 사용하는 카바이드로, 페로알로이로, 제선로가 있다.

1 흑연화로

흑연화로(graphitizing furnace)는 **그림** 2.7과 같이 전기로 내에 비결정성(무정형) 탄소의 소성전극을 쌓고 약 2,500[℃] 정도의 고온으로 가열, 무정형 탄소전극을 흑연화하여 결정성의 흑연전극을 만들기 위해 사용하는 전기로이다.

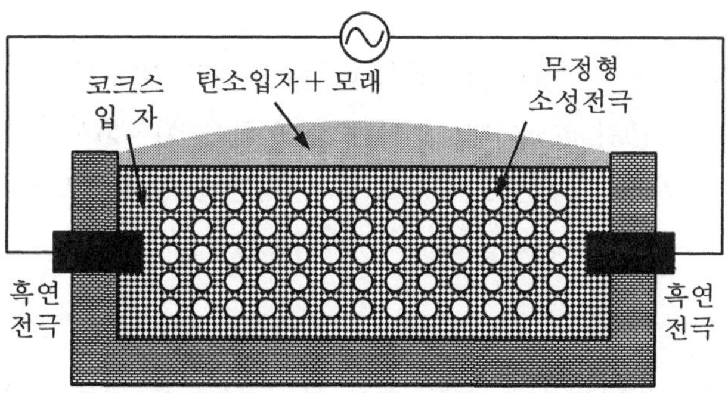

그림 2.7 흑연화로

양단의 전극에 단상교류를 인가하면 전류는 노 내의 흑연전극과 코크스 입자를 통하여 접촉저항에 의한 발열을 이용하므로, 단상 직접식 저항 가열로이다.

일반적으로 노의 용량은 1,000~6,000[kVA], 전압은 100[V]이므로 저전압 대전류이고, 역률은 보통 70[%] 정도이다. 1회의 조업시간은 60~70시간 정도가 소요된다.

흑연화로에서 제조된 결정성 흑연전극은 제선, 제강용의 전기로 전극에 사용된다.

[2] 카보런덤로

탄화규소(SiC)를 카보런덤(carborundum)이라 하며, 이것은 모래(SiO_2)와 코크스(3C)를 혼합하여 단상교류에 의해 전류를 흘려 약 2,000[℃]로 가열하면 다음과 같은 반응으로 제조된다.

$$SiO_2 + 3C \rightarrow SiC + 2CO \qquad (2.5)$$

카보런덤로(carborundum furnace)는 **그림** 2.8과 같이 중앙에 탄소입자의 축심을 넣어서 이것을 주 발열체로 하고 전류의 일부는 주위의 원료층에 흐르게 하여 가열을 이용한 전기로이다.

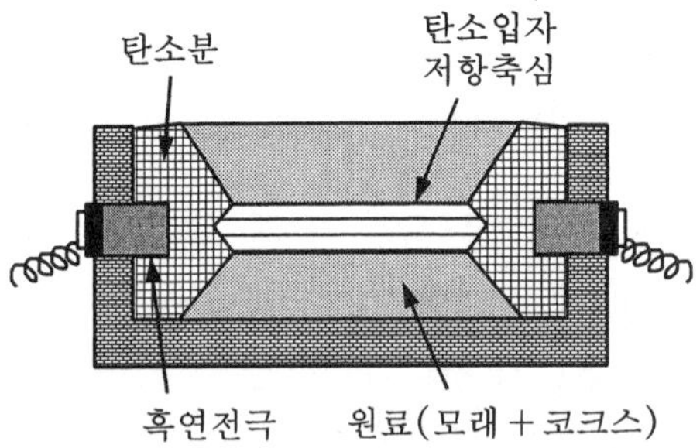

그림 2.8 카보런덤로

일반적으로 노의 용량은 1,500~4,000[kVA], 전압은 100[V] 정도이므로 저전압 대전류이고, 역률은 90[%] 정도이다. 1회의 조업시간은 30~40시간 정도가 소요된다.

카보런덤로에서 제작된 카보런덤은 주로 매우 단단한 연마제로 사용되며, 발열체, 내화재, 피뢰기의 특성요소 및 배리스터 등에 이용된다.

[3] 지로식 전기로

지로식 전기로(girod furnace)는 **그림** 2.9와 같이 노 바닥의 하부전극을 가진 세로형이고, 단상 직접식 저항 가열로이다.

노바닥의 하부전극은 탄소 덩어리로 되어 있으며, 장입물을 차차 용해 정련하여 적당한 시간에 출구로 배출하는 구조이다.

소용량에 많이 채택하고, 선철, 페로알로이, 카바이드 등의 제조에 사용된다.

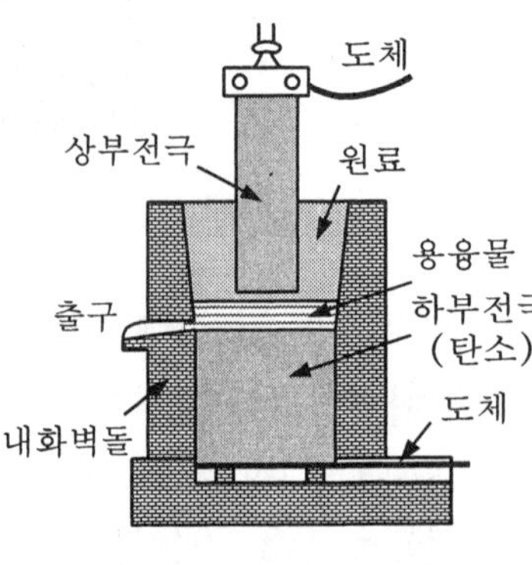

그림 2.9 지로식 전기로

4 카바이드로

카바이드(CaC_2, carbide)는 생석회(CaO)와 코크스(3C)를 혼합하여 상용주파수의 3상 교류에 의해 약 2,000 [℃]로 가열하면 다음과 같은 반응으로 제조된다.

$$CaO + 3C \rightarrow CaC_2 + CO \quad (2.6)$$

이 반응은 고온 흡열반응이다. **그림** 2.10과 같이 세 개의 전극을 원료층에 삽입하여 직접 저항식으로 가열하고, 생성된 카바이드는 노 바닥에 고이게 하여 일정한 시간마다 출구를 통하여 배출한다. 발생된 CO 가스는 공기 중의 산소와 화합하여 연소되어 CO_2 가스로 되며, 그 때의 발생 열량을 다시 원료의 가열에 재사용하기도 한다.

카바이드로는 페로알로이로와 마찬가지로 아크 가열에 의해 제조하였지만 과열로 인한 원료의 증발과 열손실이 크기 때문에 직접식 저항 가열로 바뀌게 되었다.

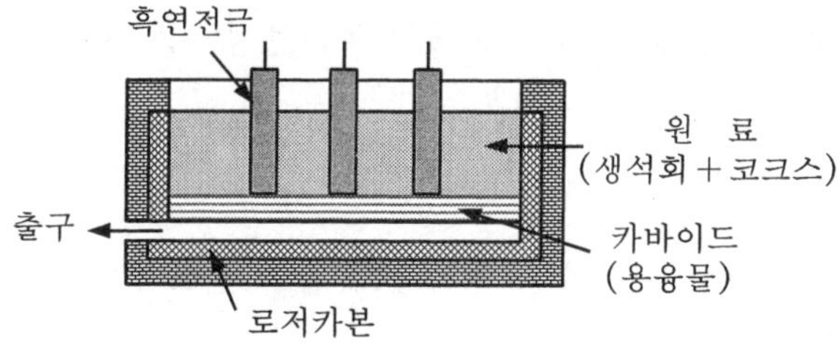

그림 2.10 카바이드로

5 페로알로이로

페로알로이(ferroalloy, 합금철)는 페로망간, 페로크롬 등의 철의 합금이고, 제강용 원료로 사용된다.

페로알로이의 제조는 카바이드와 같이 노에 의해서 제조되며, 환원제는 코크스, 목탄을 사용한다.

6 제선로

선철의 제조는 고로형와 저로형이 있고, 철광석과 코크스를 원료로 한다.

고로형은 고온의 배출가스를 순환케 하여 광석의 예열과 환원에 이용하지만, 저로형은 배출가스를 다른 열원으로 활용한다. 용광로라고 불리우는 고로는 대규모의 제조에 사용되고, 저로형은 전기선로(electrometal furnace)가 적합하며, 소규모의 제조에 사용된다. 전원은 3상 교류이고, 전극은 여러 개가 노의 덮개로부터 삽입되어 있으며, 저항가열이기 때문에 전류가 비교적 안정하다.

(2) 간접식 저항로

① 발열체로 : 노 벽에 저항 발열체를 설치하고 주로 열의 복사에 의하여 피열물을 가열하는 전기로

② 크립톨로 : 탄소입자의 접촉저항으로 발생된 열의 전도, 복사를 이용한 전기로

③ 염욕로 : 용융염을 저항 발열체로 사용하는 전기로

1 발열체로

공업용 가열로로 가장 많이 실용화되고 있으며, 금속의 열처리, 용해 및 건조 등에 사용된다. 전원은 단상교류가 기본이지만, 대용량에서는 3상교류를 사용하기도 한다.

발열체로는 금속, 합금, 비금속 발열체 등을 사용하고 있으며, 노의 목적과 용도에 따라 적절히 선정해야 한다. 가열온도가 1,000[℃] 정도는 니크롬선이나 철크롬선의 저항로를, 1,000~1,500[℃] 범위는 백금이나 탄화규소 발열체의 저항로를 사용한다. 또 그 이상의 온도에서는 불활성 가스 중에서 몰리브덴, 텅스텐 발열체나 규화 몰리브덴 발열체를 채택한 저항로를 사용한다.

2 크립톨로

크립톨로(cryptole furnace)는 탄소와 점토를 혼합한 탄소입자, 즉 크립톨의 접촉저항을 이용하여 고온을 얻는 전기로이다.

그림 2.11과 같이 크립톨에 묻혀있는 전극으로부터 전류를 흘리면 크립톨에서 접촉저항에 의해 열이 발생하고 전도, 복사에 의하여 도가니 속의 시료를 2,000[℃]까지 가열하여 용융물을 쉽게 얻을 수 있으며, 주로 실험실이나 연구실에서 많이 사용한다.

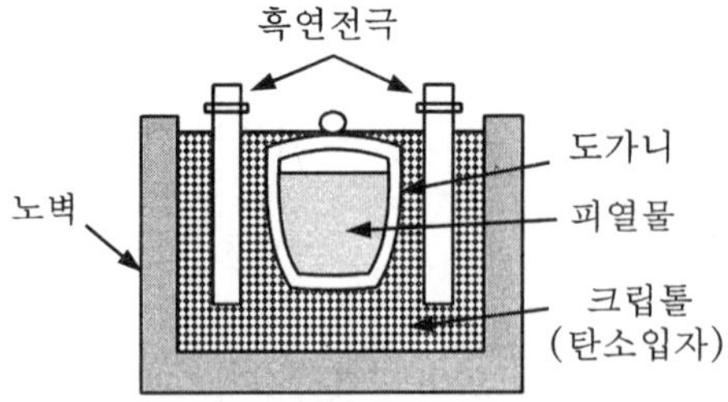

그림 2.11 크립톨로

3 염욕로

염욕로(salt bath furnace)는 용융염에 피열물을 넣고 통전하여 염류를 저항 발열체로 이용하여 가열하는 방식의 간접식 저항로이다.

이 노의 특징은 용융염 중의 가열이므로 온도가 균일하고, 급속 가열을 할 수 있으며, 열효율이 높고, 공기와 접촉하지 않으므로 산화되지 않는 무산 열처리를 할 수 있는 점이다.

그림 2.12는 염욕로의 구조를 나타낸 것이며, 조정 핸들은 피열물을 노 내에 넣을 수 있도록 크기에 맞추어 조절할 수 있도록 한 것이다.

따라서 복잡한 형태를 가진 금속의 열처리(담금질, 뜨임) 등 균열, 항온, 급열, 급냉 등이 요구되는 경우에 사용한다.

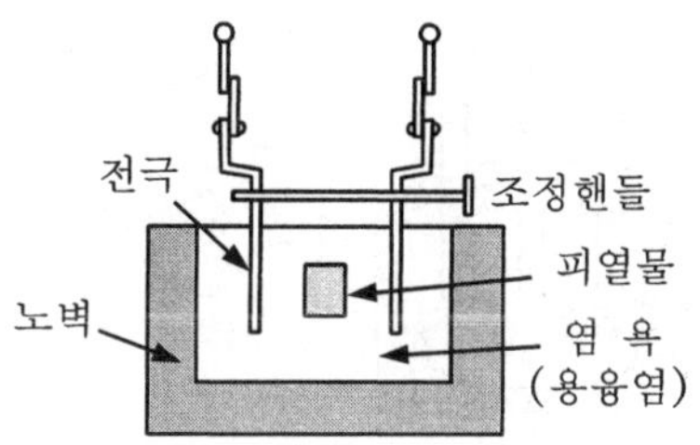

그림 2.12 염욕로

2.2.2 아크로

아크로(arc furnace)는 전극 사이에서 발생하는 강력한 아크열을 이용하여 가열하는 전기로이다. 아크로는 저압 아크와 고압 아크를 사용하는 것이 있고, 가열방식에 따라 **직접식 아크로**와 **간접식 아크로**로 분류된다. 저압 아크를 사용하는 것은 직접식, 간접식 또는 단상식, 3상식 등의 구별이 있다.

아크로의 용도는 제철, 제강, 공중질소 고정에 의한 질산제조, 합금의 용해 등에 사용된다.

아크로
- 직접식 : 제강용 아크로(저압, 에르식 제강로)
- 간접식 :
  - 저압 : 요동식 아크로(금속의 용해, 합금의 제조)
  - 고압 : 고압 아크로(센헬로, 포오링로 : 공중질소 고정 → 질산제조)

(1) 제강용 아크로

제강용 아크로는 프랑스의 Poal Hĕroult가 발명한 것이기 때문에 **에르식 제강로**라고도 하며, 대표적인 저압 아크로이다.

그림 2.13과 같이 3상 변압기의 2차측을 노 내에 장입된 세 개의 흑연전극과 노 뚜껑을 관통하여 접속하고, 상용주파 3상 교류를 공급해서 피열물을 향하여 아크를 발생시

켜 가열하는 방식이다. 이 노에서는 용강의 표면에서 아크가 발생하므로 표면에만 가열이 되기 쉽기 때문에 균일한 가열이 되도록 용강을 교반할 수 있는 장치가 필요하다.

탄소 4 [%] 정도를 함유한 선철에 고철을 섞고 녹여서 공기와 산소를 불어넣어 탄소 함유율 0.04~1.7 [%] 정도까지 낮추는 탈탄과 탈황 작업의 제강공정을 거쳐 품질이 좋은 특수강의 제조에 사용된다.

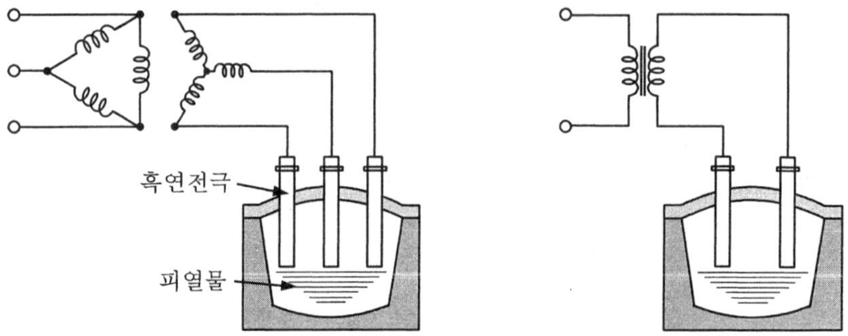

(a) 3상식 (b) 단상식

그림 2.13 제강용 아크로(에르식 제강로)

(2) 요동식 아크로

요동식 아크로(rocking arc furnace)는 **고압 아크로**와 마찬가지로 **간접식 아크로**의 대표적인 노이다.

그림 2.14와 같이 노실이 거의 수평 원통 모양으로 되어 있고, 그 중심에 전극을 서로 마주보게 한다. 단상 교류전원을 가하여 전극간에 발생하는 아크열에 의하여 간접적으로 피열물을 가열 용해한다.

전극을 중심으로 하여 노체를 좌우 약 45°로 왕복 회전시켜 용융물의 성분을 균일하게 할 수 있다.

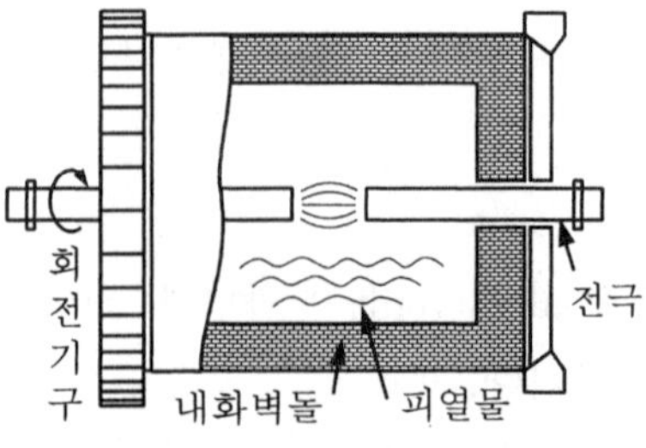

그림 2.14 요동식 아크로

(3) 진공 아크로

진공 아크로(vacuum arc furnace)는 감압된 용기 중에서 금속을 아크에 의하여 용해시키는 것이며, 비소모 전극식과 소모 전극식의 두 종류가 있다.

비소모 전극은 텅스텐 등을 사용하여 도가니 속의 금속을 용해하는 방식이고 연구실용 소형로로 사용된다. 소모 전극은 여러 종류의 용융 금속을 화학성분 조성과 불순물을 제거하는 정련 과정을 거쳐 만든 강괴, 즉 인고트(ingot)와 동일 성분으로 제조하여 재용해하는 방식이며 주로 공업용으로 사용한다.

진공 아크로는 Ti, Zr, Mo 등의 활성금속 혹은 내열금속의 용해법으로 개발되었지만, 설비비가 높고 재용해 작업의 불리성, 생산성이 낮은 단점이 있기 때문에 품질이 높은 제트, 로켓, 터빈 및 항공기와 같은 고도의 기계공업 분야에서의 재료 제조에 적합한 전기로이다.

진공 아크로와 요동식 아크로는 금속의 용해에 사용하는 일종의 용해로이다.

(4) 고압 아크로

고압 아크로는 **공중질소를 고정하여 질산을 제조**하기 위한 간접식 아크로이다.

노의 종류는 **센헬로**(Schönherr furnace), **포오링로**(Pauling furnace), **비라케란드 아이데로**(Birkeland−Eyde furnace)가 있다.

산소와 질소의 혼합기체를 아크 방전에 의하여 매우 고온으로 가열하면 다음과 같은 반응으로 NO가 생성된다.

$$N_2 + O_2 \rightarrow 2NO - 43\,[\text{kcal}] \tag{2.7}$$

이 NO는 산화하여 NO_2가 되므로 물을 흡수시키면 질산(HNO_3)이 얻어진다. 즉, 비료의 일종인 질산칼슘 $Ca(NO_3)_2$의 원료를 제조하게 된다.

공업현장에서는 질산과 질산칼슘을 각각 초산과 초산석회로 외래어가 더 많이 불리어지고 있는 실정이며, 일반적으로 식초를 의미하는 아세트산, 즉 초산(CH_3COOH)과는 다른 것이다.

고압 아크로는 공기와 접촉면적을 크게 하기 위하여 아크 전압을 고전압으로 하여 아크를 신장시킬 수 있는 구조로 되어 있다.

제강용 아크로의 전원은 80~250 [V]의 저전압을 사용하는 저압 아크로인데 비하여, 고압 아크로는 4,000~5,000 [V]의 고전압을 사용하며 역률은 70~80 [%] 정도이다.

이 방법에 의한 질산 제조는 고온을 얻기 위하여 고전압의 아크 방전을 이용하기 때문에 전력비가 높은 것이 단점이다.

2.2.3 유도로

유도로는 교번 자계에 의해 도전성의 피열물에 전류를 유기시켜 발생하는 자신의 저항발열로 가열하는 전기로이다. 즉, 변압기의 원리에 의하여 피열물 자체를 2차 권선 대신으로 하여 직접 유도전류를 흘려 줄열을 발생시켜 가열하는 방식이다.

유도로는 50~60 [Hz]인 상용주파수 전원의 저주파 유도로와 1~20 [kHz] 정도의 주파수 전원을 사용하는 고주파 유도로로 분류된다.

- 유도로
  - 저주파 유도로 :
    - 철심형
    - 무철심형
  - 고주파 유도로 : 무철심형

(1) 저주파 유도로

저주파 유도로는 상용주파수의 전원을 사용하고, 철심형과 무철심형(도가니형) 유도로로 구분한다. **그림** 2.15는 저주파 유도로의 원리를 나타낸 것이다.

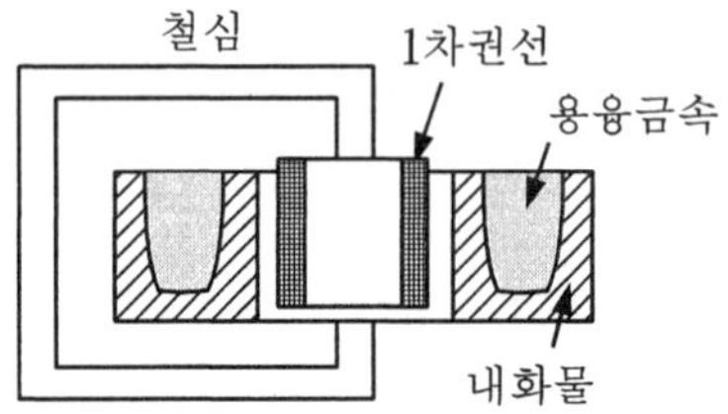

그림 2.15 저주파 유도로의 원리

폐자로를 형성한 철심에 1차 권선을 감고, 2차측은 철심을 통하여 금속 피열물로 회로를 구성하도록 한번 감아 피열물 자체로 전기회로의 단락과 같은 상태로 하여 대전류를 흐르게 하여 피열물을 용융시킨다.

또 2차 회로의 용융금속은 전류 상호의 전자력 때문에 수축되어 회로가 자주 차단되는 현상이 반복되어 불안정한 상태가 된다. 이 현상을 **핀치효과**(pinch effect)라 한다. 일반적인 노에서 핀치효과를 억제하기 위하여 용융금속 위에 열전도로 가열 용해된 두꺼운 용융층이 있어 2차 회로를 구성하는 용융금속을 누르는 장치로 되어 있다.

저주파 유도로는 융점이 낮은 아연, 알루미늄 및 황동 등 비철금속의 용해에 주로 사용된다.

(2) 고주파 유도로

도가니 속에 피열물을 넣고, 도가니의 외벽에 원통상으로 감아 올린 1차 코일에 의하여 교번자계를 작용시켜 가열 용해시키는 전기로이다. 1차 코일은 냉동 수관으로 겸용하고, 전원은 전동발전기를 사용한 방식이 가장 많다.

비철금속의 용해는 흑연 도가니를 사용해서 유도가열하고 그 내부에 피열물을 넣어 간접적으로 용해하는 방식을 채택하고 있다.

고주파 유도로는 피열물의 가열이 신속하고 내부가열을 할 수 있으며, 전자력에 의하여 용융물을 부풀어오르게 하는 교반작용도 있다.

고주파 유도로는 전원 설비비가 높기 때문에 고품질의 용해에 사용되고, 진공 용해 등에 이용할 수 있으므로 고품질의 특수강, 비철금속의 용해에 사용된다. 또 정밀 제어가 가능하므로 최근에는 반도체(Si, Ge)의 정련, 단결정의 제조 등에 이용한다.

2.3 전기 용접

2.3.1 용접의 종류

용접은 금속의 접합부를 가열하거나 가압하여 접합하는 것을 의미하고, 다음의 종류로 분류할 수 있다.

① **단접**(forge welding) : 가열한 금속을 두드리거나 압력을 가하여 용접하는 방법
② **테르밋 용접**(thermit welding) : 테르밋은 알루미늄과 산화철의 혼합 분말을 의미하며, 이 테르밋에 점화하여 화학반응에 의한 반응열로 용융 금속을 접합부에 주입시켜 용접하는 방법이고, 레일이나 철골 등 철제품의 야외용접에 이용한다.
③ **가스용접**(gas welding) : 가스의 불꽃 또는 산소·아세틸렌의 불꽃을 접합부에 대고 가열 용접하는 방법으로 가장 일반적인 용접법
④ **전기용접**(electric welding) : 전기적으로 접합부를 가열하여 용접하는 방법이고, 저항용접과 아크용접으로 분류한다.

전기용접은 가스용접과 비교하면 다음의 장점이 있다.

① 두꺼운 판이나 강관에 유리하다.
② 용접 변형은 가스용접에 비해 적다.
③ 용접속도가 가스용접에 비해 빠르고, 국부적으로 집중 가열이 가능하다.

2.3.2 저항 용접

저항 용접은 용접부에 전류를 흘려 접촉저항에 의한 줄열을 이용한 것으로 전기저항에 의해 가열하고 가압하여 용접하는 방식이다. 저항 용접은 아크 용접에 비해 온도가 낮고, 국부적으로 열을 가할 수 있으므로 변형이 적고, 정밀 용접이 가능하며 용접 시간도 극히 짧다. 그러나 대전류가 필요하기 때문에 설비비가 높다.

전원은 상용주파수를 사용하며, 모재를 겹쳐서 용접하는 **겹치기 용접**과 모재를 마주보게 하여 용접하는 **맞대기 용접**으로 분류한다.

(1) 겹치기 용접

1 점 용접

점 용접(spot welding)은 **그림** 2.16과 같이 두 용접 전극 사이에 금속의 용접부를 겹쳐놓고 전류를 통전시키면서 압력을 가하여 용접하는 방법이다. 일반적으로 전구의 필라멘트, 열전대 접점의 용접 등 선이나 가는 봉형의 용접에 사용한다.

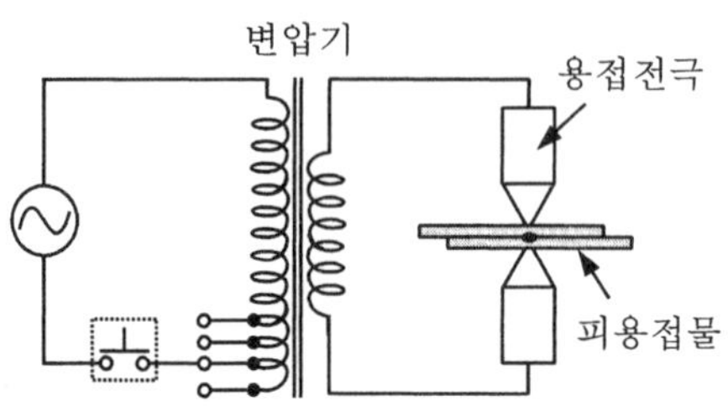

그림 2.16 점 용접

2 프로젝션 용접

프로젝션 용접(projection welding)은 용접하려는 금속판에 미리 점 또는 선 모양의 돌기를 만들어 놓고, 여기에 전류를 집중시켜 돌기 부분을 동시에 용접하는 방식이다.

점 용접의 전극은 뾰족하지만 프로젝션 용접의 전극은 평평한 것을 사용한다.

그림 2.17에 프로젝션 용접을 나타낸다.

3 심 용접(봉합 용접)

심 용접(seam welding)은 롤러(roller) 전극으로 용접부를 사이에 두고 전극을 회전하면서 연속적으로 용접하는 방법이다. 내밀성이 요구되는 부분의 용접에 많이 사용되고, **그림** 2.18에 심 용접을 나타낸다.

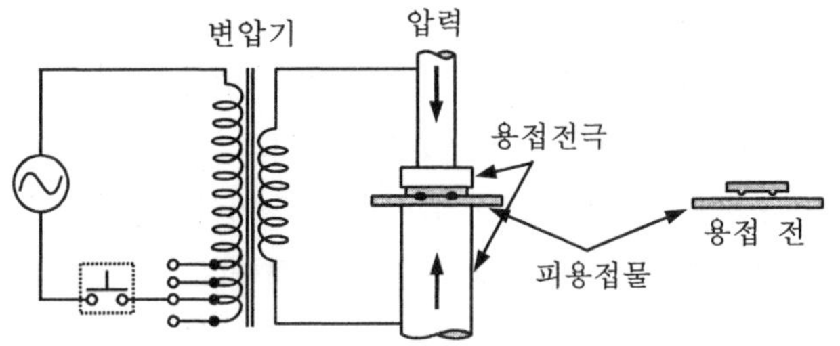

그림 2.17 프로젝션 용접

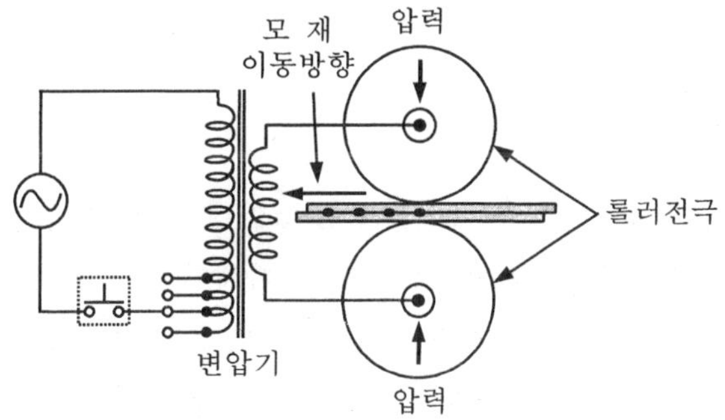

그림 2.18 심 용접

(2) 맞대기 용접

그림 2.19와 같이 피용접물을 맞대어 접촉시켜 놓고 각각 집게 전극으로 연결한 다음 통전시키면서 동시에 축방향으로 압력을 가한다. 이 때 접촉면에서의 접촉저항에 의해 줄열이 발생하고 가열되면서 용접되는 방식이다.

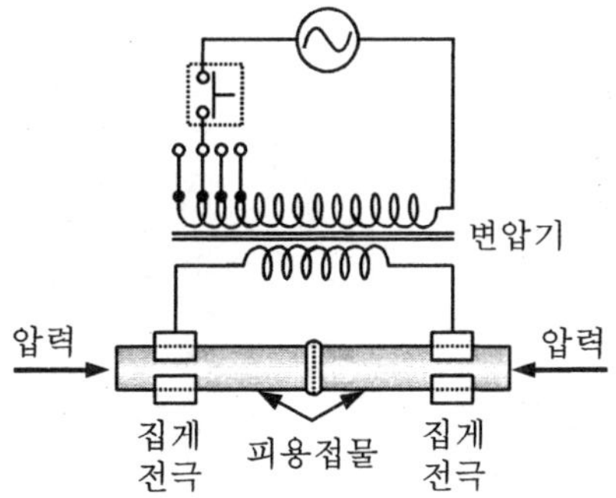

그림 2.19 맞대기 용접

(3) 저항 용접기

용접기는 보통 단상교류식으로 2차 회로가 저전압 대전류의 강압 변압기인 **용접 변압기**를 사용하고 있다. 용량은 1~1,000[kVA] 정도이고, 2차측의 권선수는 용량이 적은 것은 수 회이고, 용량이 큰 것은 모두 1회 감은 것이다. 전류는 1차 코일의 탭이나 1차측에 접속된 단권변압기의 탭 변환에 의하여 조정하고, 전류의 개폐도 용접기의 1차측에서 이루어진다.

용접용 전극은 전기 양도체이면서 자신의 과열을 방지하기 위하여 열의 양도체인 경우가 좋다. 선단은 고온에서 경도가 높고, 용접에 의하여 변형이 적어야 한다. 일반적으로 전극은 순동, 크롬동, 카드뮴동, 콘스탄탄동 등 동의 합금을 많이 사용한다.

2.3.3 아크 용접

아크 용접(arc welding)은 용접하려는 금속 모재와 용접용 전극(용접봉)의 사이에서 발생하는 아크열에 의해 금속을 가열하여 용융 접합시키는 방법이다.

이 때 용접용 전극도 녹아 모재로 이동하여 용융 모재와 함께 융착부를 형성하는 것을 **용접식 아크 용접법**, 용접용 전극이 탄소, 텅스텐과 같이 대부분 녹지 않고 모재만이 녹는 것을 **비용접식 아크 용접법**이라 한다.

(1) 탄소 아크용접

최초로 발명된 탄소 아크용접은 **그림** 2.20과 같이 탄소를 전극으로 사용하며, 요즈음 가장 널리 사용되고 있는 용접법이다. 이 용접의 특징은 다음과 같다.

① 교류는 아크가 불안정하기 때문에 반드시 직류를 사용한다.

② 탄소봉은 음극(−)으로 하고, 모재는 양극(+)으로 한다.

③ 가스용접에 비하여 용접속도가 빠르고, 강한 열을 국부적으로 집중시킬 수 있다.

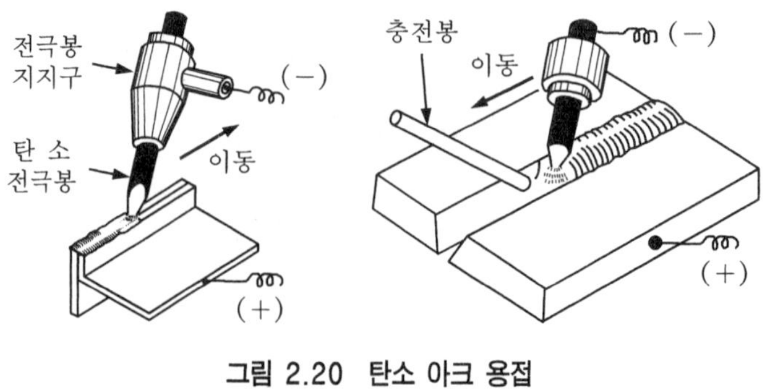

그림 2.20 탄소 아크 용접

(2) 불활성가스 아크용접

텅스텐 전극과 모재의 사이에 아크를 발생시켜 용접 토치를 통하여 아크의 주위에 아르곤, 헬륨 등의 불활성가스를 분출하여 공기를 차단하고 용접부의 산화나 질화를 방지하도록 한 용접법이며, 용제(flux)를 사용하지 않는다.

알루미늄, 마그네슘의 용접에 가장 적합하며, 스테인레스, 특수강, 이종금속의 용접에도 적당하다.

텅스텐을 전극으로 사용하는 불활성가스 아크 용접을 **TIG**(tungsten inert gas) **용접**, 모재 금속과 유사한 재질의 금속을 전극으로 하여 행하는 불활성가스 아크 용접을 **MIG** (metallic inert gas) **용접**이라 한다.

(3) 유니온 멜트 용접

유니온 멜트 용접(union melt welding)은 유니온 카바이드사가 개발한 것으로, 전극의 산화를 방지하기 위하여 미리 용제의 분말을 뿌려놓고 그 속에서 전극과 모재 사이에 아크를 발생시켜 용접하는 방식이다. 발생한 아크는 분말 용제로 보이지 않는다.

이 용접법의 특징은 용접속도가 빠르고, 분말 용제로 아크가 둘러싸여 용접부의 성질 및 외관이 양호하지만, 비철금속의 용접에는 적당하지 않다.

(4) 원자수소 용접

교류 전원에 의해 두 개의 텅스텐 전극 사이에서 아크를 발생시키고, 이곳에 수소가스를 불어넣으면 6,000 [℃] 정도의 고온 때문에 수소분자(H_2)는 해리되어 수소원자(H)가 된다. 해리된 수소원자가 모재 표면에 닿으면 다시 냉각되고 재결합하여 수소분자로 복귀하면서 큰 에너지를 방출한다. 이 열에 의하여 용접이 이루어지고, 수소기류는 전극과 용접부를 공기와 차단하는 역할도 하게 되어 산화 방지 효과도 있다.

이 용접법은 경금속, 동, 동합금 및 스테인레스강 등의 용접에 이용된다.

(5) 아크 용접기

아크 용접에 사용되는 전원 전압은 반드시 수하특성을 가지고 있어야 아크를 안정하게 지속시킬 수 있다. 일반적인 아크 용접의 작업 전원은 20~35 [V]이지만, 수하특성을 갖도록 용접용 전원의 무부하 최고 전압은 직류에서 50~70 [V], 교류에서는 70~80 [V] 정도로 되어 있다.

직류 용접기는 교류 용접기에 비해 아크가 안정적이지만 고가이기 때문에 교류 용접기가 널리 사용되고 있다. 교류 용접기는 누설 리액턴스에 의하여 수하특성을 갖도록 할 수 있으므로 용접용 변압기에 직렬로 리액터를 접속하여 사용한다.

2.3.4 용접부의 검사

용접부의 검사는 기계적, 물리적, 화학적 검사 등이 있으며, 이것은 용접부를 파괴하여 시행하는 파괴시험과 제품의 검사를 목적으로 하는 비파괴시험이 있다.

파괴시험은 ① 시험편에 의한 파괴시험 ② 제품을 직접 낙하, 압력 및 시험기구에 의한 기계적인 파괴 시험인 제품 파괴시험이 있다.

비파괴시험은 ① 용접부 외관검사 ② 자기검사 ③ X선 또는 γ선 검사 ④ 초음파 검사 등이 있다.

연 습 문 제

객관식

2-1 저항체(발열체)로부터의 열의 방사, 전도, 대류에 의하여 가열물에 전달하여 가열하는 방식은 무엇인가?

㉮ 간접 저항가열 ㉯ 직접 저항가열 ㉰ 아크가열 ㉱ 직접 아크가열

2-2 전류에 의한 옴손을 이용하여 가열하는 것은?

㉮ 복사 가열 ㉯ 유전 가열 ㉰ 유도 가열 ㉱ 저항 가열

2-3 피열물에 직접 통전하여 발열시키는 직접식 저항로가 아닌 것은?

㉮ 카바이드로 ㉯ 염욕로 ㉰ 흑연화로 ㉱ 알루미늄로

2-4 제품 제조과정에서의 화학 반응식이 다음과 같은 전기로는 어떤 가열 방식인가?

$$CaO + 3C \rightarrow CaC_2[\text{제품}] + CO$$

㉮ 유전 가열 ㉯ 유도 가열 ㉰ 간접 저항가열 ㉱ 직접 저항가열

2-5 직접 가열식 저항로에 사용되는 전극은 무엇인가?

㉮ 텅스텐 전극 ㉯ 니켈 전극 ㉰ 탄소 전극 ㉱ 철 전극

2-6 다음 전기로 중 열효율이 가장 좋은 것은?

㉮ 요동식 아크로 ㉯ 카보런덤로 ㉰ 크립톨로 ㉱ 저주파 유도로

2-7 전기로에서 얻어지지 않는 것은?

㉮ 초산 ㉯ 카보런덤 ㉰ 카바이드 ㉱ 동

2-8 형태가 복잡하게 생긴 금속제품을 균일하게 가열하는데 가장 적합한 가열방식은?

㉮ 적외선 가열 ㉯ 염욕로 ㉰ 직접 저항가열 ㉱ 유도 가열

2-9 흑연화로, 카보런덤로, 카바이드로의 가열방식은 무엇인가?

㉮ 아크로 ㉯ 유전 가열 ㉰ 간접가열 저항로 ㉱ 직접가열 저항로

2-10 흑연전극을 사용한 전기로의 가열방식은 무엇인가?

㉮ 아크 가열 ㉯ 저주파 유도가열 ㉰ 유전 가열 ㉱ 저주파 유도가열

2-11 전기로에 사용하는 전극 중 주로 제강, 제선용 전기로에 사용되며 고유저항이 가장 작은 것은?

㉮ 인조흑연전극 ㉯ 고급천연흑연전극 ㉰ 천연흑연전극 ㉱ 무정형 탄소전극

2-12 저압 아크로로 이루어지지 않는 것은?

㉮ 제철 ㉯ 제강 ㉰ 합금의 제조 ㉱ 공중질소 고정

2-13 아크로와 관계없는 것은?

㉮ 센헬로 ㉯ 포오링로 ㉰ 페로알로이로 ㉱ 비란게란드 아이데로

2-14 고온 발생에 적당하며 효율, 역률 등이 저항로, 유도로의 중간 정도로서 전극 성분이 제품에 혼입되기 쉽고, 제철, 제강, 공중질소 고정, 합금의 용해에 사용되는 노는 무엇인가?

㉮ 저항로 ㉯ 아크로 ㉰ 유도로 ㉱ 고주파 유도로

2-15 유도 가열은 다음 중 어떤 원리를 이용한 것인가?

㉮ 줄열 ㉯ 히스테리시스손 ㉰ 유전체손 ㉱ 아크손

2-16 고주파 유도가열에서 사용되는 전원이 아닌 것은?

㉮ 불꽃갭식 발진기 ㉯ 진공관 발진기
㉰ 동기 발전기 ㉱ 전동 발전기

2-17 강철의 표면 열처리에 가장 적합한 가열방법은?

㉮ 간접 저항가열 ㉯ 직접 아크가열 ㉰ 고주파 유도가열 ㉱ 유전가열

2-18 도체에 고주파 전류를 통하면 전류가 표면에 집중하는 현상이고, 금속의 표면 열처리에 이용하는 효과는 무엇인가?

㉮ 표피 효과 ㉯ 톰슨 효과 ㉰ 핀치 효과 ㉱ 제백 효과

2-19 가열방식에서 핀치 효과는 다음 중 어느 것과 관계가 있는가?

㉮ 반도체와 전압 ㉯ 압전기와 전압
㉰ 용융체와 강전류 ㉱ 열전대와 기전력

2-20 유도 가열과 유전 가열의 성질이 같은 것은 무엇인가?

㉮ 도체만을 가열한다. ㉯ 선택가열이 가능하다.
㉰ 직류를 사용할 수 없다. ㉱ 절연체만을 가열한다.

2-21 고주파 유전가열에 사용되는 주파수가 가장 적당한 것은 무엇인가?

㉮ 0.5 [kHz]~1.0 [MHz] ㉯ 1 [kHz]~1.5 [MHz]
㉰ 1 [MHz]~200 [MHz] ㉱ 200 [MHz]~1000 [MHz]

2-22 내부가열에 적당한 전기건조 방식은?

㉮ 전열 건조 ㉯ 고주파 건조 ㉰ 적외선 건조 ㉱ 자외선 건조

2-23 다음 사항 중 적외선 건조와 관계없는 것은 어느 것인가?

㉮ 공산품의 표면건조에 적당하다. ㉯ 두꺼운 목재의 건조에 적당하다.
㉰ 건조기의 유지비가 적게 든다. ㉱ 구조가 간단하다.

2-24 적외선 가열의 특징이 아닌 것은 어느 것인가?

㉮ 신속하고 효율이 좋다.
㉯ 표면 가열이 가능하다.
㉰ 구조는 적외선 전구를 배열하는 것으로 매우 간단하다.
㉱ 조작이 복잡하여 온도 조절이 어렵다.

2-25 방직, 염색의 건조에 적합한 가열 방식은 어느 것인가?

㉮ 적외선 가열 ㉯ 전열 가열 ㉰ 고주파 유전가열 ㉱ 고주파 유도가열

2-26 초음파의 응용에 적합하지 않은 것은 어느 것인가?

㉮ 접합 ㉯ 용접 ㉰ 건조 ㉱ 가공

2-27 4500 [kcal/kg]의 석탄 5 [kg]에서 발생하는 열량은 용량 10 [kW]의 전열기를 몇 시간 사용한 것과 같은가? 단, 전열기의 효율은 100 [%]로 한다.

㉮ 약 2.6 ㉯ 약 3.3 ㉰ 약 4.5 ㉱ 약 5.7

2-28 강관의 용접작업에 있어서 전기용접과 가스용접의 장단점을 비교한 것이다. 틀린 설명은 어느 것인가?

㉮ 가스용접은 용접변형이 크다.
㉯ 용접속도는 전기용접이 더 빠르다.
㉰ 양쪽 모두 안전사고의 위험이 수반된다.
㉱ 관의 두께가 얇은 때에는 전기용접을 하는 것이 좋다.

2-29 다음 용접 방식 중 저항 용접에 속하는 것은 무엇인가?

㉮ 프로젝션 용접 ㉯ 금속 아크용접 ㉰ 가스용접 ㉱ 단접

2-30 전구의 필라멘트 용접, 열전대 접점의 용접에 적합한 용접 방법은 무엇인가?

㉮ 아크 용접 ㉯ 점 용접 ㉰ 심(seam) 용접 ㉱ 산소 용접

2-31 아크 용접에 쓰이는 가스는 다음 중 어느 것인가?

㉮ 산소 ㉯ 질소 ㉰ 수소 ㉱ 아르곤

2-32 알루미늄, 마그네슘의 용접에 가장 적당한 용접 방법은 어느 것인가?

㉮ 저항 용접 ㉯ 유니온 멜트 용접
㉰ 원자수소 용접 ㉱ 불활성가스 용접

2-33 다음은 유니온 멜트 용접의 장점이다. 적당하지 않은 것은 무엇인가?

㉮ 용접부의 성질이 좋다. ㉯ 용접속도가 빠르다.

㉰ 비철금속의 용접에 적당하다. ㉱ 용접부 외관이 깨끗하다.

2-34 보통 아크 길이로 용접 작업을 할 때의 아크 전압은 얼마인가?

㉮ 20~35 [V] ㉯ 50~70 [V] ㉰ 70~100 [V] ㉱ 100~140 [V]

2-35 용접 변압기의 무부하 2차 전압 [V]이 가장 적당한 범위는 어느 것인가?

㉮ 50 [V] 이하 ㉯ 50~100 [V] ㉰ 100~150 [V] ㉱ 150~200 [V]

2-36 용접 변압기의 특성은 부하가 급히 증가하였을 때 전압은 어떻게 조절해야 하는가?

㉮ 전압을 불변하게 한다. ㉯ 급히 전압을 상승한다.

㉰ 급히 전압을 강하한다. ㉱ 서서히 전압을 강하한다.

2-37 용접부의 비파괴 검사에 필요 없는 것은 무엇인가?

㉮ 고주파 검사 ㉯ X선 검사 ㉰ 자기 검사 ㉱ 초음파 검사

주관식

2-1 발열량 5,700 [kcal/kg]의 석탄을 150 [t] 소비하여 200,000 [kWh]를 발전하였을 때의 발전소의 효율은 약 몇 [%]인가?

2-2 아크 용접에서 전극간 전압 30 [V], 전류 200 [A]라고 할 때, 매초 발생하는 열량 [kcal/s]을 구하라.

2-3 유도로에서 주강 500 [kg]을 통전 30분만에 158,700 [kcal]의 열량을 가하여 용해시켰다. 이 때 소요 전력은 몇 [kW]인가? 단, 유도로의 효율은 75 [%]이다.

2-4 5 [kg]의 강재를 20 [℃]에서 85 [℃]까지 35초 사이에 가열하면 몇 [kW]의 전력이 필요한가? 단, 강재의 평균 비열은 0.15 [kcal/℃ · kg]이고, 강재에서 온도의 방사는 고려하지 않는다.

제 3 편 정전기 응용

chapter 1

정전기 응용

1.1 전기 집진장치

대기 중에 부유하는 분진 입자를 포집하는 정화장치는 필터를 이용하는 **여과식**과 직류 고전압에 의한 코로나 방전을 이용하는 **전기식**이 있다.

여과식 집진장치는 초미립자의 포집이 어렵고, 수시로 교체해야 하며, 고밀도의 필터는 고가이기 때문에 유지비에 대한 경제적 부담이 크다.

전기식 집진장치는 대기 중에 부유하는 고체나 액체의 중성입자(더스트, 미스트, 흄)를 코로나 방전에 의하여 대전시키고 정전력에 의해 포집하는 장치이다. 따라서 여과식 집진장치에 비하여 압력손실이 적고, 보수도 용이하며, 고체 및 액체 입자 등의 초미립자까지도 매우 높은 효율로 포집할 수 있다.

일반적으로 전기식은 **전기 집진장치**(electrostatic precipitator, EP)라고 하며, 형식에 따라 **일단식**(one stage type)과 **이단식**(two stage type)이 있다.

일단식은 대형의 공업용 집진장치로써 화력 발전소, 제철소, 시멘트 공장 등에서 주로 사용되고 있고, 이단식은 소형의 공기 청정기로써 실내의 쾌적한 환경을 위하여 병원, 사무실, 백화점, 가정 등에 널리 사용되고 있다.

전기 집진장치는 1907년 영국의 코트렐(Cottrell)에 의하여 일단식의 공업용 집진장치가 최초로 실용화되었다.

1.1.1 전기 집진장치의 종류

전기 집진장치의 구성은 직류 고전압을 발생하는 **전원부**, 분진 입자를 고전계에 의해 대전하는 **하전부**(ionizer), 대전된 분진 입자를 하류 측의 전계 내에서 포집하는 **집진부**(collector) 및 포집된 분진 입자를 제거할 수 있는 타정기구 및 호퍼 등으로 이루어져 있다.

(1) 일단식 전기 집진장치

일단식 집진장치는 하전부와 집진부가 별도로 구분되지 않는 일체형으로 입자의 대전과 집진이 동일한 공간에서 이루어지는 장치이고, 원통형과 평판형이 있다.

그림 1.1은 기본적인 일단식의 원통형 전기 집진장치를 나타낸 것이다. 접지된 원통 전극을 집진전극(collecting electrode)으로 하고 그 중심에 선(wire) 형태의 방전전극(discharge electrode)을 추로 연결하여 늘어뜨리고 부(−)극성의 고전압을 인가한다.

방전전극과 집진전극 사이에는 불평등 전계에 의하여 코로나 방전이 발생하고, 방전 전극에서 발생한 전자가 집진전극으로 향하여 지속적으로 흐르는 상태가 된다. 이 때 분진입자가 유입되면 입자는 전자의 충돌에 의하여 부(−)로 대전되고 방사상의 전계에 의해 정전력을 받아 집진전극 내측면에 부착하고 퇴적된다. 분진이 제거된 청정 공기는 상부의 출구를 통하여 배출된다.

집진전극에 퇴적된 분진은 주기적으로 기계적인 충격을 가하여 박리, 낙하시켜 원통 하부의 호퍼(hopper)에 포집한다.

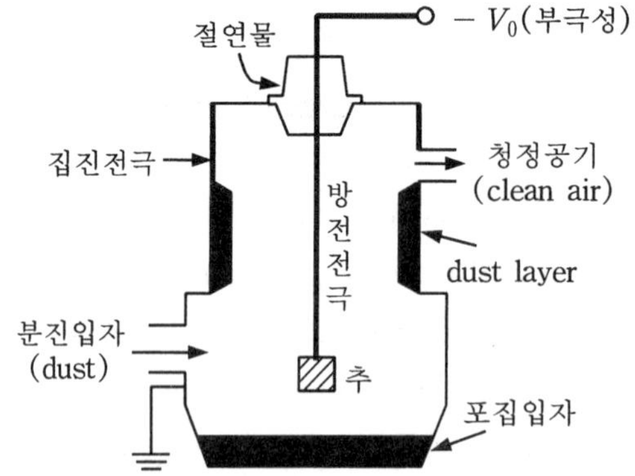

그림 1.1 전기 집진장치(일단식)

평판형 집진장치는 평행 평판 및 철망 등으로 만든 집진전극 사이에 선 모양의 방전전극을 균일한 간격으로 여러 개를 둔 구조로써, 방전전극을 부(−)극성으로 하고 집진전극을 접지한다.

일단식 집진장치는 공업용의 대규모 집진에 적용하므로 방전전극은 강 및 스테인레스 등의 재질로 된 지름 2~6 [mm] 정도의 약간 굵은 선을 사용하며, 부(−)의 직류 고전압 40~100 [kV]를 인가한다.

(2) 이단식 전기 집진장치

이단식 집진장치는 하전부와 집진부가 각각 독립되어 있는 구조를 가지며, **그림** 1.2에 구조와 원리를 나타낸다.

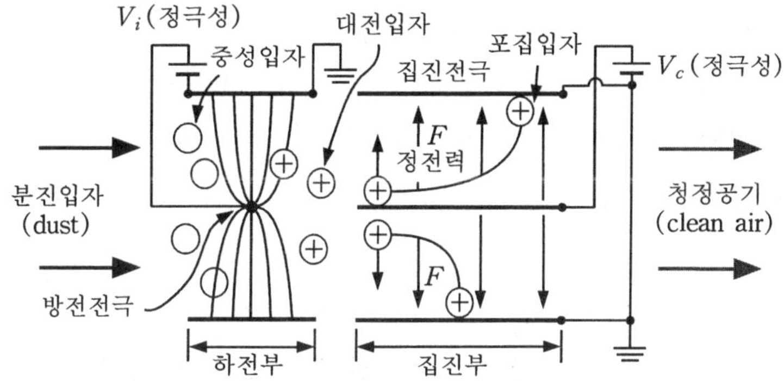

그림 1.2 전기 집진장치의 원리 및 구조(이단식)

하전부는 가는 선의 방전전극과 접지 평판전극으로 되어 있고, 집진부는 평행 평판전극으로 구성되어 있다.

각 부에 정(+)의 고전압이 인가된 상태에서, 하전부는 코로나 방전에 의한 방전전극과 동일한 극성의 이온 샤워 공간을 형성하고 이곳에 분진이 유입하면 이온과 동극성으로 대전되어 양이온이 된다. 대전된 입자는 공기류를 타고 하류 측에 설치된 집진부의 평등전계 내로 들어오면 정전력에 의해 반대극성의 전극으로 편향되어 포집된다.

이단식 집진장치에서 방전전극은 지름 100 [μm]의 가는 선으로 내식성 및 기계적 강도가 높은 텅스텐 재질을 주로 사용한다.

각 부의 인가전압은 하전부가 10~12 [kV], 집진부가 5~6 [kV]로 정(+)의 직류 고전압을 인가한다. 하전부의 인가전압은 집진부의 인가전압보다 2배 정도가 되도록 결정하는 것이 일반적이다.

공업용 전기 집진장치에 이용하는 일단식은 방전전극에 부(−)극성의 고전압을 이용한다. 이것은 부코로나 방전이 정코로나 방전에 비하여 코로나 개시전압이 낮고 불꽃전압이 높아서 안정된 코로나 방전을 하기 때문이다.

그러나 실내공기 청정용에 이용하는 이단식은 일반적으로 방전전극에 정(+)극성의 고전압을 이용한다. 이것은 정코로나 방전이 인체에 유해한 오존 발생 비율이 부코로나 방전에 비해 약 1/10배로 현저히 감소하기 때문이다.

1.2 정전도장

정전도장(electrostatic coating)은 피도장물을 접지시키고 도료용 분무기(spray gun)의 말단에 부(−)의 고전압을 50~90 [kV]로 인가하여 도료를 분무상태의 미립자로 토출시키면 (−)로 대전된다. 이 때 분무기와 피도장물 사이의 공간에는 전계가 형성되고 정전력과 영상력에 의하여 (+)의 피도장물로 이동하여 도장하는 방법이다.

정전도장은 균일한 두께로 도장이 되는 장점이 있기 때문에 자동차, 객차, 전기기기 등에 널리 이용된다.

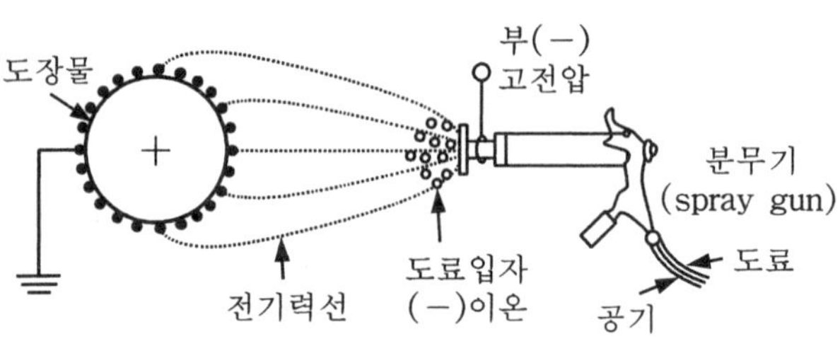

그림 1.3 정전도장

1.3 정전선별

정전선별(electrostatic selection)은 **정전선광** 또는 **정전분리**라고도 부르며, 정전기 현상을 응용하여 물질 입자의 분리, 정제, 분급 등을 행하는 기술이다.

여러 종류의 혼합된 물질을 정전계 중에 투입하면 입자의 유전율, 고유저항(도전율), 비중, 크기 등의 영향에 따라 정전력이 다르게 미치는 것을 이용하여 물질의 선별 등에 이용한다. 최근에는 녹차 및 곡물의 선별에도 이용한다.

1.4 정전식모

섬유상의 유전체는 전계 중에서 분극을 일으켜 전계 방향으로 배향하는 특성이 있다. 이 성질을 이용하여 고전계 내에서 단섬유(flock or pile)를 놓으면 정전력에 의하여 미리 접착제를 도포한 모재의 가공면에 수직으로 빈틈없이 흡착되어 심어지고, 접착제를 건조시켜 고정하는 가공법이 있다. 이 기술을 **정전식모**(electrostatic flocking)라 한다.

단섬유는 무기염류, 계면활성제, 유기 규소 등으로 사전에 처리하여 분극작용에 의한 쌍극자 모멘트를 갖도록 하고 전계 중에서 일정하게 배향하도록 한다.

정전식모의 가공방식은 단섬유를 세팅하는 위치에 따라 up법, down법 및 side법이 있다. **그림** 1.4는 정전식모의 가공방식 중 up 가공법과 down 가공법을 나타낸 것이다.

정전식모 가공의 응용범위는 매우 광범위하며 섬유, 종이, 잡화, 전기기기, 미술 및 공예분야 등에 응용되고 있다.

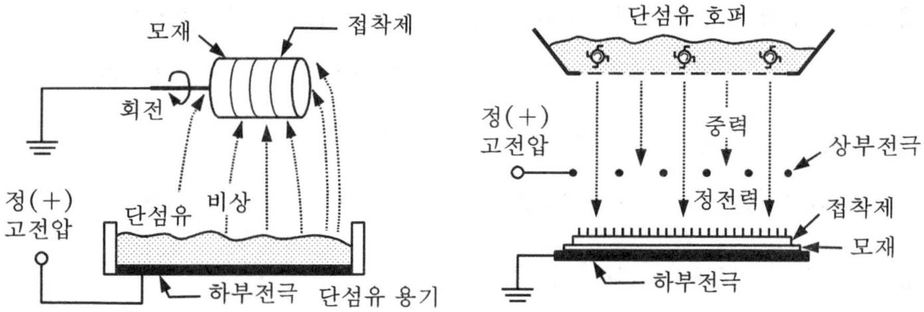

(a) up 가공법 (b) down 가공법

그림 1.4 정전식모

연 습 문 제

객관식

1-1 전기 집진기는 어떠한 것을 이용한 것인가?

㉮ 정전기력 ㉯ 자기력 ㉰ 만유인력 ㉱ 전자기력

1-2 정전현상(electrostatic phenomena)을 응용한 기기는?

㉮ 전자 클러치 ㉯ 전자 진동기 ㉰ 전기 집진기 ㉱ 전자 펌프

1-3 공기 정화용 2단식 집진부의 전압은 대략 몇 [kV] 정도인가?

㉮ 3 ㉯ 5 ㉰ 10 ㉱ 40

1-4 정전기 응용 설비가 아닌 것은?

㉮ 집진기 ㉯ 도장장치 ㉰ 권상기 ㉱ 점멸기

1-5 정전력을 이용하지 않는 장치는?

㉮ 정전 도장 장치 ㉯ 정전 선별기
㉰ 전기 집진 장치 ㉱ X선 장치

주관식

1-1 전기 집진장치의 원리를 설명하라.

1-2 전기 집진장치의 일단식과 이단식의 방전전극에 인가하는 전압의 극성이 다르다. 그 이유를 설명하라.

1-3 정전도장 및 정전선별에 대하여 설명하라.

1-4 정전식모의 종류와 그에 대하여 설명하라.

제 4 편 전동력 응용

chapter 1

전동력 응용의 기초

석유, 석탄, 수력, 원자력 등의 동력원을 직접 이용하여 부하를 운전하는 일은 점차 줄고 있으며, 일단 동력원을 전기에너지로 바꾼 다음, 다시 동력에너지로 변환하여 사용하는 **전동력 응용**, 즉 **전동기 응용**(motor application)의 형태로 바뀌어 왔다.

전동기로 부하를 운전하는 경우에는 정상운전 특성보다 전동기의 기동(가속)과 제동(감속)시의 과도특성을 검토하여 전동기의 동력 계산 및 설계에 반영한다. 즉 기동과 제동시에 부하의 관성력에 따라 축에 걸리는 비틀림 응력이 작용되어 전동기의 수명에 크게 좌우되기 때문이다.

따라서 전동기의 설계와 선정을 합리적으로 하기 위하여 관성 운동체의 운동역학, 전동기의 토크특성 및 부하의 토크특성을 고찰한다.

1.1 관성체의 운동역학

전동기는 대표적인 회전기기이므로 과도특성을 검토하려면 강체의 회전운동에 관한 운동역학을 우선적으로 이해하여야 한다.

1.1.1 회전운동의 기본식

① 각속도 : $\omega = \frac{d\theta}{dt} = \frac{2\pi N}{60}$ [rad/s] (N [rpm] : 1분간 회전수) (1.1)

② 선속도 : $v = \frac{dl}{dt} = r\frac{d\theta}{dt} = r\omega$ [m/s] ($\because$ $l = r\theta$) (1.2)

③ 각가속도 : $\alpha = \frac{d\omega}{dt} = \frac{d^2\theta}{dt^2}$ [rad/s^2] (1.3)

④ 선가속도 : $a = \frac{dv}{dt} = r\frac{d\omega}{dt} = r\frac{d^2\theta}{dt^2} = r\alpha$ [m/s^2] (1.4)

질점의 운동역학에 관한 기본식은 윗 식에 추가로 하여 **표** 1.1과 같이 직선운동과 회전운동을 비교한 대응표로 정리하여 나타내었다.

표 1.1 질점의 운동역학에 관한 기본식

직 선 운 동		회 전 운 동	
변 위	$l = vt$ [m]	각 변 위 선 변 위	$\theta = \omega t$ [rad] $l = r\theta$ [m]
속 도	$v = \frac{dl}{dt}$ [m/s]	각 속 도 선 속 도	$\omega = \frac{d\theta}{dt} = \frac{2\pi N}{60}$ [rad/s] $v = \frac{dl}{dt} = r\frac{d\theta}{dt} = r\omega$ [m/s]
가 속 도	$a = \frac{dv}{dt}$ [m/s^2]	각가속도 선가속도 구심가속도	$\alpha = \frac{d\omega}{dt} = \frac{d^2\theta}{dt^2}$ [rad/s^2] $a = \frac{dv}{dt} = r\frac{d\omega}{dt} = r\alpha$ [m/s^2] $a = \frac{v^2}{r} = r\omega^2$ [m/s^2]
질 량	m [kg]	관성모멘트	J [kg · m^2] $(= mr^2)$
힘	$F = ma$ [N]	구 심 력 토크(회전력)	$F = ma = \frac{mv^2}{r} = mr\omega^2$ [N] $T = Fr = mr^2\omega^2 = J\alpha$ [N · m]
운동에너지	$W = Fl = \frac{1}{2}mv^2$ [J]	회 전 운동에너지	$W = T\theta = \frac{1}{2}J\omega^2$ [J]
일 률	$\begin{cases} P = \frac{dW}{dt} = F\frac{dl}{dt} \\ \therefore\ P = Fv \text{ [W]} \end{cases}$	일 률 (동 력)	$\begin{cases} P = \frac{dW}{dt} = T\frac{d\theta}{dt} \\ \therefore\ P = T\omega \text{ [W]} \end{cases}$

1.1.2 관성 모멘트

정지 또는 등각속도로 회전하는 강체에 각변위 또는 각속도를 바꾸어 회전운동을 변화시키려면 처음의 운동상태를 지속하려는 관성에 대항하는 회전력이 필요하다. 즉 회전력에 저항하는 성질을 **관성 모멘트**(inertia moment, J) 또는 **회전관성**이라 한다. 관성 모멘트가 작용하지 않으면 강체는 정지 또는 등각속도 운동을 계속한다.

그림 1.1의 강체를 각 질점의 집합으로 보고, 각 질점의 질량을 m_1, m_2, ……, m_n, 각각의 회전 반지름을 r_1, r_2, ……, r_n이라 할 때, 회전체의 총 운동에너지는 각 질점에 대한 운동에너지의 합으로 구할 수 있으므로 다음과 같다.

$$\begin{aligned} W &= \frac{1}{2} m_1 v_1^2 + \frac{1}{2} m_2 v_2^2 + \cdots\cdots + \frac{1}{2} m_n {v_n}^2 \\ &= \frac{1}{2} \sum m_i {v_i}^2 \end{aligned} \tag{1.5}$$

그러나 이 식에서 질점의 속력 v_i는 서로 다르므로 합의 기호 밖으로 빼낼 수 없다. 따라서 식 (1.2)의 $v = r\omega$를 대입하여 정리하면 다음과 같이 변형할 수 있다.

$$W = \frac{1}{2} \left(\sum m_i {r_i}^2 \right) \omega^2 \tag{1.6}$$

여기서 강체의 각속도 ω는 모든 질점에 대하여 일정하다. 식 (1.6)의 괄호 속은 회전체 질량이 회전축에 대하여 어떤 분포를 하고 있는지 알려준다. 이 크기를 **관성 모멘트**, J라 하며, 특정한 강체와 회전축에 대하여 일정한 값을 갖는다.

관성 모멘트 J와 회전 운동에너지 W는 다음과 같이 나타낸다.

$$\begin{cases} J = \sum m_i {r_i}^2 \ [\mathrm{kg \cdot m^2}] \\ W = \dfrac{1}{2} J \omega^2 \ [\mathrm{J}] \end{cases} \tag{1.7}$$

관성 모멘트는 회전체의 질량뿐만 아니라 질량의 분포에도 의존한다. 즉 **그림** 1.2와 같이 긴 봉형의 막대를 회전시킬 때, 회전축을 막대의 축 방향과 수직축 방향으로 하는 두 가지 경우를 생각할 수 있다. 두 가지 경우 모두 회전하는 봉형의 막대의 질량은 같지만 축 방향으로 하는 **그림** 1.2(a)의 경우가 회전시키기 쉽다. 이것은 질량분포가 회전축에 가까이 분포되어 있기 때문이다. 즉 관성 모멘트가 작으면 회전시키기 쉽다.

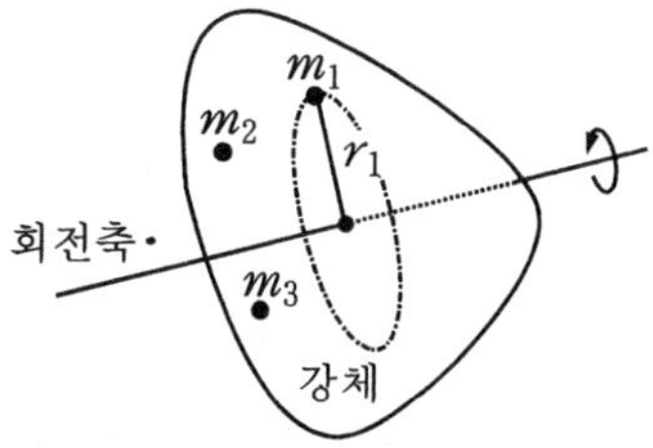

그림 1.1 강체의 회전

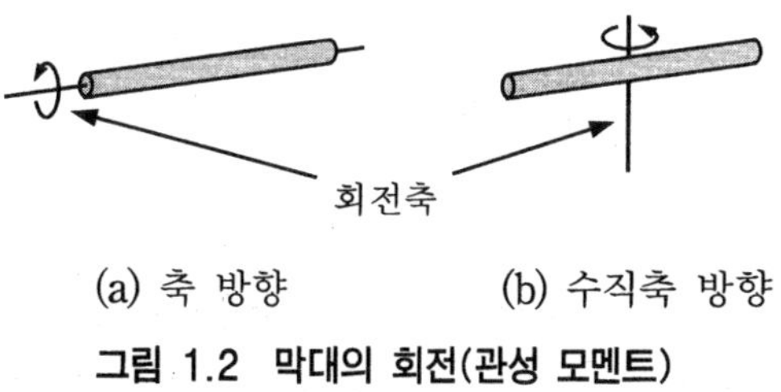

그림 1.2 막대의 회전(관성 모멘트)

1.1.3 플라이휠 효과와 기계적 동력

전동기와 같은 회전기기의 제반 검토는 일반적으로 각속도 ω 대신에 1분간의 회전수 N [rpm]을 사용하고, 또 관성 모멘트 J 대신에 플라이휠 효과 GD^2을 사용한다.

강체에 대하여 질점의 질량이 분포되어있는 경우의 관성 모멘트와 회전 운동에너지는 식 (1.7)에 이미 나타내었다. 이번에는 회전체의 총 질량 m이 회전 반지름 r의 원주상에 집중되어 있다고 가정하자. 총 질량 $m=G$, 직경 $D=2r$이라 하면, 식 (1.7)의 관성 모멘트 J와 회전 운동에너지 W는 다음과 같이 GD^2으로 변환한 결과가 얻어진다.

$$J = mr^2 = G\left(\frac{D}{2}\right)^2 = \frac{GD^2}{4} \ [\mathrm{kg\cdot m^2}] \tag{1.8}$$

$$W = \frac{1}{2}J\omega^2 = \frac{1}{2}G\left(\frac{D}{2}\right)^2\omega^2 = \frac{GD^2}{8}\omega^2 \ [\mathrm{J}] \tag{1.9}$$

또 식 (1.9)의 운동에너지에서 식 (1.1)을 이용하여 각속도 ω 대신에 회전수 N로 표시하면 다음과 같이 된다.

$$W = \frac{GD^2}{8}\left(\frac{2\pi N}{60}\right)^2 = \frac{GD^2N^2}{730} \ [\mathrm{J}] \tag{1.10}$$

여기서 GD^2은 **플라이휠 효과**(flywheel effect)를 나타내는 것이고, 플라이휠 효과는 총 질량 G가 직경 D에 집중되어 있는 관성 모멘트를 의미하는 것으로 볼 수 있다.

플라이휠 효과 GD^2과 관성 모멘트 J의 관계는 식 (1.8)에 의하여 다음과 같다.

$$GD^2 = 4J \ [\mathrm{kg\cdot m^2}] \tag{1.11}$$

또 관성체에서의 회전력, 즉 토크 T와 기계적 동력(출력) P에 관하여도 위의 식들과 마찬가지로 N과 GD^2으로 바꾸어 표현하기로 한다.

토크 T와 기계적 동력 P는 **표** 1.1에서 다음과 같다.

$$\begin{cases} T = J\alpha = J\dfrac{d\omega}{dt} \ [\mathrm{N\cdot m}] \\ P = T\omega \ [\mathrm{W}] \end{cases} \tag{1.12}$$

위의 식 (1.12)에 각속도 $\omega = 2\pi N/60$을 각각 대입하면, 다음과 같이 회전수 N과 플라이휠 효과 GD^2으로 변환된 토크와 동력을 구할 수 있다.

$$T = \frac{GD^2}{4} \cdot \frac{d}{dt}\left(\frac{2\pi N}{60}\right) = \frac{GD^2}{38.2} \cdot \frac{dN}{dt} \ [\mathrm{N \cdot m}] \tag{1.13}$$

$$P = T\left(\frac{2\pi N}{60}\right) = 0.1047\,TN \ [\mathrm{W}] \tag{1.14}$$

여기서 토크 T를 중력 단위인 공학 단위 [kg · m]=[kgf · m]로 표시하는 경우에 SI 단위계인 [N · m]와의 관계는 1 [kg · m]=9.8 [N · m]이므로, 토크와 기계적 동력은 다음과 같이 변환된다.

$$T' = \frac{T}{9.8} = \left(\frac{GD^2}{9.8 \times 38.2}\right) \cdot \left(\frac{dN}{dt}\right) = \frac{GD^2}{375} \cdot \frac{dN}{dt} \ [\mathrm{kg \cdot m}] \tag{1.15}$$

$$P = T\omega = 9.8\,T'\omega = 1.026\,T'N \ [\mathrm{W}] \tag{1.16}$$

이상에서 $J \propto GD^2$이므로 플라이휠 효과가 크면 관성 모멘트도 비례하여 커지게 되고, 식 (1.10)에서 GD^2이 크면 W가 크게 변화해도 속도의 변화는 적어도 된다. 즉 운동에너지 W는 가속의 경우에는 흡수, 감속의 경우에는 방출되는 것이다. 또한 전동기의 기동과 같은 가속도를 필요로 하는 경우에는 플라이휠 효과가 큰 것일수록 동력 P도 큰 것을 요구하므로 기동 및 가속시키기가 어려워진다. 그러나 전동기의 회전부에 플라이휠을 설치하여 사용하는데, **플라이휠의 설치 목적**은 플라이휠에 에너지를 축적하였다가 부하의 급변동에 의한 충격을 완화시키기 위한 것으로 효율과는 관계가 없지만, 전류의 동요가 감소하고, 최대 토크와 첨두 부하값을 감소시키는 작용을 한다.

표 1.2는 관성체의 기본식과 위에서 표현한 J, ω의 관련 식을 N, GD^2으로 변환한 것으로 SI 단위계 및 공학(중력) 단위로 구분하여 정리한 것을 나타낸 것이다.

표 1.2 관성체의 기본식과 변환 관계식

직선운동	회전운동 (J, $\omega \rightarrow N$, GD^2 변환)		
기 본 식	기 본 식	SI 단위	공학단위(중력단위)
질량 [kg] m	관성모멘트 [kg · m²] $J = mr^2$	$J = \frac{GD^2}{4}$ [kg · m²]	–
힘 [N] $F = ma$	토크 [N · m] $T = J\alpha = J\frac{d\omega}{dt}$	$T = \frac{GD^2}{38.2} \cdot \frac{dN}{dt}$ [N · m]	$T' = \frac{GD^2}{375} \cdot \frac{dN}{dt}$ [kg · m]
일률 [W] $P = Fv$	일률(출력) [W] $P = T\omega$	$P = 0.1047\,TN$ [W]	$P = 9.8\,T'\omega$ $= 1.026\,T'N$ [W]
운동에너지 [J] $W = \frac{1}{2}mv^2$	회전운동에너지 [J] $W = \frac{1}{2}J\omega^2$	$W = \frac{GD^2N^2}{730}$ [J]	–

예제 1.1 관성 모멘트가 150 [kg · m^2]인 회전체의 GD^2을 구하라.

풀이

식 (1.11)에서 회전체의 GD^2은 다음과 같이 구해진다.

$$GD^2 = 4J = 4 \times 150 = 600\ [\text{kg} \cdot \text{m}^2]$$

예제 1.2 $GD^2 = 150$ [kg · m^2]의 플라이휠이 1,200 [rpm]으로 회전하고 있을 때, 축적에너지 [J]를 구하라.

풀이

식 (1.9)에서 축적에너지는 다음과 같이 얻어진다.

$$W = \frac{1}{2}J\omega^2 = \frac{1}{2}\left(\frac{GD^2}{4}\right)\left(\frac{2\pi N}{60}\right)^2$$

$$= \frac{GD^2N^2}{730} = \frac{150 \times 1200^2}{730} = 296,000\ [\text{J}]$$

예제 1.3 전동기의 출력이 8,200 [W], 900 [rpm]으로 회전하고 있는 전동기의 토크 [kg · m]를 구하라. 단, 효율은 90 [%]로 한다.

풀이

식 (1.16) 및 **표** 1.2에서 공학 단위인 출력 $P = 9.8T'\omega$이므로, 토크 T'는

$$T' = \frac{P}{9.8\omega} = \frac{P \times 60}{9.8 \times 2\pi N} = 0.975\frac{P}{N}$$

$$= 0.975 \times \frac{8200}{900} = 8.88\ [\text{kg} \cdot \text{m}]$$

가 된다. 단, 효율은 입력전력(VI)과 출력(P)의 비이므로 적용되지 않는 값이다.

1.1.4 관성체의 기동과 토크-이너샤비

전동기로 관성체를 운전하는 경우, 전동기의 축으로 환산한 합성 관성 모멘트 J, 각속도 ω, 전동기가 발생하고 있는 토크 T, 부하의 소요 토크(부하 토크) T_L, 마찰, 풍압 및 제동력 등에 의한 제동 토크 T_B라고 하면, 이 때의 운동방정식은

$$J\frac{d\omega}{dt} = T - (T_L + T_B) \tag{1.17}$$

로 된다. 여기서 $\omega = 2\pi N/60$이므로 각속도 ω는 회전수 N의 함수이고, 각가속도 $d\omega/dt$도 마찬가지로 N의 함수가 된다. 즉 가속도는 회전수의 시간적 변화가 된다.

따라서 식 (1.17)은 다음과 같이 된다.

$$\frac{dN}{dt} = \frac{T - (T_L + T_B)}{2\pi J/60} \tag{1.18}$$

이 식에서 알 수 있듯이 관성 모멘트가 클수록 $T - (T_L + T_B)$를 크게 하여야 한다. 즉 기동시에는 $(T_L + T_B)$가 크기 때문에 전동기의 기동 토크 T를 어느 정도 크게 하지 않으면 가속도가 발생하지 않는다는 것을 의미한다.

따라서 전동기의 가속, 감속 및 일정 속도는 다음의 조건에서 발생한다.

① 가속 : $T - \left(T_L + T_B + J\frac{d\omega}{dt}\right) > 0 \quad \therefore J\frac{d\omega}{dt} < T - (T_L + T_B)$ (1.19)

② 감속 : $T - \left(T_L + T_B + J\frac{d\omega}{dt}\right) < 0 \quad \therefore J\frac{d\omega}{dt} > T - (T_L + T_B)$ (1.20)

③ 등속 : $T - \left(T_L + T_B + J\frac{d\omega}{dt}\right) = 0 \quad \therefore J\frac{d\omega}{dt} = T - (T_L + T_B)$ (1.21)

또 자동제어용 전동기 등에서는 전동기의 발생 토크와 관성 모멘트와의 비를 구하여 서로 비교하는데, 이것을 **토크-이너샤비**(torque−inertia ratio, σ)라 한다.

$$\sigma = \frac{T}{J} \tag{1.22}$$

이 값이 클수록 기동시간은 짧고, 가속도가 큰 것을 의미한다. 따라서 토크-이너샤비는 가속도의 능력, 즉 전동기의 가속성능을 나타내는 것이다.

1.2 속도-토크 특성 및 안정운전 조건

전동기의 속도-토크 특성과 부하의 속도-토크 특성이 서로 가까울수록 전동기의 용량은 작아도 되고, 속도제어도 양호하기 때문에 효율을 높일 수 있다.

그러므로 부하의 종류에 따른 적합한 전동기를 선정하고, 부하의 안정된 운전을 위하여 속도-토크 특성은 기본적으로 알아야 될 사항이다.

1.2.1 전동기의 속도-토크 특성

전동기는 일반적으로 부하 토크가 증가하면 속도가 떨어지고, 부하에 따른 속도 변화의 대소에 따라 **정속도 특성**과 **변속도 특성**으로 분류된다.

(1) 정속도 특성

① 부하 토크의 변화에 대하여 회전속도가 거의 변화되지 않는 특성(분권 특성)
② 정속도 운전으로 속도가 안정
③ 팬, 송풍기, 펌프, 공기압축기의 구동용과 제철, 제지, 방적 등의 생산기계용
④ 동기전동기, 유도전동기, 직류분권전동기, 직류 차동복권전동기

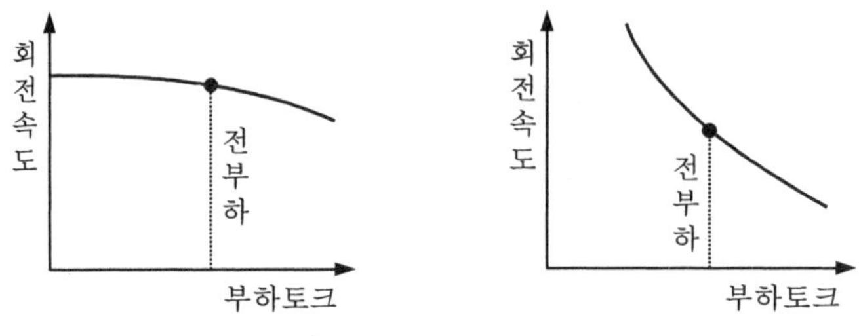

(a) 정속도 특성 (b) 변속도 특성

그림 1.3 전동기의 속도-토크 특성

(2) 변속도 특성

① 부하 토크의 변화에 대하여 회전속도가 심하게 변화하는 특성(직권 특성)
② 기동 토크가 크며, 부하가 커지면 속도는 감소하고 부하가 작아지면 속도가 상승하여 전원에 대해 비교적 전력이 일정한 정출력 특성을 가진다.
③ 전차 및 하역용의 크레인
④ 2차 저항이 큰 유도전동기, 직류직권전동기, 직류 가동복권전동기

1.2.2 부하의 속도-토크 특성

부하기계는 마찰부하, 중력부하, 유체부하 등이 있으며, 이 부하들은 각각 고유의 속도-토크 특성을 가지고 있다. 이 특성에 따라 기본적으로 **정토크 부하**와 **제곱 토크 부하**로 분류하며, 정토크 부하 중에서 정출력(정동력) 부하를 추가하여 분류하기도 한다.

(1) 정토크 부하

속도 변화에 따라 토크가 거의 변하지 않는 부하를 의미한다. 이 부하는 일정한 힘 F(혹은 T)에 대하여 속도 v(혹은 각속도 ω)로 일을 하는 것이며, 동력 P는

$$P = Fv = T\omega \tag{1.23}$$

로 표시된다. 따라서 일정한 힘 F(혹은 T)는 변화하지 않는 정토크 부하를 의미하므로 동력 P는 대체로 속도나 각속도에 비례 ($P \propto \omega$, N[rpm])한다고 볼 수 있다.

정토크 부하는 마찰부하나 중력부하가 해당되며, 권상기, 크레인, 압연기, 인쇄기, 각종 롤러 및 공기압축기(air compressor) 등이 있다.

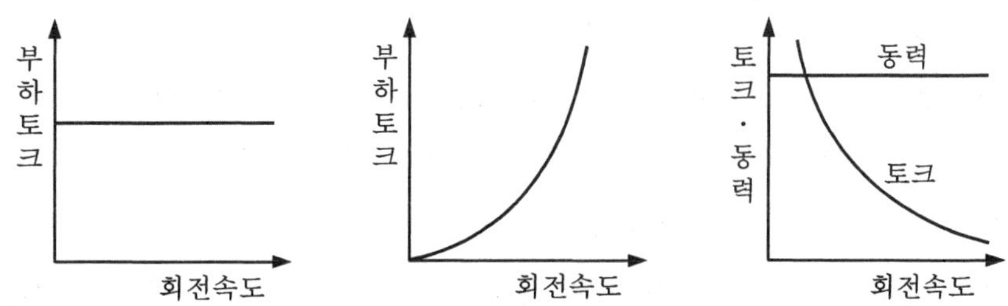

(a) 정토크 부하 (b) 제곱 토크 부하 (c) 정출력 부하

그림 1.4 부하의 속도-토크 특성

(2) 제곱 토크 부하

토크가 속도의 제곱에 비례하여 변화하는 부하이고, 유체부하가 이에 해당하며 유체기계에는 펌프, 송풍기, 배의 스크루 등이 있다.

유체기계의 동력 P는 유량 Q와 압력 H의 곱에 비례하며, 또 유량은 회전속도 N에 비례하고 압력은 N^2에 비례하므로 동력 P는

$$P \propto QH \propto N^3 \tag{1.24}$$

$$\therefore \quad T\left(=\frac{P}{\omega}\right)\propto\frac{N^3}{N}=N^2 \tag{1.25}$$

따라서 유체부하에서의 속도－토크 특성은 **그림** 1.4(b)와 같이 토크는 회전속도의 제곱에 비례하는 것을 보이고 있다.

(3) 정출력 부하

정출력(정동력) 부하는 속도가 변화해도 동일한 동력을 요구하는 부하를 의미하며, **그림** 1.4(c)에 나타내었다. 즉 고속의 경우에는 토크가 작고, 저속의 경우에는 큰 토크를 갖는 부하이다. 따라서 $P=T\omega$에서 동력 P는 일정하므로 토크와 속도의 관계는 반비례하는 특성을 갖는 부하이기 때문에 변속도 특성의 전동기를 선정하여야 한다.

다음과 같이 실례를 들 수 있다.

① 동일 압연기에서 작은 토크가 요구되는 소형물체를 압연시킬 경우에는 고속, 큰 토크가 요구되는 대형물체를 압연시킬 경우에는 저속 구동과 같은 동일한 동력을 요구하는 경우

② 하역기계에서 무거운 것은 저속, 가벼운 것은 고속으로 하여 동일한 동력을 요구하는 경우

③ 선반으로 지름이 다른 공작물을 절삭 가공할 때, 바이트의 절선 방향의 힘이 같다고 하면 지름이 작은 것은 토크가 작으므로 고속으로 하고, 지름이 큰 것은 토크가 크므로 저속으로 운전하는 경우

표 1.3은 위에서 설명한 부하 특성 및 종류를 요약, 정리하여 나타낸 것이다.

표 1.3 부하의 특성과 종류

부하 특성	속도－토크	속도－동력	부하 종류
정토크 부하	$T_L=$ 일정	$P_L\propto\omega$, N	(마찰부하, 중력부하) 권상기, 크레인, 인쇄기 엘리베이터, 에스컬레이터
제곱 토크 부하	$T_L\propto\omega^2$, N^2	$P_L\propto\omega^3$, N^3	(유체부하) 펌프, 송풍기
정출력 부하	$T_L\propto\dfrac{1}{\omega}$	$P_L=$ 일정	정출력 발전기 절삭 공작기계

1.2.3 전동기의 안정운전 조건

전동기로 부하를 운전하는 경우, 전동기 토크와 부하 토크의 평형점에서 운전되므로 안정된 운전상태를 얻으려면 전동기의 특성과 아울러 부하의 속도특성을 알아야 한다.

이것은 평형점보다 늦은 속도에서는 전동기 토크가 부하 토크보다 커서 가속 토크가 생기고 빠른 속도에서는 반대로 부하 토크가 크기 때문에 부하 토크에 의하여 제동 토크로 작용하는 것이다.

전동기와 부하의 속도−토크 특성이 **그림** 1.5(a)와 같이 전동기 토크 T_M과 부하 토크 T_L의 특성을 갖는다고 하면, 전동기는 가속하는 토크가 발생하고 부하는 제동 토크로 작용하므로 두 토크의 차 $T_M - T_L$이 양(+)일 때는 가속이 되고, 음(−)일 때는 감속하게 된다. 따라서 평형점의 속도 ω_1보다 낮은 속도에서는 가속되고, 빠른 속도에서는 감속되어 항상 ω_1으로 수렴되어 안정된 운전이 이루어진다.

따라서 전동기의 안정된 운전 조건은 **그림** 1.5(a)에서 전동기 토크와 부하 토크의 차 $T_M - T_L$의 곡선이 평형 속도 $\omega = \omega_1$에서 음(−)의 기울기일 때가 된다. 즉,

$$\frac{\partial(T_M - T_L)}{\partial\omega} < 0 \qquad \therefore \ \frac{\partial T_M}{\partial\omega} < \frac{\partial T_L}{\partial\omega} \tag{1.26}$$

이 된다.

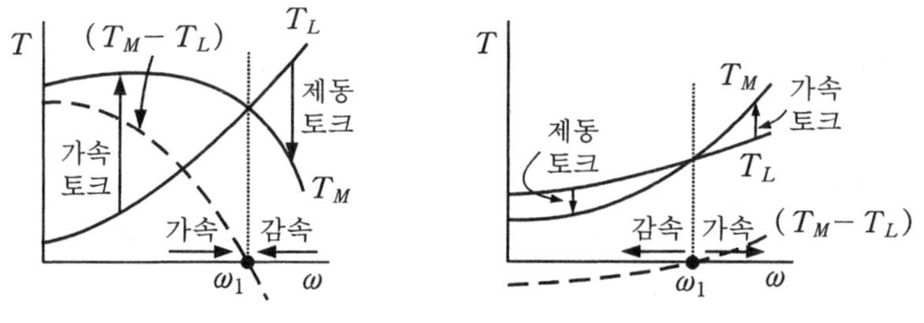

(a) 안정　　　　(b) 불안정

그림 1.5 정상운전시의 안정운전 조건

한편 **그림** 1.5(b)와 같이 평형점 ω_1보다 낮은 속도범위에서는 전동기 토크보다 부하 토크가 크고 빠른 속도범위에서는 부하 토크보다 전동기 토크가 크다. 따라서 ω_1보다 낮은 속도범위에서는 부하 토크에 의하여 제동작용으로 감속하여 정지하게 되고, 빠른 범위에서는 가속하여 ω_1보다 증가하게 되어 안정된 운전을 할 수 없게 된다.

연 습 문 제

객관식

1-1 전동기의 토크 단위는 무엇인가?

㉮ [kg]　　㉯ [kg · m^2]　　㉰ [kg · m]　　㉱ [kg · m/s]

1-2 질량[kg · mass]의 질점이 한 회전축에서 r[m] 떨어져서 각속도 ω[rad/s]로 이 축둘레는 회전할 때 갖는 운동에너지 W[J]는?

㉮ $\frac{1}{2}mr\omega^2$　　㉯ $\frac{1}{2}mr^2\omega^2$　　㉰ $\frac{1}{2}mr\omega$　　㉱ $2m\omega^2$

1-3 전동기의 출력 P[kW], 속도 N[rpm]인 전동기의 토크[kg · m]는 무엇인가?

㉮ $9.8\frac{P}{N}$　　㉯ $975\frac{P}{N}$　　㉰ $980NP$　　㉱ $980\frac{N}{P}$

1-4 플라이휠 효과가 GD^2[kg · m^2]인 전동기의 회전자가 n_2[rpm]에서 n_1[rpm]으로 감속할 때 방출한 에너지[J]는?

㉮ $\frac{GD^2(n_2-n_1)^2}{730}$　　㉯ $\frac{GD^2(n_2^2-n_1^2)}{730}$

㉰ $\frac{GD^2(n_2-n_1)^2}{373}$　　㉱ $\frac{GD^2(n_2^2-n_1^2)}{373}$

1-5 자동제어용 전동기에서 토크 이너샤(torque inertia) 비가 클수록 기동 시간은?

㉮ 길어진다.　　㉯ 짧아진다.　　㉰ 불변한다.　　㉱ 알 수 없다.

1-6 다음 중 정토크 부하에 해당하는 것은 무엇인가?

㉮ 인쇄기　　㉯ 펌프　　㉰ 기중기　　㉱ 송풍기

1-7 전동기 부하를 운전할 때, 운전이 안정하기 위해서는 전동기 및 부하의 각속도−토크 특성에 만족해야 할 조건은? 단, M, L은 각각 전동기, 부하를 표시

㉮ $\left(\frac{\partial T_M}{\partial\omega}\right)_M > \left(\frac{\partial T_L}{\partial\omega}\right)_L$　　㉯ $\left(\frac{\partial T_M}{\partial\omega}\right)_M = \left(\frac{\partial T_L}{\partial\omega}\right)_L$

㉰ $\left(T\frac{\partial T_M}{\partial\omega}\right)_M > \left(T\frac{\partial T_L}{\partial\omega}\right)_L$　　㉱ $\left(\frac{\partial T_M}{\partial\omega}\right)_L > \left(\frac{\partial T_L}{\partial\omega}\right)_M$

chapter 2

전동기의 종류와 운전

2.1 전동기의 종류 및 특성

전동기의 종류는 크게 직류전동기와 교류전동기로 구분하며, 이들은 각각 다음과 같은 종류로 나누어진다.

- 전동기
  - 직류전동기
    - 직권전동기
    - 분권전동기
    - 복권전동기(가동복권, 차동복권)
  - 교류전동기
    - 유도전동기(단상, 3상[권선형, 농형])
    - 동기전동기

2.1.1 직류전동기

(1) 직류전동기의 구성 및 원리

직류전동기의 구조는 **그림** 2.1과 같이 **계자**(field), **전기자**(armature), **정류자**(commutator) 및 **브러시**(brush)로 구성되어 있다. 직류전동기의 계자와 전기자는 교류전동기에서 고정자(stator) 및 회전자(rotor)와 동일한 기능을 한다.

브러시는 외부의 직류전원과 정류자 사이의 접촉자로 전류가 전기자 코일에 흐를 수 있는 통로 역할을 한다.

정류자는 각 세그먼트(segment)가 전기자 권선에 직접 연결되어 있고 전기자와 함께 회전하며, 전기자 권선에 전류를 한 방향으로만 흐르게 하는 역할을 한다. 또 각 세그먼트는 일정하게 브러시와 동시에 접촉하면서 분리되는 구조로 되어 있다.

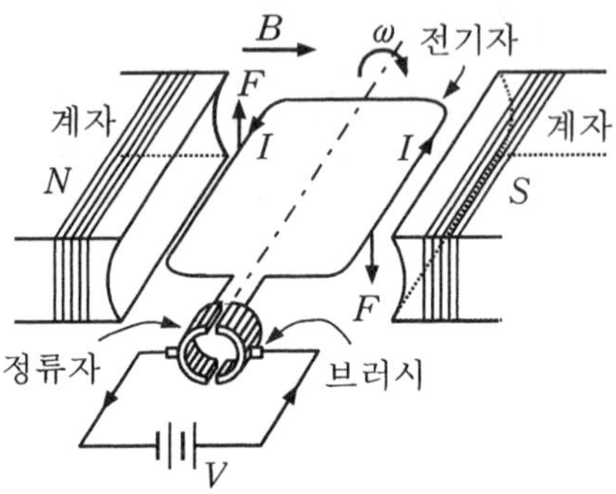

그림 2.1 직류전동기의 구성 및 원리

계자는 **그림** 2.1의 자극(N, S극)으로 표시된 부분이지만, 실제는 권선(winding)으로 감겨져 전자석을 이용하고, 직류전원에 접속되어 자속을 일정한 방향으로 나오게 하는 역할을 한다. 이 때 계자 권선에 전류를 흘리는 것을 **여자**(excite)한다고 한다.

외부의 직류전원에서 브러시, 정류자를 거쳐 전기자 권선에 전류를 흘리고 동시에 계자 권선에도 전류를 흘려주면 자속의 상호작용으로 전기자 권선에 각각 시계방향의 토크가 발생하므로 코일 전체가 시계방향으로 회전한다. 그리고 반회전한 다음에도 동일한 방향으로 토크가 발생하므로 시계방향으로 회전한다. 이와 같이 하여 코일에 전류가 흐르는 동안에는 시계방향으로 계속해서 회전하게 된다.

(2) 직류전동기의 특성

그림 2.1과 같이 평균자속밀도 $B[\mathrm{Wb/m^2}]$인 평등자계 내에 길이 $l[\mathrm{m}]$의 전기자 도체가 있고, 여기에 전류가 $I[\mathrm{A}]$를 흘려주었을 때 다음의 기계적 특성이 나타난다.

① 도체에 작용하는 힘 : $F = BIl\ [\mathrm{N}]$ (2.1)

② 한 개 도체에 작용하는 토크 : $\tau = F \times \dfrac{D}{2} = BIl \times \dfrac{D}{2}\ [\mathrm{N}]$ (2.2)

③ 전동기 토크 : $T = Z\tau = Z \cdot BIl\dfrac{D}{2} = \dfrac{PZ}{2a\pi}\Phi I_a = K_1 \Phi I_a\ [\mathrm{N \cdot m}]$ (2.3)

(Z : 전기자 전도체수, P : 극수, Φ : 한 극의 자속, I_a : 전기자 전류, a : 전기자 병렬 회로수)

전기자가 기계력에 의해 속도가 증가하면 전기자 도체가 자속을 끊으므로 이 도체에 기전력이 유도된다. 이 유기기전력은 공급전압 V와 방향이 반대가 되므로 **역기전력** E라고도 한다.

따라서 공급전압 V[V], 전기자 회로의 저항을 R_a[Ω]이라 할 때, V와 E의 관계식, 전동기의 토크, 출력 및 회전수는 다음과 같다.

$$V = E + I_a R_a \tag{2.4}$$

$$\therefore \quad VI_a = EI_a + I_a^2 R_a \tag{2.5}$$

(VI_a : 전기자 입력, $I_a^2 R_a$: 전기자 회로의 저항손, EI_a : 전동기의 출력)

④ 도체에 발생하는 역기전력 : $e = Blv$ [V] (2.6)

⑤ 한 개 도체의 역기전력 : $e = Blv = Bl \cdot \left(\pi D \frac{N}{60}\right) = \frac{P}{60} N\Phi$ [V] (2.7)

⑥ 전동기 역기전력 : $E = \frac{Z}{a} e = \frac{PZ}{60a} N\Phi = KN\Phi$ [V] (2.8)

⑦ 전동기 토크 : $T = \frac{PZ}{2a\pi} \Phi I_a = K_1 \Phi I_a = \left(\frac{60}{2\pi N}\right) EI_a$ [N · m] (2.9)

⑧ 전동기 출력 : $P = T\omega = EI_a$ [W] (2.10)

⑨ 회전수 : 식 (2.4)와 식 (2.8)에 의해 $V = KN\Phi + I_a R_a$이므로

$$\therefore \quad N = K_2 \cdot \frac{V - I_a R_a}{\Phi} \ \text{[rpm]} \tag{2.11}$$

⑩ 효율 : $\eta = \frac{\text{출력}}{\text{입력}} \times 100 = \frac{EI_a}{VI} \times 100$ [%] (2.12)

(3) 직류전동기의 종류

직류전동기는 계자 권선과 전기자 권선의 연결 방식에 따라 분권, 직권, 복권으로 분류된다.

1 분권전동기

분권전동기는 **그림** 2.2와 같이 계자 권선과 전기자 권선이 공통전원에 병렬로 접속되어 있는 전동기이다. 그러므로 단자전압 V가 일정하면 계자전류 I_f는 전기자전류 I_a와 서로 관계가 없다. 두 권선이 공통전원에 접속되지 않은 것은 타여전동기라 하며 특

성은 분권전동기와 같다.

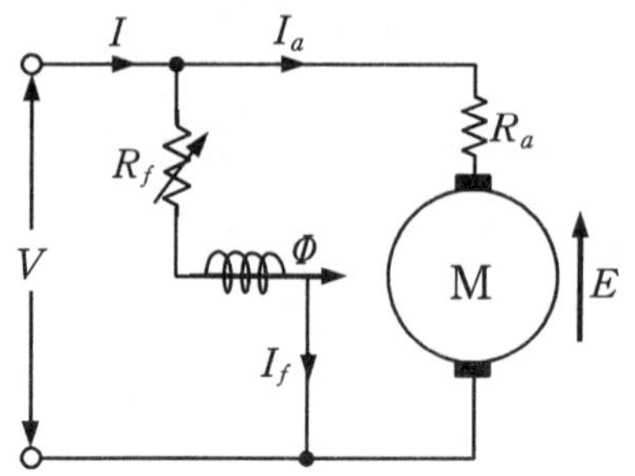

그림 2.2 직류 분권 전동기

$$I_f = \frac{V}{R_f} = \text{일정} \tag{2.13}$$

따라서 계자자속 Φ가 일정하고 전원에서 흘러 들어가는 전 전류 I는 다음과 같다.

$$I = I_f + I_a \tag{2.14}$$

자속 Φ가 일정한 경우의 회전속도 및 토크 특성은 각각 다음 식으로 표시된다.

$$N = K_2 \cdot (V - I_a R_a) \quad (\because \text{ 식 } (2.11) : R_f \text{ 일정} \rightarrow \Phi \text{ 일정}) \tag{2.15}$$

$$T = K_1 \Phi I_a = K_2 I_a \quad (\because \Phi = \text{일정}) \tag{2.16}$$

$$\therefore \ N \propto (V - I_a R_a), \quad T \propto I_a \tag{2.17}$$

【분권전동기의 특징 및 용도】

① Φ 일정, V 변화[**그림** 2.3 참고]

$N \propto (V - I_a R_a)$에서 $V \gg I_a R_a$이므로 속도는 거의 단자전압에 비례하여 변화하고, 이 특성을 이용하여 속도제어에 이용한다.

② Φ 일정, V 일정[**그림** 2.3 참고]

부하전류가 증가함에 따라 속도는 직선적으로 감소하고, 그 변화는 매우 적고 일정한 것으로 볼 수 있다. 따라서 부하나 토크의 변화에 대하여 **정속도 특성**을 갖는 전동기이다. 따라서 용도는 압연기, 제지, 송풍기, 펌프 등이다.

③ R_f의 조정에 의한 Φ 변화[**그림** 2.3 참고]

계자자속 Φ, 2Φ일 때 부하전류가 증가함에 따라 각각 회전수는 일정하지만, Φ

일 때보다 2Φ일 때 회전수는 적다. 반면에 $R_f(I_f)\to 0$에 가까워지면 식 (2.11)에서 분모의 $\Phi\to 0$이 되어 속도는 대단히 높아지고 원심력에 의하여 전기자가 파손될 우려가 있다. 따라서 계자권선의 단선이 되지 않도록 접속에 주의를 해야 한다.

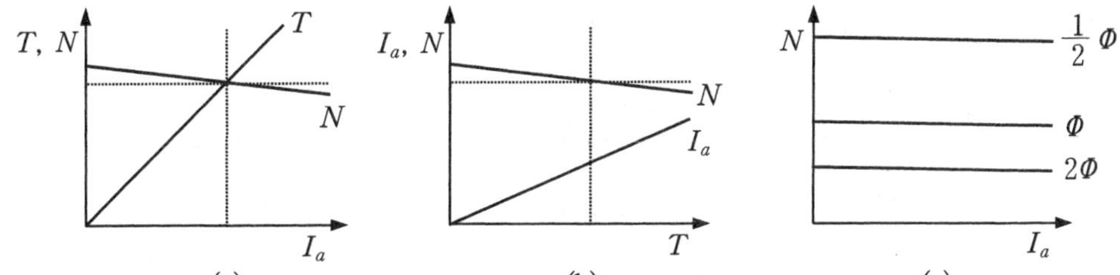

(a) (b) (c)

그림 2.3 직류 분권 전동기의 특성

2 **직권전동기**

직권전동기는 **그림** 2.4와 같이 계자 권선과 전기자 권선이 직렬로 접속되어 있는 전동기이다. 따라서 전류 관계는 다음과 같다.

$$I_f = I_a = I \tag{2.18}$$

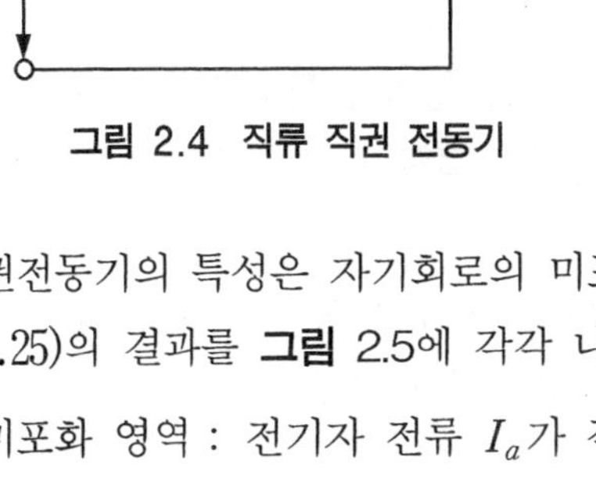

그림 2.4 직류 직권 전동기

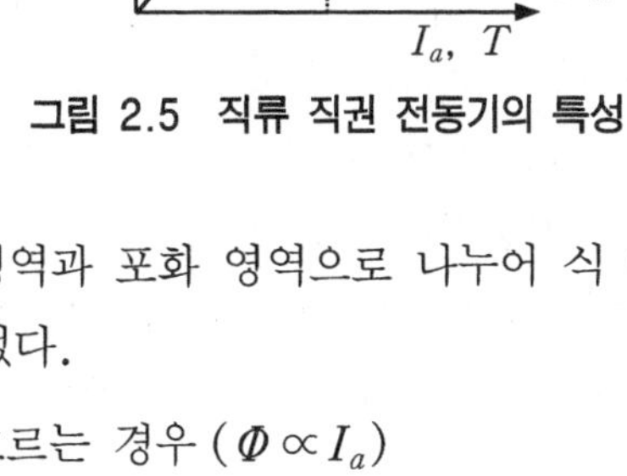

그림 2.5 직류 직권 전동기의 특성

직권전동기의 특성은 자기회로의 미포화 영역과 포화 영역으로 나누어 식 (2.22)와 식 (2.25)의 결과를 **그림** 2.5에 각각 나타내었다.

㉮ 미포화 영역 : 전기자 전류 I_a가 적게 흐르는 경우 ($\Phi \propto I_a$)

$$N = K_2 \cdot \frac{V - I_a(R_a + R_f)}{\Phi} \ [\text{rpm}] \tag{2.19}$$

(∵ 식 (2.11)의 $R_a \to R_a + R_f$)

$$= K_2 \cdot \frac{V - I_a(R_a + R_f)}{I_a} \text{ [rpm]} \quad (\because\ \Phi \propto I_a)$$
$$\fallingdotseq K_2 \cdot \frac{V}{I_a} \quad (\because\ V \gg I_a(R_a + R_f)) \tag{2.20}$$

$$T = K_1 \Phi I_a = K_3 {I_a}^2 \quad (\because\ \Phi \propto I_a) \tag{2.21}$$

$$\therefore \quad N \propto \frac{1}{I_a}, \quad T \propto {I_a}^2 \left(= \frac{1}{N^2}\right) \tag{2.22}$$

㉯ 포화 영역 : 전기자 전류 I_a가 크게 흐르는 경우 (Φ = 일정)

$$N = K_2 \cdot \frac{V - I_a(R_a + R_f)}{\Phi} \text{ [rpm]}$$
$$= K_3 \cdot \{V - I_a(R_a + R_f)\} \text{ [rpm]} \quad (\because\ \Phi \text{ 일정}) \tag{2.23}$$

$$T = K_1 \Phi I_a = K_2 I_a \quad (\because\ \Phi \text{ 일정}) \tag{2.24}$$

$$\therefore \quad \begin{cases} N \propto \{V - I_a(R_a + R_f)\} \\ T \propto I_a \end{cases} \tag{2.25}$$

【직권전동기의 특징 및 용도】

① 직권전동기는 일반적으로 전기자 전류가 적게 흐르는 **미포화 영역**에서 **작동**한다.

그림 2.5와 식 (2.19)에서 알 수 있는 바와 같이 부하전류 $I(=I_a)$가 0에 가까워질수록 반비례하여 속도는 매우 빨라진다. 또한 계자자속 $\Phi \to 0$이면 속도 $N \to \infty$가 되어 전기자가 파손될 우려가 있다. 따라서 직권전동기는 안정된 운전을 하기 위하여 최소부하가 항상 걸려 있어야 한다.

② 직권전동기는 토크가 증가하면 속도가 낮아지므로 **변속도 특성**이 있으며, 어떤 범위 내에서는 회전수와 토크의 곱에 비례하는 **정출력 특성**이 있다. 이것이 전차, 기중기 등에 사용되는 이유이다.

또한 직권전동기의 토크는 전류의 제곱에 비례하므로 기동시 전류를 안전한 값으로 제한하면 충분히 큰 토크를 발생시킬 수 있다. 이와 같이 자주 기동시켜야 하는 전차, 기중기의 적용에 적합한 특징이다.

3 복권전동기

복권전동기는 **그림** 2.6과 같이 분권과 직권의 계자 권선을 모두 포함하고 있는 구조이다. 또 복권전동기는 분권 계자자속과 직권 계자자속이 합하여지도록 연결되어 있으면 **가동복권 전동기**, 상쇄되도록 연결되어 있으면 **차동복권 전동기**로 나누어진다.

복권전동기는 분권과 직권 전동기에서 대응할 수 없는 속도 조정을 요구할 때 적합하며, **그림** 2.6은 가동 복권전동기를 나타낸 것이다.

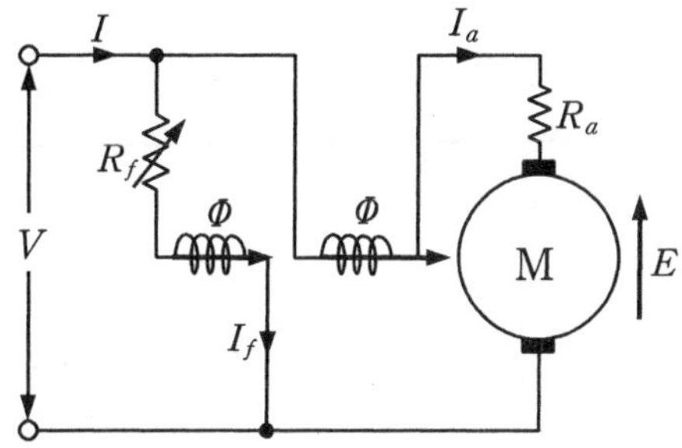

그림 2.6 직류 복권 전동기(가동복권)

가동 복권전동기는 무부하 상태에서도 분권 계자 권선이 있으므로 자속의 일부가 존재하게 되어 직권전동기에서와 같은 무구속 속도에 도달하지 않으며, 직권 계자 권선도 있기 때문에 기동 토크도 상당히 커서 전원에 대한 위험도 줄어든다. 이와 같은 특징 때문에 권상기, 공작기계 등의 전동기로 사용된다.

차동복권 전동기는 부하전류가 증가함에 따라 계자자속이 감소하여 속도의 감소를 보상해 준다. 따라서 **그림** 2.7(a)와 같이 정속도 특성을 가지게 된다. 그러나 전류가 증가하여 분권과 직권의 계자자속이 같으면 자속은 0이 되고, 그 이상에서는 자속의 방향이 반대로 되어 역전하는 경우가 발생한다. 또 기동토크도 적기 때문에 그다지 사용하지 않는다.

그림 2.7(a)는 복권전동기의 속도－부하전류 특성, **그림** 2.7(b)는 속도－토크 특성을 나타낸 것이다.

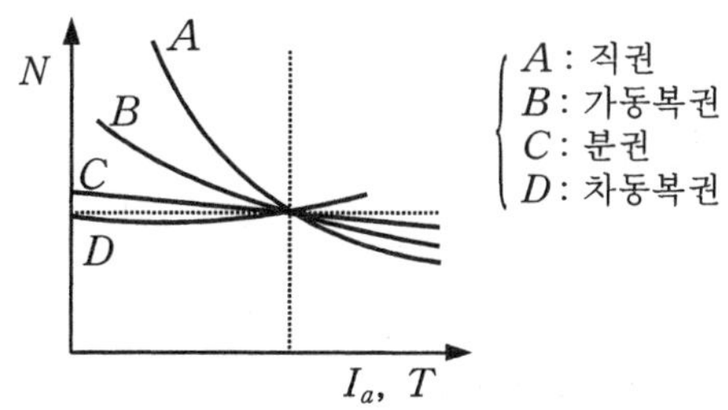

그림 2.7 직류 복권 전동기의 특성

2.1.2 유도전동기

(1) 아라고의 원판

유도전동기는 아라고(Arago) 원판의 원리를 이용한 것이고, 그 원리는 다음과 같다.

그림 2.8과 같이 자석을 시계방향으로 돌리면 원판이 반시계 방향으로 이동하면서 자속을 끊게 되는 현상과 같으며, 전자유도법칙에 의해 유기기전력이 발생하고 맴돌이 전류(와전류)가 발생한다. 또 이 전류는 자계 속에 놓여 있게 되어 전자력이 발생하면서 플레밍 왼손법칙에 따라 원판은 자석의 회전방향과 동일한 시계방향으로 회전하게 된다.

자석을 회전시키는 것을 실용상 곤란하므로 코일을 적당히 배치하여 여기에 적당한 전류를 흘려주어 회전자계를 발생시키는 방법을 고안하였는데 이것이 유도전동기의 기본 원리이다. 유도전동기에서 자석의 회전은 고정자에 코일을 감고 교류를 흘려 회전자계를 발생하는 것과 같고, 원판은 회전자로서 원통형을 사용한다.

또한 3상 유도전동기는 회전자의 구조에 따라 권선형과 동봉을 회전자 슬롯에 삽입하고 슬립링으로 단락시킨 농형으로 구분한다.

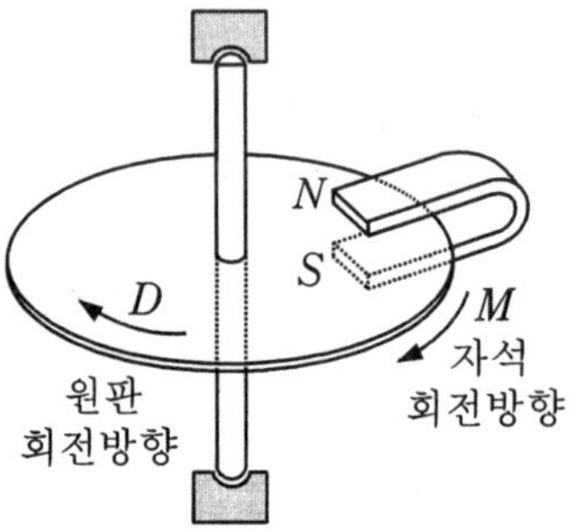

(a) 아라고의 원판

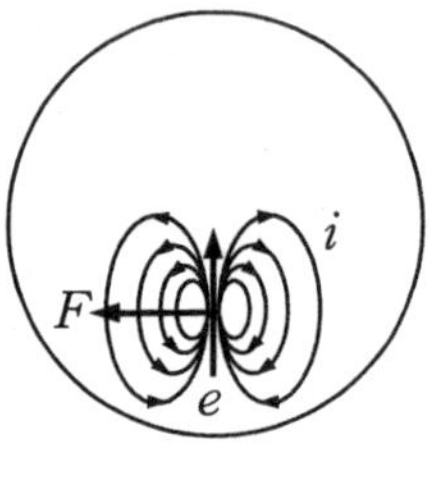

(b) 유기기전력과 전자력

그림 2.8 유도전동기의 원리

(2) 단상 유도전동기의 동작

그림 2.9와 같이 단상 유도전동기는 고정자(주권선), 기동권선(보조권선), 회전자 및 원심스위치로 되어 있다.

3상 전동기에서는 120°의 위상차를 갖는 교류전류에 의해 회전자계를 발생시키지만, 단상 유도전동기는 주권선의 단상 전류에 의해 일정한 방향으로 교번자계만이 발생하므로 기동토크도 없고 회전하지도 않는다. 그러나 약간이라도 회전시키면 토크가 발생하여 그 방향으로 회전하기 시작한다.

따라서 단상 유도전동기는 기동시 회전자계를 얻기 위하여 별도의 기동장치가 필요하지만 대부분 기기의 내부에 설치되어 있으므로 별도의 조작을 필요로 하지 않는다.

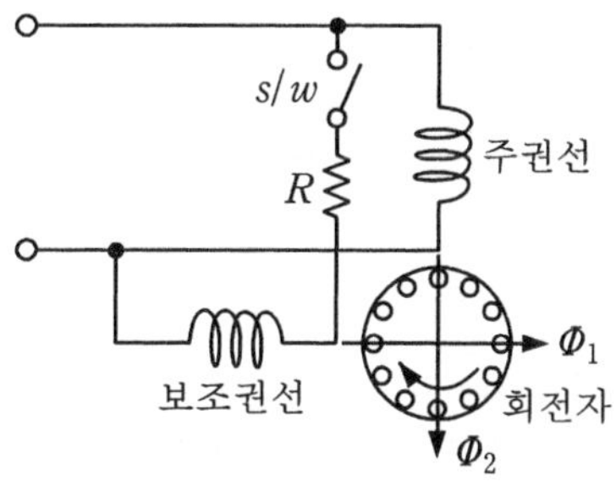

그림 2.9 단상 유도전동기

단상전동기의 주권선과 보조권선에 위상차가 발생하도록 전류를 인가되면 회전자계가 발생하고 회전자는 기동하기 시작한다. 정격속도의 80 [%] 정도에 도달하였을 때 원심스위치는 보조권선에서 분리하여 주권선으로 변환되고, 이 때부터 단상전동기는 자체적으로 회전하게 된다.

[3] 3상 유도전동기의 원리

【회전자계의 도식적 설명】

그림 2.10과 같이 평형 3상 교류를 흘리면 각 상의 전류 i_a, i_b, i_c는 120°의 위상차를 나타내고, 이 전류에 의해 발생하는 자계는 다음과 같이 전류에 비례하여 나타난다.

$$h = ki = kI_m \sin \omega t = H_m \sin \omega t \tag{2.26}$$

따라서 각 상의 전류와 발생 자계는 다음과 같이 나타낼 수 있다.

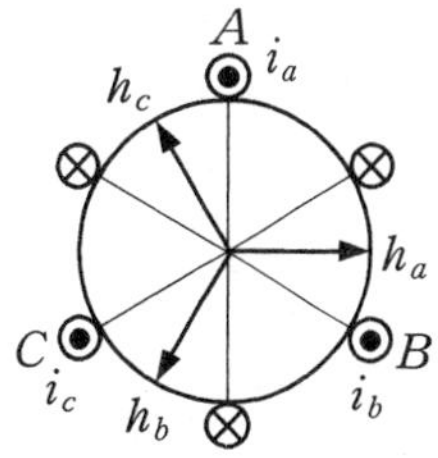

그림 2.10

$$\begin{cases} i_a = I_m \sin \omega t \\ i_b = I_m \sin(\omega t - 120°) \\ i_c = I_m \sin(\omega t + 120°) \end{cases} \qquad \begin{cases} h_a = H_m \sin \omega t \\ h_b = H_m \sin(\omega t - 120°) \\ h_c = H_m \sin(\omega t + 120°) \end{cases}$$

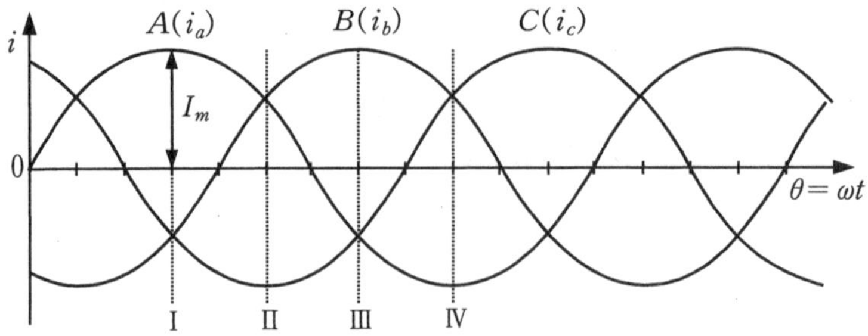

그림 2.11 평형 3상 교류

그림 2.11은 A, B, C권선의 상전류를 나타낸 것이고, I, II, III, IV에서 각 상전류가 흐를 때, 고정자 내부 중심에서의 합성자계에 의한 회전자계의 형성을 **표** 2.1과 같이 도식적으로 설명할 수 있다.

표 2.1 3상 유도전동기의 회전자계

구 분	I (θ=90°)	II (θ=150°)	III (θ=210°)	IV (θ=270°)
상 전 류 회전자계	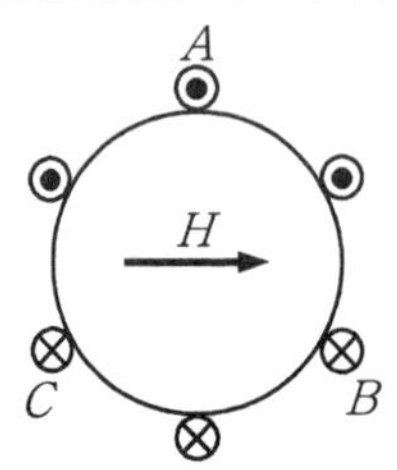	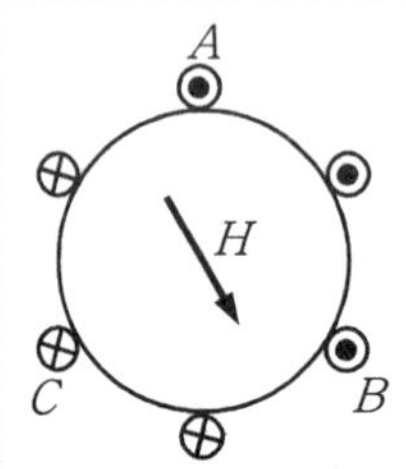	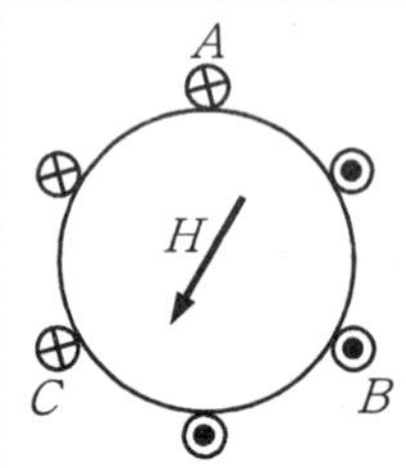	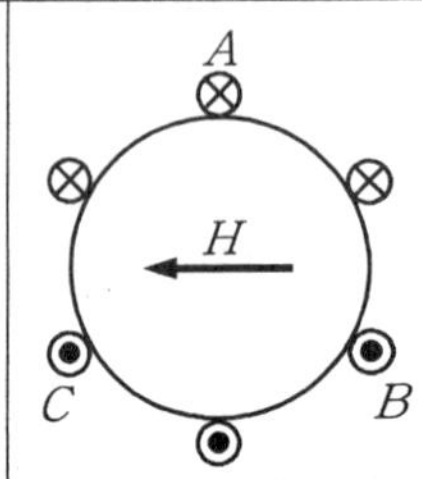
합성자계 벡 터 도	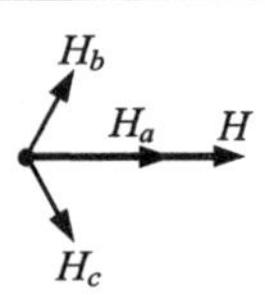	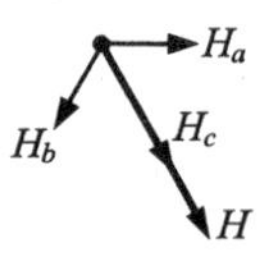	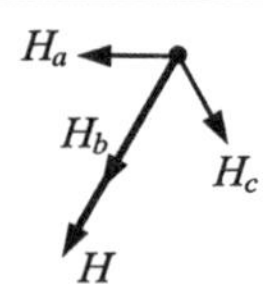	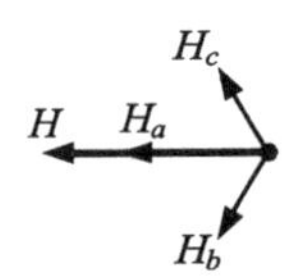
상자계 크 기	$H_a=H_m$, $H_b=\frac{1}{2}H_m$, $H_c=\frac{1}{2}H_m$	$H_a=\frac{1}{2}H_m$, $H_b=\frac{1}{2}H_m$, $H_c=H_m$	$H_a=\frac{1}{2}H_m$, $H_b=H_m$, $H_c=\frac{1}{2}H_m$	$H_a=H_m$, $H_b=\frac{1}{2}H_m$, $H_c=\frac{1}{2}H_m$
합성자계 크 기	$H=\frac{3}{2}H_m$	$H=\frac{3}{2}H_m$	$H=\frac{3}{2}H_m$	$H=\frac{3}{2}H_m$
종 합	합성자계의 크기는 모두 $H=(3/2)H_m$이고, 항상 일정하며 전류와 동일한 각속도를 가지고 시계 방향으로 회전자계를 발생하고 있다.			

【회전자계의 수학적 설명】

고정자 권선 A, B, C의 전류에 의해 발생하는 자계의 방향은 **그림** 2.10과 같고, 크기 h_a, h_b, h_c는 각각 다음과 같다.

$$\begin{cases} h_a = H_m \sin \omega t \\ h_b = H_m \sin(\omega t - 120°) \\ h_c = H_m \sin(\omega t + 120°) \end{cases} \tag{2.27}$$

이들의 합성자계는 중심에 생기고, 이것을 가로축과 세로축으로 분해하여 나타낸다.

① 가로축 성분

$$\begin{aligned} h_x &= h_{ax} + h_{bx} + h_{cx} \\ &= H_m \sin \omega t + H_m \sin(\omega t - 120°)\cos(-120°) \\ &\quad + H_m \sin(\omega t + 120°)\cos(120°) \\ &= H_m \sin \omega t - H_m \sin(\omega t - 120°) - H_m \sin(\omega t - 120°) \\ &= H_m \sin \omega t + \frac{1}{2} H_m \sin \omega t \\ &= \frac{3}{2} H_m \sin \omega t \end{aligned} \tag{2.28}$$

② 세로축 성분

$$\begin{aligned} h_y &= h_{ay} + h_{by} + h_{cy} \\ &= H_m \sin(\omega t - 120°)\sin(-120°) + H_m \sin(\omega t + 120°)\sin(120°) \\ &= -\frac{\sqrt{3}}{2} H_m \sin(\omega t - 120°) + \frac{\sqrt{3}}{2} H_m \sin(\omega t + 120°) \\ &= -\frac{3}{2} H_m \cos \omega t \end{aligned} \tag{2.29}$$

따라서 중심점에서의 합성자계의 크기 H와 가로축과의 각 θ는 다음과 같다.

$$H = \sqrt{h_x^{\ 2} + h_y^{\ 2}} = \frac{3}{2} H_m \tag{2.30}$$

$$\theta = \tan^{-1}\frac{h_y}{h_x} = \tan^{-1}(\cot \omega t) = \frac{\pi}{2} - \omega t \tag{2.31}$$

식 (2.30)에서 시간 t를 포함하지 않았기 때문에 시간에 관계없이 항상 일정한 세기이고 동일한 각속도로 회전하는 자계가 형성된다.

이상의 결과로부터 합성자계의 크기는 모두 $H=(3/2)H_m$이고, 항상 변하지 않으며 전류와 동일한 각속도를 가지고 시계 방향으로 회전자계가 발생하고 있음을 알 수 있다.

(3) 3상 유도전동기의 특성

대칭 3상권선에 평형 3상교류가 흐르면 동기속도 N_s와 같은 속도로 회전하는 회전자계가 발생하지만 회전자는 N_s보다 느리게 회전해야 자속을 끊게 되고 전자유도법칙과 전자력에 의해 토크가 발생하여 지속적으로 회전한다.

또 고정자 권선에서 발생하는 회전자계에 의하여 자체의 유기기전력이 발생하고, 또 이 회전자계에 의해 회전자에도 유기기전력이 발생한다. 따라서 유도전동기는 변압기로 볼 수 있다. 즉 고정자가 1차권선, 회전자가 2차권선에 해당한다. 따라서 유도전동기의 고정자를 1차, 회전자를 2차라고도 부른다.

① 동기속도 : $N_s=\dfrac{120f}{P}$ (2.32)

② 슬립 : 전동기의 회전속도 N이 동기속도 N_s보다 어느 정도 느린가를 표시하는 척도이고, 슬립 s는 부하증가에 따라 증가하며 보통 3~4[%] 정도이다.

$$s=\frac{N_s-N}{N_s}\begin{cases} s=1:N=0\ (\text{전동기 정지}) \\ s=0:N=N_s(\text{동기속도, 이상적인 무부하 상태}) \end{cases} \tag{2.33}$$

회전자계와 회전자의 상대속도 : $N_s-N=sN_s$

③ 유기기전력 :

㉠ 고정자 권선에서 회전자계에 의한 자체의 유기기전력

$$E_1=4.44K_{w1}fn_1\Phi\ [\text{V}] \tag{2.34}$$

㉡ 고정자의 회전자계에 의한 회전자(정지시)의 유기기전력

$$E_2=4.44K_{w2}fn_2\Phi\ [\text{V}] \tag{2.35}$$

㉢ 고정자의 회전자계에 의한 회전자(회전시)의 유기기전력

$$E_2'=4.44K_{w2}sfn_2\Phi=sE_2\ [\text{V}] \tag{2.36}$$

[회전자 유기기전력(2차)의 주파수 : $f' = sf$]

(K_{w1}, K_{w2} : 고정자 및 회전자 권선의 권선계수, n_1, n_2 : 고정자의 한 상에 직렬 접속된 권수 및 회전자의 권수, Φ : 한 극의 자속)

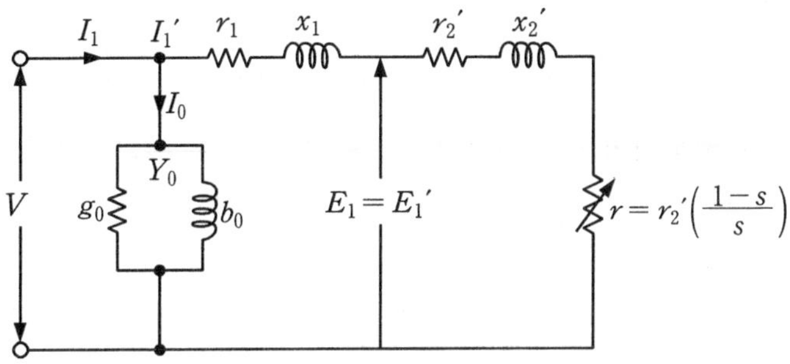

그림 2.12 유도전동기의 간이등가회로

④ $\dfrac{K_{w1}n_1}{K_{w2}n_2} = a$ [권수비], $\dfrac{m_1}{m_2} = u$ [m_1, m_2: 1차, 2차의 상 (phase)수, 상수비]

⑤ 2차 임피던스의 1차 환산 :

$$Z_2' = \frac{E_2'}{I_2'} = a^2 u Z_2 \ (r_2' = a^2 u r_2,\ x_2' = a^2 u x_2) \tag{2.37}$$

⑥ 2차 전압과 전류의 1차 환산 :

$$\begin{cases} E_1 = aE_2 \\ E_2' = E_1 = aE_2 \end{cases} \qquad \begin{cases} I_1' = \dfrac{1}{au} I_2 \\ I_2' = I_1' = \dfrac{1}{au} I_2 \end{cases} \tag{2.38}$$

⑦ 기계적 출력을 나타내는 부하저항 : $r = r_2'\left(\dfrac{1-s}{s}\right)$ (2.39)

⑧ 2차 입력 P_2, 저항손 P_{c2}와 기계적 출력 P :

㉠ 2차 입력 : $P_2 = m_2 E_2 I_2 \cos\theta$ [W], ㉡ 저항손 : $P_{c2} = sP_2$ [W]

㉢ 기계적 출력 : $P = P_2 - P_{c2} = (1-s)P_2$ [W] (2.40)

∴ (2차 입력) : (2차 저항손) : 기계적 출력)

$= P_2 : P_{c2} : P = 1 : s : (1-s)$

⑨ 동기와트 : 토크 T를 2차 입력 P_2로 표시한 것을 의미한다.

$$T = \frac{P}{\omega} = \frac{P}{2\pi n} = \frac{(1-s)P_2}{2\pi(1-s)n_s} = \frac{P_2}{\omega_s} = P_2\left(\frac{60}{2\pi N_s}\right) \text{ [N} \cdot \text{m]}$$

$$\therefore \quad T = 0.975\frac{P_2}{N_s} \text{ [kg} \cdot \text{m]} = 0.975\frac{P}{N} \text{ [kg} \cdot \text{m]} \tag{2.41}$$

⑩ 동기와트로 표시한 토크 T라 하면 T는 2차 입력 P_2와 같으며, **그림** 2.12의 간이 등가회로에서 2차 입력 P_2, 2차 전류 $I_1'(=I_2)$ 및 토크 T는 다음과 같다.

$$P_2 = m_1 I_1'^2 \cdot \frac{r_2'}{s} \tag{2.42}$$

$$I_1' = \frac{V_1}{\sqrt{\left(r_1 + \frac{r_2'}{s}\right) + (x_1 + x_2')^2}} \tag{2.43}$$

$$\therefore \quad T = P_2 = \frac{m_1 V_1^2 \cdot \frac{r_2'}{s}}{\left(r_1 + \frac{r_2'}{s}\right) + (x_1 + x_2')^2} \tag{2.44}$$

[4] 비례추이

식 (2.44)에서 슬립 s와 토크 T의 관계를 나타낸 것이 **그림** 2.13(a)의 곡선 ①이다. 이 식에서 V_1, m_1, r_1, x_1 및 x_2가 일정하면 토크는 r_2'/s에 따라 변화한다. 그런데 **그림** 2.13(a)의 곡선 ②와 같이 유도전동기의 각 상의 권선저항 r_2'인 권선형 회전자의 각 상에 슬립링을 거쳐 저항을 접속하고 각 상의 저항을 kr_2'로 변화를 주었을 때 슬립도 ks로 바뀌어 토크 T_n의 값은 항상 일정하고 슬립과 회전속도가 바뀌게 된다.

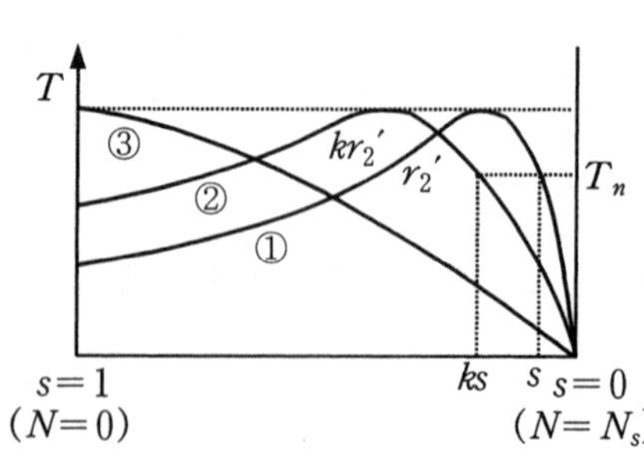

(a) 슬립-토크 특성

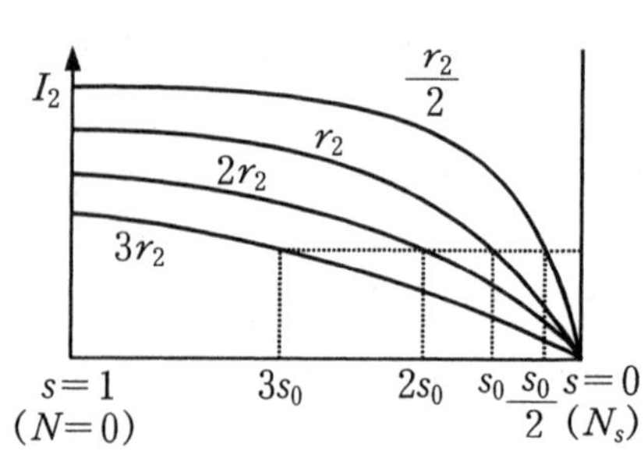

(b) 슬립-전류 특성

그림 2.13 유도전동기의 비례추이

이와 같이 유도전동기는 동일 조건하에서 2차 저항만을 변화시키면 동일한 토크를 발생하는 점이 곡선 ①에서 곡선 ②로 2차 저항에 비례하여 추이하며, 이 관계를 토크의 **비례추이**(proportional shifting)라 한다.

이와 같은 비례추이는 **그림** 2.13(b)와 같이 I_1', 즉 2차 전류 I_2에도 성립한다.

동일한 전류나 토크를 발생하는 점은 2차 저항을 증가시키면 좌측으로 이동하고 슬립이 증가하여 속도는 감소한다. 또 2차 저항을 감소시키면 우측으로 이동하고 슬립은 감소하여 속도는 증가한다. 또 기동시에는 $s = 1$, 즉 회전자가 정지상태에서 기동토크가 부하토크보다 작은 경우에는 회전하지 못하므로 회전자, 즉 2차에 저항을 삽입하여 비례추이시켜 기동토크를 크게 해야 기동이 가능해진다.

이와 같이 권선형 유도전동기에서는 비례추이를 이용하여 기동 및 속도제어를 할 수 있다.

2.1.3 동기전동기

유도전동기와 같은 교류기는 일반적으로 자극(계자)이 고정되어 있고 전기자가 회전하는 **회전전기자형**이지만, 동기전동기는 이와 반대로 전기자가 고정되어 있고 자극이 회전하는 **회전계자형**이다. 따라서 회전자(rotor)가 계자권선, 고정자(stator)가 전기자 권선으로 되어 있다.

또 회전자의 구조에 따라 일반 동기전동기인 **돌극형**(salient pole type)과 고속도 및 유도 동기전동기인 **원통형**(cylindrical pole type)전동기로 구분한다.

동기전동기는 극수 P, 주파수 f인 교류를 공급하면 회전자의 동기속도 N_s는 다음과 같다.

$$N_s = \frac{120f}{P} \tag{2.45}$$

동기전동기는 동기속도 이외의 속도에서는 회전력을 발생하지 못하므로 전압을 고정자 권선에 인가하는 것만으로 기동을 할 수 없다. 따라서 동기전동기를 운전하려면 정지 상태에서 동기속도까지 이르도록 특별한 기동장치(소형 기동전동기 또는 자극에 장치한 기동권선)가 필요하다.

동기전동기에 부하를 걸면 회전자는 무부하의 위치보다 부하각 δ만큼 뒤져서 운전을 계속하는 특성이 있다.

또 부하가 갑자기 변동해서 증가된 부하토크보다 전동기의 발생토크가 부족하게 되면 회전자는 순간적으로 감속하므로 동기속도 이하가 되고, 이 때 회전자의 관성에 의해 부하각이 증가하여 전동기의 발생토크는 부하토크보다 크게 되므로 회전자는 가속되어 부하각이 감소한다. 이와 같이 회전자가 일정속도에서 진동하는 현상을 **난조**(hunting)라 한다. **난조를 방지하는 방법**은 자극 표면에 슬롯을 파서 저항이 적은 단락권선을 설치한 **제동권선**을 이용하거나 **플라이휠**을 설치하는 방법이 있다.

표 2.2는 동기전동기의 장단점과 용도를 나타내었다.

표 2.2 동기전동기의 장단점과 용도

	장 점	단 점
①	속도가 일정하다.	기동토크가 적다.
②	항상 역률 1로 운전이 가능하다.	속도조정을 할 수 없다.
③	필요시 앞선 전류를 통할 수 있다.	여자용의 직류전원이 필요하므로 설비비가 고가
④	유도전동기에 비해 효율이 좋다.	난조를 일으킬 염려가 있다.
용도	저속도 대용량 : 시멘트 공장의 분쇄기, 압축기, 송풍기 및 동기조상기 등 소용량 : 전기시계, 오실로그래프 및 전송사진 등	

2.2 전동기의 기동

전동기의 운전은 큰 부하토크를 요구하는 기동 초기에 손상을 일으키지 않고 안전하게 구동시키는 기동제어, 부하의 종류나 성질에 따라 목적하는 속도로 조정하는 속도제어 및 전동기를 정지시키거나 속도상승을 억제하기 위한 전동기의 제동으로 구분한다.

전동기는 직접 전원 전압에 의해 기동하는 전전압기동(직입기동) 방식으로 하면 직류기에서는 역기전력이 발생하지 않거나 매우 적고, 교류기에서는 임피던스가 최소로 되어 기동전류는 급증하게 된다. 이 기동전류는 정격전류에 비하여 직류전동기에서는 10~40배, 교류전동기에서는 5~10배 정도가 된다.

이러한 큰 기동전류는 전동기에서 전기자 권선의 소손, 전력계통 및 다른 전기설비에 나쁜 영향을 미치게 된다.

따라서 전전압기동은 소형에서 사용하고, 일반적으로 부하 특성에 적합한 전동기의 기동 방법을 채택하여 부하전류의 1~2배 정도로 억제하여 기동제어를 하는 방식을 취한다.

2.2.1 직류전동기의 기동방식

직류전동기의 특성에 관련된 식 (2.4), 식 (2.8) 및 식 (2.9)로부터 전기자 전류 I_a와 발생 토크 T는 다음과 같다.

$$I_a = \frac{V-E}{R_a} = \frac{V-KN\Phi}{R_a}\ [\mathrm{A}] \tag{2.46}$$

$$T = K_1 \Phi I_a\ [\mathrm{N \cdot m}] \tag{2.47}$$

기동시에는 유도 기전력(역기전력)이 $E=0$ 또는 회전속도 $N=0$이므로 기동전류와 기동토크는 다음과 같고, 전기자 저항 R_a는 매우 적기 때문에 정격의 10~40배에 도달하게 된다.

$$\text{기동시 } (N=0) : \begin{cases} I_a = \dfrac{V}{R_a}\ [\mathrm{A}] \\ T = K_1 \Phi \dfrac{V}{R_a}\ [\mathrm{N \cdot m}] \end{cases} \tag{2.48}$$

직류전동기의 기동은 일반적으로 기동전류를 정격전류의 1~2배 정도로 억제하기 위하여 전기자에 직렬로 가변저항을 삽입하는 **저항 기동법**과 전원 전압 V를 변화하는 **감압전압 기동법**을 채택하고 있다.

(1) 저항 기동법

그림 2.14와 같이 전기자 회로에 가변저항 R_s를 직렬로 접속하여 기동시 속도상승과 더불어 저항을 감소시켜 기동하고 최종적으로 저항을 0으로 운전하는 방법이다. 여기서 R_s를 **기동저항**이라 하고, 이 저항과 손잡이 등의 부속품을 조립한 기구를 **기동기**(starter)라 한다. 기동기는 수동형과 전자접촉기의 시퀀스제어에 의한 자동형이 있다.

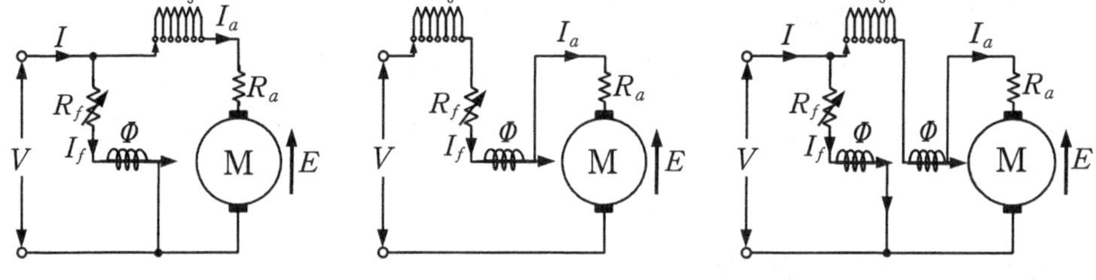

(a) 분권 (b) 직권 (c) 복권

그림 2.14 저항 기동법

(2) 감압전압 기동법

전동기에 가하는 단자전압을 낮게 하여 전기자 전류를 억제하여 기동하는 방법을 감압 기동법이라 한다.

이 방식은 **그림** 2.15와 같이 전동기 2대 이상을 기동시에 직렬, 정상 운전시에 병렬로 접속하여 전동기의 단자전압을 변화시켜 최종적으로 전전압으로 기동하는 **직병렬 기동법**과 가변전압 전원을 사용하여 저전압으로 기동하다가 속도의 상승과 더불어 전압을 높이면서 기동하는 **가변전압 전원 기동법**이 있다. 가변전압 전원으로 직류 전동발전기, 사이리스터 위상제어 정류회로, 직류 사이리스터 초퍼회로가 있다.

특히 타여 전동기의 전기자 전압을 가변전압 전원으로 사용하여 제어하는 것을 **워드 레오나드 방식**이라 하고, 이 가변전압 전원에 사이리스터 위상제어 회로를 사용한 것을 **정지 워드 레오나드 방식**(static Ward Leonard system)이라 한다.

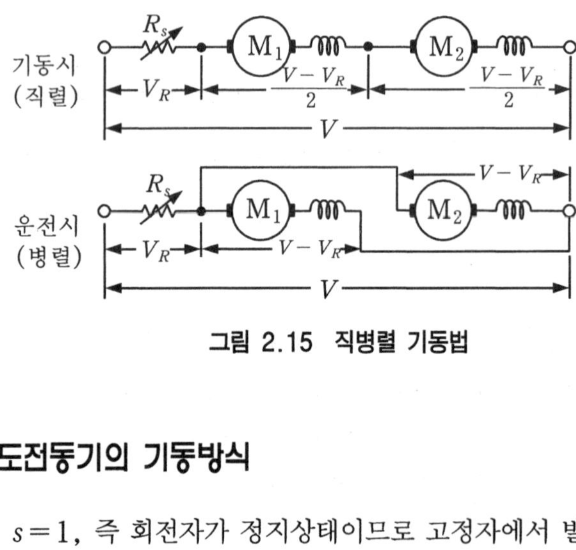

그림 2.15 직병렬 기동법

2.2.2 유도전동기의 기동방식

기동시에는 $s=1$, 즉 회전자가 정지상태이므로 고정자에서 발생하는 동기속도의 회전자계에 의해 회전자에는 큰 기전력이 유기되어 회전자에 흐르는 전류는 전 부하전류의 5배 이상이 흐른다. 이 큰 기동전류는 2차 리액턴스가 커서 2차 효율이 나빠지므로 기동토크는 적다. 따라서 기동전류를 제한하고 기동토크를 크게 하기 위하여 여러 가지 기동법을 사용한다.

(1) 권선형 유도전동기의 기동방식

1 2차저항 기동법

유도전동기의 비례추이 특성을 이용하여 기동하는 방법으로 위의 두 가지 문제점을 동시에 해결해 준다. **그림** 2.16과 같이 회전자, 즉 2차에 슬립링을 통하여 가변의 **기동저항**(starting rheoststst)을 접속하고, 그 저항을 최대로 하여 속도의 상승과 함께 저항을 작게 하면서 기동하는 방법으로써 정격전류의 1~1.5배 정도로 제한하여 기동한다. 이 기동법을 **2차저항 기동법**이라 한다.

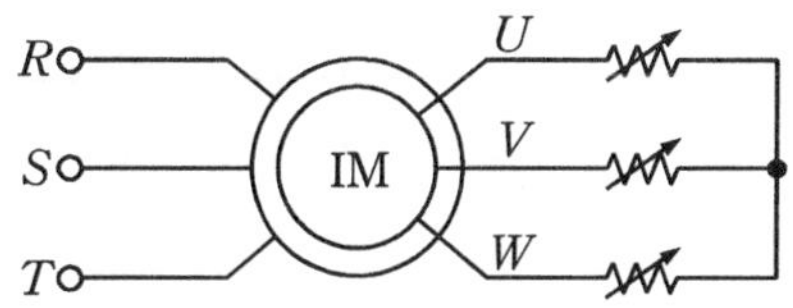

그림 2.16 2차저항 기동법

전동기의 스위치를 투입하면 기동토크와 기동전류는 **그림** 2.17의 곡선 ⑤와 같은 특성이 된다. 따라서 전동기는 낮은 기동전류에서 큰 기동토크로 가속하게 된다. 회전수가 상승하면 곡선 ⑤의 토크는 감소하므로 저항을 감소시켜 토크와 전류 특성은 곡선 ④로 바뀌어 가속토크가 증대하여 계속 가속하게 된다.

이와 같이 순차적으로 저항을 감소하면 외부 저항은 완전히 단락상태의 곡선 ①로 되어 전동기는 운전상태로 들어간다. 또 속도제어를 위하여 저항을 약간 남겨 놓고 운전상태로 들어가는 경우도 있다.

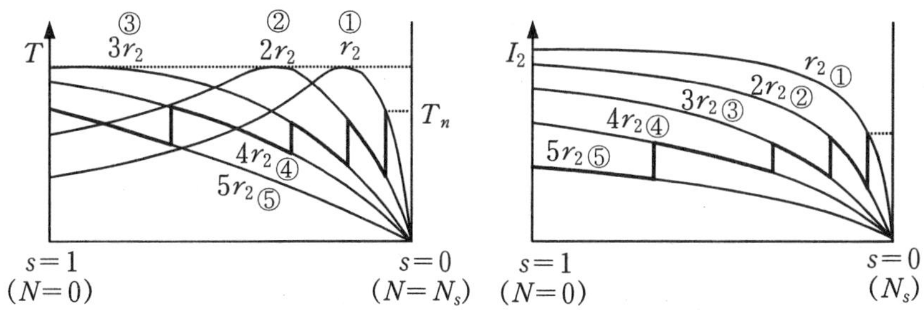

(a) 슬립-토크 특성 (b) 슬립-전류 특성

그림 2.17 유도전동기의 2차저항에 의한 비례추이

2 2차임피던스 기동법

그림 2.18과 같이 회전자에 슬립링을 통하여 고정저항과 인덕터의 병렬 접속한 것을 삽입하여 기동하는 방법이다.

기동초기에는 슬립이 크고 $f'=sf$에 의해 2차 주파수가 높다. 따라서 높은 주파수의 2차전류는 대부분 저항으로 흐르게 되어 2차저항 기동을 한다. 또 속도가 상승함에 따라 슬립이 감소하면서 2차 주파수도 낮아지고 리액턴스 값도 작아지게 된다. 따라서 2차전류는 인덕터로 많이 흐르게 되며 동기속도에 도달하면 인덕터의 리액턴스는 거의 0이 되어 단락에 가까운 상태가 된다. 이 기동법도 일종의 2차저항 기동법이다.

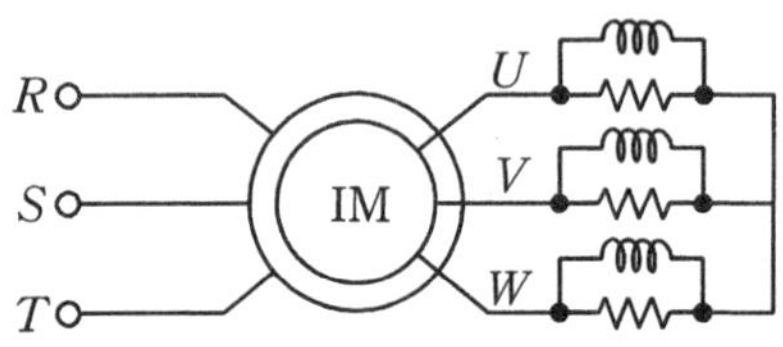

그림 2.18 2차임피던스 기동법

(2) 농형 유도전동기의 기동방식

농형전동기는 권선형과 같이 회전자에 저항을 삽입할 수 있는 구조가 아니기 때문에 기동전류를 제한하기 위하여 기본적으로 공급전압을 낮추어야 한다. 그러나 토크는 식 (2.44)에 의해 공급전압의 제곱에 비례($T \propto {V_1}^2$)하므로 기동토크가 작아지는 단점이 있다.

따라서 농형전동기는 무부하 또는 경부하에서 기동이 가능하며 일반적으로 소용량에 사용하는 경우가 많다.

1 전전압(직입) 기동법

전동기에 기동장치 없이 직접 공급전압을 직접 인가하여 기동하는 방법이며, 가장 간단한 방식이다. 그러나 기동전류는 전부하전류의 6배 정도이지만, 전부하전류의 자체가 적고 관성도 적으며 기동시간도 짧기 때문에 전원에 미치는 영향은 거의 없다. 따라서 이 방식은 3.7[kW] (5[hp]) 이하의 소용량 전동기에 적용한다.

2 Y-Δ 기동법

기동시에 고정자(1차) 권선을 Y 접속으로 하여 전전압의 $1/\sqrt{3}$로 기동하고, 속도가 상승하여 정격속도에 도달하면 Δ 접속으로 바꾸어 전전압으로 운전하는 방식이다.

그림 2.19에 Y-Δ 기동법의 접속방법과 동작 순서를 나타내었으며, 이 때 기동토크와 기동전류는 전전압으로 기동할 때의 1/3이 된다.

$$\text{기동토크 : } T \propto {V_1}^2 = \left(\frac{V_1}{\sqrt{3}}\right)^2 = \frac{1}{3}\text{배}$$

$$\text{기동전류 : } \frac{I_Y}{I_\Delta} = \frac{1}{3}\left(\because \ I_Y = \frac{V_1}{\sqrt{3}Z},\ I_\Delta = \frac{\sqrt{3}V_1}{Z}\right)$$

일반적으로 이 기동법은 5.5~15 [kW]의 농형전동기에 주로 적용된다.

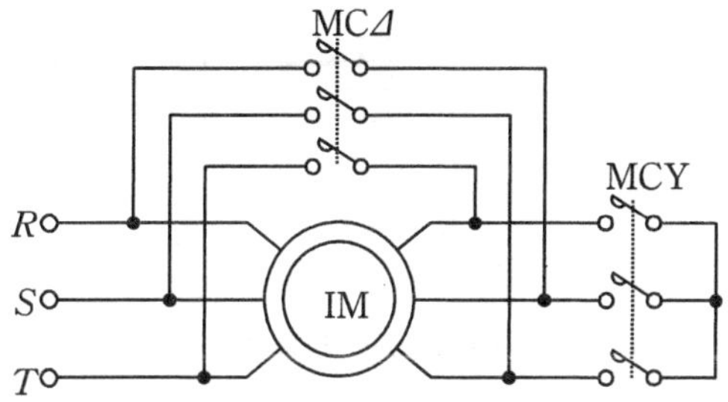

	MCY	MCΔ	접 속
기동	ON	OFF	Y 접속
운전	OFF	ON	Δ 접속

그림 2.19 Y-Δ 기동법

3 기동보상기법

기동보상기(starting compensator)라고 하는 단권변압기를 1차권선에 직렬로 삽입하고 기동시 공급전압을 낮추어 기동한 후 어떤 속도 범위에서 기동보상기를 단락하여 전전압으로 운전하는 방법을 **기동보상기법**이라 하고, 주로 15 [kW] 이상에 적용된다.

그림 2.20의 **기동보상기에 의한 기동**은 전원 투입한 후 MC_1을 닫아서 단권변압기에 의하여 고정자에 공급되는 전압을 전원전압의 1/2 또는 1/3로 감소시켜 기동시킨다. 기동이 시작된 후 가속이 되면 MC_1을 열고 MC_2를 닫아서 전전압으로 운전을 한다.

이 방식은 개폐기의 절환 과정에서 고정자의 자속이 0인 순간이 발생하므로 이것을 방지하기 위하여 콘돌퍼 방식을 채택한다.

그림 2.21의 **콘돌퍼**(Korndorfer) **기동방식**은 세 개의 개폐기를 이용하여 우선 MC_1과 MC_2로 기동시키고 가속이 된 다음에 MC_1을 연다. 이 때 보상기는 리액터(L)로 작용하여 전동기에 리액터를 거쳐 전압이 가해지는 상태가 된다. 다음에 MC_3를 닫고 MC_2를 열면 전전압이 직접 가해져서 운전상태로 된다.

기동보상기에 의한 기동과 콘돌퍼 기동의 운전방식의 차이는 다음과 같다.

- 기동보상기에 의한 기동 : 기동보상기(단권변압기) → 단락 → 정상운전
- 콘돌퍼 기동 : 기동보상기(단권변압기) → 리액터(코일) → 단락 → 정상운전

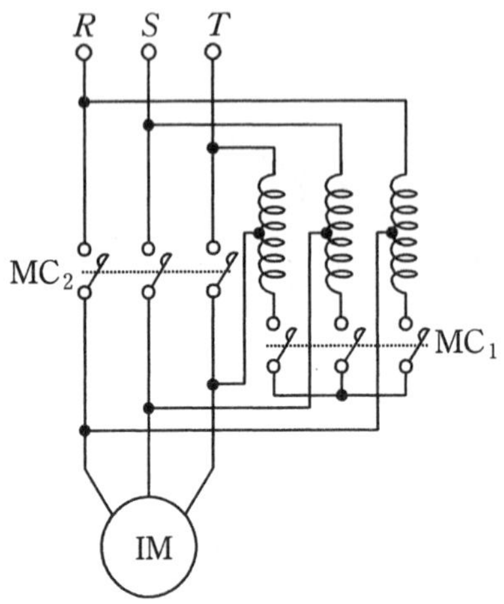

그림 2.20 기동보상기 기동

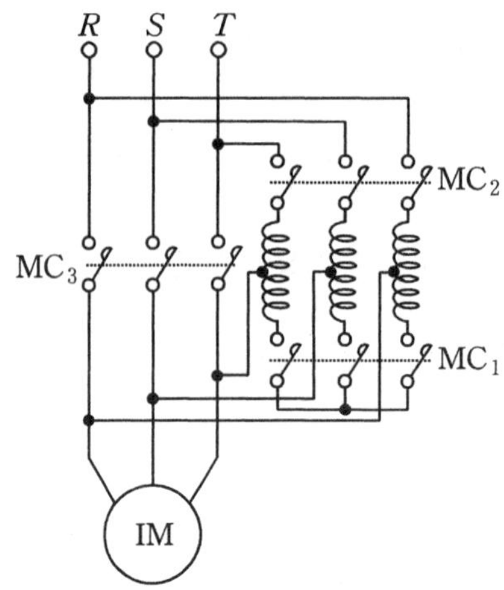

그림 2.21 콘돌퍼 기동

표 2.3 기동보상기법의 기동순서

	MC_1	MC_2
기 동	ON	OFF
운 전	OFF	ON

표 2.4 콘돌퍼 기동법의 기동순서

	MC_1	MC_2	MC_3
기동보상기	ON	ON	OFF
리 액 터	OFF	ON	OFF
운 전	OFF	OFF	ON

4 리액터 기동법

그림 2.22와 같이 전동기의 전원측에 직렬 리액터를 접속하고 공급전압을 감압하여 기동한 다음 가속한 후 이를 단락하여 운전하는 방법이다.

이 방식은 기동보상기에 의한 기동보다 설비비가 적게 들고 기동조작도 간단하다. 따라서 리액터 기동은 기동보상기와 함께 농형 유도전동기의 기동에 광범위하게 사용된다.

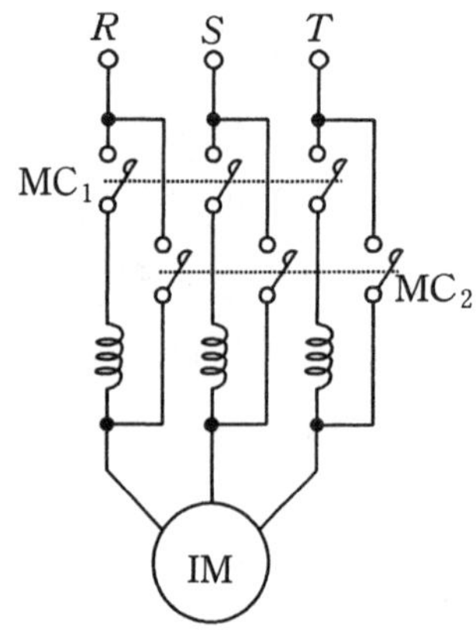

그림 2.22 리액터 기동

5 1차저항 기동법

그림 2.23(a)와 같이 전동기의 전원측에 직렬로 저항을 접속하고 공급전압을 감압하여 기동한 다음 가속한 후 이를 단락하여 운전하는 방법이다.

이 기동방식은 주로 소용량 전동기를 기동할 때 기계적 충격을 완화하기 위해 사용하지만, 다른 방식에 비하여 기동효율이 떨어지고 기동토크의 감소율이 크기 때문에 무부하 또는 경부하 기동에 사용한다.

그림 2.23(b)와 같이 특히 1차측 1상에만 기동저항을 접속하고 1차 불평형 기동을 하는 방식을 쿠사(Kusa) 기동방식이라 한다.

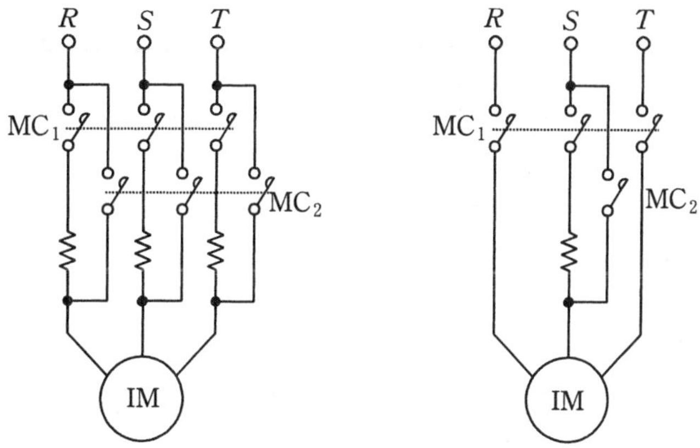

(a) 3상평형 저항기동 (b) 쿠사 기동

그림 2.23 1차저항 기동방식

(3) 단상 유도전동기의 기동방식

단상 유도전동기는 단상교류에 의해 교번자계만 발생하므로 기동토크가 없고 스스로 기동할 수 없다. 또한 임의의 방향으로 회전시키면 그 방향으로 가속토크가 발생하여 회전하기 시작한다. 따라서 단상 유도전동기의 기동은 필요한 기동토크의 확보와 항상 일정한 방향으로 회전할 수 있도록 하여야 한다.

단상전동기의 기동은 회전자계를 발생할 수 있도록 주권선외에 기동권선(보조권선)을 배치하여 불평형의 2상 상태를 만들어 주어야 한다.

보조권선은 주권선과 전기각으로 90°만큼 되도록 배치하고 고저항 또는 콘덴서를 접속하여 주권선의 전류보다 앞선 위상의 전류가 흐르도록 하여 회전자계를 발생시키는 방법을 취하는 것이 일반적이다.

단상 유도전동기는 회전자계를 발생시키기 위한 기동장치에 따라 **분상기동형**, **콘덴서 기동형**, **셰이딩 코일형** 및 브러시, 정류자로 속도제어를 하는 **반발기동형**으로 구분하며, 기동장치는 전동기 내부에 장착되어 있어 별도로 기동조작을 필요로 하지 않는다.

[1] 분상 기동형

그림 2.24와 같이 고정자에 주권선과 기동권선을 전기각 90°만큼 되도록 배치하고, 두 권선을 병렬로 접속한다. 기동권선에는 직렬로 저항을 삽입하거나 권선을 매우 가는 선으로 사용하고, 또 권선수를 주권선수의 반 정도로 하여 주권선 회로보다 저항은 크고 인덕턴스는 적게 만든다. 즉 기동권선 회로는 $R-L$회로, 주권선 회로는 L회로가 되기 때문에 기동권선 회로의 위상은 주권선 회로보다 빠르게 되어 앞선 전류가 흐르게 된다. 따라서 기동권선에서 발생하는 자속 Φ_1이 최대가 된 다음에 주권선에서 발생하는 자속 Φ_2가 최대로 되므로 불완전하지만 시계방향의 회전자계가 생겨 회전자는 기동한다.

속도가 상승함에 따라 자동적으로 원심력 스위치 s/w를 열게 하여 기동권선을 차단해 버리고 주권선으로만 정상 운전상태로 된다.

[2] 콘덴서 기동형

콘덴서 기동형은 **그림** 2.25와 같이 분상 기동형의 저항 대신에 콘덴서를 접속한 것이다. 보조권선 회로는 콘덴서가 있기 때문에 주권선보다 전류의 위상은 앞서게 되고, 두 권선이 만드는 합성자계는 회전자계를 만든다.

콘덴서는 극히 짧은 시간의 기동시에만 사용하므로 값이 저렴한 전해콘덴서를 많이 사용한다. 그러나 기동권선을 운전시에도 그대로 접속하여 콘덴서를 역률 개선용으로 사용하는 경우도 있으며, 역률개선용으로 사용하는 콘덴서는 극성을 가지고 있지 않은 MP 콘덴서, 유입콘덴서, 필름콘덴서 등을 사용한다. 유극성의 전해콘덴서는 장시간 교류에서 사용하게 되면 과열하여 폭발, 운전불능의 상태, 전동기의 소손 및 화재의 위험 등이 있기 때문이다. 기동 토크는 비교적 크고 역률도 좋아 소음이 적기 때문에 소형 단상전동기로서는 이용 범위가 넓다.

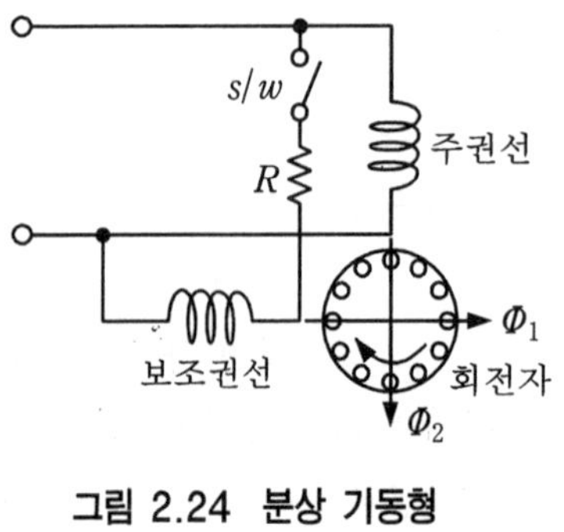

그림 2.24 분상 기동형

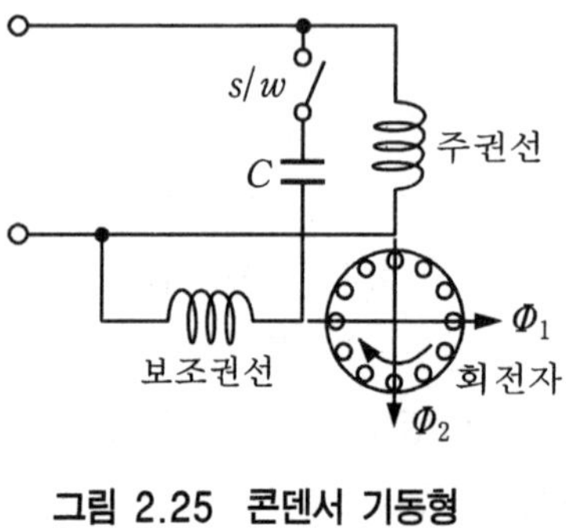

그림 2.25 콘덴서 기동형

3 셰이딩 코일형

그림 2.26과 같이 셰이딩 코일형(shading coil type)은 고정자의 두 극에 홈을 파고 저항이 큰 나동선의 단락된 링코일을 설치한다. 이 링코일을 **셰이딩 코일**이라 한다.

셰이딩 코일이 있는 부분의 자속변화는 다른 부분보다 시간적으로 늦으므로 셰이딩 코일의 자속 Φ_2가 다른 부분의 자속 Φ_1보다 위상이 뒤진다. 즉, Φ_1이 최대로 된 다음에 Φ_2가 최대가 되므로 회전자 주변에서 시계 방향의 회전자계를 만들어내고 토크를 발생시켜 기동하게 된다.

이 전동기는 셰이딩 코일이 있는 방향으로 회전하기 때문에 회전방향을 바꿀 수는 없다. 또 기동토크가 작고 운전 중에도 이 코일에 전류가 흘러 손실이 발생하므로 수 10[W]의 소출력 전동기에만 사용된다.

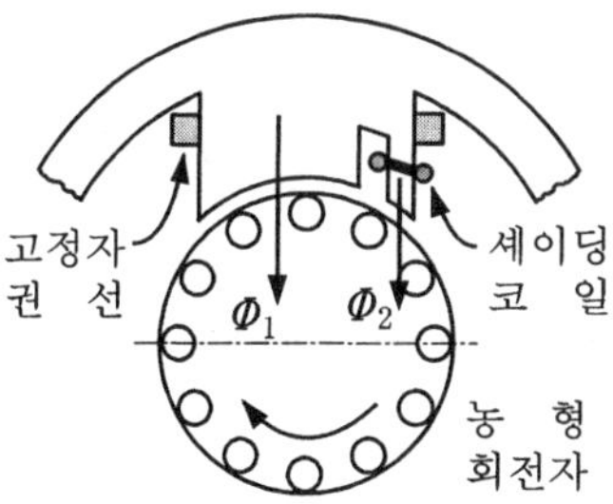

그림 2.26 셰이딩 코일형

4 반발 기동형

반발 기동형은 고정자에 주권선을 감고, 회전자에는 직류전동기와 같은 정류자를 갖는 권선을 감는다.

그림 2.27과 같이 전기각 180° 떨어져서 정류자와 접촉하고 있는 2개의 브러시를 굵은 도선으로 단락되어 있기 때문에 고정자에 단상전압을 공급하면 기동시에는 반발전동기로 되어 기동하고 가속이 되면 원심력 스위치에 모든 정류자편을 단락하게 된다. 정류자편이 단락되면 농형 회전자가 되어 단상 농형유도전동기로 운전하게 된다.

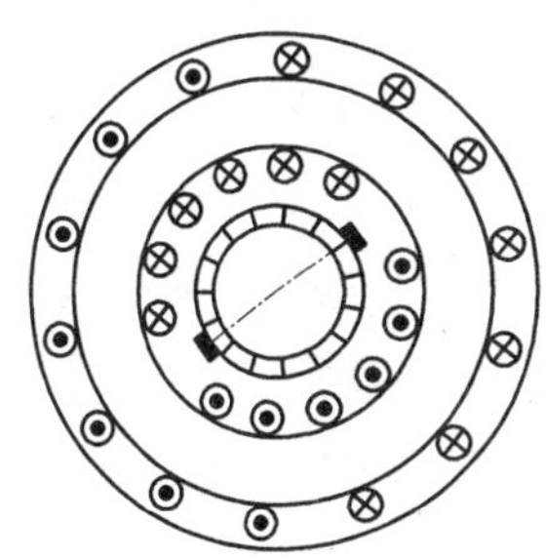

그림 2.27 반발 기동형

또 전동기의 회전방향을 바꾸려면 고정자 권선 축에 대한 브러시의 이동각을 반대로 하면 된다. 또 기동토크가 크기 때문에 부하를 걸어둔 채 기동할 수 있는 특징이 있다.

표 2.5는 단상 유도전동기의 종류, 특성과 용도를 나타낸 것이다.

표 2.5 단상 유도전동기의 종류, 특성과 용도

종 류	기동전류 [%]	기동토크 [%]	정동토크 [%]	정격출력 [kW]	용 도
분상 기동형	500~700	125 이상	175~300	0.1~0.4	복사기, 계산기
콘덴서 기동형	500~700	250 이상	175~300	0.1~0.4	냉장고, 세탁기, 선풍기
셰이딩 코일형	—	40~100	130~200	10 [W]이하	소형 녹음기, 비디오기기
반발 기동형	300~400	300 이상	175~300	0.1~0.75	펌프

2.2.3 동기전동기의 기동방식

동기전동기는 동기속도 이외의 속도에서 토크가 발생하지 않기 때문에 정지상태에서 전동기 그 자체로는 기동할 수 없고, 어떠한 방법으로 동기속도까지 가속시켜 기동하는 방법으로 하여야 한다.

따라서 동기속도까지 높이려면 자극을 여자하여 기동토크를 얻거나 유도전동기를 사용하는 방법 등이 있다.

(1) 자기기동법

회전자의 계자회로를 개방하고 기동보상기에 의해 낮은 전압을 고정자의 전기자권선에 공급하면, 난조 방지용으로 설치한 계자 자극의 홈에 감겨있는 동봉의 제동권선과 회전자계 사이의 전자력으로 인하여 기동토크를 얻을 수 있다. 이 때 제동권선은 기동권선으로 되고, 동기전동기는 농형 유도전동기의 역할로 바뀌어 기동하게 된다.

속도가 상승하여 동기속도 부근에 도달하면 계자회로를 접속하여 여자시켜 주면 회전자는 동기속도로 진입하게 된다. 이와 같은 기동 방법을 **자기기동법**(self starting method)이라 하며 가장 널리 사용되고 있다.

동기전동기에 전압을 인가하여 기동할 때, 권수가 많은 계자권선이 회전자계를 끊으면서 고전압이 유기되어 소손될 염려가 있기 때문에 계자권선은 일반적으로 저항을 통해서 단락해 놓고 기동시켜야 한다.

(2) 3상 기동권선에 의한 기동법

돌극형 동기전동기의 자극에 위에서 설명한 농형 제동권선 대신에 3상 권선을 설치하고, 슬립링을 통해서 외주저항을 접속하여 권선형 유도전동기의 역할로 기동하는 방법이다. 이 방식은 매우 큰 기동토크를 얻을 수 있는 장점이 있다.

(3) 기동전동기법

동기전동기의 축에 기계적으로 직결한 유도전동기나 직류전동기에 의하여 기동해서 동기속도 부근까지 가속하는 방법이다.

기동전동기로 유도전동기를 사용하는 경우에는 동기전동기의 극수보다 2극만큼 적은 극수를 사용하여야 동기속도 이상으로 가속하여 쉽게 동기속도로 진입시킬 수 있다.

2.3 전동기의 속도제어

전동기의 속도－토크특성을 변화시켜서 부하의 속도－토크특성과의 평형점을 찾아 속도를 조정하는 방법을 **속도제어**라 한다.

속도제어에는 부하의 성질에 따라 정속도제어와 가변속도제어가 있다.

2.3.1 직류전동기의 속도제어

직류전동기의 특성에서 속도는 식 (2.11)과 같이 주어진다.

$$N = K_2 \cdot \frac{V - I_a R_a}{\Phi} \ \text{[rpm]} \tag{2.49}$$

이 식으로부터 속도는 계자자속 Φ, 전기자 회로의 저항 R_a, 공급전압 V에 의하여 변화한다. 따라서 직류전동기의 속도제어법에는 다음의 종류가 있다.

① 계자제어법 ② 저항제어법 ③ 전압제어법

(1) 분권전동기 및 타여전동기의 속도제어

1 계자제어법

공급전압 V를 일정하게 하고 계자전류 I_f를 제어하여 자속 Φ를 변화시켜서 속도를 제어하는 방법을 **계자제어법**(field control)이라 한다. [**그림** 2.3(c)의 속도특성곡선 참고]

이 방법은 계자저항기에 의하여 주로 속도의 상승에 사용한다. 계자저항기는 분권계자권선에 직렬로 접속하기 때문에 전류도 매우 적게 흐르므로 전력손실도 적고, 또 조작도 간편하지만 넓은 범위의 속도제어는 곤란하다.

2 저항제어법

저항제어법(rheostatic control)은 계자자속을 일정하게 하고 전기자 회로에 직렬로 가변저항을 접속하여 전기자에 걸리는 전압을 변화시켜 속도를 제어하는 방법이다. 가변저항이 0에서 최고속도이므로 정격속도보다 낮은 범위에서 제어하는 데 사용한다.

저항기에 큰 전류가 흐르므로 많은 전력손실이 발생하고 효율이 떨어지므로 경제적인 방법이라고는 할 수 없다.

저항제어법은 단시간 동안에 속도를 매우 낮게 할 필요가 있는 경우 또는 소형전동기의 속도를 정밀하게 제어하는 경우 등에 적합하다.

3 전압제어법

전압제어법(voltage control)은 계자전류를 일정하게 하고 공급전압을 조정하여 전기자에 걸리는 전압을 변화시켜 속도를 제어하는 방법으로 타여전동기의 속도제어에 주로 사용한다.

이 제어법에서 사용되는 가변전압 전원은 전동발전기, 사이리스터 위상제어 정류기, 직류 초퍼 회로 및 승압기 등이 있다.

속도의 제어 범위가 넓고 전력손실이 거의 없는 이상적인 제어법이지만, 설비비가 많이 드는 결점이 있으며 다음과 같은 방식이 있다.

① **워드 레오나드 방식**(Ward Leonard system) :

직류 타여전동기 속도제어를 위하여 전동발전기의 계자제어에 의하여 발생하는 가변출력 전압을 전원으로 사용하는 대표적인 전압제어 방식이다.

그림 2.28과 같이 주전동기인 타여전동기 M의 전기자에 가하는 가변전압 전원으로서 교류전동기 M_{DR}로부터 직류 타여발전기 G를 구동시키고, 발전기의 계자저항 R_{FG}에 의하여 계자전류 I_{FG}를 변화시켜 전압 V를 조절하여 속도를 변화시

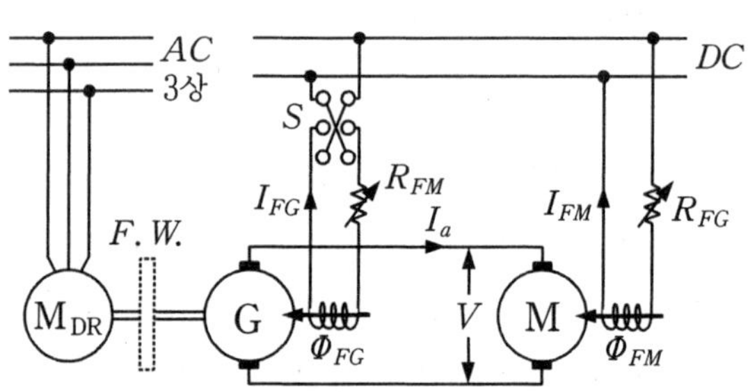

그림 2.28 워드 레오나드 방식(일그너 방식)

키는 방법이다. 발전기를 구동하는 교류전동기 M_{DR}은 유도전동기가 사용된다.

발전기의 계자회로의 절환스위치에 의하여 계자전류의 방향을 바꾸어 주전동기에 공급된 전압을 정, 역방향으로 하여 회전방향을 자유로이 변화시킬 수 있다.

이 방법에서 전동기 전원의 전압제어는 전동기의 계자자속을 최대로 하여 일정하게 유지하고 전기자 전압을 전전압까지 증가시키면서 속도제어를 하고, 또 속도 조정 범위를 넓히기 위하여 전기자 전류를 일정히 하고 전동기의 계자저항기를 조정하여 약화시키는 계자제어를 실시한다. 따라서 전압제어 범위에서는 정토크 구동, 계자제어 범위에서는 정출력 구동을 하게 된다. 또 10 : 1 정도의 매우 광범위한 속도제어를 할 수 있는 유일한 방식이다.

이와 같이 워드 레오나드 방식은 가변전압 전원으로 전동발전기를 사용하지만, 교류전원에서 사이리스터(SCR, thyristor)를 통하여 변환된 직류를 위상제어하여 얻은 가변전압 전원, 즉 사이리스터 위상제어방식을 채택하여 속도를 제어하는 방식을 **정지 워드 레오나드 방식**이라 한다.

그림 2.28과 같이 직류발전기의 구동용 유도전동기의 축에 큰 플라이휠을 붙인 것을 **일그너 방식**(Eilgner system)이라 한다. 이 방식은 주전동기의 토크가 갑자기 증가하면 직류발전기의 부하전류도 급증하며 따라서 유도전동기의 부하가 증가하여 속도가 떨어진다. 이 때 플라이휠에 축적된 운동에너지를 방출하여 유도전동기를 돕게 되므로 입력은 많이 증가하지 않아도 된다.

이와 같이 일그너 방식은 전동기 부하가 급변하여도 전원에서 공급되는 전력의 변동이 적은 장점이 있고, 대형의 압연기나 권상기에 사용한다.

② **직류 초퍼 방식**(DC chopper system) :

직류전압을 제어하기 위한 직류 초퍼 방식은 스위칭 소자의 ON, OFF를 빠른 속도로 반복하여 전동기에 걸리는 평균전압을 조정하여 제어하는 방법으로서 스위칭 소자의 온 오프 타이밍에 따라 출력 전압이 달라지고, 평균전압 V_{av}는 다음과 같다. 여기서 **초퍼**는 잘게 자르는 장치라는 뜻이며, **직류 초퍼**는 직류의 전류를 빠르게 통전과 차단을 반복하는 것을 의미하고 통전율로 제어한다.

$$V_{av}=\frac{T_{on}}{T_{on}+T_{off}}V=\frac{T_{on}}{T}V \tag{2.50}$$

초퍼용의 스위칭 소자는 GTO 사이리스터를 많이 사용하고 있지만, 고속 스위칭이 가능한 IGBT의 MOS 게이트 소자로 대체되고 있다. **그림** 2.29는 사이리스터 직류 초퍼 방식을 나타낸 것이다.

③ **승압기 방식**(booster system) :

그림 2.30과 같이 직류전원과 직렬로 전압조정용 발전기를 B를 접속해서 전원 전압 V와 발전기의 단자전압 V_B를 합성한 전압 $V_M = V + V_B$가 전동기의 전기자에 주어 속도를 조정하는 방식으로 여기에 사용되는 발전기를 **승압기**라 한다.

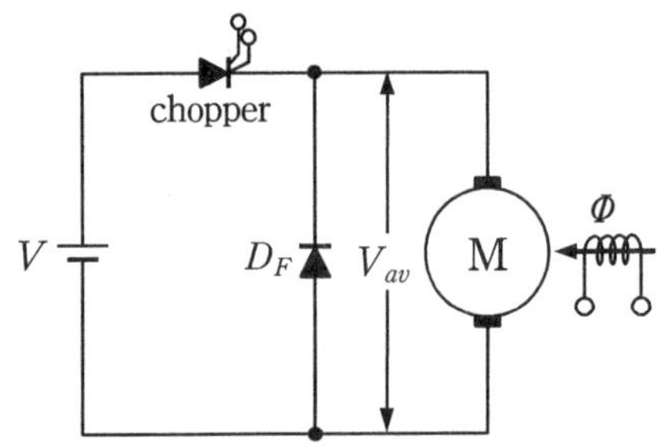

그림 2.29 사이리스터 직류 초퍼회로

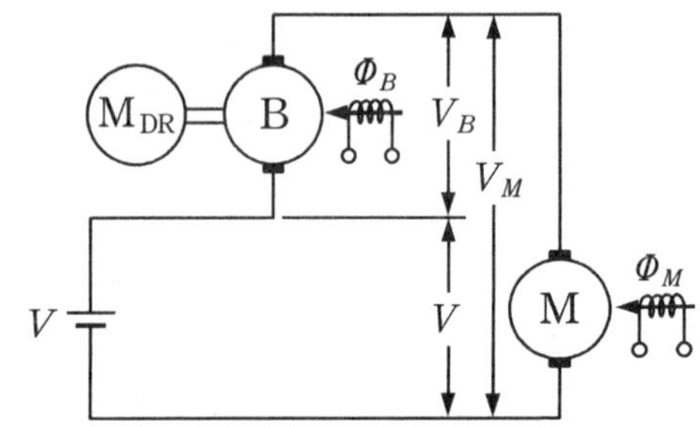

그림 2.30 승압기 방식

(2) 직권전동기의 속도제어

직권전동기의 속도특성은 식 (2.11) 또는 식 (2.49)의 R_a 대신에 $(R_a + R_f)$를 대입한 식 (2.19)가 되어 다음과 같이 표현된다.

$$N = K_2 \cdot \frac{V - I_a(R_a + R_f)}{\Phi} \text{ [rpm]} \tag{2.51}$$

여기서 직권전동기의 속도는 V, $(R_a + R_f)$, Φ, I_a를 변화시키면 속도제어가 가능하지만, 이들은 동시에 변화하기 때문에 분권 또는 타여전동기와는 특성이 매우 다르게 된다.

1 계자제어법

직권전동기의 계자제어법은 **그림** 2.31과 같이 (a) 계자권선에 병렬로 가변저항을 접속하는 방식, (b) 계자권선에 탭을 내어 절환하는 방식, (c) 초퍼에 의한 도통시간의 제어방식 등으로 계자권선에 흐르는 전류 변화에 의해 자속의 변화를 주어 속도 조절을 한다.

2 저항제어법

전기자회로에 직렬로 접속한 가변저항 R_s를 변화시켜 전기자 전류를 조정하여 속도를 제어하는 방식이다. 이 제어법은 가장 간단한 제어법이고, **그림** 2.15와 같은 전압제어법의 일종인 직병렬제어법과 병용하여 많이 사용되는 방법이다.

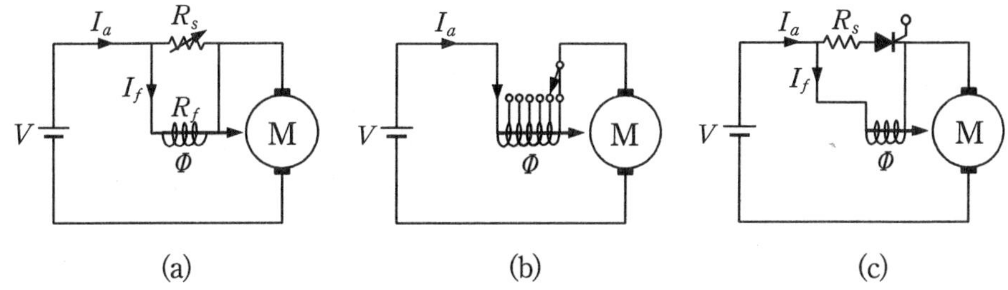

그림 2.31 직권전동기의 계자제어

③ **전압제어법**

공급전압을 변화시켜 속도제어를 하는 방법으로 가변전압 전원으로 사이리스터 위상 제어회로나 직류 초퍼 회로가 많이 사용되고, 또 직병렬제어법, 저항제어법 등으로 병용하여 전차용 전동기의 속도제어에 사용된다.

2.3.2 유도전동기의 속도제어

속도제어는 속도조정이 간편한 직류전동기를 많이 사용하여 왔다. 그러나 직류전동기와 달리 속도제어가 어려운 교류전동기는 브러시와 정류자가 없고 기계적 구성이 간단하여 보수가 용이하고 가격이 저렴한 장점이 있고, 또한 최근 스위칭소자의 개발로 교류전동기의 가변속제어 방식이 실용화되면서 많이 채택하고 있다.

유도전동기의 속도는 식 (2.32), 식 (2.33)에 의해 다음과 같이 표시된다.

$$N_s = \frac{120f}{P}, \qquad N = (1-s)\,N_s$$

따라서 속도는 다음의 세 가지 중에서 하나를 바꾸면 변하게 되고, 이들이 바뀌면 동기속도 및 슬립이 변화되어 속도를 제어하게 된다.

① 슬립 s ② 주파수 f ③ 극수 P

표 2.6은 유도전동기의 속도제어법의 종류, 원인 및 적용을 각각 나타낸 것이다.

표 2.6 유도전동기의 속도제어법, 원인 및 적용

속도제어법	원 인	적 용	속도제어법	원 인	적 용
주파수 변환법	동기속도 변화	농형, 권선형	전압제어법	슬립 변화	농형, 권선형
극수 변환법	동기속도 변화	농형	1차저항 제어법	슬립 변화	농형
2차저항 제어법	슬립 변화	권선형	2차여자 제어법	슬립 변화	권선형

(1) 2차저항 제어법

권선형 유도전동기의 2차회로에 가변저항을 접속하고 비례추이를 이용하여 동일한 토크에 대한 슬립 s를 바꾸는 방법이다.(**그림** 2.17의 2차저항 기동법 참고)

이 방법은 매우 간단하지만 2차 동손이 증가하고 슬립이 증가하기 때문에 효율이 떨어지는 단점이 있다.

용도는 속도를 낮추는 시간이 짧은 경우의 기중기, 권상기, 엘리베이터 등에 주로 사용하며, 속도제어용 저항기는 기동용으로도 겸용할 수 있다.

(2) 주파수 변환법

전원 주파수를 바꾸는 방법이며, 일반적으로 사용할 수 없다. 따라서 **선박추진용 전동기**는 독립된 발전기가 붙어 있고, 또 섬유공장에서 실을 감는 포트를 구동하는 고속회전(6,000~10,000 [rpm])의 전동기인 **포토 모터**(pot motor)도 독립된 주파수 변환장치를 전원으로 가지고 있으므로 주파수 변환법에 의한 속도제어가 가능하다.

가변주파수 전원으로 교류에서 교류로 변환하는 고주파 발진기, 사이리스터 변환장치를 사용하기도 하고, 3상 교류를 정류하여 직류를 얻은 다음 인버터로 변류하여 임의의 주파수의 교류를 얻어서 이 방식에 적용하고 있다.

(3) 극수 변환법

동기속도는 극수에 반비례하므로 권선의 접속을 바꾸어서 극수를 변화시켜 속도를 제어하는 방법이다. 이 방법에는 ① 극수가 다른 2조의 권선을 같은 슬롯에 설치하는 방법과 ② 권선의 접속을 바꾸어 극수를 바꾸는 방법의 두 가지가 있다.

권선형 유도전동기는 고정자권선의 접속을 바꾸는 동시에 회전자의 극수도 바꾸어야 하므로 매우 복잡하다. 그러나 농형 유도전동기는 고정자의 극수와 회전자의 극수를 같게 하지 않아도 되므로(자동적으로 변화됨) 이 방법은 농형 유도전동기에 국한하여 사용된다.

(4) 전압제어법

유도전동기의 토크는 전압의 제곱에 비례하므로 단자전압을 조정하여 속도제어를 할 수 있다. 보통의 유도전동기에서는 최대토크일 때의 슬립보다 적은 슬립의 범위 내에서만 속도제어가 가능하므로 속도제어 범위가 좁다.

1차저항 제어법도 전압제어법의 일종이다.

(5) 1차저항 제어법

유도전동기의 1차측에 가변저항기를 삽입하여 그 저항에 의한 전압강하를 이용하여 전동기에 걸리는 전압을 제어하는 일종의 전압제어 방식이다. 이 방식은 손실이 크므로 소형 유도전동기에 가끔 사용된다.

(6) 2차여자 제어법

2차저항 제어법에서는 저항에 의한 전력손실이 발생하여 효율이 떨어진다. 따라서 2차저항에서의 전압강하와 같은 전압을 주는 전력회수용 기기를 접속하여 2차저항 제어법과 동일한 특성을 갖으면서 효율이 좋은 속도제어방식을 **2차여자 제어법**이라 한다.

이 때 전력회수용 기기에서 회수된 2차 전력을 유도전동기의 축에 기계적 동력으로 반환하는 **크래머 방식**과 전원에 반환하는 **세르비스 방식**이 있다.

2.3.3 동기전동기의 속도제어

동기전동기는 정속도 운전을 목적으로 사용하기 때문에 속도제어는 적합하지 않지만, 주파수 변환에 의한 방법으로 동기속도를 제어하는 경우가 가끔 사용되기도 한다.

2.4 전동기의 역전법

2.4.1 직류전동기의 역전법

직류전동기를 역전시키려면 회전방향은 플레밍 왼손법칙의 전자력에 관계하므로 계자 또는 전기자회로 중 한 쪽의 극성을 반대로 한다. 단, 전기자회로의 접속을 변경하는 경우는 보극, 보상권선도 같이 바꾸어야 한다. 또 복권전동기에서 계자회로의 극성을 바꾸려면 분권 및 직권선을 모두 바꾸어야 한다.

2.4.2 유도전동기의 역전법

교류전동기는 회전자계에 의해 회전방향이 결정되므로 계자의 자계 또는 전기자의 전류방향을 바꾸거나 회전자계의 회전방향을 바꾸면 역전하게 된다.

3상 유도전동기는 3상의 3선 중에서 2선을 서로 바꾸어서 접속하면 상순이 바뀌게 되어 회전자계의 회전방향이 바뀌어 역전하게 된다.

단상 유도전동기에서 분상 기동형 및 콘덴서 기동형은 보조권선이 주권선보다 위상이 앞서게 되어 발생하는 회전자계에 의해 회전자가 돌도록 되어 있기 때문에 보조권선의 양단을 서로 바꾸어 접속하면 반대로 보조권선이 주권선보다 뒤진 위상이 되고 회전자계가 반대로 되어 회전자의 회전방향도 역전하게 된다.

또 셰이딩 코일형은 역전이 불가하고, 반발기동형은 브러시의 위치를 전기각 180° 돌려주면 역전한다.

2.5 전동기의 제동법

전동기를 운전 중에 급정지 또는 중력부하의 하중에 의한 속도의 상승으로 위험을 초래한다. 이와 같이 전동기의 정지 또는 속도 상승을 억제하기 위하여 기계적 또는 회전을 방해하는 방향의 전기적 토크를 가하여 소기의 목적을 달성하기 위하여 전원의 차단만으로는 관성에 의해 회전을 지속적으로 하기 때문에 즉시 제동이 이루어지지 않으며 이에 적합한 제동장치가 필요하다.

전동기의 제동은 운전을 정지하거나 속도상승을 억제하는 것을 의미하고, 제동법에는 다음의 종류가 있다.

제동법
- 기계적 제동법 : 마찰 브레이크(디스크형, 밴드형, 슈형) → 저속
- 전기적 제동법 : 발전제동, 역전제동, 회생제동 → 고속

2.5.1 발전제동

발전제동(dynamic braking)은 전동기를 전원에서 분리하고 저항을 접속하여 발전기로 동작시켜서 전기자가 갖는 기계적 에너지를 전기적 에너지로 변환할 때 전기자의 역회전력을 차축에 동작시켜 제동하는 방식으로써 발생 출력은 저항에서 열로 소비시킨다.

① 직류전동기 : 전동기를 전원에서 분리하여 발전제동용 저항에 접속하여 소비시킨다.(분권형 : 저항만 직접 접속, 직권형 및 복권형 : 계자권선을 반대로 접속 또는 타여방식)

② 유도전동기 : 전동기를 교류전원에서 분리하고 1차측에 직류전압을 인가하면 고정된 직류자계가 생기고, 이에 대해 회전자는 교류발전기로 동작하여 나온 출력을 저항에서 소비하여 제동하는 방식이다. 권선형은 2차저항을 부하로 이용하고, 농형은 회전자가 슬립링에 의해 단락되어 있으므로 자체가 부하로 된다.

발전제동은 고속 회전에서 제동력이 크지만, 저속 회전에서는 작기 때문에 기계적 제동과 겸용하여 사용한다.

2.5.2 역전제동

역전제동은 전동기를 급속히 정지시키기 위하여 일정 방향으로 운전하고 있는 도중에 권선의 접속을 바꾸어서 역토크에 의해 감속시키고, 역회전하기 직전에 전원을 차단하여 기계적 마찰제동에 의해 정지시키는 방법이다. 역전제동을 **역상제동** 또는 **플러깅**(plugging)이라고도 하고, 전기적 제동에서 기계적 제동으로의 변환은 속도검출장치에 의한 자동적으로 절환시킨다. 역전제동시 과전류를 막기 위하여 직류전동기는 직렬저항을, 권선형 유도전동기는 2차측, 농형 유도전동기는 1차측에 저항을 삽입하여 전류를 소비시킨다. 이 방법은 가장 신속한 제동법이다.

2.5.3 회생제동

회생제동(regenerative braking)은 전동기를 전원에 접속한 상태에서 중력부하를 하강시킬 때 속도가 빨라지는 경우, **그림** 2.32와 같이 전동기의 유기기전력(역기전력)이 전원전압보다 높아져서 발전기로 동작하고 발생전력을 전원으로 되돌려줌과 동시에 속도를 점차로 감속하는 경제적인 제동법이다.

① 직류전동기 : 승강기의 하강시나 전차가 급경사의 비탈길을 내려갈 때 차량의 중량으로 인하여 전동기는 가속하게 되며, 이 때 전동기는 발전기로 동작하여 발생한 전력을 전원에 반환하면서 속도를 점차로 감속시키는 제동력이 발생한다. 단, 직권 또는 복권전동기는 계자권선의 단자 접속을 반대로 해야 한다.

② 유도전동기 : 동기속도 이상으로 회전하면 유도발전기로 동작하며 부토크가 발생하여 동기속도로 제동된다.

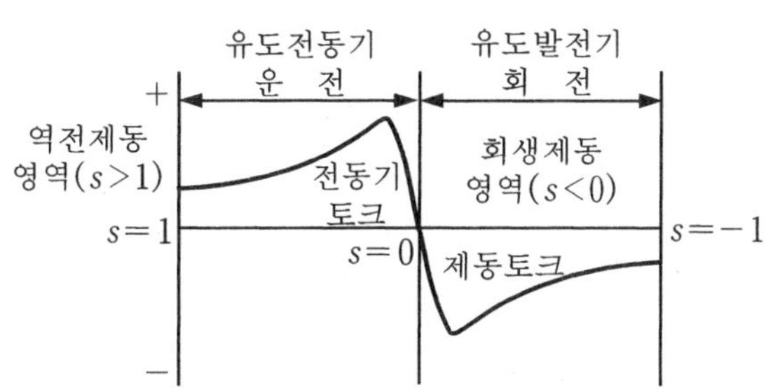

그림 2.32 회생제동

2.6 전동기의 선정

2.6.1 전동기의 선정 방법

전동력을 합리적으로 이용하기 위해서는 용도에 알맞은 전동기를 선택하여야 한다. 따라서 전동기의 선정 방법은 다음과 같다.

① 부하의 속도-토크 특성에 적합한 특성의 것을 선정할 것
② 운전형식에 적당한 정격 및 냉각 방식에 따라 선정할 것
③ 사용장소의 상황에 알맞은 보호방식의 것을 사용할 것
④ 용도에 적합한 기계적 형식의 것을 선정할 것
⑤ 가급적 표준출력의 것을 선정할 것
⑥ 고장이 적고 신뢰도가 높으며 운전비용이 낮을 것

2.6.2 전동기의 전압의 종류

전동기에 사용되는 표준주파수는 60 [Hz]이며, 3상 전원용 표준전압은 220 [V], 380 [V], 440 [V], 3,300 [V], 6,600 [V]가 일반적이다.

전동기 전압의 선정은 전압이 높아질수록 절연비가 많이 요구되므로 크기와 가격이 증가한다. 또 전동기의 운전제어반도 전압이 높아질수록 가격이 상승하고, 전류용량이 증가해도 가격이 상승한다. 따라서 전압의 고저에 의한 경제성을 고려하여 전원으로부터 모든 배선까지 총괄적으로 검토할 필요가 있다.

전동기의 전압 선정에는 일률적으로 정할 수는 없지만, 보통 용량에 따라 37 [kW]이하는 200 [V] 또는 400 [V], 37 [kW]~150(200) [kW]는 400 [V]이고, 150(200) [kW]이상은 3,300 [V], 6,600 [V]가 많이 사용하고 있다.

또한 유도전동기의 종류와 용도는 다음과 같이 선정하는 것이 일반적이다.

- 유도전동기
  - 농형
    - 보통농형 : 0.2~3.7 [kW]
      (용도 : 소용량 및 일반적인 용도)
    - 특수농형 : 5.5~37 [kW], 11 [kW]이상 기동기 사용
      (용도 : 펌프, 송풍기, 권상기, 엘리베이터, 공작기계)
  - 권선형 : 5.5~37 [kW], 5.5 [kW]이상 기동기 사용
    (용도 : 송풍기, 크레인, 압연기, 분쇄기)

2.6.3 전동기 정격의 선정 조건

제 1.2절에 의해 부하의 속도－토크 특성을 고려하여 전동기의 형식, 종류를 선정한 후에는 전동기 정격의 선정이 필요하다. 이 때 고려해야 할 사항은 부하가 요구하는 기동 토크, 최대 토크에 충분히 견딜 수 있는지의 여부, 또 기기의 수명으로 보아 온도상승 한도가 규격 내에 들어 있는 지의 여부 및 직류기에서는 정류작용에 무리가 없어야 하는 것 등이다.

이와 같은 사항들을 만족시키기 위해서는 요구되는 조건보다 여유가 있는 것을 선정하는 것이 좋지만 특성과 운용 등을 고려하여 요구 조건에 필요한 최소한도로 적합한 것을 선정하는 것이 좋다.

(1) 전동기의 입출력

1 입력

직류 전동기 $P_i = EI$ [W] (2.52)

단상 교류 전동기 $P_i = EI\cos\theta$ [W] (2.53)

3상 교류 전동기 $P_i = \sqrt{3}\,EI\cos\theta$ [W] (2.54)

(P_i : 입력, E : 공급전압, I : 선전류, $\cos\theta$: 역률)

2 출력

전동기에서 발생되는 기계적 동력을 출력 P_m이라 하며, 토크 T가 SI 단위계와 공학 단위계로 각각 주어졌을 때 다음과 같이 구분하여 나타낸다.

$$P_m = T\omega = T\cdot\left(\frac{2\pi N}{60}\right) = 0.1047\,TN \text{ [W]} \tag{2.55}$$

$$P_m = T\omega = (9.8\,T')\cdot\omega = (9.8\,T')\cdot\left(\frac{2\pi N}{60}\right) = 1.026\,T'N \text{ [W]} \tag{2.56}$$

$$\begin{cases} \text{SI 단위}: T = \dfrac{P_m}{\omega} = P_m\cdot\left(\dfrac{60}{2\pi N}\right) = 9.549\dfrac{P_m}{N} \text{ [N·m]} \\ \text{공학 단위}: T' = \dfrac{T}{9.8} = \dfrac{1}{9.8}\times 9.549\times\dfrac{P_m}{N} = 0.975\dfrac{P_m}{N} \text{ [kg·m]} \end{cases}$$

(2) 전동기의 효율 및 속도변동률

1 전동기의 효율

① 전동기의 효율 η : 기계적 입력과 출력의 비

$$\eta = \frac{\text{출력}}{\text{입력}} = \frac{P_m}{P_i} \times 100\ [\%] \tag{2.57}$$

② 규약효율 η' : 전기적으로 측정할 수 있는 값을 적용하여 구한 효율

$$\eta' = \frac{P_i - P_L}{P_i} \times 100\ [\%] \quad (P_L : \text{전동기의 총손실}) \tag{2.58}$$

2 속도변동률

① 속도변동률 ε_s : 부하변동에 따른 속도의 변동 정도를 나타내는 값

$$\varepsilon_s = \frac{N_0 - N_1}{N_1} \times 100\ [\%] \tag{2.59}$$

(N_0 : 무부하 속도, N_1 : 정격부하에서의 속도)

② 유도전동기의 슬립 s에서의 속도변동률

$$\text{슬립} : \ s = \frac{N_0 - N}{N_0} \times 100\ [\%] \tag{2.60}$$

(N_0 : 동기속도 ≒ 무부하 속도, N : 임의의 부하에서의 속도)

따라서 식 (2.60)에 의한 속도변동률 ε_s는

$$\varepsilon_s = \frac{s}{100 - s} \times 100 = \frac{s}{1 - \frac{s}{100}} \fallingdotseq s\left(1 + \frac{s}{100}\right) \fallingdotseq s\ [\%] \tag{2.61}$$

(3) 전동기의 온도상승

전동기를 운전할 경우 손실이 따르며 입력의 일부가 손실되고 나머지는 기계적 동력으로 이용된다. 이 손실은 열이 되어 전동기의 온도상승을 초래하게 된다. 정상상태에 도달한 후의 온도상승에 관해서는 다음 식이 성립된다.

$$P_L = hST \qquad \therefore \quad T = \frac{P_L}{hS}\ [℃] \tag{2.62}$$

(T : 최종 상승온도, P_L : 손실 [W], h : 방열계수 [W/m^2 · deg]
S : 방열면적 [m^2])

즉, 최종 온도상승 T는 손실에 비례하므로 동일 전동기라도 출력이 커지면 손실이 커져서 T는 올라간다.

온도상승과 수명의 관계에 대해서는 아직 충분히 해명되지 못한 상태이지만, 기기의 절연종별에 따라 **표** 2.7와 같은 허용 최고온도가 정해져 있다. 일반적으로 저압전동기는 E종, 고압전동기는 B종을 채택하여 사용한다.

표 2.7 전기기기의 절연종별과 허용 최고온도

절연 종별	허용 최고온도[℃]	절연물 종류	용도
Y 종	90	면, 견, 종이	저압기기
A 종	105	Y종 재료를 배니쉬 또는 기름에 채운 것	일반 회전기기 변압기
E 종	120	에폭시수지, 멜라민수지, 폴리우레탄수지	일반기기 대용량 회전기기
B 종	130	운모, 석면, 유리섬유 등으로 접착제와 함께 사용한 것	고압기기
F 종	155	B종 재료를 실리콘알키드수지의 접착제와 함께 사용한 것	고압기기
H 종	180	B종 재료를 실리콘수지와 함께 사용한 것	건식변압기
C 종	180이상	운모, 석면, 유리 등을 단독 또는 접착제와 함께 사용한 것	특수기기

(4) 전동기의 사용

1 전동기의 사용장소에 따른 형식

① 방진형 : 먼지 또는 분진이 많은 장소(제분소, 사료공장, 도정공장)

② 방적형 : 습기가 많고 물방울이 떨어지는 장소(하우스, 양수장)

③ 방수형 : 수중에서 사용 가능(수중펌프 및 선박용)

④ 방식형 : 조풍이 있거나 부식성가스가 많은 장소(해안지대 및 화학공장)

⑤ 방폭형 : 폭발의 우려가 있는 장소(탄광, 화학공장)

2 전동기의 명판

① 명칭 : 전동기의 종류를 표기한다.

② 형식 : 제조회사에 따라 기호로 표시되며, 커버나 보호 방식의 종류를 표시

③ 출력 : 전동기의 출력을 표시, 와트 [W], [kW] 및 마력 [HP], [PS]

영국 마력 : 1 [HP] = 76 [kg · m/s] = 746 [W]
미터 마력 : 1 [PS] = 75 [kg · m/s] =735 [W] (프랑스 마력)

미터마력은 산업혁명 이후에 제정된 것으로 유럽, 미국에서 주로 사용하고 있으며, 최근 우리 나라도 출력 단위로 [W], [kW]와 함께 [PS]를 사용하는 추세이다.

④ 사용전압 : 사용전원의 표준전압이 볼트[V]로 표시
110/220 [V]의 표기는 110 [V] 또는 220 [V] 모두 사용할 수 있음을 나타낸다.

⑤ 극수 : 전동기 고정자의 극수이고, 2, 4, 6, 8 등 2의 배수로 표기

⑥ 회전속도 : 전 부하에서 회전자의 분당 회전수를 [rpm]으로 표기

⑦ 결선도 : 결선에 따른 회전방향의 선택 등을 표시

⑧ 전류 : 전 부하시 소모되는 전류를 암페어(Ampare, A)로 표기

【참고】 각종 시험 문제에서 와트와 마력의 단위 환산은 아직 혼용한 값을 사용하고 있는 실정이기 때문에 선다형에서는 동시에 주어지지 않고 있다.

(3) 전동기의 진동과 소음

전동기의 진동은 기계적인 원인과 전자력의 불평형에 의한 원인이 있다. 또 전동기가 발생하는 소음은 원인별로 기계적 소음, 전자적 소음 및 통풍 소음으로 분류된다.

표 2.8 전동기의 진동 원인

기계적 원인	전자적 원인
① 회전자의 정적, 동적 불평형 ② 베어링의 불평등 ③ 상대기계와의 연결 및 설치불량	① 회전자의 편심 ② 공극의 변동 ③ 회전자철심의 자기적 성질의 불평등 ④ 고주파자계에 의한 자기력의 불평형

표 2.9 전동기의 소음

소음의 분류	내 용
① 기계적 소음	진동, 브러시의 습동, 롤러베어링 등을 원인으로 하는 것
② 전자적 소음	철심의 여러 부분이 주기적인 자력, 전자력으로 진동에 의한 것
③ 통풍 소음	팬, 회전자의 에어덕트 등의 팬작용으로 나는 소음

연 습 문 제

객관식

2-1 직류전동기의 속도제어에 사용되지 않는 방식은 무엇인가?
㉮ 전류제어 ㉯ 전압제어 ㉰ 저항제어 ㉱ 계자제어

2-2 직류전동기를 속도조정에 사용하는 이유는 무엇인가?
㉮ 역회전 할 수 있기 때문에 ㉯ 무단 변속할 수 있으므로
㉰ 회전력이 크기 때문에 ㉱ 속도조정이 간편하기 때문에

2-3 전동기의 정격 회전수에서 기동토크가 가장 큰 것은 무엇인가?
㉮ 직류 분권전동기 ㉯ 직류 복권전동기
㉰ 직류 직권전동기 ㉱ 교류 동기전동기

2-4 부하전류가 증가하면 가장 급격히 속도가 감소하는 전동기는 다음 중에서 어느 것인가?
㉮ 직류 분권전동기 ㉯ 직류 복권전동기
㉰ 3상 유도전동기 ㉱ 직류 직권전동기

2-5 직류 직권전동기는 다음 중 어느 부하에 적당한가?
㉮ 정토크 부하 ㉯ 정속도 부하 ㉰ 정출력 부하 ㉱ 변출력 부하

2-6 직류전동기의 저항기동을 하는 이유는 무엇인가?
㉮ 속도를 제어하기 위하여 ㉯ 전압을 작게 하기 위하여
㉰ 전류를 제한하기 위하여 ㉱ 편리하고 간단하기 때문에

2-7 직류전동기의 속도제어에서 효율이 가장 낮은 것은 무엇인가?
㉮ 워드 레오나드제어 ㉯ 전압제어
㉰ 저항제어 ㉱ 계자제어

2-8 전동기 제동 방법에 쓰이지 않는 것은?
㉮ 마찰제동 ㉯ 계자제동 ㉰ 와전류제동 ㉱ 발전제동

2-9 속도를 10 : 1 정도로 제어하려고 할 때 적당한 속도제어 방식은 무엇인가?

㉮ 계자제어 분권전동기 ㉯ 권선형 유도기의 2차저항 제어
㉰ 레오나드제어 ㉱ 농형 유도전동기의 전압제어

2-10 워드 레오나드 방식과 일그너 방식의 차이점은 무엇인가?

㉮ 플라이휠을 이용하는 점이다. ㉯ 전동발전기를 이용하는 점이다.
㉰ 직류전원을 이용하는 점이다. ㉱ 권선형 유도발전기를 이용하는 점이다.

2-11 제철용 압연기에 쓰이는 전동기의 속도제어 방식은 무엇인가?

㉮ 일그너 방식 ㉯ 극수 변환 방식
㉰ 여자제어 방식 ㉱ 워드 레오나드 방식

2-12 워드 레오나드 방식은 다음의 어느 것에 쓰이는가?

㉮ 동기전동기의 속도제어 ㉯ 유도전동기의 속도제어
㉰ 직류전동기의 속도제어 ㉱ 교류 정류자전동기의 속도제어

2-13 유도전동기의 속도제어가 아닌 것은?

㉮ 2차저항 제어 ㉯ 계자제어
㉰ 공급 단자전압 제어 ㉱ 극수 변환

2-14 농형 유도전동기의 기동에 있어 다음 중 옳지 않은 방법은?

㉮ 전전압 기동 ㉯ 단권변압기에 의한 기동
㉰ Y－Δ 기동 ㉱ 2차저항에 의한 기동

2-15 선박의 전기추진에 많이 사용하는 속도제어 방식은 무엇인가?

㉮ 극수변환 제어방식 ㉯ 전원주파수 제어방식
㉰ 2차저항 제어방식 ㉱ 크래머 제어방식

2-16 가장 속도가 빠른 전동기를 필요로 하는 것은?

㉮ 엘리베이터 ㉯ 제지 권취기 ㉰ 침목기 ㉱ 포트 모터

2-17 전동발전기 혹은 정지형 인버터에서 2차 전력을 전원에 변환하는 방식의 전동기 속도제어 방식은?

㉮ 일그너 방식 ㉯ 세르비스 방식
㉰ 크래머 방식 ㉱ 워드 레오나드 방식

2-18 다음 단상 유도전동기에서 기동토크가 가장 적은 것은?

㉮ 반발 기동형 ㉯ 반발 유도형 ㉰ 분상 기동형 ㉱ 콘덴서 기동형

2-19 반발전동기의 속도조정에 편리한 방법은 무엇인가?

㉮ 2차저항을 이용한다. ㉯ 전압을 조정한다.
㉰ 권선 방법을 변경한다. ㉱ 브러시를 이동한다.

2-20 무부하로 회전하고 있는 3상 유도전동기의 개폐기에서 1선의 퓨즈가 단선되면?

㉮ 전동기가 정지한다. ㉯ 속도가 저하한다.
㉰ 역회전한다. ㉱ 전동기가 과열된다.

2-21 교류, 직류를 모두 사용할 수 있는 전동기는?

㉮ 동기전동기 ㉯ 직권전동기
㉰ 콘덴서 기동 전동기 ㉱ 히스테리시스 전동기

2-22 3상 유도전동기를 급속히 정지 또는 감속시킬 경우, 가장 손쉽고 효과적인 제동법은 무엇인가?

㉮ 발전제동 ㉯ 와전류제동 ㉰ 회생제동 ㉱ 역상제동

2-23 전동기의 전기자를 전원에서 끊고 전동기를 발전기로 동작시켜 회전 운동에너지로 발생하는 전력을 그 단자에 접속한 저항에서 열로 소비시키는 제동방법은?

㉮ 역전제동 ㉯ 회생제동 ㉰ 발전제동 ㉱ 와전류제동

2-24 3상 유도전동기의 플러깅(plugging)이란 무엇인가?

㉮ 플러그를 사용하여 전원에 연결하는 방법
㉯ 운전 중 2선의 접속을 바꾸어 상회전을 바꾸어 제동하는 법
㉰ 단상 상태로 기동할 때 일어나는 현상
㉱ 고정자와 회전자의 상수가 일치하지 않을 때 일어나는 현상

2-25 가정용 전기기기에 가장 많이 사용되는 전동기는?

㉮ 단상 유도전동기 ㉯ 분권 직류전동기
㉰ 3상 유도전동기 ㉱ 3상 정류자 전동기

2-26 전기기기에서 E종 절연물을 사용한 전동기의 허용 최고온도[℃]는?

㉮ 90 ㉯ 130 ㉰ 120 ㉱ 155

주관식

2-1 직류전동기의 기동방식에 대하여 설명하라.

2-2 유도전동기의 기동방법에 대하여 설명하라.

2-3 단상 유도전동기의 기동방식에 대하여 설명하라.

2-4 동기전동기의 기동방식에 대하여 설명하라.

2-5 직류전동기의 속도제어법에 대하여 설명하라.

2-6 유도전동기의 속도제어법에 대하여 설명하라.

2-7 전동기의 역전법에 대하여 설명하라.

2-8 전동기의 제동법의 종류와 각각에 대하여 설명하라.

2-9 유도전동기와 직류기의 회생제동을 비교하라.

2-10 워드 레오나드 방식과 일그너 방식의 차이점에 대하여 설명하라.

2-11 절연물에 관한 절연종별을 구분하고 최고 허용온도를 설명하라.

2-12 전동기의 진동의 발생의 원인에 대하여 설명하라.

2-13 전동기의 소음의 종류에 대하여 설명하라.

chapter 3

전동력 응용의 실제

전동력을 기반으로 산업현장에서 물자를 원활하고 능률적으로 운반하는 기중기, 권상기, 엘리베이터 등의 하역기계와 공기 및 기체 등의 유체를 운반하는 송풍기, 펌프와 제철공업 등에서 사용하는 압연기에 대하여 설명하기로 한다.

3.1 하역기계

3.1.1 권상기

권상기(winding machine)는 와이어 로프에 의하여 물건을 수직으로 이동시키는 장치로서 드럼(drum)에 로프를 감는 방식과 활차(pulley)에 감는 방식이 있다.

그림 3.1과 같이 드럼의 종류에 따라 원통형, 원추형 및 조합형인 원추 원통형으로 구분한다.

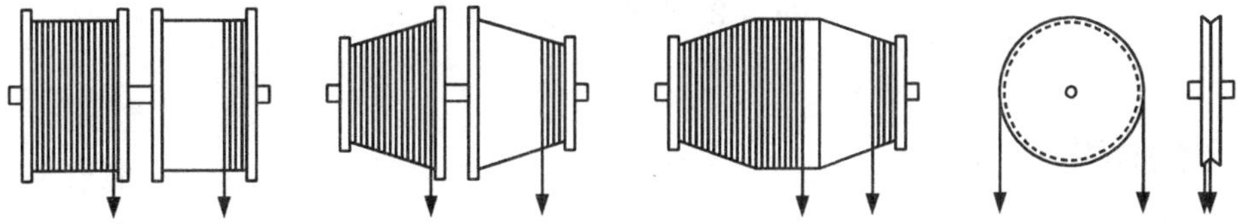

(a) 원통형 (b) 원추형 (c) 원추 원통형 (d) 케페 활차

그림 3.1 드럼과 활차

① **원통형** : 가장 간단한 구조로 와이어 로프를 몇 단으로 감을 수 있기 때문에 깊은 갱도 등에서 소형 및 대형 권상기 등의 넓은 범위로 사용된다. 드럼의 지름이 같기 때문에 감기 시작할 때 큰 토크가 필요하다.

② **원추형** : 와이어 로프를 여러 단으로 감을 수 없는 대신에 감기 시작할 때에 지름이 작은 부분에서 큰 부분으로 감기 때문에 권상에 요하는 토크의 평균화 작용을 한다.

③ **원추 원통형** : 와이어 로프를 길게 할 수 있고, 토크의 평균화의 장점을 가지고 있지만, 제작비가 비싸고 로프가 미끄러질 우려와 쉽게 상하는 단점을 가지고 있기 때문에 대형 권상기에서는 많이 사용하고 있지 않다.

④ **케페 활차**(köpe pully) : V형의 홈이 있는 활차에 와이어 로프를 걸어 활차와 로프 사이의 마찰력을 이용하여 권상하는 방식이다.

그림 3.1과 **그림** 3.2(a)와 같은 두 개의 드럼이 같은 축에 설치되어 한 쪽 드럼으로 감아 올릴 때, 동시에 다른 드럼은 감아 내리도록 되어 부하를 평형시켜 주는 역할을 한다. 이 방식을 **평형 감기**라 하고 대형기에 사용한다. 반면에 **그림** 3.2(b)와 같이 단드럼에 로프, 카, 탄차, 석탄 등의 전중량에 의하여 토크가 걸리는 **불평형 감기**가 있다.

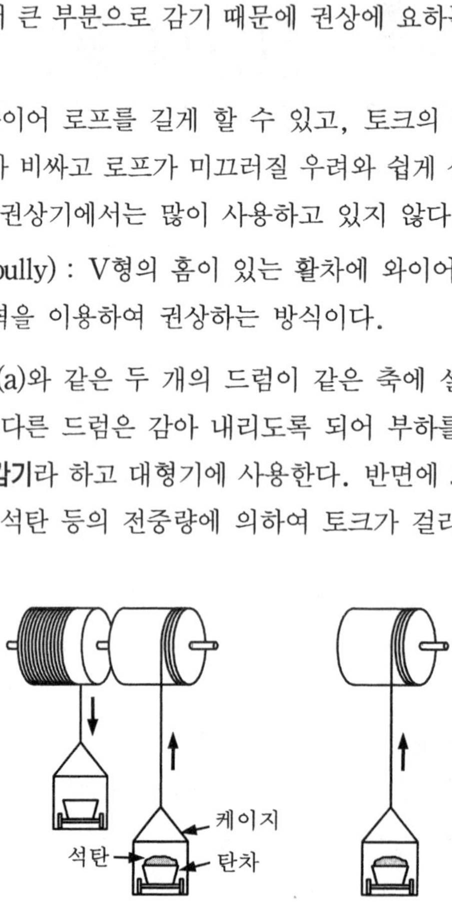

(a) 평형감기 (b) 불평형감기

그림 3.2 평형 및 불평형감기

(1) 권상용 전동기

레오나드 방식에 의한 직류전동기가 사용되고 있으며, 최근 교류방식에 대한 제어법의 개발과 진보로 직류전동기 대신에 교류전동기를 많이 사용하고 있다. 특히 소형은 농형 유도전동기, 중형 이상은 권선형 유도전동기가 사용되고 있다.

(2) 권상용 전동기의 소요동력

권상기의 회전수를 N[rpm], 부하토크를 T[kg · m]라 할 때, 권상기에 요구되는 부하의 동력 P는 다음과 같다.

$$P = 9.8T\omega = 9.8T\left(\frac{2\pi N}{60}\right) \times 10^{-3} = 1.027TN \times 10^{-3}\,[\text{kW}] \tag{3.1}$$

따라서 권상기에 사용하는 전동기의 용량 P_m은 권상장치의 기계효율을 η라 할 때

$$P_m = \frac{P}{\eta} = \frac{1.027TN}{\eta} \times 10^{-3}\,[\text{kW}] \tag{3.2}$$

η는 전동기와 권상기를 직결하는 경우 80~90[%], 기어를 사용하는 경우는 1단마다 90~95[%]이다.

3.1.2 기중기

기중기는 하역기계 중에서 가장 종류가 많고, 널리 사용되고 있다. 수직이동과 수평이동을 하여 목적하는 장소에 물건을 이동시키는 데 사용하며, 수직이동을 위한 권상기와 수평이동을 위한 주행용 전동기가 구비되어 있다.

여기서는 대표적으로 천장 기중기, 탑형 기중기 및 지브 기중기에 대하여 설명한다.

(1) 기중기의 종류

1 천장 기중기

천장 기중기(overhead travelling crane)는 제철소, 발전소 등 공장의 옥내에서 자재, 제품의 운반이나 기계의 해체 및 설치 등을 목적으로 사용된다.

구조는 권상기, 가로 주행장치를 가진 **크랩**(crab) 또는 **트롤리**(trolley), 거더(girder) 위의 가로 주행용 레일을 포함한 **기계 주행장치** 및 거더의 한 쪽 끝에 매달려 있는 **운전실**로 되어 있다.

그림 3.3과 같이 천장 아래의 양 벽 쪽에 설치된 기중기 보(beam) 위에 주행레일을 부설하고, 거더에 주행용 차륜을 부착하여 주행레일 위를 이동할 수 있도록 한다. 또 가로 주행용 레일을 부설한 거더의 상판에서 크랩을 가로 주행하도록 한다.

전원은 건물 벽에 설치된 트롤리선(trolley wire)으로부터 습동접촉자(slide corrector)를 사용해서 집전하고 운전실에 일단 들어갔다가 다시 거더에 설치된 트롤리선을 통하여 크랩의 권상기, 가로주행 전동기 및 주행 전동기에 직결된다.

권상기의 권상속도는 1.0~1.5 [m/min]이고, 크랩식은 일반적으로 대형의 제철, 제강공장 등에서 사용된다.

이 기중기의 특징은 건물 내의 상부공간을 이용하기 때문에 지상의 작업면적이 넓고 구조가 단순하며 안정성이 있다. 또 운전조작 및 보수점검도 용이하고, 유지비도 비교적 적게 든다.

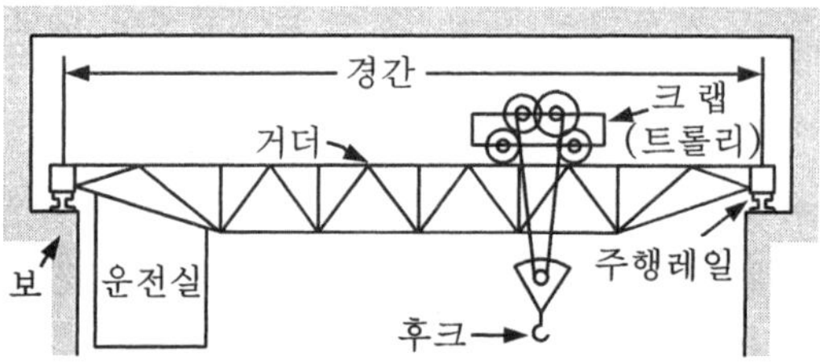

그림 3.3 천장 크레인(overhead travelling crane)

2 탑형 기중기

탑형 기중기는 현장에서 타워 크레인(tower crane)이라 더 불리어지고 있으며, **그림** 3.4와 같이 탑과 같은 높은 수직 주상에서 선회하는 수평보 위를 트롤리가 운행하는 구조이다.

특히 양정이 높고, 큰 선회반지름을 필요로 하는 곳에서 이용하기 때문에 조선소, 제철소의 고로 설치 및 초고층 빌딩의 건설 등에서 많이 사용한다.

3 지브 기중기

지브 기중기(jib crane)는 **그림** 3.5와 같이 기중기 본체, 지지주에서 선회할 수 있는

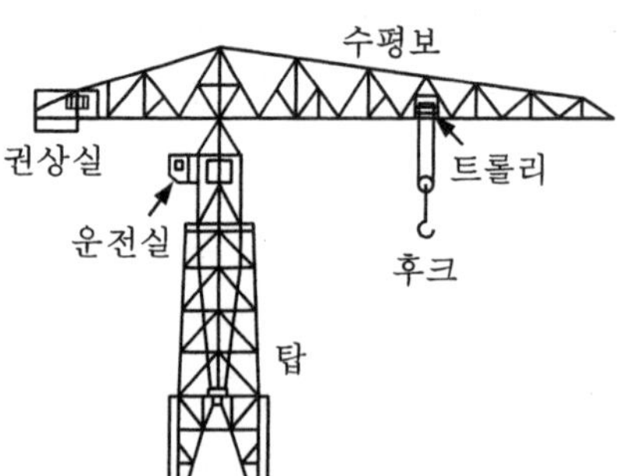

그림 3.4 탑형 크레인(tower crane)

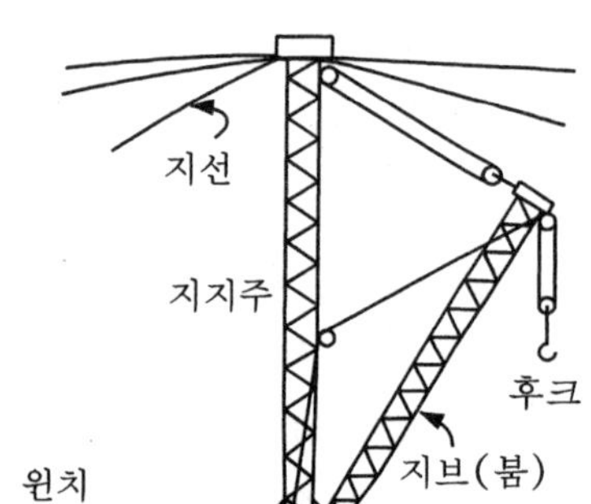

그림 3.5 지브 크레인(jib crane)

지브(jib)라고 하는 암이 나와 있고, 그 끝에 후크(hook) 또는 그래브 버켓(grab bucket)을 매어 달아 와이어 로프로 하역하는 설비이다.

물건을 매어 단 채로 선회와 주행을 할 수 있기 때문에 댐 건설현장에서 콘크리드 버켓 운반용이나 건축공사에서도 많이 이용되고 있다. 또 구조가 간단하여 경량, 건설비가 싼 특징이 있으므로 천장 기중기와 마찬가지로 많이 사용되는 기중기이다.

(2) 기중기용 전동기와 용량

기중기용의 직류전동기는 직권전동기만이 사용되며, 직류 전원 방식이 있는 경우에는 특성이 우수한 직류전동기를 사용한다. 그러나 교류방식의 제어법이 진보하여 용량이 크고 보수가 용이한 3상 권선형 유도전동기가 많이 사용된다.

또 기중기용 전동기는 플라이휠 효과가 적고, 최대토크가 큰 것을 사용해야 하며, 50 [kW]까지는 표준화되어 있다.

기중기에 사용되는 권상용, 가로주행용 및 주행용 전동기의 용량은 다음과 같이 산정한다.

권상용 동력 : $$P_1 = 9.8\,W_1 \times 1000 \times \frac{V_1}{60} \times \frac{1}{\eta_1} \times 10^{-3} = \frac{W_1 V_1}{6.12\eta_1}\ [\text{kW}] \quad (3.3)$$

$$\begin{cases} W_1\,[\text{t}] : \text{권상하중},\ V_1\,[\text{m/min}] : \text{권상속도} \\ \eta_1 : \text{권상기의 기계효율}(0.6 \sim 0.8) \end{cases}$$

가로주행 동력 : $$P_2 = \frac{W_2 V_2 C_2}{6,120\eta_2}\ [\text{kW}] \quad (3.4)$$

$$\begin{cases} W_2\,[\text{t}] : W_1 + \text{트롤리 중량},\ V_2\,[\text{m/min}] : \text{가로주행 속도} \\ C_2\,[\text{kg/t}] : \text{가로주행 저항}(25 \sim 35\,[\text{kg/t}]) \\ \eta_2 : \text{가로주행 장치의 기계효율}(1\text{단 } 0.92,\ 2\text{단 } 0.8) \end{cases}$$

주행용 동력 : $$P_3 = \frac{W_3 V_3 C_3}{6,120\eta_3}\ [\text{kW}] \quad (3.5)$$

$$\begin{cases} W_3\,[\text{t}] : W_2 + \text{거더 중량},\ V_3\,[\text{m/min}] : \text{주행속도} \\ C_3\,[\text{kg/t}] : \text{주행 저항},\ \eta_3 : \text{주행 장치의 기계효율} \end{cases}$$

단, 주행용 동력에서의 η_3, C_3는 각각 가로주행용 동력의 η_2, C_2와 거의 같다.

3.1.3 엘리베이터

엘리베이터(elevator)는 고층 건물의 수직 교통기관으로 승객용, 하물용, 자동차용 등 각종 산업에 많이 이용되고 있다.

원리는 **그림** 3.6과 같이 일종의 케페식 권상기이며, 와이어 로프와 활차의 마찰력을 응용한 트랙션형(traction type)이 주로 사용된다. 구조는 일반적으로 로프식이며 케이지와 평형추를 와이어 로프로 걸고 전동기에 의하여 활차(트랙션 시브)를 구동하고, 사용전원에 따라 교류 및 직류 엘리베이터가 있다. 또 케이지(승강실)와 제어반 사이에는 제어케이블에 의하여 전기적으로 접속되어 있다.

로프를 거는 방법은 통상적으로 1 : 1과 2 : 1이 있으며, 1 : 1은 로프와 케이지의 속도가 같고, 2 : 1은 로프 속도가 케이지 속도의 2배이다.

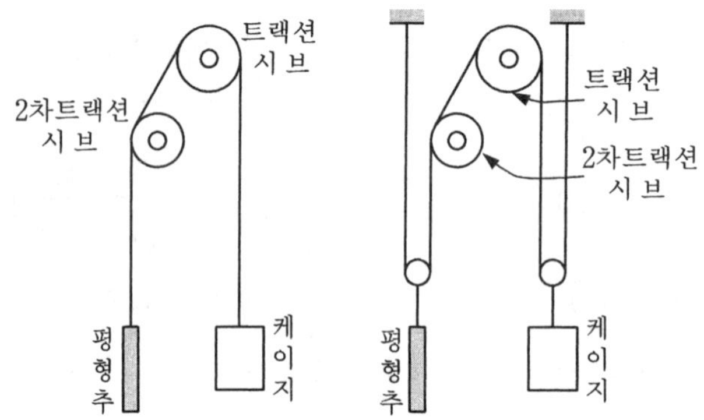

(a) 1 : 1 로핑　　(b) 2 : 1 로핑

그림 3.6 엘리베이터의 로핑

(1) 엘리베이터의 종류

① 운행속도에 의한 분류

- 저속 엘리베이터 : 45 [m/ min]이하(15, 20, 30, 45)
- 중속 엘리베이터 : 60~105 [m/ min](**60**, 70, **90**, 105)
- 고속 엘리베이터 : 120 [m/ min]이상(120, 150, 180, 240, 300)

주거용 아파트 엘리베이터의 운행속도는 일반적으로 60 [m/min]이고, 최근 20층 이상의 고층 아파트는 90 [m/min]가 주종을 이루고 있다.

2 전원에 의한 분류

직류 엘리베이터 : 워드 레오나드 방식의 직류 직권전동기
교류 엘리베이터 : 3상 농형 유도전동기

3 감속기 유무에 의한 분류

① 기어드 엘리베이터(geared elevator) : 권상기의 웜기어 또는 헬리컬기어가 전동기와 결합되어 구동용으로 사용되는 방식
② 기어리스 엘리베이터(gearless elevator) : 권상기 자체가 전동기만으로 되어 있는 방식(고속용)

(2) 엘리베이터용 전동기

엘리베이터용 전동기는 기동과 정지를 빈번히 하기 때문에 회전 부분의 관성모멘트가 작고, 기동토크가 커야 한다. 또한 가속과 감속을 부드럽게 하기 위하여 가속도의 변화율이 적어야 하고, 소음도 거의 없어야 한다.

사용 전동기는 직류와 교류용의 전동기를 모두 사용할 수 있다.

직류전동기는 변속도 특성을 가진 직권전동기를 사용하고, 전동발전기(교류전동기와 직류발전기)에 의한 워드 레오나드 방식으로 기어리스형의 가변전압제어를 한다. 주로 고속 엘리베이터에 이용된다.

교류전동기는 속도비 3 : 1, 2 : 1 정도의 2개 권선을 가진 3상 이중 농형전동기가 사용되며, 감속비가 1 : 20~1 : 60 정도의 웜 기어를 가진 기어드형을 겸용하여 중・저속용의 엘리베이터에 사용한다. 현재는 교류제어 기술의 발달로 직류전동기보다 교류의 3상 농형전동기를 많이 사용한다.

(3) 전동기의 용량

엘리베이터의 전동기 용량 산정은 정격속도와 정격부하로 운전하는 경우에는 권상기용 전동기의 용량 결과의 식 (3.3)과 같다.

$$P = 9.8\,W \times 1000 \times \frac{V}{60} \times \frac{1}{\eta} \times 10^{-3} = \frac{WV}{6.12\,\eta} \text{ [kW]} \tag{3.6}$$

P[kW] : 전동기 용량, W[t] : 적재중량
V[m/min] : 승강속도, η : 권상장치의 기계효율

효율 η는 기어드식 1:1 로핑의 경우 0.5~0.6, 2:1 로핑의 경우 0.45~0.55, 기어리스식 1:1 로핑의 경우 0.85, 2:1 로핑의 경우 0.80이 된다.

평형추를 사용하는 엘리베이터는 식 (3.6)에서 평형추에 의한 평형율 $C(0.4\sim0.6)$를 고려하여 다음의 일반적인 전동기 용량에 관한 식이 된다.

$$P[\mathrm{kW}]=\frac{WVC}{6.12\eta}\ [\mathrm{kW}]$$
$$\left(P[\mathrm{PS}]=\frac{P[\mathrm{kW}]}{0.735},\quad P[\mathrm{HP}]=\frac{L[\mathrm{kW}]}{0.746}\right) \tag{3.7}$$

(4) 안전장치

엘리베이터는 안전 운행을 하기 위하여 여러 가지 안전장치가 필수적이다.

① 제동장치 : 전원 차단시 전동기의 회전을 급제동시키는 브레이크(brake) 장치
② 인터록 장치 : 출입문의 완전 폐쇄 후 기동할 수 있는 개폐문의 인터록 장치
③ 조속기(governor) : 엘리베이터가 일정속도 범위를 초과하였을 때 제동 및 정지하도록 지시하는 장치
④ 비상정지장치 : 일정속도 범위의 초과를 조속기에 의해 지시받았을 때 작동 정지시키는 안전장치
⑤ 완충기(buffer) : 승강실 또는 평형추가 승강로의 바닥에 충돌할 때 충격을 완화시켜주는 장치
⑥ 리미트 스위치(limit switch) : 최상층과 최하층에 설치되어 전기회로를 열어주는 안전장치
⑦ 기타 : 비상시 외부와의 연락을 취할 수 있는 인터폰과 승강실의 내부에서 외부로 탈출할 수 있는 천장의 탈출구 등으로 구성되어 있다.

예제 3.1 12층 빌딩에 설치된 적재 중량 1000[kg]의 엘리베이터를 승강 속도 50[m/min]으로 운전하기 위한 전동기의 출력[kW]을 구하라. 단, 평형률은 0.5이다.

풀이

엘리베이터의 일반적인 전동기 출력은 식 (3.7)에서

$$P = \frac{WVC}{6.12\eta} = \frac{1\times50\times0.5}{6.12\times1} = 4.08\ [\text{kW}]$$

가 된다.

예제 3.2 한 사람의 무게를 62 [kg], 운전속도 100 [m/min]라고 할 때, 필요한 동력을 [PS]와 [HP]의 단위로 나타내라. 단, 엘리베이터의 자중은 무시한다.

풀이

엘리베이터의 전동기 출력[kW]은 식 (3.7)에서

$$P = \frac{WVC}{6.12\eta} = \frac{(0.062\times8)\times100\times1}{6.12\times1} = 8.1\ [\text{kW}]$$

① 1 [PS] = 0.735 [kW]의 관계에서 다음과 같이 된다.

$$\therefore\quad P\,[\text{PS}] = \frac{P\,[\text{kW}]}{0.735} = \frac{8.1}{0.735} = 11.02\ [\text{PS}]$$

② 1 [HP] = 0.746 [kW]의 관계에서 다음과 같이 된다.

$$\therefore\quad P\,[\text{HP}] = \frac{P\,[\text{kW}]}{0.746} = \frac{8.1}{0.746} = 10.86\ [\text{HP}]$$

3.2 송풍기

기체를 어느 압력에 대항해서 유동시키는 것을 **송풍기**라고 하며, 배출 압력에 따라 일반적으로 **통풍기**(fan), **송풍기**(blower), **압축기**(compressor)의 세 가지로 구분할 수 있다.

① **통풍기** : 0~0.1 [kgf/cm^2], 0~500 [mmAq]

② **송풍기** : 0.1~1 [kgf/cm^2], 약 25 [mmHg] 이상

③ **압축기** : 1 [kgf/cm^2] 이상,

통풍기는 단순히 통풍을 목적으로 기체만을 유동시키는 것이고, 팬이라고도 하며, 프로펠러형 날개를 가지고 있다.

【참고】 압력의 단위

표준대기압 : 1 [atm] = 760 [mmHg] = 1.0332 [kgf/cm^2] = 10.332 [mAq]
= 1013.2 [mbar] = 1.0132 [bar] = 101.32 [kPa] = 14.7 [psi]

단위 관계 : 1 [mmHg] = 1 [torr], 1 [Pa] = 1 [N/m^2], 1 [bar] = 10^5 [Pa]

3.2.1 송풍기의 종류

송풍기는 터보형과 용적형으로 분류하고, 이 형식에 해당하는 종류는 다음과 같다.

- 송풍기
  - 터보형
    - 원심식 : 다익팬, 터빈팬
    - 축류식 : 프로펠러팬, 축류팬
  - 용적형
    - 회전식 : 회전송풍기, 회전압축기
    - 왕복식 : 왕복압축기

(1) 터보형(turbo type)

송풍기의 **터보형**은 회전날개에 의하여 기체에 원심력을 주어서 압력을 발생시켜 기체를 유동하는 **원심식**과 기체의 유동 방향이 축방향과 같은 **축류식**으로 구분한다.

터보형은 압력이 낮고 유량이 많은 경우에 사용된다.

1 **원심식**(centrifugal type)

① **다익팬** : 회전방향으로 경사진 여러 날개를 가진 것으로서 폭이 넓고 지름방향으로 깊이가 얕다. 가장 많이 사용되는 팬으로 일반 환기용 및 강제 통풍용이 있다.

② **터빈팬** : 다익팬과 반대로 회전방향에 대하여 반대 방향으로 뒤로 경사진 날개를 가지고 있으며, 폭이 좁고 깊이가 깊다. 구조는 가장 크지만, 효율이 좋고, 비교적 소형으로 값이 비싸며, 보일러나 광산 통풍용 등에 사용되고 있다.

2 **축류식**(propeller type)

축류식은 원심식에 비하여 저압이고, 다량의 풍량을 요구하는 경우에 적합한 송풍기이며, 소음이 큰 것이 결점이다. 종류는 회전날개를 둘러싼 풍도의 유무에 따라 다음과 같이 분류한다.

① **프로펠러팬** : 프로펠러형의 날개를 가지고 있으며 풍도가 없는 가장 간단한 축류식 팬으로 저압의 풍량이 많은 경우에 사용된다.

② **축류팬** : 풍도가 있는 축류식의 팬을 말한다.

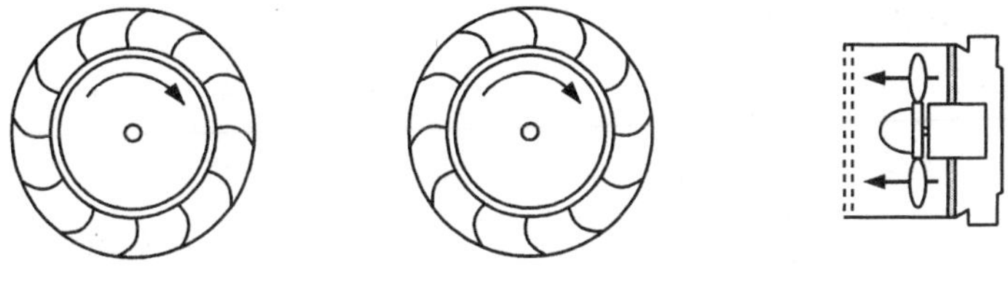

(a) 다익팬(원심식)　(b) 터빈팬(원심식)　(c) 프로펠러팬(축류식)

그림 3.7 송풍기의 터보형

(2) 용적형(positive displacement type)

용적형은 일정한 용적 내에 흡인된 기체의 용적이 회전자 및 피스톤의 왕복운동에 의해 감소하면서 압력에 의해 토출되는 방식으로서 **회전식**과 **왕복식**으로 분류한다.

용적형은 터보형에 비해 압력이 높고 유량이 적은 경우에 사용한다. 용적형의 회전식, 왕복식과 터보형(원심식)의 형식에 따른 압력과 유량의 관계를 비교하면 **표** 3.1과 같다.

표 3.1 송풍기의 형식에 따른 압력과 유량의 관계

송풍기		압력	유량	적 용
형 식	종 류	(풍압)	(풍량)	
터보형	원심식	저압	다량	통풍기, 송풍기
용적형	회전식	중압	중	송풍기, 압축기
	왕복식	고압	소량	송풍기, 압축기

용적형은 압력이 낮은 곳에 적용하는 일반적인 통풍기(fan)의 용도로는 사용하지 않으며 통상적으로 풍압이 높은 고압을 발생하는 송풍기(blower) 및 압축기(compressor)로 사용한다.

그러나 터보형에 단수를 증가시켜 고압으로 하여 송풍기 또는 압축기로 사용하기도 한다.

① 회전식(rotary type)

피스톤의 왕복운동과 같은 작용으로 회전자를 회전운동시켜 높은 고압을 얻는 방식이고, 회전자는 편심형과 나사식의 구조로 이루어져 있다. 회전 송풍기(rotary blower) 및 회전 압축기(rotary compressor)가 있다.

② 왕복식(reciprocating type)

왕복펌프와 마찬가지로 실린더 내에서 피스톤의 왕복운동에 의하여 공기 및 기체를 압축하여 흡입압력보다 높은 송출압력을 얻는 방식으로 압력범위가 넓기 때문에 압축기로 가장 널리 사용된다. 압력이 대략 20~30 [kgf/cm^2] 정도 이상이 되면 대부분 왕복식 압축기이다.

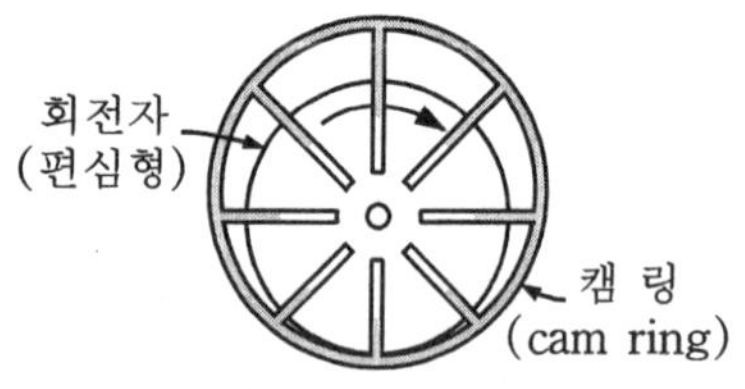

(a) 가동익 압축기(회전식)

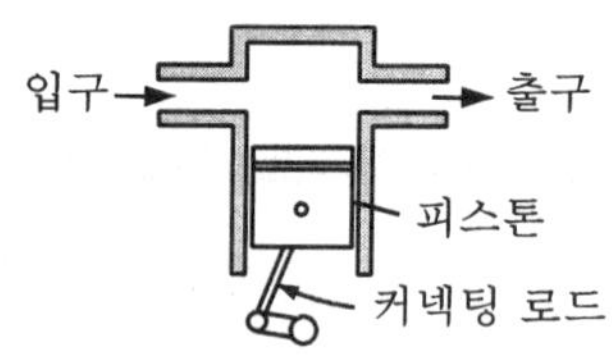

(b) 왕복식

그림 3.8 송풍기의 용적형

3.2.2 소요동력 및 사용전동기

단면적을 가진 송풍관에 기체를 송풍할 때, 송풍에 소요되는 동력은 이론동력, 축동력, 전동기 동력(용량)으로 구분할 수 있다.

① **이론동력** : 송풍기에 의하여 순수히 기체를 보내는 데 필요한 동력

② **축동력** : 전동기에 의하여 송풍기를 운전하는 데 필요한 동력으로서 송풍기가 회전할 때 회전차의 축에 걸리는 동력(송풍기 효율 η)

③ **전동기 동력(용량)** : 전동기가 송풍기를 구동하는 데 필요한 동력(여유계수 K)

전동기의 동력은 이론동력으로부터 구할 수 있고, 이론동력은 **표** 1.1의 질점의 운동역학에 관한 기본식에서 일률, 즉 출력 $P = Fv$로부터 얻어진다.

송풍기의 이론동력 $L_w = Fv$에서 F는 단면적에 작용하는 전 압력이고 차원은 힘과 같다. 또 v는 유속를 의미하며 연속방정식에서 체적유량 $Q = Av$의 관계가 성립한다.

단면적 A [m^2]의 송풍관에 풍량 Q [m^3/min], 풍압 H [mAq]로 송풍할 때, 주어

진 조건의 풍압(압력) H[mAq]를 SI 단위계의 H'[N/m^2]로 변환하면 다음과 같이 된다.[압력의 단위 참고]

$$\begin{aligned} H' &= \frac{1.0332}{10.332} \times 10^4 \times H = 1000H\,[\mathrm{kgf/m^2}] = 9.8 \times 1000\,H\,[\mathrm{N/m^2}] \\ \therefore\ H' &= 9800H\,[\mathrm{N/m^2}] \end{aligned} \tag{3.8}$$

또 전 압력 F와 유속 v는 다음과 같이 구할 수 있다.

$$\begin{cases} F = \text{압력} \times \text{단면적} = H' \times A = 9800HA\,[\mathrm{N}] \\ v = \dfrac{\text{유량}}{\text{단면적}} = \dfrac{1}{60} \cdot \dfrac{Q}{A}\,[\mathrm{m/s}] \end{cases} \tag{3.9}$$

따라서 이론동력 L_w[W]는 다음과 같이 얻어지고, 축동력과 전동기 동력도 이론동력으로부터 아래와 같이 구해진다.

$$\begin{aligned} L_w &= Fv = 9800 \times \left(\frac{1}{60}QH\right)[\mathrm{W}] \\ \therefore\ L_w &= 0.163QH \times 10^3\,[\mathrm{W}] = \frac{QH}{6.12} \times 10^3\,[\mathrm{W}] \end{aligned} \tag{3.10}$$

(1) 이론동력(수동력) (L_w) :

$$\begin{aligned} & L_w[\mathrm{kW}] = 0.163QH = \frac{QH}{6.12}\,[\mathrm{kW}] \\ & \left(L_w[\mathrm{PS}] = \frac{L_w[\mathrm{kW}]}{0.735},\quad L_w[\mathrm{HP}] = \frac{L_w[\mathrm{kW}]}{0.746}\right) \end{aligned} \tag{3.11}$$

(2) 축동력 (L) : 송풍기 효율 η 적용

$$\begin{aligned} & L[\mathrm{kW}] = \frac{L_w}{\eta} = \frac{0.163\,QH}{\eta} = \frac{QH}{6.12\eta}\,[\mathrm{kW}] \\ & \left(L[\mathrm{PS}] = \frac{L[\mathrm{kW}]}{0.735},\quad L[\mathrm{HP}] = \frac{L[\mathrm{kW}]}{0.746}\right) \end{aligned} \tag{3.12}$$

(3) 전동기 동력(용량) (P) : 전동기의 여유계수 K 적용

$$\begin{aligned} & P[\mathrm{kW}] = KL = \frac{0.163KQH}{\eta} = \frac{KQH}{6.12\eta}\,[\mathrm{kW}] \\ & \left(P[\mathrm{PS}] = \frac{P[\mathrm{kW}]}{0.735},\quad P[\mathrm{HP}] = \frac{L[\mathrm{kW}]}{0.746}\right) \end{aligned} \tag{3.13}$$

$$\begin{cases} Q\,[\mathrm{m^3/min}] : \text{풍량},\ H\,[\mathrm{mAq}] : \text{풍압}(=\text{양정}) \\ \eta : \text{송풍기의 효율}(0.5 \sim 0.75),\ K : \text{전동기의 여유계수}(1.1 \sim 1.5) \end{cases}$$

위의 동력을 나타내는 식에서 압력 H의 단위는 일반적으로 [mmAq]로 주어지기 때문에 1/1000배를 하여 [mAq]로 환산한 후에 대입하여 소요동력을 산출한다.

이것은 유체부하인 송풍기와 마찬가지로 다음 절의 펌프에서도 참고의 압력 단위에 의하여 압력을 양정(수두)으로 변환하여 사용하기 때문에 실전 응용이 간단하고 일관성을 위하여 활용한 것이다.

풍량과 풍압을 조절할 필요가 없는 경우에는 속도제어도 필요가 없으므로 농형 유도전동기가 사용되고, 적은 범위의 속도제어시에는 권선형 유도전동기의 2차저항 제어법, 풍동실험과 같은 속도제어 범위가 10 : 1 정도에서는 워드 레오나드 방식의 직류전동기를 사용한다.

예제 3.3 풍량 $Q = 170\,[\text{m}^3/\text{min}]$, 전풍압 $H = 50\,[\text{mmAq}]$의 축류팬(fan)을 구동하는 전동기의 소요 동력 $P\,[\text{kW}]$, $P\,[\text{PS}]$, $P\,[\text{HP}]$을 각각 구하라. 단, 팬의 효율 $\eta = 75\,[\%]$, 여유계수 $K = 1.35$이다.

풀이

풍압의 양정은 $H = 50\,[\text{mmAq}] = 0.05\,[\text{mAq}]$이 된다.

따라서 식 (3.13)에 의하여 송풍기의 전동기 소요 동력은 각각

$$P\,[\text{kW}] = \frac{KQH}{6.12\eta} = \frac{1.35 \times 170 \times 0.05}{6.12 \times 0.75} = 2.50\,[\text{kW}]$$

$$P\,[\text{PS}] = \frac{P\,[\text{kW}]}{0.735} = \frac{2.5}{0.735} = 3.40\,[\text{PS}]$$

$$P\,[\text{HP}] = \frac{P\,[\text{kW}]}{0.746} = \frac{2.5}{0.746} = 3.35\,[\text{HP}]$$

가 된다.

3.3 펌프

펌프는 액체에 압력을 가하여 위치에너지를 변화시켜 수송하는 기계이다. 펌프의 종류와 각각의 특성은 송풍기에서와 매우 유사하다.

3.3.1 펌프의 종류

펌프는 터보형과 용적형으로 분류하고, 이 형식에 해당하는 펌프의 종류는 각각 다음과 같다.

- 펌프
  - 터보형
    - 원심 펌프 : 볼류트 펌프, 터빈 펌프
    - 사류 펌프
    - 축류 펌프
  - 용적형
    - 회전 펌프 : 베인펌프, 기어펌프, 나사펌프
    - 왕복 펌프 : 피스톤펌프, 플런저펌프, 워싱턴펌프

터보형은 저양정 고유량에 적합하고 소형 경량으로 구조가 간단하며, 용적형은 고양정 저유량에 적합한 형식이다.

(1) 터보형(turbo type)

터보형은 원심펌프와 터빈펌프로 분류하며, 저양정 고유량에 적합한 곳에 적용한다. 또 고속회전이 가능하고, 소형 경량이며, 구조가 간단하고, 취급이 용이하며, 효율이 높다.

1 **원심펌프**(centrifugal pump)

임펠러(회전차, impeller)를 빠르게 회전시킬 때 일어나는 원심력에 의하여 압력의 변화를 일으켜 유체를 수송하는 펌프로 회전차 입구에서 반지름 방향 또는 경사 방향에서 유입하고, 회전차 출구에서 반지름 방향으로 유출하는 구조이다.

왕복펌프에 비하여 소형 경량이고, 고속운전에 적당하고 모터에 직결된다. 또 진동과 소음이 적고, 송수압에 파동이 없어 수량의 조절에 용이한 특징이 있다.

① **볼류트 펌프**(volute pump) : 임펠러 주위에 안내날개(guide vane)가 없는 것이 특징이며, 10~60 [mAq]의 비교적 저양정, 고유량에 사용한다.

② **터빈 펌프**(turbine pump) : 임펠러 외측에 물의 흐름을 조절하기 위한 고정된 안내날개가 있는 구조이고, 볼류트 펌프보다 20~200 [mAq]의 높은 양정에 사용한다. 펌프의 단수는 1단 증가시 3~6 [kgf/cm^2]의 압력이 증가하므로 양정을 높이기 위하여 보통 2~6단을 사용한 다단 터빈 펌프를 사용한다.

원심펌프는 물을 뿜어 올리는 것이 아니라 임펠러의 고속 회전에 의하여 케이스 내를 진공으로 만들고 진공에 의한 흡입된 물을 밀어내는 역할을 하는 것이다.

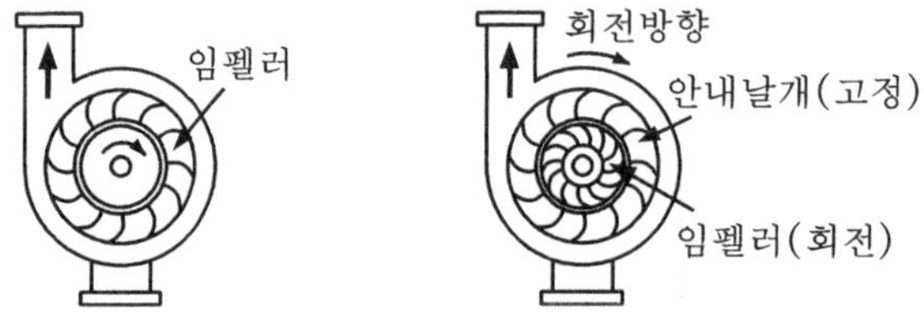

(a) 볼류트펌프 (b) 터빈펌프

그림 3.9 원심펌프

2 **사류펌프**

액체의 유체가 회전차 입구, 출구에서 모두 경사 방향으로 유입하여 경사 방향으로 유출하는 펌프

3 **축류펌프**(propeller pump)

액체의 유체가 회전차 입구, 출구에서 모두 축방향으로 유입하여 축방향으로 유출하는 펌프로서 비속도가 크고 구조가 간단하며 가격이 저렴하다.

(2) 용적형(positive displacement type)

용적형은 고양정 소유량에 적합하며, 회전펌프와 왕복펌프가 있다.

1 **회전펌프**(rotary pump)

피스톤의 왕복운동과 같은 작용으로 회전자를 회전운동시켜 유체를 연속으로 급송하는 펌프로서 기름이나 점성이 높은 액체의 압송에 적합한 펌프이다.

① **베인 펌프**(vane pump) : 회전자 내의 방사상으로 설치된 홈에 삽입한 날개(vane)가 캠 링(cam ring)에 내접하여 회전하는 것에 의하여 두 개의 베인 사이에 포위된 유체를 흡입측에서 배출측으로 밀어내는 형식의 펌프[**그림** 3.8(a)참고]

② **기어 펌프**(gear pump) : 케이싱 내에서 맞물리는 기어의 회전에 의하여 기어 홈 내의 유체를 흡입측에서 토출측으로 보내는 펌프

③ **나사 펌프**(screw pump) : 케이싱 내에서 나사를 가진 회전자를 회전시켜서 유체를 흡입측에서 토출측으로 보내는 펌프

2 **왕복펌프**(reciprocating pump)

① **피스톤 펌프**(piston pump) : 실린더 내에서 피스톤의 왕복운동으로 급수하는 펌프로서 양정이 높고 유량이 적은 경우에 적합하며 수량의 조절이 곤란하다.[**그림** 3.8(b)참고]

② **플런저 펌프**(plunger pump) : 플런저의 왕복운동으로 급수하는 것으로 펌프의 주위에서 누설이 적기 때문에 수압이 높고 유량이 적은 곳에 적용한다.

피스톤은 작동부의 단면이 커넥팅 로드의 단면보다 크지만, 플런저는 양쪽이 동일한 치수를 가진 것으로 구별한다.

③ **워싱턴 펌프**(washington pump) : 증기기관에 펌프가 직결되어 있으므로 고압 보일러 등의 급수펌프에 적합

3.3.2 펌프의 특성

(1) 펌프의 양정곡선

유량 Q와 양정 H의 관계를 나타낸 곡선을 **양정곡선**이라 하고, 펌프가 일정한 속도로 작동되고 있을 때 원심펌프의 양정곡선을 **그림** 3.10에 나타낸다.

그림 3.10 양정곡선

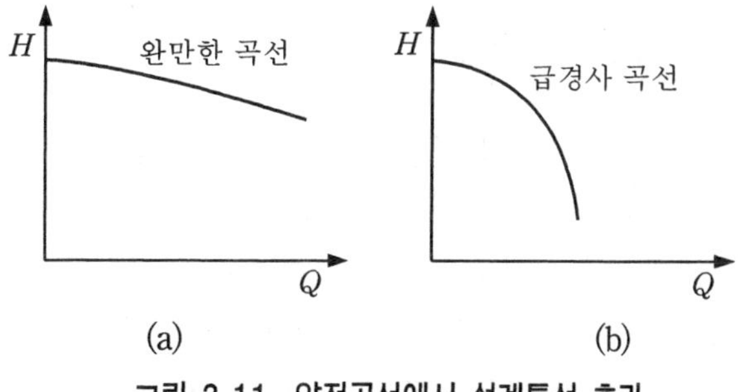

그림 3.11 양정곡선에서 설계특성 효과

또 양정곡선의 모양은 임펠러의 폭, 날개(베인)의 수, 날개의 모양과 각도 등에 따라 바뀌게 된다.

그림 3.11(a)는 넓은 임펠러, 많은 수의 날개, 날개의 큰 각도이고, **그림** 3.11(b)는 좁은 임펠러, 적은 수의 날개, 날개의 작은 각도인 경우의 특성을 나타내고 있다.

(2) 상사법칙

구조가 서로 같은 두 대의 펌프에서 각각의 회전차 바깥지름을 D_1, D_2, 회전수를 N_1, N_2라고 할 때, 이들의 관계는 **표** 3.2와 같이 상사법칙이 적용된다.

표 3.2 상사법칙

유 량	$\frac{Q_1}{Q_2}=\left(\frac{D_1}{D_2}\right)^3\cdot\frac{N_1}{N_2}$
양 정	$\frac{H_1}{H_2}=\left(\frac{D_1}{D_2}\right)^2\cdot\left(\frac{N_1}{N_2}\right)^2$
동 력	$\frac{P_1}{P_2}=\left(\frac{D_1}{D_2}\right)^5\cdot\left(\frac{N_1}{N_2}\right)^3$

(3) 비속도

어떤 회전차에서 형상과 운전 상태를 상사법칙을 유지하면서 그 크기를 바꾸어 단위 송출량에서 단위 양정을 내게 할 때, 그 회전차에 주어져야 할 회전수를 처음 회전차의 **비속도**(specific speed)라 하고 다음과 같이 나타낸다.

$$N_s=N\frac{Q^{1/2}}{H^{3/4}} \tag{3.14}$$

여기서 $Q\,[\mathrm{m^3/min}]$, $H\,[\mathrm{m}]$: 양정, $N\,[\mathrm{rpm}]$: 회전수이다.

비속도가 같은 회전차는 모두 상사형이고, 비속도는 회전차의 형상을 나타내는 척도가 된다.

비속도는 펌프의 성능을 나타내거나 최적의 회전수를 알 수 있기 때문에 펌프의 선정에 결정적인 역할을 한다.

표 3.3은 펌프의 형식과 비속도의 관계를 나타낸 것이다.

표 3.3 펌프 형식과 비속도의 관계

펌프 형식	비 속 도
터빈 펌프	100~300
원심 펌프	100~800
사류 펌프	250~1,200
축류 펌프	1,200~1,800

3.3.3 소요동력 및 사용전동기

펌프는 송풍기와 마찬가지로 유체부하를 수송하기 위한 기계로서 이론동력, 축동력, 전동기 동력으로 구분한다.

전동기의 동력은 이론동력으로부터 구할 수 있고, 이론동력은 **표** 1.1의 질점의 운동역학에 관한 기본식에서 일률, 즉 출력 $P = Fv$로부터 얻어진다.

펌프의 이론동력 $L_w = Fv$에서 F는 단면적에 작용하는 전 압력이고 차원은 힘과 같다. 또 v는 유속를 의미하며 연속방정식에서 체적유량 $Q = Av$의 관계가 성립한다.

단면적 $A\,[\mathrm{m}^2]$의 파이프에 양수량 $Q\,[\mathrm{m}^3/\mathrm{min}]$을 양정 $H\,[\mathrm{m}]$까지 올릴 때, 펌프로 물을 올리기 위한 전 압력 F와 유속 v는 다음과 같이 구할 수 있다.

$$\begin{cases} F = \text{압력} \times \text{단면적} = \gamma H \times A = 1000HA\,[\mathrm{kgf}] \\ \qquad (\because \text{ 물의 비중량 } \gamma = 1000\,[\mathrm{kgf/m^3}]) \\ \quad \therefore\ F = 9.8 \times 1000HA = 9800HA\,[\mathrm{N}] \\ v = \dfrac{\text{유량}}{\text{단면적}} = \dfrac{1}{60} \cdot \dfrac{Q}{A}\,[\mathrm{m/s}] \end{cases} \tag{3.15}$$

따라서 펌프의 이론동력 $L_w\,[\mathrm{W}]$는 다음과 같이 얻어진다.

$$\begin{aligned} L_w &= Fv = 9800 \times \left(\frac{1}{60}QH\right)[\mathrm{W}] \\ \therefore\ L_w &= 0.163QH \times 10^3\,[\mathrm{W}] = \frac{QH}{6.12} \times 10^3\,[\mathrm{W}] \end{aligned} \tag{3.16}$$

펌프에 의해 물을 올릴 때 소요되는 동력은 이론동력(수동력), 축동력, 전동기 동력으로 구분하고, 축동력과 전동기 동력은 이론동력으로부터 다음과 같이 구해진다.

(1) 이론동력(수동력) (L_w) : 펌프에 의하여 순수히 물를 수송하는 데 필요한 동력이고, **수동력**이라고도 한다.

$$\begin{aligned} L_w[\mathrm{kW}] &= 0.163QH = \frac{QH}{6.12}\,[\mathrm{kW}] \\ &\left(L_w[\mathrm{PS}] = \frac{L_w[\mathrm{kW}]}{0.735},\quad L_w[\mathrm{HP}] = \frac{L_w[\mathrm{kW}]}{0.746}\right) \end{aligned} \tag{3.17}$$

(2) 축동력 (L) : 전동기에 의하여 펌프를 운전하는 데 필요한 동력으로서 펌프가 회전할 때 회전차의 축에 걸리는 동력(펌프 효율 η)

$$L\,[\mathrm{kW}] = \frac{L_w}{\eta} = \frac{0.163\,QH}{\eta} = \frac{QH}{6.12\eta}\,[\mathrm{kW}]$$
$$\left(L\,[\mathrm{PS}] = \frac{L\,[\mathrm{kW}]}{0.735},\quad L\,[\mathrm{HP}] = \frac{L\,[\mathrm{kW}]}{0.746}\right) \tag{3.18}$$

(3) 전동기 동력(용량) (P) : 전동기가 펌프를 구동하는 데 필요한 동력
(전동기의 여유계수 K)

$$P\,[\mathrm{kW}] = KL = \frac{0.163KQH}{\eta} = \frac{KQH}{6.12\eta}\,[\mathrm{kW}]$$
$$\left(P[\mathrm{PS}] = \frac{P[\mathrm{kW}]}{0.735},\quad P[\mathrm{HP}] = \frac{L[\mathrm{kW}]}{0.746}\right) \tag{3.19}$$

$Q\,[\mathrm{m^3/min}]$: 양수량, $H\,[\mathrm{m}]$: 총양정
η : 펌프의 효율, K : 전동기의 여유계수(1.1~1.2)

펌프의 운전은 기동토크가 그다지 크지 않아도 되므로 보통 직류전원이 있는 곳에서는 선박용으로 국한하여 분권전동기를 사용한다.

교류에서는 주로 농형 또는 특수 농형의 3상 유도전동기가 사용된다. 또 고속 대용량의 경우는 권선형 유도전동기를 사용하고, 가정용의 소용량 펌프에서는 단상 유도전동기를 사용한다.

예제 3.4 양수량 $Q=6\,[\mathrm{m^3/min}]$, 총양정 $H=7.5\,[\mathrm{m}]$를 양수하는 데 필요한 수동력 $L_w\,[\mathrm{kW}]$, 축동력 $L\,[\mathrm{kW}]$ 및 구동용 전동기의 출력 $P\,[\mathrm{kW}]$를 구하라. 단, 펌프의 효율 $\eta=75\,[\%]$, 여유계수 $K=1.1$이다.

풀이

수동력, 축동력 및 전동기 출력은 식 (3.17), 식 (3.18) 및 식 (3.19)에 의하여 각각 다음과 같이 구해진다.

$$\text{수동력 : } L_w = \frac{QH}{6.12} = \frac{6\times7.5}{6.12} = 7.35\,[\mathrm{kW}]$$

$$\text{축동력 : } L = \frac{QH}{6.12\eta} = \frac{6\times7.5}{6.12\times0.75} = 9.80\,[\mathrm{kW}]$$

전동기 출력 : $P = \frac{KQH}{6.12\eta} = \frac{1.1 \times 6 \times 7.5}{6.12 \times 0.75} = 10.78$ [kW]

【요약】 주요 전동력 응용기계의 전동기 용량

지금까지 권상기, 엘리베이터에 의한 중력부하와 송풍기, 펌프에 의한 유체부하를 이송하는 데 소요되는 동력에 대하여 배웠다.

전동기 용량을 구하는 공식은 여러 가지의 표현 방법으로 되어 있지만, **표** 3.4와 같이 하역기계와 유체기계로 각각 구분하면 쉽게 공통점을 찾을 수 있고, 기억하기가 수월하다. 또 유체기계의 이론동력(수동력)과 축동력도 **표** 3.5와 같다. 따라서 주어진 단위만을 주의하면 동력에 관한 실전응용 문제에 간단히 적용할 수 있다.

표 3.4 하역기계와 유체기계의 전동기 용량

종 류		전동기 용량	비 고
하역기계 (중력부하)	권 상 기 (기중기)	$P = \frac{WVC}{6.12\eta}$ [kW]	W : 권상하중 [t] V : 권상속도 [m/ min] η : 효율 $C = 1$
	엘리베이터	$P = \frac{WVC}{6.12\eta}$ [kW]	W : 적재중량 [t] V : 승강속도 [m/ min] η : 효율 C : 평형추의 평형율(0.4~0.6)
유체기계 (유체부하)	송 풍 기	$P = \frac{KQH}{6.12\eta}$ [kW]	Q : 풍량 [m^3/ min] H : 풍압 [mAq](= 양정 , 수두) η : 송풍기의 효율 K : 전동기 여유계수(1.2~1.5)
	펌 프	$P = \frac{KQH}{6.12\eta}$ [kW]	Q : 양수량 [m^3/ min] H : 총양정 [m] η : 펌프의 효율 K : 전동기 여유계수(1.1~1.2)

표 3.5 유체기계의 이론동력과 축동력

유체기계 (유체부하)	이론동력 (수동력)	$L_w = \frac{QH}{6.12}$ [kW]	Q : 풍량 또는 양수량 [m^3/ min] H : 풍압 [mAq] 또는 총양정 [m] η : 송풍기 또는 펌프의 효율
	축동력	$L = \frac{QH}{6.12\eta}$ [kW]	

3.4 압연기

제철산업은 설비의 규모, 사용전력량, 종류 및 기술수준에서 대표적인 전동력 응용 산업이다. 제철업의 공정은 제선, 제강, 압연 및 각종 처리공정으로 나뉘어지며, 전동력이 가장 많이 응용된 공정은 압연 공정이다. 압연 공정은 강괴를 압연 가공하여 필요한 두께 또는 성질을 갖도록 하는 과정으로 이 때 사용되는 기계장치를 **압연기**(rolling mill)라 한다.

3.4.1 압연기의 종류

재료를 가열한 상태에서 압연하는 것을 **열간압연**(hot rolling), 열간압연에 의한 박판의 재료를 상온 상태에서 압연하는 것을 **냉간압연**(cold rolling)이라 한다.

압연기의 종류는 롤 스탠드(roll stand)의 구조에 따라 분류하면 롤의 수에 따라 2 중 롤식, 3중 롤식, 4중 롤식 등 여러 가지가 있다.

취급하는 제품에 따라 분류하면, 고로에서 나온 강괴(ingot)를 최초로 압연하여 슬라브(slab)나 불름(bloom)을 만드는 분괴 압연기(slab mill, bloom mill), 슬라브를 늘려서 후판을 만드는 후판 압연기(plate mill), 슬라브에서 빌렛(billet)이나 H형강을 만드는 형강 압연기(structural mill)가 있다.

또 빌렛에서 선재를 만드는 선재 압연기(wire rod mill), 폭이 넓은 코일 형상의 대강을 만드는 스트립 밀(strip mill), 박판을 만드는 박판 밀(sheet mill) 등이 있다. 이들은 모두 모재를 가열한 상태에서 압연 작업을 하기 때문에 총칭하여 열간 압연기(hot mill)라 한다.

열간 압연 후의 박판이나 스트립에 내성, 경도 등의 물리적 성질 및 형상, 표면상태를 조밀하게 하기 위한 냉간 압연기(cold mill) 등이 있다.

3.4.2 압연기용 전동기

압연기용 전동기는 직류 또는 교류를 불구하고 가혹한 운전조건을 견뎌야 하기 때문에 전기적, 기계적으로 견고하여야 한다.

압연기는 소형, 중형, 박판 및 선재 압연기 등에서는 정속도 운전, 대형 압연기 또는 연속 스트립 및 냉간 압연기 등은 가변속도 운전, 가변속도 운전에서는 압연마다 역전시킬 수 있는 가역운전 등이 적용된다. 따라서 압연기는 재료의 종류에 따라 정속도,

가변속 및 가역운전 등 다양한 운전 조건이 필요하다.

표 3.6은 압연기의 종류와 대표적으로 사용되는 전동기 및 제어방식을 나타낸다.

표 3.6 압연기의 종류와 사용전동기

압 연 기		사용전동기(제어방식)
분 류	종 류	
강괴용 (ingot)	분 괴 밀 후 판 밀	직류전동기(일그너 방식) 교류전동기
소 형 강재용	대 강 밀 강 관 밀 선 재 밀	직류전동기(계자제어, 레오나드, 정지 레오나드방식) 교류전동기 고속도 유도전동기(주파수제어, 세르비스방식)
대 형 강재용	스라브밀 후 판 밀 박 판 밀 스트립밀(형강밀)	권선형 유도전동기 동기전동기 변속도 유도전동기(세르비스방식) 직류전동기(계자제어, 레오나드, 정지 레오나드방식)

연 습 문 제

객관식

3-1 권상기는 다음에 분류하는 동력 중의 어느 것에 속하는가?

㉮ 마찰 동력 ㉯ 축적된 에너지 동력
㉰ 유체 동력 ㉱ 가속 동력

3-2 크레인용 전동기에 필요한 특성으로 다음 중 옳은 것은?

㉮ 플라이휠 효과가 크고 최대토크가 클 것
㉯ 플라이휠 효과가 크고 최대토크가 작을 것
㉰ 플라이휠 효과가 작고 최대토크가 작을 것
㉱ 플라이휠 효과가 작고 최대토크가 클 것

3-3 기중기에 사용되는 직류 직권전동기의 특징은?

㉮ 부하전류로서 여자되며, 일정 단자전압에서 부하전류에 따라 토크가 급증한다.
㉯ 중부하에서 자속이 격감하여 회전속도가 높다.
㉰ 부하전류와 토크는 반비례한다.
㉱ 중부하에서는 자속이 격감하여 회전속도가 낮다.

3-4 엘리베이터에서 사용되는 전동기의 종류는 무엇인가?

㉮ 직류 직권전동기 ㉯ 동기전동기
㉰ 단상 유도전동기 ㉱ 3상 유도전동기

3-5 엘리베이터용 전동기로서 필요한 특성은 무엇인가?

㉮ 기동전류가 적을 것 ㉯ 가속도 변화 비율이 클 것
㉰ 기동토크가 작을 것 ㉱ 관성모멘트가 작을 것

3-6 펌프 운전용 전동기가 특수 전동기로 사용하는 이유는 무엇인가?

㉮ 2차저항을 조정할 수 있으므로 ㉯ 속도를 조정할 수 있으므로
㉰ 기동 전력이 작으므로 ㉱ 동기속도로 운전할 수 있으므로

3-7 2차저항 제어를 하는 권선형 유도전동기의 속도특성은?

㉮ 가감 정속도 특성 ㉯ 가감 변속도 특성
㉰ 다단 변속도 특성 ㉱ 다단 정속도 특성

3-8 전원으로 일그너 방식을 사용하는 것은?

㉮ 냉동용 가스압축기 ㉯ 제철용 압연기
㉰ 제지용 초지기 ㉱ 시멘트 공장용 분쇄기

3-9 권상 하중 5 [t], 12 [m/min]의 속도로 물체를 들어올리는 권상기용 전동기의 용량은 몇 [kW]인가? 단, 전동기를 포함한 기중기의 효율은 70 [%]이다.

㉮ 약 7 ㉯ 약 14 ㉰ 약 19 ㉱ 약 25

3-10 중량 2 [t]의 물체를 매초 0.5 [m]의 속도로서 감아 올리려 하는 권상용 전동기의 용량은 얼마인가? 단, 권상기의 효율은 60 [%]이다.

㉮ 약 6 ㉯ 약 8 ㉰ 약 16.4 ㉱ 약 18.4

3-11 중량 100 [kg]의 물체를 매분 50 [m]의 속도로서 감아 올리는 데 요하는 권상기용 전동기의 정격출력은 얼마인가? 단, 권상기의 효율은 60 [%]이다.

㉮ 1.38 [kW] ㉯ 1.45 [kW] ㉰ 1.57 [kW] ㉱ 1.58 [kW]

3-12 12층 건물에 엘리베이터 적재 무게 800 [kg], 승강속도 50 [m/min]을 설치할 때 전동기의 용량 [kW]은 얼마인가? 단, 효율은 80 [%]이다.

㉮ 8 ㉯ 9 ㉰ 12 ㉱ 16

3-13 양수량 40 [m^3/min], 총양정 13 [m]의 양수 펌프용 전동기의 소요출력 [kW]은 약 얼마인가? 단, 펌프의 효율은 80 [%]이다.

㉮ 약 7 ㉯ 약 14
㉰ 약 19 ㉱ 약 25

3-14 발전소에 설치된 50 [t]의 천장 주행 기중기의 권상속도가 2 [m/min]일 때 권상용 전동기의 용량 [kW]은 얼마인가? (단, 효율 $\eta = 70$ [%])

㉮ 약 5 ㉯ 약 10
㉰ 약 15 ㉱ 약 23

주관식

3-1 5 [t]의 하중을 매분 30 [m]의 속도로 권상할 때, 권상 전동기의 용량 [kW]은 얼마인가? 단, 장치의 효율은 70 [%], 전동기 출력의 여유를 20 [%]로 계산한다.

3-2 5층 건물인 백화점에 설치된 적재 중량 1 [t]의 엘리베이터의 승강속도를 30 [m/min]으로 할 때, 전동기의 이론 출력을 각각 [kW], [PS] 및 [HP]의 단위로 구하라.

3-3 높이 10 [m]인 곳에 용량 100 [m^3]의 수조를 만수시키는 데 필요한 전력량 [kWh]을 구하라. 단, 전동기와 펌프의 종합 효율은 80 [%], 전 손실수두는 2 [m]로 한다.

3-4 공기를 2.4 [kg/cm^2]로 압축하는 터보(turbo) 통풍기로 토기량 3 [m^3/min]을 통풍하는 데 소요되는 전동기의 출력 [HP]을 구하라. 단, 여유계수=1.2, 효율은 75 [%]로 한다.

3-5 1시간에 18 [m^3] 솟아나는 지하수를 10 [m]의 높이로 양수하고자 한다. 여기에 5 [kW]의 전동기를 사용한다면 매시간당 몇 분씩 운전하면 되는가? 단, 손실계수 K=1.1, 효율은 65 [%]로 한다.

3-6 지하수 개발을 위해 시추한 결과 시추공 1개당 1시간에 12 [m^3]의 지하수가 솟아 나왔다. 이것을 높이 5 [m]의 지상 탱크로 퍼 올리려고 한다면 5 [kW]의 전동기로 시간당 몇 분씩 운전하면 되는가? 단, 펌프의 효율은 75 [%]이고, 손실계수는 1.1이다.

제 5 편 전기철도공학

chapter 1

전기철도 일반

1.1 전기철도 일반

1.1.1 전기철도의 정의

철도(railway, railroad)는 일정한 교통 공간을 점유한 특정한 주행로 위를 전용의 차량이 유도되어 주행하는 육상 교통 수단의 일종이다.

즉, **철도의 정의**는 철로 된 레일을 부설하여 여객 및 화물 운송용의 차량을 유도하여 운전하는 제반 설비를 말한다.

철도는 여러 가지 관점에서 분류되어지고 있으며, 특히 동력 방식에 의하여 분류하면 증기 철도, 내연기관 철도, 전기 철도로 나누어지고, 각각의 정의는 다음과 같다.

① **증기 철도**(steam railway)

고체 혹은 액체 연료를 상온 상압에서 연소시켜 챔버에 있는 물을 끓이고 그 증기의 힘을 물리적 에너지로 변환하여 구동력에 의한 철도, 즉 외연기관을 구동력으로 하여 객차 또는 화차를 견인하는 철도.

② **내연기관 철도**(internal combustion railway)

실린더 내에서 액체 연료를 공기와 희석시켜 기화한 후에 폭발시켜 화학적 에너지를 물리적 에너지로 변환하여 구동력에 의한 철도, 즉 디젤기관 등의 내연기관을 구동력으로 하여 객차 또는 화차를 견인하는 철도.

③ **전기 철도**(electric railway)

전기를 주동력으로 하는 전기차를 운행하여 여객 및 화물 수송을 하는 철도

1.1.2 철도의 역사

(1) 세계 철도의 역사

① 1804년 : 1765년 영국의 제임스 와트(J. Watt)가 발명한 증기기관차를 영국의 트레비틱(R. Trevithick)에 의해 최초의 철도로 운전하였으나 무게 탓으로 실패

② 1814년 : 영국의 스티븐슨(G. Stephenson)이 증기기관차의 제작에 성공하여 광산철도에 이용하여 최초로 동력 철도의 실용화

③ 1825년 : 영국에서 stockton－darlington 구간 세계 최초로 철도의 상용화

【전기철도】

④ 1834년 : 미국의 다벤포트(T. Davenport)가 전지에 의한 전기기관차의 모형 제작

⑤ 1879년 : 독일의 Siemens－Halske사가 베를린에서 개최된 세계산업박람회에 전기기관차를 출품(제3궤조 방식, 150 [V], 3 [HP] 2극 직권전동기, 시속 12[km], 20인승)

⑥ 1881년 : Siemens－Halske사가 베를린시 근교의 리히테르페르데(Lichterfelde)에서 영업을 개시하여 최초로 전기철도의 상용화

⑦ 1880년 : 미국에서 에디슨(Edison)에 의하여 소형 전기차를 개발하여 시내 전차 운행

⑧ 1883년 : 영국에서 독일의 Siemens의 기술을 도입하여 전차 등장

⑨ 1890년 : 일본 도쿄 우에노 공원에서 개최된 박람회에 미국에서 도입한 15 [HP], 500 [V]용 전차 전시

(2) 우리나라 전기철도의 역사

① 1899년 : 미국인 콜브린(H. Collblen)과 보스트위크(H. D. Bostwick)가 조선왕실의 특허를 얻어 서대문－동대문간에 직류 600 [V] 방식의 노면 전차 첫 운행
※ 경인선(제물포－노량진) 개통 : 일반철도

② 1927~1930년 : 경원선(철원－내금강)의 전철화, 직류 1,500 [V]

③ 1937년 : 경원선(복계－고산)의 전철화, 직류 3,000 [V]

④ 1972~1975년 : 산업철도(중앙선, 태백선, 영동선)의 전철화, 교류 25 [kV]

⑤ 1971~1974년 : 경인선(서울－인천), 경부선(서울－수원), 경원선(용산－성북)의

기존선의 전철화 및 지하 전철 1호선(서울－청량리)의 신설을 포함한 수도권 대단위 교통망의 완성으로 도시전철 출발

⑥ 2000년대 : 주요 대도시(서울, 인천, 부산, 대구, 광주, 대전)에서 도시전철의 건설 착수 및 운행

1.1.3 전기철도의 효과

① 수송능력 증강

디젤 기관차는 탑재된 내연기관의 출력에 제한을 받지만, 전기 기관차는 전력계통으로부터 공급받는 전력에 의한 대출력으로 쉽게 견인력 증강 및 속도의 상승을 높일 수 있다. 따라서 전기 기관차는 디젤 기관차에 비하여 견인력이 크기 때문에 열차의 평균속도 상승과 열차 횟수를 증가시켜 수송력이 증가되는 것이다.

② 에너지 이용 효율 증대

석유에너지를 사용하는 디젤 기관차에서 비교적 원가가 싼 전기에너지를 사용하는 전기 기관차로 대체하면 약 25[%]의 에너지 절약효과를 얻을 수 있고, 석유자원이 없는 우리 나라에서 석유파동 등의 어려움을 쉽게 극복할 수 있다.

③ 수송원가 절감

디젤 기관차에 비하여 전기 기관차는 내연기관 등의 설비가 적어 유지보수 비용이 40[%] 정도 감소되고, 차량의 내구 연한도 2배로 길며, 차량 중량도 줄어 궤도보수 비용도 절감된다.

④ 환경 개선

전기 기관차는 매연이 없고, 소음이 적은 환경 친화적인 설비로서 환경 공해가 심각한 대도시의 교통수단으로 필수적이다.

⑤ 지역 균형 발전

전기철도는 대량수송, 고속수송, 경제적 수송의 특징이 있기 때문에 도심의 교통난 해소, 경제 활동 인구의 분산, 원활한 인적·물적 교류, 도시기능의 외곽으로 분산 효과 등으로 도시 전체의 균형적인 발전에 기여한다.

1.2 전기철도의 분류

전기철도의 분류는 철도의 분류와 마찬가지로 여러 가지 분류 형태가 있지만, 여기서는 전기철도를 중심으로 전기방식, 집전방식 및 운전속도에 따른 분류에 대하여 설

명하기로 한다.

1.2.1 전기방식에 의한 분류

전기철도의 전기방식에 의하여 **표** 1.1과 같이 직류식과 교류식으로 나눌 수 있으며, 직류식은 전압별로, 교류식은 상별, 주파수별, 전압별로 분류된다.

우리 나라에서 사용되고 있는 전기방식은 다음과 같다.

① 직류방식 : DC 1,500[V](최초의 노면전차 : DC 600[V])
② 교류방식 : AC 단상 60[Hz], 25[kV]

표 1.1 전기방식의 분류

전기방식		전 압 종 별	비 고
직 류 식		**600**[V], 750[V], **1,500**[V], 3,000[V]	전 압 별
교류식	단상	16⅔[Hz] : 11[kV], 15[kV] 25[Hz] : 6.6[kV], 11[kV] 50[Hz] : 6.6[kV], 16[kV], 20[kV], 25[kV] **60**[Hz] : **25**[kV]	상 별 주파수별 전 압 별
	3상	16⅔[Hz] : 3.7[kV], 6[kV] 25[Hz] : 6[kV]	

(1) 직류방식

직류방식은 일반 전력계통으로부터 수전한 특별고압의 교류전력을 변압기에 의하여 적정 전압으로 낮춘 다음 직류로 변환하여 전차선로에 직류전력을 공급하여 운전하는 방식이다. 이 직류방식은 세계적으로 48[%] 정도의 점유율을 차지하고 있다.

서울역에서 청량리까지 도심 관통 지하철은 교류 60[Hz], 22.9[kV]로 수전하고 지상의 변전소에서 직류 1,500[V]로 변환하여 운용하는 직류방식의 대표적인 구간이다.

직류방식은 전기차의 구동용 직류 직권전동기에 전차선로의 전압을 직접 인가할 수 있기 때문에 전기차의 전기설비가 간단하고, 전압이 낮기 때문에 전차선로 및 기기의 절연계급을 낮출 수 있다. 또 통신 유도장해가 없고, 경량 단거리 수송에 적합하다.

그러나 급전전압이 낮기 때문에 전차선의 집전전류가 크고, 전압강하 때문에 변전소 간격이 짧아지면서 지상의 설비비가 비교적 많이 든다. 또 운전전류가 크기 때문에 누설전류에 의한 전식 대책이 필요하다.

특히 직류방식은 수송량이 많은 대도시 구간에서는 차량 투입량이 많은 것을 고려하여 교류방식에 비해 차량 경비가 적게 들고, 지하철의 터널 단면을 작게 할 수 있는 장점이 있기 때문에 많이 채택되고 있다.

(2) 교류방식

교류방식은 초기에는 상용주파수용 전철용 전동기의 제작이 곤란하였기 때문에 **표** 1.1에 나타낸 여러 가지의 주파수를 사용하였지만, 이후로 기술이 개선되어 주파수 변환장치가 필요 없는 일반 전력을 급전하여 사용할 수 있도록 상용주파수의 교류를 채택하는 추세가 되고 있다.

교류방식의 특징은 대용량 중·장거리 수송에 유리하며, 에너지 이용률이 높고, 사고시 선택차단이 용이하며, 전식에 대한 우려는 없으나 통신선에 대한 유도장해를 발생하므로 이에 대한 대책을 마련해야 한다.

1 단상 교류방식

단상 교류방식은 **그림** 1.1(a)와 같이 3상 전력을 변환장치에 의하여 단상으로 변환한 전력을 전기차에 공급하고, 전기차에 부설된 변압기에 의하여 적정한 전압으로 강하시켜 교류전동기를 구동하는 방식과 **그림** 1.1(b)와 같이 전기차에 공급된 단상 전력을 변압기를 통하여 적정 전압으로 강하시키고 직류 변환장치를 거쳐 교류를 직류로 변환하여 직류전동기를 구동하는 단상 교류–직류 겸용 방식이 있다.

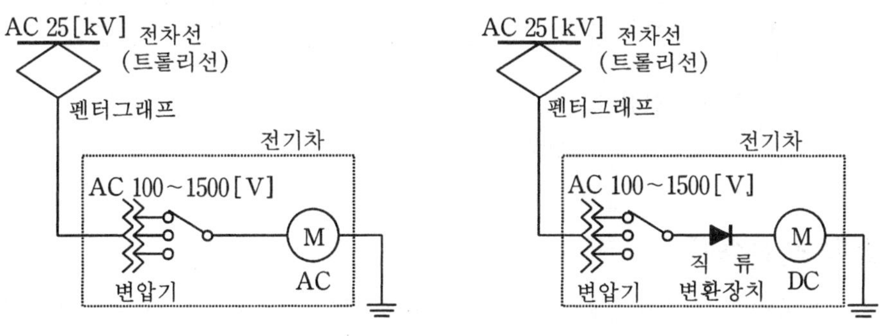

(a) 단상 교류식　　(b) 단상 교류–직류식

그림 1.1 단상 교류방식

전기차에 변압기가 장착되어 있기 때문에 차내에서 전압을 쉽게 조절할 수 있고 비교적 높게 할 수 있다. 따라서 전차선 전류 및 전압강하가 작게 되어 변전소의 설치 간격을 크게 할 수 있어 지상 설비비를 줄일 수 있다.

또 전압강하가 크면 변전소 또는 전차 선로에 직렬 콘덴서를 설치하여 임피던스 보상에 의해 비교적 쉽게 전압을 보상할 수 있다.

② **3상 교류방식**

3상 교류방식은 전차선 설비나 집전장치가 복잡하게 되고, 전선 상호간의 절연 때문에 전압을 높이는데 한계가 있는 등 불리한 점이 많아 전기철도에서는 일부 국가에서 단 사용하고 있다.

1.2.2 집전방식에 의한 분류

(1) 가공식(over head system)

그림 1.2에 나타낸 바와 같이 공중에 조가선을 이용하여 전차선(trolley wire)을 설치하고 집전장치를 통하여 전력을 공급받는 방식으로서 레일을 귀로로 하는 **가공 단선식**과 전원선 양극 모두를 가공 전차선에 접속하는 **가공 복선식**이 있다.

가공방식 중의 가공 단선식은 고속운전에 적합하고, 대부분의 전기철도는 이 방식을 채택하고 있다.

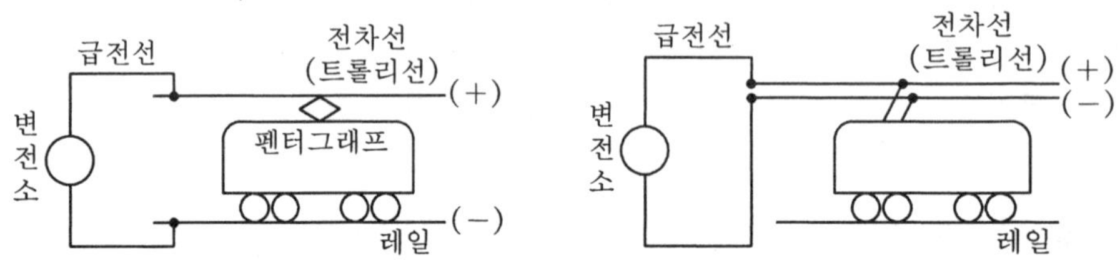

(a) 가공 단선식 (b) 가공 복선식

그림 1.2 가공 방식

(2) 강체식(rigid system)

강체식은 전차선을 조가선이 없는 대신에 강체에 전차선을 끼워 가선하는 방식이다.

강체 단선식은 공간이 불충분한 터널이나 복잡한 지하철에서 좁은 공간의 활용 및 안정성을 위하여 개발된 가선방식이고 주로 도시 지하철에 적용되고 있다. **강체 복선식**은 모노레일에 적용되며 주행궤도의 구조물에 강체 구조로 한 급전용과 귀선용의 정・부 도전레일을 갖추고 있다.

(3) 제3궤조식(third rail system)

그림 1.3과 같이 주행레일 외에 전기차에 전력을 공급하기 위하여 제 3의 급전레일, 즉 도전레일(conductor rail)을 노면 위에 설치하고 집전 슈(current collective shoe)에 의해 전력을 공급받는 방식으로 주행레일을 귀선으로 이용한다.

도시의 지하철도 또는 저전압을 사용하는 비교적 짧은 구간의 터널 등에 사용된다.

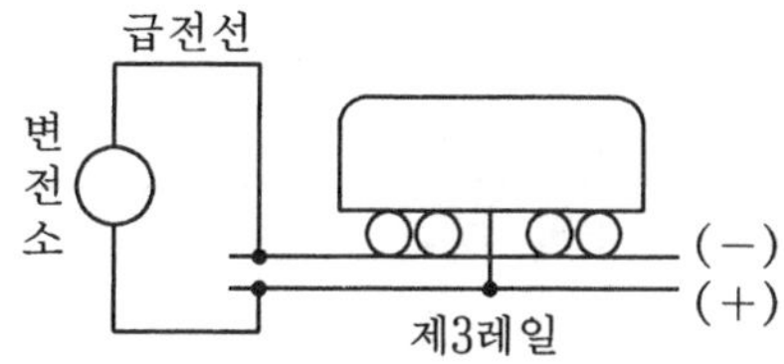

그림 1.3 제3궤조식

1.2.3 운전속도에 의한 분류

(1) 완속전철

일반적으로 운전속도가 200 [km/h] 미만의 경우를 완속전철이라 하고, 시가지 철도, 도시철도, 도시간 철도 등을 운행하는 전철이다.

(2) 고속전철

고속전철은 운전속도 200 [km/h] 이상에서 레일 점착 방식의 속도 한계까지로 정의되어 있다. 현재 속도 한계는 대략 380 [km/h]로 보고 있지만 이 한계는 기술의 발달로 상향될 수 있을 것으로 보인다.

우리 나라도 1983년 경부 고속 철도의 건설 타당성 조사, 1992년 천안−대전간 시험구간의 착공, 2004년 4월 개통으로 일본(신간선), 프랑스(TGV), 독일(ICE), 스페인(AVE)에 이어 세계 5번째로 운전속도 300 [km/h]를 자랑하는 고속철도(KTX)의 보유국이 되었다.

(3) 초고속전철

초고속전철은 고속전철의 속도한계를 초과하는 속도로 주행하는 철도를 의미한다. 따라서 고속전철의 레일 점착 및 접촉 방식으로는 속도의 상승에 한계가 있으므로 초고속전철은 레일 비접촉 방식으로 하여야 하며 속도 500 [km/h] 이상의 미래형 자기부상열차가 해당된다.

고속열차는 전동기의 회전운동으로 바퀴와 레일의 접촉 구동방식인 반면에 초고속열차인 자기부상열차는 직선형 모터(linear motor)방식으로 회전운동 없이 레일과 비접촉하여 구동하는 방식이다.

1.3 철도선로

철도의 선로는 열차를 안전하게 운행하기 위한 유도 설비로서 **궤도**(track)와 이를 지지하는 **노반**(road bed) 및 각종 **선로 구조물**을 총칭한다.

선로는 가능한 한 직선이고 고저차가 없는 구조로 이루어져야 하지만, 지형과 구조물 등의 영향으로 곡선과 구배가 필요한 곳이 발생하게 된다. 곡선 구조에서는 승차감 및 열차의 안전운행을 위하여 외측 레일을 내측 레일보다 높게 부설해야 하고, 구배가 생기는 곳에서는 절취 또는 성토작업을 하여 노반의 구조를 변경하거나 교량, 고가도로 및 터널을 필요로 하게 된다. 이와 같이 지형과 지질에 의하여 건설된 최적의 노반 위에 궤도를 부설한다. **그림** 1.4는 선로의 구성을 나타낸 것이다.

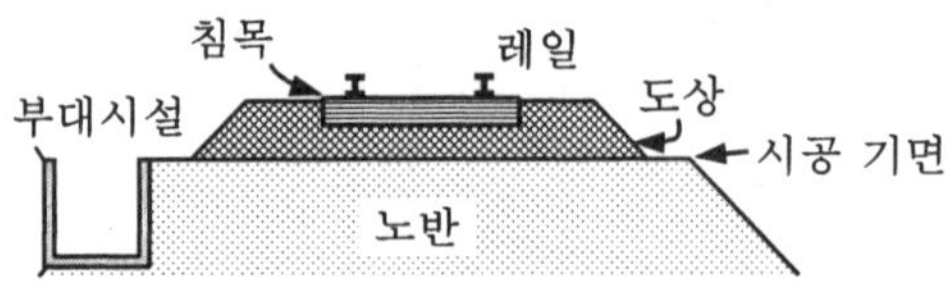

그림 1.4 선로의 구성

1.3.1 선로의 구성

(1) 궤도

궤도는 **레일**(궤조, rail), **침목**(sleeper), **도상**(ballast)의 3 요소로 구성되며, 견고한 노반 위에 자갈 등으로 도상을 정해진 두께만큼 깔고 그 위에 침목을 일정한 간격으로 부설하여 두 개의 레일을 평행하게 고정시키는 구조이다.

① **레일** : 차량의 중량을 직접 지지하면서 침목과 도상에 분포시켜 차륜이 탈선하지 않도록 안내하고, 신호전류의 궤도회로 및 동력전류의 통로를 형성한다.

레일은 고탄소강을 사용하며, 크기는 1 [m]당의 중량 kg으로 표시한다. 우리 나라는 주로 30 [kg], 37 [kg], 50 [kg], 60 [kg]의 레일을 사용하고 있다. 또 일반적으로 표준 레일(standard rail) 25 [m], 30 [kg]을 주로 사용하고 있지만, 열차의 고속화 및 선로 보수 작업을 줄이기 위하여 레일의 중량화와 더불어 여러 개의 레일을 용접하여 200 [m] 이상의 장대 레일(long rail)을 사용하는 추세에 있다.

레일은 모양에 따라 T형, 구형, 단형의 세 종류가 있고, 일반 철도에서는 T형이 사용되며, 노면전차와 같은 매입되는 레일은 구형 혹은 단형이 사용된다.

② **침목** : 침목은 레일의 위치를 고정시켜 주고 간격을 평행으로 유지하면서 레일로부터 받은 열차 하중을 도상에 전달하여 넓게 분포시키는 역할을 한다.

침목은 목 침목과 PC(prestressed concrete) 침목이 있으며, 현재 강도와 수명에서 우수한 PC 침목을 대부분 사용하고 있다.

③ **도상** : 도상은 노반 위에 지름 15~75 [mm]의 자갈 및 쇄석을 200~300 [mm]의 두께로 깔은 것을 말한다. 레일, 침목을 경유하여 전달된 열차 하중을 넓게 분포시켜 노반에 전달하는 역할을 하며, 또한 노반과 침목 사이에서 차량의 진동을 흡수하여 쾌적한 승차감을 주고 배수를 용이하게 하는 여러 가지 역할도 한다.

(2) 노반

노반은 상층부에 있는 궤도를 지지하는 흙 구조물이며, 궤도와 함께 열차의 하중을 끊임없이 받고 있는 부분이기 때문에 변형 및 침하가 되지 않도록 하고 적당한 배수설비도 필요하다.

선로 중심선에서 노반의 높이를 나타내는 기준면을 **시공기면**(formation level)이라 하고, 선로를 건설할 때에 이 시공기면을 선로 선정의 기준으로 한다.

1.3.2 궤간

궤간(gauge)은 레일(궤조)의 양쪽의 머리부분 내측의 최단거리를 의미하며, 궤간의 거리에 따라 다음과 같이 분류한다.

① 협궤(narrow gauge) : 1,000 [mm], 1,067 [mm]
② 표준궤간(standard gauge) : 1,435 [mm]
③ 광궤(broad gauge) : 1,523 [mm], 1,600 [mm], 1,676 [mm]

1.3.3 유간

유간(clearance)은 기온 변화에 의한 레일(궤조)의 신축성에 대응하기 위하여 레일의 이음매에 적당한 간격을 두는 것을 말한다.

그림 1.5와 같이 레일은 이음매에 대략 10 [mm] 정도의 틈을 두고 이음매 편을 이용하여 볼트로 접속한다. 이 때 이음매의 접촉부는 녹 등에 의하여 접촉저항이 크고 이를 최소화하기 위하여 가는 동선을 꼬아 엮은 다발인 레일 본드(rail bond)를 레일에 용착시킨다. 이것은 레일이 귀선회로 또는 신호회로의 역할을 하기 때문이다.

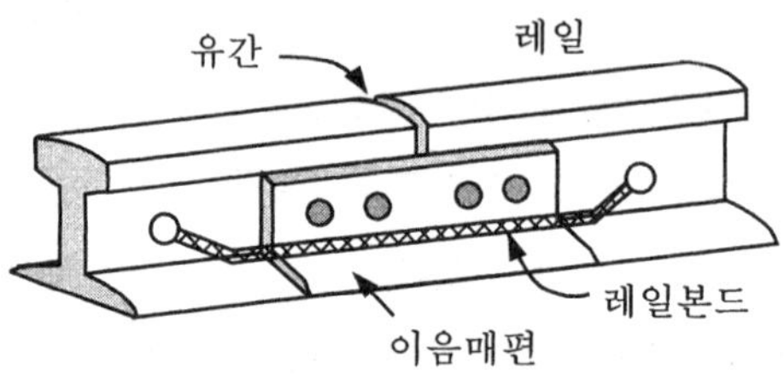

그림 1.5 유간 및 레일 본드

1.3.4 복진지

레일은 열차의 진행 방향과 같은 종방향으로 이동하려는 현상이 있다. 이 현상을 **복진**(creeping)이라 하고, 이를 방지하는 장치를 **복진지**(anti−creeping)라 한다.

복진지는 레일 앵커를 실시하거나 침목의 체결을 견고히 하여 침목의 이동을 방지하는 방법으로 한다.

1.3.5 곡선과 구배

선로는 직선으로 부설하는 것이 이상적이지만 지형과 지질의 제약을 받아 곡선이나 구배(기울기)를 둘 필요한 경우가 있다. 급격한 곡선, 즉 곡률 반지름이 작은 경우 차량의 안정성이 떨어지고 탈선의 우려가 있기 때문에 가능한 한 곡률 반지름을 크게 해야 한다. 또 급격한 구배를 두면 차량이 공회전하거나 미끄러질 우려가 있기 때문에 구배에 대한 한계값의 설정이 필요하게 된다.

이와 같이 곡선이나 구배는 지형 및 지질에 따라 제약을 받으므로 열차의 속도, 승차감 등을 고려한 최소한도로 규정하여 그 이하가 되도록 하고 있다.

(1) 곡선의 표시법

① 각도로 나타내는 방식

그림 1.6과 같이 중심 O에서 궤도의 중심선이 20 [m]의 현을 이루는 각도 θ로 표시한다.

② **곡률 반지름으로 나타내는 방식**

궤도의 중심을 이루는 원호의 반지름 R, 즉 곡률 반지름으로 표시한다. 곡률 반지름 R과 각도 θ의 관계는 다음과 같다.

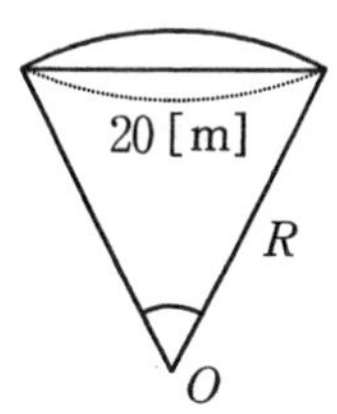

그림 1.6 곡선의 작도

$$R \fallingdotseq \frac{1146}{\theta} \text{ [m]} \tag{1.1}$$

(2) 곡선의 종류

곡선의 크기는 곡률 반지름으로 나타내며, 급한 곡선은 곡률 반지름이 작은 것을 의미한다.

선로의 곡률 반지름이 작거나 직선로에서 곡선로로 급하게 변화되는 경우에 열차속도는 제한을 받고, 레일의 마모와 차륜의 손상, 시야 확보의 불량, 차량의 동요, 탈선의 위험 등을 초래할 수 있다. 따라서 곡률 반지름을 일정 한도 이상으로 크게 하거나 직선로에서 서서히 곡률 반지름을 적게 변화시켜 급격한 변화를 완화시켜야 한다.

선로 곡선의 종류는 다음과 같이 세 종류로 분류된다.

① **단곡선**(simple curve) : 원의 중심이 한 개로서 곡률 반지름이 일정한 하나의 원호로 된 곡선이다.[**그림** 1.7(a)]

② **반향곡선**(reverse curve or S curve) : 두 개의 곡률 반지름의 중심이 선로에 대하여 서로 반대측에 위치하는 것으로 S곡선이라고도 한다.[**그림** 1.7(b)]

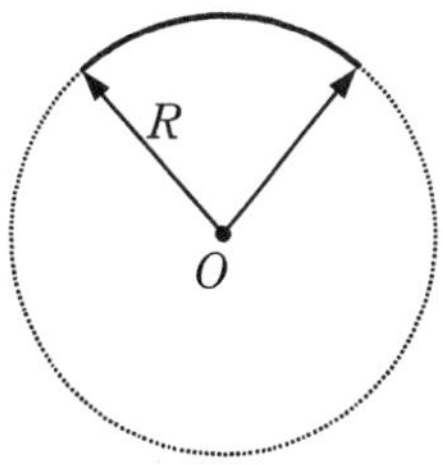

(a) 단곡선

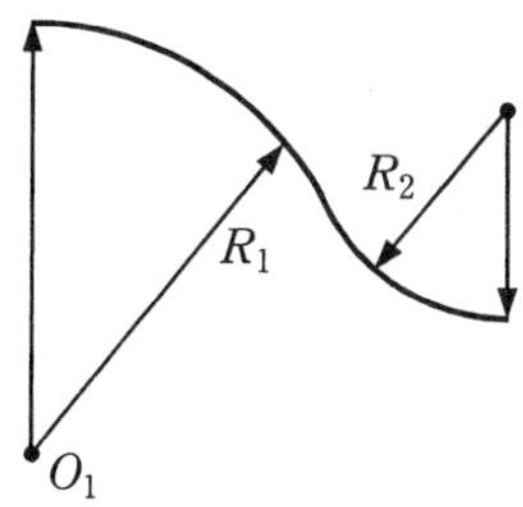

(b) 반향곡선

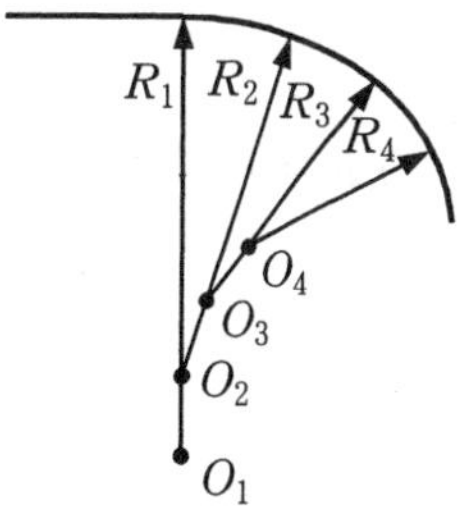

(c) 완화곡선

그림 1.7 곡선의 종류

③ **완화곡선**(transition curve) : 직선부에서 급한 곡선부로 들어갈 때 단곡선이라면 열차에 큰 충격을 주게 되어 위험을 초래할 수 있다. 따라서 **그림** 1.7(c)와 같이 서서히 곡률 반지름을 작게 하면서 부드럽게 진입하는 곡선부를 형성시킬 필요가 있다. 이와 같이 곡률 반지름이 두 개 이상으로 급격한 이동 변화를 완화시켜 주는 곡선을 완화곡선이라 한다.

(3) 고도(캔트, cant)

열차가 곡선 구간을 통과할 때 차량의 원심력에 의하여 곡선의 외측 방향으로 이탈할 우려가 있다. 이것은 쾌적한 승차감을 해치고, 차량의 중량과 횡압으로 외측 레일에 부담을 크게 주어 레일과 차륜의 보수비를 증가시키게 된다.

이와 같은 현상을 방지하기 위하여 곡선부의 외측 레일을 내측 레일보다 어느 정도 높게 하여 차량의 무게 중심을 곡선의 안쪽으로 이동시켜 원심력과 평형되도록 한다. 즉, 내·외측 레일의 고저차를 **고도** 또는 **캔트**라고 한다.

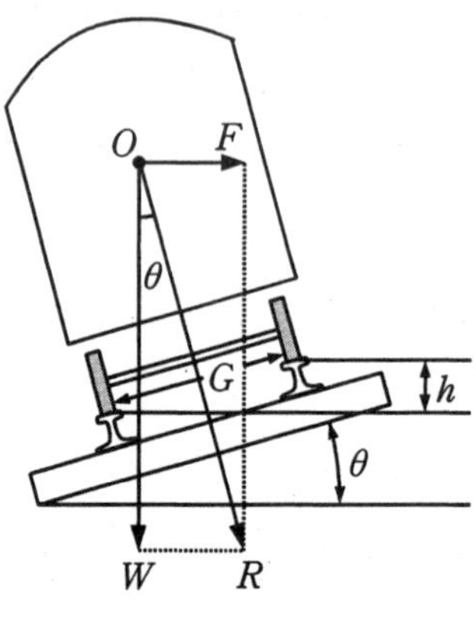

그림 1.8 캔트

그림 1.8에서 원심력 F는 다음과 같다.

$$F = \frac{mv^2}{R} \text{ [kg]} \tag{1.2}$$

단, m : 차량의 질량 [kg], v : 차량의 속도 [m/s], R : 곡률 반지름 [m]이다.

식 (1.2)에서 차량의 중량을 W[kg], 차량의 속도 V [km/h], 곡률 반지름 R [m]라 하면 원심력 F는 다음과 같이 변형할 수 있다.

$$F = \frac{W}{9.8R}\left(\frac{V \times 1000}{3600}\right)^2 = \frac{WV^2}{127R} \text{ [kg]} \tag{1.3}$$

원심력 F와 차량중량 W의 합성력 R이 레일에 수직, 즉 궤간 중심에 오는 것이 가장 바람직하므로 이 조건을 만족하는 관계식은 다음과 같다.

$$\tan\theta = \frac{F}{W} \cong \frac{h}{G} \tag{1.4}$$

식 (1.3)과 식 (1.4)로부터 다음의 관계식이 성립한다.

$$\frac{F}{W} = \frac{V^2}{127R}\left(\cong \frac{h}{G}\right) \tag{1.5}$$

따라서 궤간을 G [mm], 열차의 속도를 V [km/h], 곡률 반지름 R [m]라 할 때, 고도(캔트) h [mm]는 다음과 같이 얻어진다.

$$\textbf{고도(캔트)}: \therefore \quad h = \frac{GV^2}{127R} \text{ [mm]} \tag{1.6}$$

곡선 구간에서는 위의 공식에 의하여 산출된 캔트를 두어야 한다. 그러나 캔트는 160 [mm] 이하로 하며, 분기기에 연속되는 경우에는 캔트를 두지 않는다.

또 캔트를 알고 있는 경우에는 열차의 최대 운전 속도를 식 (1.6)으로부터 구할 수 있다.

$$V = \sqrt{\frac{127Rh}{G}} \text{ [km/h]} \tag{1.7}$$

(4) 확도(슬랙, slack)

열차가 곡선 궤도를 주행할 때, 캔트만을 두게 되면 차륜의 플랜지와 레일 사이에 심한 마찰이 생기므로 이것을 완화하기 위하여 궤간을 넓혀 횡압을 줄인다.

이와 같이 차륜의 주행을 원활하게 하기 위하여 내측레일을 이용하여 안쪽으로 궤간을 확대하는 것을 **확도** 또는 **슬랙**이라고 한다.

곡률 반지름 R [m], 고정차축 거리 l [m]인 경우의 슬랙 S [mm]의 공식은 다음과 같이 정의된다.

$$\textbf{확도(슬랙)}: \quad S = \frac{l^2}{8R} \text{ [mm]} \tag{1.8}$$

(5) 구배

구배는 선로의 두 지점간의 고저차를 수평거리로 나눈 값으로 나타낸다. 구배를 나타내는 방법은 분수법, 백분율법, 천분율법의 세 종류가 있으며, 이 가운데서 일반적으로 구배를 나타내는 방법은 천분율법이다.

① **분수법**

그림 1.9와 같이 구배는 $\tan\theta = y/x$로 표시한다. 즉, 1/40의 구배 등과 같이 분수로 표시한다. 구배가 작을 경우에는 $\tan\theta \fallingdotseq \sin\theta$로 보아도 된다.

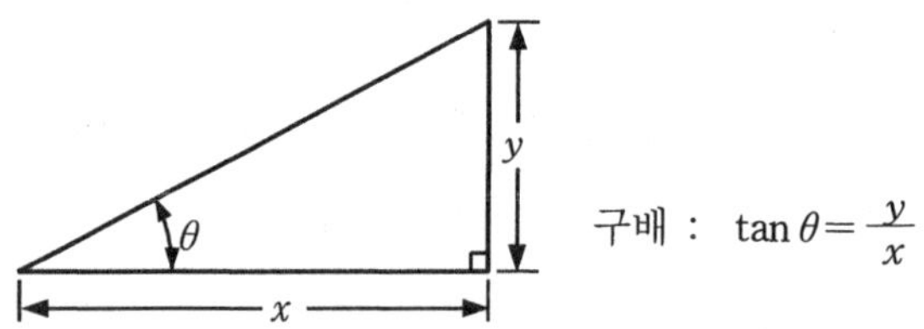

그림 1.9 구배의 표시법

② **백분율법**(percentage method)

분수법에서 구한 구배에 100을 곱하여 백분율로 표시한다. 즉, 1/40의 구배인 경우에는 1/40×100=2.5 [%]로 표시한다.

③ **천분율법**(permillage method)

분수법에서 구한 구배에 1000을 곱하여 천분율로 표시한다. 즉, 1/40의 구배인 경우에는 1/40×1000=25 [‰](퍼밀)로 표시한다.

구배의 한도는 간선철도 25 [‰], 지방철도 35 [‰], 노면철도 40 [‰] 정도로 하는 것이 보통이다.

열차가 급격한 구배의 변경점을 통과하게 되면 차량에 충격을 주어 탈선의 우려가 발생한다. 따라서 변경점에 수직방향의 곡선을 삽입해서 구배가 급격히 변화되는 것을 완화시켜 준다. 즉, 종단 구배가 심하게 변화하는 궤도에서 삽입하는 곡선을 **종곡선**(vertical curve)이라 한다.

(6) 분기기

분기기(turnout)는 하나의 선로에서 두 방향으로 분리하는 장치로서 차륜을 한 궤도에서 다른 궤도로 유도하기 위한 것이다.

크로싱(crossing)은 **철차**라고도 하고, 두 개의 선로가 동일 평면에서 교차하는 것을 말하며, 단독 또는 분기기의 한 구성으로 존재하는 경우가 있다.

분기기는 포인트부, 도입부, 철차부로 나뉘어지며, 각 부의 구성품은 **그림** 1.10과 같다.

① **포인트부**(point section), ① : 전철기, 선단 포인트, 선단궤조

- **선단궤조**(선단레일, tongue rail), ④ : 앞 부분을 뾰족하게 한 선단 포인트를 주로 사용하며, 가동레일로서 쉽게 움직일 수 있도록 뒷 부분을 고정시켜 이음매로 되어 있는 구조이다.
- **전철기**(switch), ⑤ : 분기기의 선단궤조를 좌우로 이동시켜 기본레일에 밀착 또는 분리시키는 전환장치이고, 사람의 힘으로 작동시키는 수동식과 밀폐형 유도 전동기를 사용하는 전기 동력식이 있다.

② **도입부**(lead section), ② : 도입궤조

- **도입 궤조**(리드레일, lead rail), ⑥ : 포인트부와 철차부를 연결하는 곡선, 직선으로 되어 있는 레일을 말한다.

③ **철차부**(crossing section), ③ : 철차, 호륜궤조

- **철차**(crossing), ⑦ : 기본궤조와 분기궤조 또는 두 개의 궤도가 서로 교차, 분기하는 장치이다. 철차의 구조는 고정식과 가동식이 있고, 일반적으로 고정식을 사용한다. 철차는 크로싱(crossing)으로 더 많이 불리어지고 있다.
- **호륜궤조**(guard rail), ⑧ : 가드 레일이라 불리어지고 있고, 궤도의 분기 개소에서 철차가 있는 곳은 궤조가 중단되어 있기 때문에 차량을 원활하게 분기선로로 유도하기 위하여 철차의 반대쪽 궤조측에 설치하는 궤조이다.

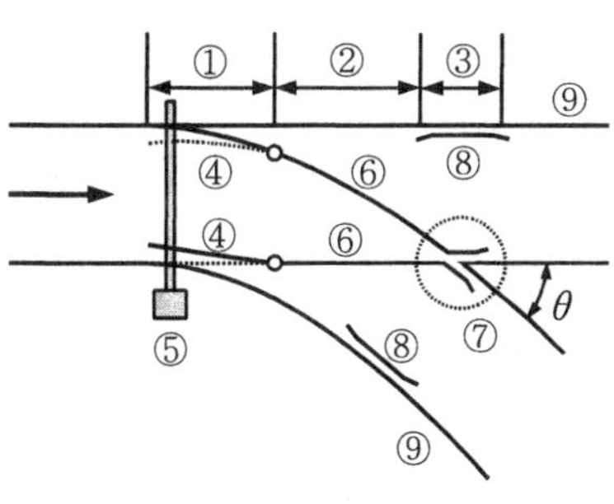

① 포인트부(point section)
② 도입부(lead section)
③ 철차부(crossing section)
④ 선단궤조(tongue rail)
⑤ 전철기(switch)
⑥ 도입궤조(lead rail)
⑦ 철차(crossing)
⑧ 호륜궤조(guard rail)
⑨ 기본궤조

그림 1.10 분기기의 각 부 명칭

- **철차각**(crossing angle), θ : 철차부에서 기준궤조와 분기궤조가 교차하는 분기각도이고, 철차 번호 N은 철차각 θ에 의하여 다음의 관계식으로 정의한다.

$$N = \frac{1}{2}\cot\frac{\theta}{2} \fallingdotseq \cot\theta \tag{1.9}$$

N의 번호가 작을수록 교차 또는 분기하는 각도 θ가 커지기 때문에 열차에 대하여 속도 제한의 조건이 주어진다.

연 습 문 제

객관식

1-1 우리 나라에서 운행되고 있는 전기철도의 궤간[mm]은 얼마인가?

㉮ 1,067　㉯ 1,372　㉰ 1,435　㉱ 1,524

1-2 곡선부에서 원심력 때문에 차체가 외측으로 넘어지려는 것을 막기 위하여 외측 궤조를 약간 높여 준다. 이 내외 궤조 높이의 차를 무엇이라고 하는가?

㉮ 가드 레일　㉯ 슬랙
㉰ 고도　㉱ 확도

1-3 곡선 궤도에 있어 고도의 최대한을 두는 이유는 무엇인가?

㉮ 시설이 곤란하다.
㉯ 운전속도를 제한하기 위하여
㉰ 운전의 안전을 확보하기 위하여
㉱ 타고 있는 사람의 기분을 좋게 하기 위하여

1-4 궤도의 곡선 부분에서 고도를 갖지 못하는 곳은 어느 곳인가?

㉮ 철차가 있는 곳　㉯ 교량의 부분
㉰ 건널목　㉱ 터널내

1-5 궤간 G[mm], 반지름 R[m]의 곡선 궤도를 V[km/h] 속력으로 전차를 주행할 때의 고도(cant) [mm]는 얼마인가?

㉮ $\frac{GV}{102R}$ ㉯ $\frac{GV^2}{102R}$ ㉰ $\frac{GV}{127R}$ ㉱ $\frac{GV^2}{127R}$

1-6 궤간이 1[m]이고 반경이 1,270[m]의 곡선 궤도를 64[km/h]로 주행하는 데 적당한 고도[mm]는 얼마인가?

㉮ 13.4 ㉯ 15.8 ㉰ 18.6 ㉱ 25.4

1-7 고도가 10[mm]이고 반지름이 1000[m]인 곡선 궤도를 주행할 때 열차가 낼 수 있는 최대속도[km/h]는 얼마인가? 단, 궤간은 1,435[mm]로 한다.

㉮ 약 29.75 ㉯ 약 38.46 ㉰ 약 49.68 ㉱ 약 196.0

1-8 열차가 곡선 궤도부를 원활하게 통과하기 위한 조치는 무엇인가?

㉮ 가이드 레일 ㉯ 확도
㉰ 고도 ㉱ 철차

1-9 궤도의 확도(slack)는 어느 것인가? 단, 곡선의 반지름 R[m]의, 고정 차축 거리 l[m]이다.

㉮ $\frac{l^2}{5R}$ ㉯ $\frac{l^2}{R}$ ㉰ $\frac{l^2}{8R}$ ㉱ $\frac{l^2}{2.5R}$

1-10 종곡선(vertical curve)은 설명 중에서 어느 것인가?

㉮ 곡선이 변화하는 부분을 말한다.
㉯ 수평 궤도에서 경사 궤도로 변화하는 부분
㉰ 직선 궤도에서 곡선 궤도로 변화하는 부분
㉱ 곡선이 심히 변화하는 부분

1-11 완화곡선(lead rail)은 설명 중에서 어느 것인가?

㉮ 단선에서 복선으로 변경하는 부분에 있다.
㉯ 직선 궤도에서 곡선 궤도로 이동하는 곳에 있다.
㉰ 곡선 궤도의 반지름이 작은 것을 말한다.
㉱ 반향곡선의 일부분이다.

1-12 다음의 설명 중에서 리드 레일(lead rail)에 적당한 것은 무엇인가?

㉮ 열차가 대피궤도로 도입되는 레일

㉯ 전철기와 철차와의 사이를 연결하는 곡선 레일

㉰ 직선부에서 곡선부로 변화하는 부분의 레일

㉱ 직선부에서 경사부로 변화하는 부분의 레일

1-13 온도의 변화로 인한 궤조의 신축에 대응하기 위한 것은?

㉮ 궤간 ㉯ 유간 ㉰ 곡선 ㉱ 확도

1-14 직선 궤도에서 호륜 궤조를 설치하지 않으면 안 되는 곳은 어느 곳인가?

㉮ 교량의 위 ㉯ 고속도 운전구간 ㉰ 병용궤도 ㉱ 분기 개소

주관식

1-1 전기철도의 전기방식에 따른 분류를 설명하라.

1-2 전기철도의 집전방식에 따른 분류를 설명하라.

1-3 제3궤조 방식에 대하여 설명하라.

1-4 선로를 구성하는 요소와 각각의 기능에 대하여 설명하라.

1-5 복진과 복진지에 대하여 설명하라.

1-6 고도(캔트), 확도(슬랙), 구배의 역할에 대하여 설명하라.

1-7 궤간의 종류에 대하여 설명하라.

1-8 종곡선과 완화곡선에 대하여 설명하라.

1-9 분기기에 대하여 설명하라.

1-10 호륜궤조의 설치 장소와 목적에 대하여 설명하라.

chapter 2 전차선로와 전기차량

2.1 전차선로의 개요 및 구성

전차선로의 정의는 가공 전차선로, 급전선로, 귀선로 및 이를 부속하는 설비를 총괄한 것을 말한다.

2.1.1 전차선로의 특징

전차선로는 수송용 동력을 전달하는 전기설비로서 일반 전력용 전선로와는 구조와 기능면에서 많은 차이가 있다. 전차선로의 주요 특징은 다음과 같다.

① 전기차의 운전에 의하여 부하점이 이동하고, 또 부하는 급격한 변동을 수반한다.

② 전기차의 집전장치와 전차선은 전기적으로 불완전한 접촉 상태이다.

③ 철도선로의 구조물에 의하여 설비상의 제약을 받는다.

④ 예비 선로를 가질 수 없고, 레일을 귀선으로 하는 1선 접지의 전기회로이다.

2.1.2 전차선로의 가선방식

전기차에 전기를 공급하는 전차선로의 가선방식은 전기를 집전하는 방식에 따라 가공식, 강체식, 제3궤조식으로 분류한다.

가선 방식은 가공 전차선에서 가공 단선식, 도시 지하철도에서 강체 방식으로 하는 것을 표준으로 하고 있다.[제1장 1.2절 전기철도의 집전방식에 의한 분류 참고]

(1) 가공식

가공 단선식은 변전소로부터 공급된 전력을 전차선(trolley wire)을 통하여 전기차 상부에 장착된 집전장치로부터 전력을 공급받고 주행레일을 귀로로 하여 전력을 변전소로 귀환하는 방식이다.

가공 단선식은 고속운전에 적합하며, 대표적으로 사용되고 있는 가선 방식으로 직류 및 교류 모두에 널리 사용되고 있지만, 귀선로로 레일을 사용하여 1선 접지회로 방식이 되기 때문에 대지 누설전류가 커서 직류방식에서는 지하 매설물의 전식을 일으키고, 교류방식에서는 통신 유도장해를 발생시킨다.

가공 복선식은 대지와 전선 상호간에 서로 절연된 2조의 가공 접촉전선을 설치하고, 2조의 집전장치가 장착된 전기차에서 집전하는 방식이다. 구조가 복잡하고 전선 상호간의 절연이 곤란하여 전압을 높일 수 없지만, 전식 등은 발생하지 않는다. 주로 무궤조 전차, 즉 트롤리 버스에 이용되고 있다.

(2) 강체식(rigid system)

전차선로의 가선방식에서 지하구간에 적합하도록 개발된 방식으로 조가선이 없이 급전선과 전차선(트롤리선)을 일체화한 강체를 터널 등의 천장에 애자 또는 브래킷을 취브하고 여기에 강체 전차선을 고정한 구조이다.

강체식은 도시 지하철 구간에 주로 이용하는 강체 단선식과 모노레일용의 강체 복선식이 있다.

(3) 제3궤조식(third rail system)

주행용 레일 외에 제3레일을 궤도 측면에 설치하여 전기차에 전력을 공급하고 귀선으로 주행레일을 사용하는 방식이다. 이 방식은 지지물이 간단하고 가공설비가 필요하지 않으므로 터널 단면을 작게 할 수 있는 장점이 있다. 지하 터널 구간에만 사용되는 방식이며 감전의 위험이 크기 때문에 전압을 높일 수 없어 DC 600 [V] 또는 750 [V]를 사용한다.

2.1.3 전차선로의 조가방식

(1) 가공 전차선의 조가방식

전차선을 궤도 상부에 일정한 높이로 매달아서 설치하는 방식을 조가방식이라 하며, 대표적인 조가방식은 다음과 같다.

조가방식
- ① 직접 조가식
- ② 커티너리 조가식
- ③ 강체 조가식
  - T－bar 방식
  - R－bar 방식

[1] **직접 조가식**(direct hang system)

가장 단순한 구조로 전차선 1조만으로 구성된 방식이다. 이 방식은 설치비가 적게 들지만 전차선의 장력이나 높이를 일정하게 유지하기가 곤란하기 때문에 저속의 구내 측선, 유치선 등에 사용하는 정도이며, 노면전차 또는 트롤리 버스에 주로 사용된다.

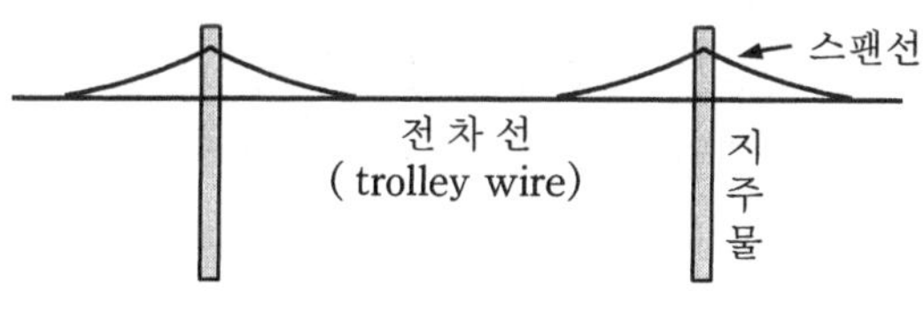

그림 2.1 직접 조가식

[2] **커티너리 조가식**(catenary suspension system)

전기차의 속도향상을 위하여 전차선의 이도에 의한 이선율을 작게 하고 동시에 경간을 크게 하기 위하여 조가선(messenger wire)을 전차선(trolley wire) 위에 기계적으로 가선하고 일정한 간격으로 행거(hanger)나 드로퍼(dropper)로 매달아 전차선이 두 지지점 사이에서 궤도면에 대하여 일정한 높이를 유지하도록 하는 방식이다. 이 경우 조가선이 커티너리 곡선이 형상을 이루기 때문에 커티너리 조가 방식이라고 부른다.

이 방식은 직접 조가식에 비하여 구조는 복잡하지만 전차선의 높이가 일정하고 성능이 우수하므로 전기철도의 고속운전에 적합한 방식이다.

① **단식 커티너리 조가식**(simple catenary system)

단식 커티너리 조가식은 조가선과 전차선의 2조로 구성되고 조가선으로 전차선을 궤도면에 대하여 평행이 되도록 한 구조의 방식이다.

커티너리 방식 중 가장 대표적인 것으로 현재 가장 많이 사용되고 있으며, 일반적으로 110 [km/h] 정도의 중속도용으로 우리 나라 지상 전철구간의 전차선의 조가식은 모두 이 방식을 채택하고 있다. 최근 이 방식은 드로퍼로 간격을 조정하고 설비를 일부 개량하여 300 [km/h]까지 운전할 수 있다.

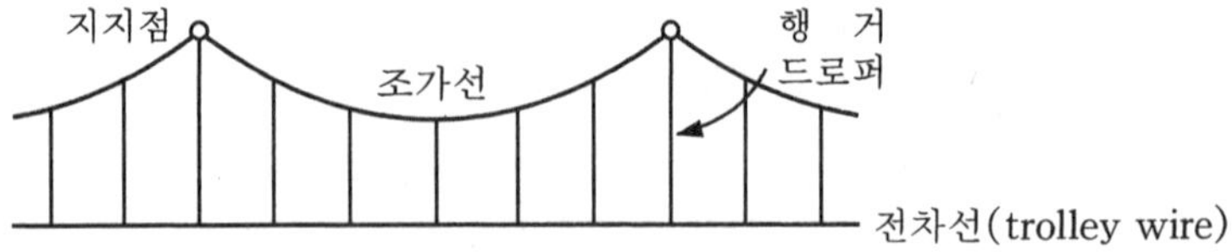

그림 2.2 단식 커티너리 조가식

② **변 Y형 단식 커티너리 조가식**(Y－switched simple catenary system)

단식 커티너리 조가식의 지지점 부근에 조가선과 병행하여 15 [m] 정도의 가는 전선(Y선)을 가설하여 이것에서 전차선을 조가한 구조이다. 이 Y선은 지지점 부근의 압상량을 크게 하여 지지점 아래의 팬터그래프 통과에 대한 경점(hard spot)을 경감시키고, 경간 중앙부와 압상량의 차이를 적게 하여 이선 및 아크를 작게 함으로써 속도 성능 향상을 도모시킨 방식이다.

그러나 Y선의 장력 조정이 어렵고, 가선의 압상량이 큰 것 등이 결점이지만, 조가선의 장력을 증가시켜 독일에서 ICE 고속철도에 사용하고 있다.

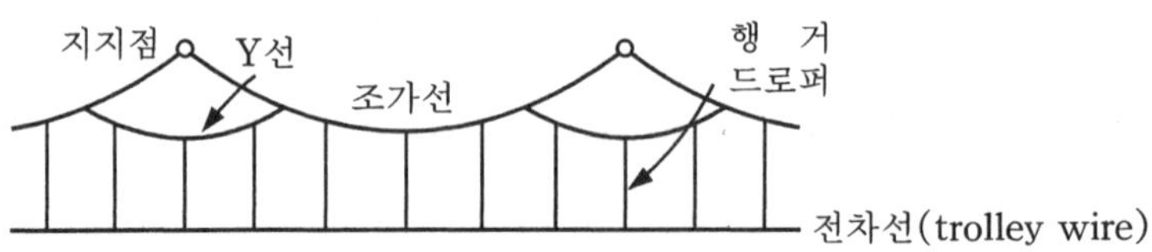

그림 2.3 변형 Y형 단식 커티너리 조가식

③ **복식 커티너리 조가식**(compound catenary system)

복식 커티너리 조가식은 단식 커티너리 조가식의 조가선과 전차선간에 보조 조가선을 가설하여 조가선에서 드로퍼로 보조 조가선을 매달고, 보조 조가선에서는 행거로 전차선을 조가한 구조의 방식이다.

이 방식은 보조 조가선에 경동연선 (100 [mm^2])을 사용하고 있어 집전용량이 크고, 팬터그래프에 의한 가선의 압상량이 비교적 균일하므로 속도 성능이 높아

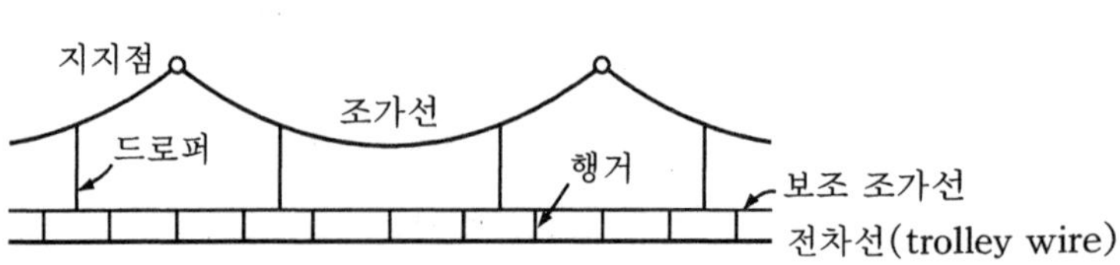

그림 2.4 복식 커티너리 조가식

고속 운전 구간이나 중부하 구간에 적합하다. 그러나 가선 공간이 커져서 지지물의 높이가 증가하여 단식 커티너리 방식에 비하여 건설비가 높아진다.

3 강체 조가식

전기철도가 지상 구간과 지하 구간에 상호 직통 운전하는 경우에 차량의 집전장치를 공유하여야 하므로 지하 구간의 가공 전차선으로 개발된 것이 강체 조가식이다.

일반적으로 지하 구간은 직류용으로 사용되고 있으며, 현재는 절연기술의 발달로 지하 교류용으로도 사용 가능하게 되었다.

강체 조가식은 터널 천장에 애자를 설치하고, 여기에 강체, 즉 도체 성형재(bar)를 고정시킨 다음에 이 강체의 아랫면에 전차선을 물린 구조로 되어 있다. 이 강체는 급전선을 겸하고 있기 때문에 충분한 전류 용량이 필요하므로 알루미늄 합금 압출 형재가 많이 사용된다.

이 방식은 T−bar 방식과 R−bar 방식의 두 종류가 있으며, 전차선이 강체이므로 전기차가 고속 운전할 때 팬터그래프가 도약 현상을 일으켜 이선이 발생하므로 운전 최고속도는 80 [km/h]로 제한된다.

① T-bar 방식

그림 2.5와 같이 지지구조를 나타낸 T−bar 방식은 **직류 구간**에서 사용하는 방식으로 우리 나라의 지하철에 사용되는 표준 길이는 10 [m]로 한다.

전압이 낮아서 절연거리가 짧기 때문에 250 [mm] 지지애자에 알루미늄 합금 T형재를 사용하며 이 강체(rigid bar)의 아랫면에 롱 이어(long ear)에 의해 전차

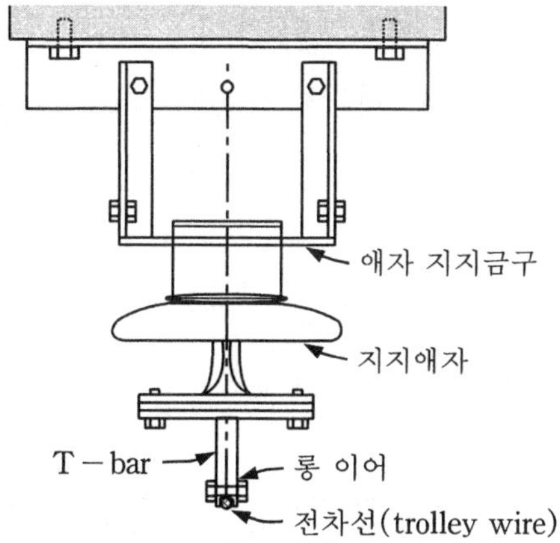

그림 2.5 T-bar 방식

선을 볼트로 지지하는 방식이고, 5[m] 간격으로 지지금구에 고정되어 있다.

② **R-bar 방식**

R－bar 방식은 **교류 구간**에서 사용하는 방식으로 우리 나라의 과천선 등 교류 25[kV] 방식의 지하 구간에서 사용되는 표준 길이는 12[m]이다.

전압이 높아서 절연거리가 길기 때문에 강체의 직상부 좌우에 직선형 가동 브래킷(bracket)을 설치하여 강체(rigid bar)로 전차선을 고정하는 방식으로 가선 도르레를 이용하여 쉽게 가선할 수 있기 때문에 시공은 간단하고, 10[m] 간격으로 장간애자에 의하여 고정되어 있다. **그림** 2.6에 R－bar 방식의 구조를 나타낸다.

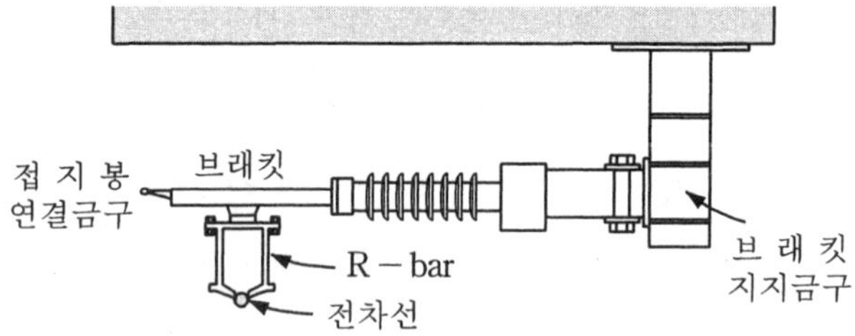

그림 2.6 R-bar 방식

(2) 제3궤조식

그림 2.7과 같이 주행용 레일 옆에 제3레일을 부설하고 전기차의 측면에서 나온 집전 슈(current collection shoe)에 전력을 공급을 받는 방식으로 감전의 위험이 있기 때문에 지하철에서 직류 600~750[V]의 저전압에 채택하여 사용한다.

제3궤조의 집전 슈의 접촉압력은 15[kg] 정도로 큰 기계적 강도를 요구하지 않지만 도전율을 크게 할 필요가 있다. 따라서 주행레일보다 저항이 적은 저탄소강을 필요로 하고, 표준 연동의 6~8배의 저항을 가진 것을 사용하고 있다.

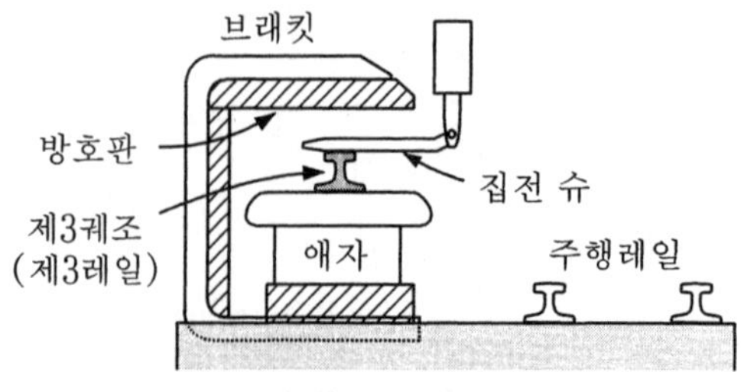

그림 2.7 제3궤조 방식

2.1.4 전차선

전차선(trolley wire)은 레일면 위의 일정한 높이로 가설되어 차량의 집전장치(팬터그래프)와 직접 접촉하여 전기차에 전력을 공급하기 위한 가공전선이다.

따라서 전차선에 요구되는 성능은 다음과 같다.

① 도전성이 높을 것 ② 전기용량이 클 것
③ 내열성, 내마모성, 내부식성이 좋을 것 ④ 피로강도가 충분할 것
⑤ 인장강도가 크고 장력이 클 것 ⑥ 접속개소의 통전 상태가 양호할 것

전차선의 높이는 최저 4.55 [m]에서 최고 5.4 [m]로 하며 5.1 [m]를 표준으로 하고 있다. 또 일반적으로 사용하는 재질은 경동이고, 단면의 형상은 **그림** 2.8과 같으며 이 중에서 홈붙이 원형의 형상이 표준으로 사용되고 있다.

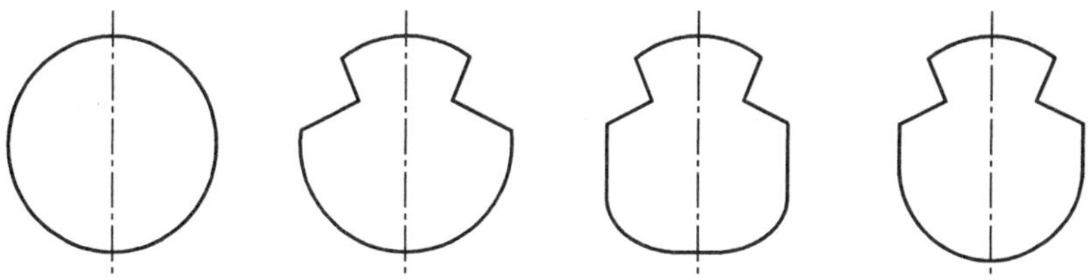

(a) 원형 (b) 홈붙이 원형 (c) 홈붙이 제형 (d) 홈붙이 이형

그림 2.8 전차선(트롤리선)의 단면 형상

전차선은 팬터그래프와의 직접 접촉에 의해 한 위치만의 마모를 방지하기 위하여 직선 구간에서는 지그재그가 되도록 설치하고, 이것을 트롤리선(전차선)의 **편위**라고 한다. 이와 같이 편위는 전차선의 궤도 중심선에서의 수평거리를 의미한다.

전차선의 편위가 지나치게 크면 팬터그래프가 전차선에서 이탈하는 **이선** 현상이 일어날 수 있으므로 일정한 한계를 정하고 있다. 전차선의 편위는 직선로에서 200 [mm]를 표준으로 하고 최대 250 [mm]까지 할 수 있으며, 곡선로에서는 경간 중앙에서 150 [mm] 이하로 한다.

또 전기철도의 고속화로 이선을 줄이기 위하여 팬터그래프 및 가선 구조를 개량하여 개발되고 있으며, 이선의 허용한도를 나타내는 **이선율**(ratio of contact keep)은 다음과 같다.

$$\text{이선율} = \frac{\text{이선시간}}{\text{실제 운전시간}} \times 100\,[\%] \tag{2.1}$$

2.1.5 급전선

전철용 변전소에서 전차선 또는 도전레일 등의 집전장치를 통하여 전기차에 전력을 공급하기 위한 도체를 **급전선**(feeder line)이라 한다. 급전선은 급전방식에 따라 다음의 세 종류로 구분한다.

(1) 직류 급전선

전차선과 병렬로 급전선을 설치하여 전차선의 전류용량 및 급전회로의 전압강하를 구제하는 목적으로 사용하는 전선이다.

(2) 교류 BT 급전선

전철용 변전소와 급전 인출구 부근의 절연 구분장치(데드 섹션) 전후의 전차선 사이를 연결하여 변전소에서 전차선에 전력을 공급하기 위한 전선이다.

(3) 교류 AT 급전선

전철 변전소에서 전차선로에 분산 설치되어 있는 단권변압기(AT)에 전력을 공급하기 위한 전선이다.

2.1.6 구분장치

구분장치(section device)는 전차선의 일부분에 사고가 발생하거나 보수작업을 위하여 개폐설비에 의하여 전기적으로 계통이 구분되도록 한 절연장치이고, 섹션이라고도 한다. 구분장치는 전기적, 기계적 강도가 충분하고, 다음과 같은 조건이 요구된다.

① 충분한 절연성을 가질 것
② 팬터그래프의 통과에 지장이 없을 것
③ 가볍고 기계적 강도가 클 것
④ 그 구간을 통과하는 열차의 속도에 대응할 수 있을 것

구분장치는 사용 구분에 따라 다음과 같은 종별로 나누어진다.

표 2.1 구분장치의 종별과 사용구분

구분장치	종 별	사용 구분	속도[km/h]	비 고
전기적	에어섹션	동상의 본선 구분용 및 흡상변압기용	130	공기절연
	애자섹션	동상의 상·하선 및 측선 구분용	85	애자제, 수지제
	데드섹션	이상 구분용 및 교·직 구분용	130	수지제
기계적	에어조인트	합성 전차선 평행설비 구분	130	전기적 접속

2.1.7 귀선로

전기차에 공급된 전력을 변전소로 되돌려 보내는 설비를 **귀선로**(return wire)라 하고, 일반적으로 **귀선레일(주행레일)**, **레일 본드**, **보조 귀선** 등으로 구성된다.

귀선로는 급전방식에 따라 다음과 같다.

(1) 귀선로

1 직류 급전방식

그림 2.9와 같이 직류 구간의 전기차 귀선전류는 일반적으로 주행레일로 흐르고, 일부는 대지로 누설전류가 흘러서 임피던스 본드의 중성점에 접속된 인입귀선을 통하여 변전소의 부극 모선으로 돌아가는 회로로 구성되어 있다.

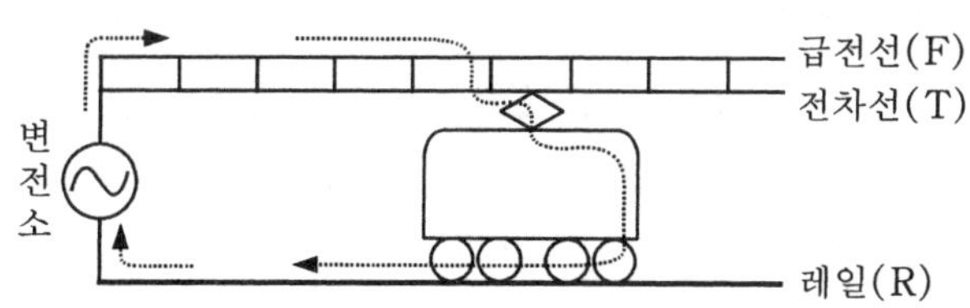

그림 2.9 직류 급전방식의 귀선로

2 교류 BT 급전방식

그림 2.10과 같이 BT 급전방식의 교류 구간에서는 선로에 가까운 통신선에 주는 유도장해를 방지하기 위하여 흡상변압기(booster transformer, BT)로 강제적으로 귀선전류를 흡상선을 통하여 레일(임피던스 본드)에서 흡상시켜 부급전선을 통하여 변전소로 돌아가는 회로로 구성되어 있다.

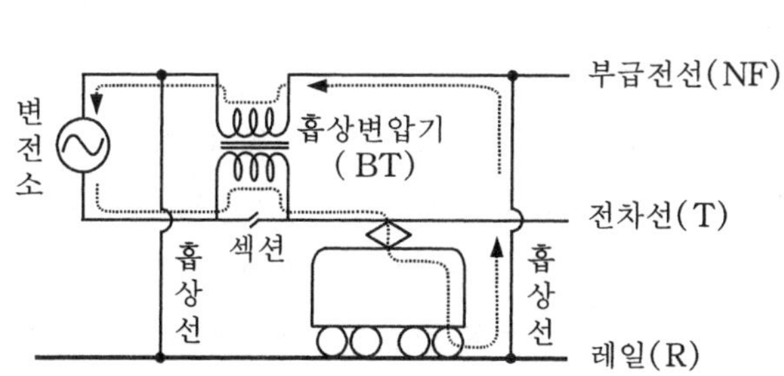

그림 2.10 교류 BT 급전방식의 귀선로

3 교류 AT 급전방식

그림 2.11과 같이 AT 급전방식의 교류 구간에서는 단권변압기(auto transformer, AT)의 설치 개소에 변압기 권선의 중성점과 레일(임피던스 본드)을 중성선으로 연결하여 귀선전류를 강제적으로 단권변압기로 흐르게 하고 급전선을 통하여 변전소로 귀환하도록 회로를 구성하고 있다.(점선의 전류는 보호선이 없는 경우임)

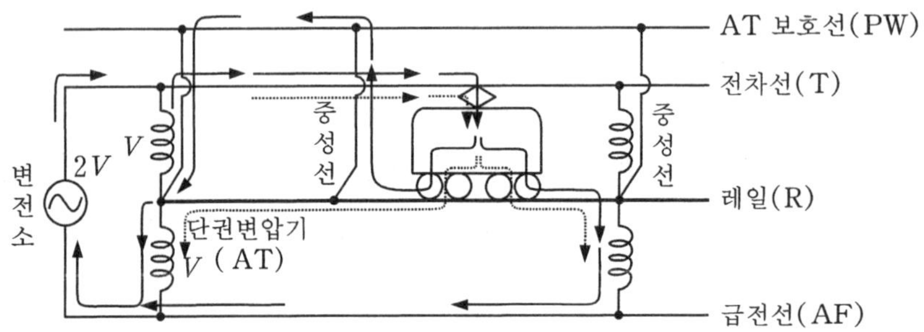

그림 2.11 교류 AT 급전방식의 귀선로

(2) 귀선로의 구성

귀선로의 전기저항이 높은 경우에는 전압강하와 전력손실이 커지고 누설전류가 증가하여 전식 또는 통신유도장해를 발생시키는 원인이 된다. 따라서 귀선로의 전기저항을 최소로 감소시킬 필요가 있고, **그림** 1.5와 같이 레일의 이음매에 **레일 본드**(rail bond)를 설치하여 전기적 접속을 양호하게 하거나 부하전류가 많은 구배 구간 등에서 평행하여 **보조 귀선**(auxiliary return feeder)을 설치한다.

교류방식에서는 통신유도장해를 경감하기 위하여 흡상변압기 또는 단권변압기를 이용하거나 가공방식의 부급전선 등을 설치한다.

① **레일 본드** : 레일 이음매에 전기적 접속을 양호하도록 도체로 단락시킨 것을 의미하며, **그림** 1.5를 참고하기 바란다. 레일 본드의 접촉 저항값은 레일 본드를 취부한 레일의 길이 5[m]의 저항값 이하로 유지되도록 하여야 한다.

② **크로스 본드** : **그림** 2.12와 같이 귀선 저항을 감소시키고, 전류를 평형시키기 위하여 좌우 레일 또는 인접 궤도 사이를 전기적으로 접속하는 방법이다.

③ **보조 귀선** : 직류 전차선로의 전압강하 및 레일의 전위상승이 심한 경우에 귀선의 전기저항을 감소시켜 전식의 피해를 줄이기 위하여 보조 귀선을 설치한다.

그림 2.13과 같이 보조 귀선은 지중식 또는 가공식으로 레일과 병렬로 도체를

설치하여 크로스 본드에 의해 레일과의 사이를 균압하는 도체를 말한다.

보조 귀선은 변전소의 부극에 접속하는 것이 일반적이고, 지중케이블 또는 가공 전선을 이용하여 대지 누설전류를 적게 하는 방법으로 전식의 피해를 방지하기 위하여 설치한다.

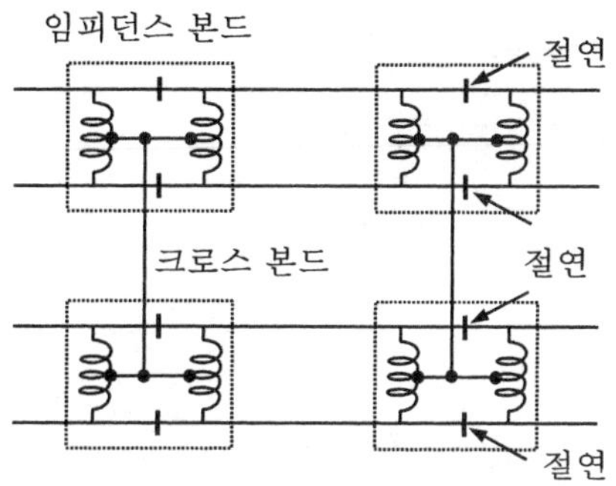

그림 2.12 크로스 본드

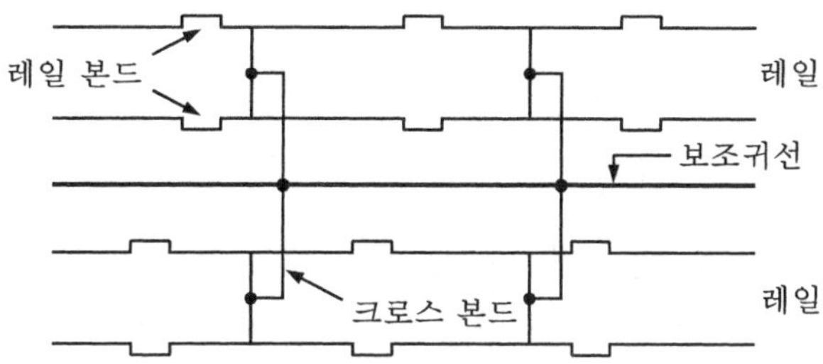

그림 2.13 보조 귀선

2.1.8 흡상선

흡상선(booster wire)은 교류 전차선로의 통신유도장해를 경감하기 위하여 교류 BT 급전방식에서 흡상변압기(BT)의 전류 흡상작용에 의하여 귀선전류를 부급전선으로 흐르도록 **부급전선과 귀선레일을 접속하는 전선**을 말한다.

흡상선은 부급전선이 있는 교류 BT 급전방식의 변전소 부근 또는 흡상변압기의 중간 지점 부근에서 다음에 준하여 시설한다.

① 흡상변압기 설치 간격의 중앙에서 복궤조식은 임피던스 본드의 중성점에, 단궤조식은 귀선레일측에 부급전선을 접속한다.

② 지중에 매설하는 경우는 트로프 또는 관로에 수용하고 궤도 밑을 횡단할 때는 노

반면에서 750 [mm] 이상의 깊이에 매설한다.

③ 지표상 2 [m]의 높이까지 절연관 등으로 보호한다.

④ 흡상선은 2본 병렬로 시설한다.

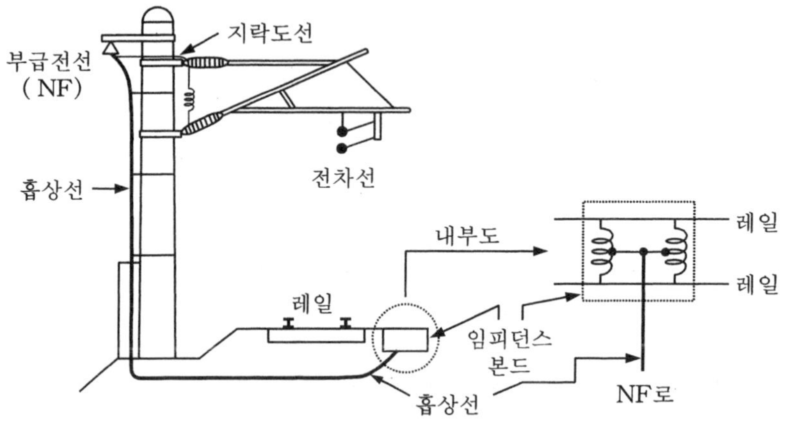

그림 2.14 교류 BT 급전방식의 흡상선과 부급전선

2.1.9 부급전선

부급전선은 교류 BT 급전방식에서 통신유도장해의 경감을 위하여 레일에 흐르고 있는 귀선전류를 흡상변압기에 의하여 강제적으로 흡상하여 변전소로 보내기 위하여 귀선레일에 병렬로 시설하는 전선을 말한다.

또 부급전선은 통신유도장해의 경감과 더불어 애자 섬락사고시 변전소의 차단기를 신속하게 동작시켜서 전차선을 보호하는 기능도 가지고 있다.

2.1.10 중성선 및 보호선

교류 AT 급전방식의 변전소 등에 설비되어 있는 단권변압기(AT)의 중성점과 귀선레일의 임피던스 본드의 중성점을 연결하는 전선을 말하고, 중성선은 부하전류와 사고전류의 귀선로로 되어 있다.

보호선용 접속선은 보호선과 레일을 연결하는 선을 의미하고, 설치 간격은 2 [km] 이내로 1본만 설치할 수 있다.

중성선 및 보호선용 접속선은 흡상선에 준하여 시설한다.

2.2 전식과 통신유도장해

2.2.1 누설전류와 레일의 전위

(1) 누설전류

레일을 귀선전류의 통로로 이용하는 방식에서 레일 접속 부분의 저항이 크면 귀선전류의 일부가 대지로 누설하여 부근의 수도관, 가스관, 전력케이블 등의 지하 매설금속관을 통하여 흐르게 되고, 레일의 전기저항이 높으면 누설전류는 더욱 증가되어 다음과 같은 현상이 발생한다.

① **직류 급전방식 : 전식의 발생**

② **교류 급전방식 : 통신유도장해**

(2) 레일의 전위

레일 전위는 전기차 위치인 부하점에서 대지전위보다 높은 ⊕전위가 되고, 교류에서는 흡상점, 직류에서는 변전소 부근에서 대지전위보다 낮은 ⊖전위가 된다.

부하점과 변전소의 중앙점 근처는 레일 전위와 대지전위가 같아지며 이 점을 **중성점**이라 한다. 중성점을 기준으로 부하측에서는 레일에서 대지로 향하여 누설전류를 유출하고, 반대로 변전소측에서는 대지에서 변전소(레일)로 유입한다.

레일의 대지전위는 직류, 교류 모두 대략 30 [V] 정도이며, 50 [V] 이상이 되면 인체에 위험을 초래할 수 있으므로 그 이하가 되도록 조치해야 한다.

레일 전위의 특성은 다음과 같다.

① 부하전류가 클수록 높아진다.

② 레일 단면적이 적어 고유저항이 클수록 높아진다.

③ 레일의 대지 절연저항이 클수록 높아진다.

④ 부하점과 변전소 또는 흡상선의 거리가 멀수록 높아진다.

⑤ 교류 구간에서는 급전전압이 직류의 10배 이상 높기 때문에 귀선전류가 거의 1/10로 되지만, 레일의 임피던스가 직류저항의 약 10배가 되며 직류 구간과 거의 같은 정도의 레일 전위가 발생한다.

⑥ 교류 구간에서는 전차선과 레일의 상호유도작용에 의하여 레일 전위를 발생시키는 전류분이 귀선전류의 거의 1/2이 되지만 직류 구간에서는 귀선전류의 전부가 레일 전위 발생의 요소로 된다.

2.2.2 전식

직류 급전방식에서 귀로로 이용하는 레일에 흐르는 전류의 일부가 대지로 누설하여 저항이 낮은 지중 금속매설물을 통하여 변전소 부근에서 레일로 되돌아가게 된다. 이때 지중 금속체는 전해 작용에 의하여 전류 유출 부분이 부식되면서 점차 얇아지게 된다. 이 현상을 **전식**(electrolytic corrosion)이라 한다.

그림 2.15는 레일에서 흐르는 누설전류의 상태와 레일의 전위분포 곡선을 나타낸 것이다.

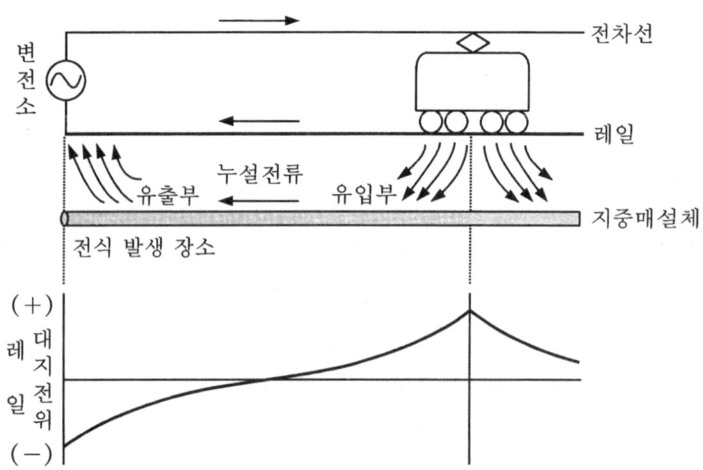

그림 2.15 누설전류와 레일의 전위분포

전식의 방지 대책은 전철측 시설과 지중 매설관측 시설이 있다.

1 전철측 대책

① 도상의 배수를 양호하게 하여 대지에 대한 레일의 절연저항을 크게 한다.
② 레일본드를 설치하고 필요에 따라 보조 귀선, 크로스 본드를 설치하여 귀선저항을 감소시킨다.
③ 변전소를 증가시켜 변전소의 간격을 축소한다.
④ 귀선의 극성을 전기적으로 바꾸어 준다.

2 지중 매설관측 대책

① 누설전류가 흐르지 못하도록 매설관에 피복 도장으로 절연저항을 크게 한다.

② 매설관의 접속부를 전기적으로 절연하거나 레일과의 이격거리를 크게 한다.

③ 매설 금속관을 도체에 의해 차폐하여 누설전류의 유입을 방지한다.

④ 배류법을 사용한다. 배류법에는 다음과 같은 종류가 있다.

(a) **직접 배류법** : 지중 매설금속체와 레일을 직접 접속하는 방법으로 누설전류에 영향을 주는 변전소가 부근에 한 개소뿐이고 레일측으로부터 전류가 역류할 우려가 없는 경우에 선택 사용하며, 적용 가능한 장소는 적다.

(b) **선택 배류법** : 지중 매설금속체와 레일을 접속하는 배류선에 선택배류기를 설치하고 금속체가 레일에 대하여 고전위로 되는 경우에만 전류를 유출시키는 방식

(c) **강제 배류법** : 배류기 대신에 외부에 직류전원을 삽입한 방식이며, 레일은 접지 양극으로 하고 선택 배류식의 특성도 구비하고 있으므로 방식 효과가 크다.

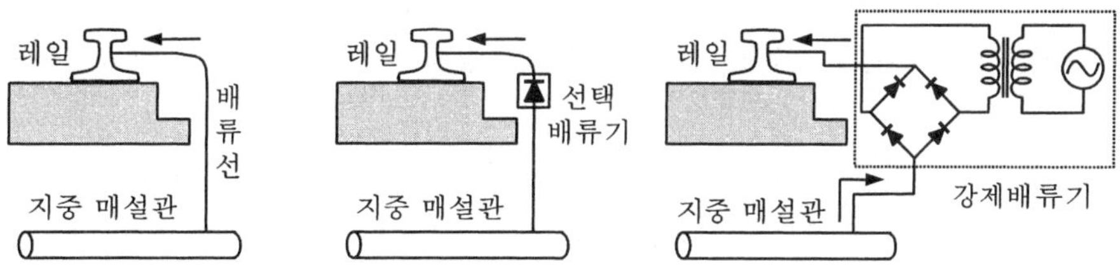

(a) 직접 배류법 (b) 선택 배류법 (c) 강제 배류법

그림 2.16 전식방지를 위한 배류법

2.2.3 통신유도장해

전차선에 접근한 통신선은 전력선의 전기적 에너지의 일부가 전달되어 통신회선에 위험 전압과 잡음 전압 등의 유도전압이 발생한다. 상용주파수의 유도전압에 의하여 인체에 위험이나 기기의 소손이 발생하고, 잡음전압에 의해 통신장해 등이 발생한다.

교류 전차선로에 평행으로 가설된 통신선은 전차선 전류와 부급전선의 전류 또는 레일의 귀선전류의 불평형, 누설전류의 의하여 유도전압이 유기되어 통신장해의 원인이 된다.

통신유도장해의 경감 대책으로서 전철측의 대책은 흡상변압기, 단권변압기에 의한 방법이 있으며, 통신선측의 대책은 통신선의 케이블화, 전차선과 통신선의 이격거리 증대 등의 방법이 있다. 또 전기차측의 대책으로는 변압기 2차측의 콘덴서와 저항을 조합한 필터를 병렬로 접속하여 전차선로에 흐르는 고주파성분을 억제한다.

2.3 전기차량

전기차량은 전기에너지를 공급받아 주행하는 차량으로서 전차와 전기기관을 합쳐서 **전기차**라 한다. 전기차는 차체, 대차, 집전장치, 동력전달장치 및 제어장치, 주전동기 등으로 구성되어 있다.

2.3.1 차량의 분류

(1) 전동기 유무에 의한 분류

① **전동차**(motor car) : 구동용 전동기가 있고 단독 또는 다른 차량을 연결하여 운전하는 차량

② **제어차**(control car) : 구동용 전동기는 없지만 제어장치를 갖춘 차량

③ **부수차**(trailer car) : 구동용 전동기 및 제어장치가 없는 차량으로 객차 또는 화차가 해당

④ **전기기관차**(electric locomotive) : 구동용 전동기를 갖추고 제어차와 여러 대의 부수차로 연결하여 운전하는 차량

(2) 대차에 의한 분류

① **4륜차**(4−wheel car) : 차축이 두 개인 차량으로 소형·저속용으로 시가지 전차로 사용되었으나 최근에는 거의 사용하지 않는다.

② **보기차**(bogie car) : 대차는 2대(차축 4개)로서 보기대차와 차체로 되어 있기 때문에 보기가 자유로이 회전할 수 있는 차량이며, 최근 가장 많이 사용되고 있다.

③ **관절차**(articulated car) : 두 대의 차체가 한 대의 대차를 공유하는 차량을 말하며, 두 차량을 분리할 수 없으나 대차의 수량이 감소될 수 있으므로 전체 차량의 중량을 경감하여 속도의 증가 및 승차감을 좋게 할 수 있다.

(a) 4륜차 (b) 보기차 (c) 관절차

그림 2.17 차량의 대차에 의한 종류

2.3.2 집전장치

전기차가 가공 전차선이나 제3궤조로부터 전력을 받아들이기 위한 장치를 **집전장치**(collective current device)라 한다.

가공 전차선에서 집전하는 장치는 저전압 저속도 전차용의 **트롤리 봉**(trolley pole), **궁형 집전기**(**뷔겔**, Bügel)와 고속도 대용량 전차용의 **팬터그래프**(pantograph)가 있다. 또 제3궤조 방식의 집전장치는 **집전 슈**(collective current shoe)가 있다.

집전장치는 주철과 주강의 재질로 된 습동판(slider)을 전차선에 접촉하여 스프링의 힘으로 집전한다. 습동판의 접촉압력을 크게 하면 이선율은 감소하지만 기계적 마모가 심하게 된다. 따라서 집전장치의 압상력은 일반적으로 트롤리 봉에서 대략 10 [kg] 정도, 궁형집전기에서 5~7 [kg], 팬터그래프에서 3~5 [kg] 정도이고, 집전 슈에서는 대략 10~20 [kg] 정도이다.

그림 2.18은 집전장치 중 가장 많이 사용되고 있는 팬터그래프의 구조이다.

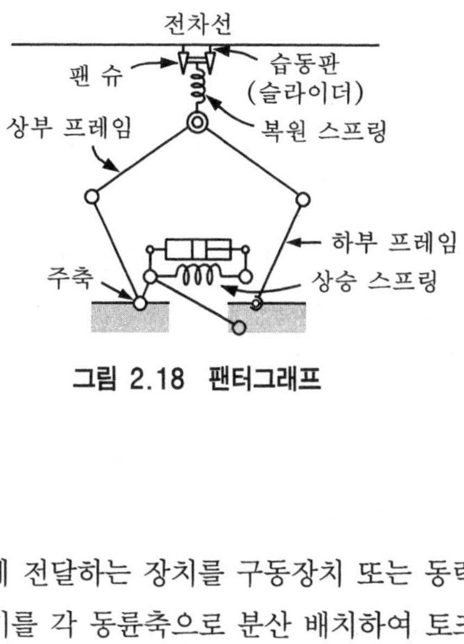

그림 2.18 팬터그래프

2.3.3 구동장치

주전동기의 토크를 차륜에 전달하는 장치를 구동장치 또는 동력전달장치라 한다. 구동장치는 소용량의 주전동기를 각 동륜축으로 분산 배치하여 토크를 각 동륜축으로 전달하는 단독축 구동방식과 1~2대의 대용량 주전동기를 사용하여 토크를 연결봉으로 동시에 2개 이상의 동륜축으로 전달하는 연축 구동방식으로 구분할 수 있다.

일반적으로 전기차의 구동장치는 단독축 구동방식의 **평행 카르단**(cardan) **방식**이 널리 사용되고 있다.

평행 카르단(cardan) 방식은 **그림** 2.19와 같이 주전동기를 동륜축과 평행하게 배치하여 대차 몸체에 고정, 장착하고 전동기의 전기자축과 소기어와의 사이에 가요성 연결판을 사용하여 토크를 전달시켜 소기어와 동륜축의 대기어를 구동시키는 방식이다.

여기서 감속기어를 사용하는 이유는 주전동기를 소형·경량으로 하여 제한된 공간을 가진 대차에 장착하는 데 유리하기 때문이다.

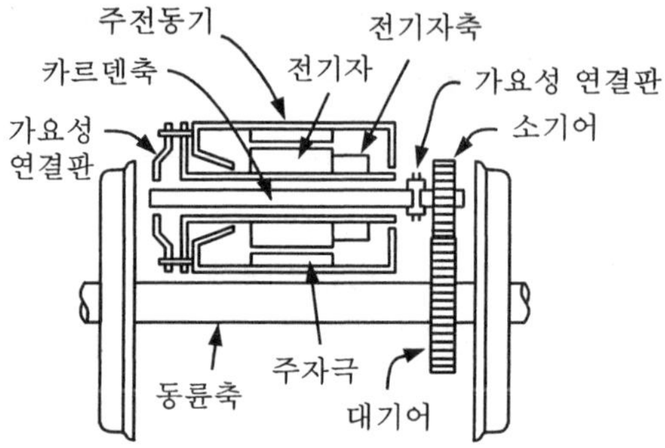

그림 2.19 평행 카르단 방식

2.4 주전동기

2.4.1 주전동기

전기철도용 주전동기는 차량을 주행시키기 위한 견인 전동기로써 전기방식에 따라 직류 전동기와 교류 전동기가 있다.

주전동기의 구비조건은 다음과 같다.

① 기동시 기동토크가 클 것

② 상승 구배에서 회전수가 감소하면 토크(회전력)가 커질 것

③ 회전수를 광범위하게 조절할 수 있을 것

④ 병렬 운전이 가능하며, 전동기 상호간의 불평형이 적을 것

⑤ 제한된 장소에 장착하므로 소형 경량일 것

⑥ 전기차 하부에 장착하므로 방진, 방수, 방진형일 것

⑦ 점검 및 보수가 용이할 것

이러한 조건을 만족하려면 직권 특성의 전동기를 사용하여야 한다. 따라서 직류방식에서는 **직권전동기**, 외국의 교류방식에서는 직류 직권전동기와 특성이 매우 유사한 **단상 정류자 전동기**를 사용하고 정류를 좋게 하기 위하여 전원주파수를 상용주파수보다

낮추어 $16\frac{2}{3}$ [Hz] 또는 25 [Hz]를 사용하고 있다. 또 교류방식의 단상 정류자 전동기는 별도의 주파수 변환장치가 필요하기 때문에 역시 정류기에 의하여 맥류화한 전류를 사용하여 직권 특성을 가지는 **맥류전동기**를 사용한다.

주전동기는 종래에 직류 직권전동기가 주류를 이루었으나 근래에는 출력이 좋고, 중량이 가벼우면서 높은 회전력을 얻을 수 있을 뿐만 아니라 보수가 용이한 교류 전동기가 주로 사용되고 있다. 특히 전력반도체 스위칭 소자의 개발과 인버터 제어기술의 발전으로 인하여 **교류전동기**가 고속열차에 널리 채용하고 있는 추세이다.

전기차량용 주전동기의 용량은 보통 100~500 [kW] 정도이다.

(1) 직류 직권전동기

전기자 전류가 적게 흐르는 미포화 영역에서 사용하는 직류 직권전동기의 특성은 제 4편의 전동력 응용의 식 (2.20)과 식 (2.22)에 의하여 다음의 특성이 있다.

① 회전수는 단자전압에 비례하고 부하전류에 반비례한다.

② 토크는 전류의 제곱에 비례한다.

이와 같이 직류 직권전동기는 전기 차량용으로 적합한 특성을 가지고 있으며 4극 또는 6극이 많이 사용되고 있고, 정류개선을 위한 보극을 가지고 있다. 그러나 전기차량용에서의 보극을 설치하는 근본적인 이유는 역회전 방지를 위한 것이다.

(2) 교류전동기

전기차량에 교류전동기를 사용하는 이유는 다음과 같다.

① 제한된 공간에서 소형·경량으로 할 수 있고, 대출력화가 가능하므로 동축수를 줄일 수 있다.

② 브러시 및 정류자가 없기 때문에 구조가 간단하고, 제작 및 유지보수가 용이하다.

③ 속도제어 범위가 넓기 때문에 고속 운전에 적합하다.

④ 인버터 제어방식으로 주회로를 대폭적으로 무접점화할 수 있다.

교류전동기는 동기전동기와 권선형 및 농형의 유도전동기가 있다.

동기전동기는 전동기마다 인버터를 필요하고, 기동시 동기속도까지 높일 수 있는 기동장치가 별도로 필요로 하지만, 역률과 효율이 높고, GTO 소자가 없는 인버터(전류형 인버터)가 간단한 장점이 있기 때문에 동력 집중식의 프랑스 국철에 채용하고 있다.

유도전동기는 한 개의 인버터(전압형 인버터)로 여러 대의 전동기를 구동할 수 있기 때문에 경제성이 우수하고, 저속에서 토크의 변동이 적고, GTO 사이리스터의 발전에 의해 동력 분산형의 일본, 독일의 국철에서 채택하고 있다.

유도전동기의 권선형은 2차저항 제어법, 주파수 변환법, 비례추이에 의하여 속도제어를 하지만 복잡하고 곤란하기 때문에 장시간 정속도로 주행하는 경우를 고려하여 농형 유도전동기가 적합하다. 회전자가 간단한 농형은 4극이 기본이지만, 전기차량용에서는 6극을 채택하고 있다.

교류 유도전동기의 회전속도와 토크는 다음의 관계식이 있다.

$$\begin{cases} \text{회전수와 주파수} : N \propto f \\ \text{토크와 주파수(전압)} : T \propto \left(\dfrac{V}{f}\right)^2 \end{cases}$$

위의 관계식에서 알 수 있듯이 전기차량을 견인하는 데 사용하는 유도전동기는 전압과 전원 주파수를 조합하여 속도를 제어할 수 있기 때문에 교류 가변 전압 V와 가변 주파수 f에 의한 VVVF(variable voltage variable frequence) 인버터 제어장치를 이용한다.

(3) 주전동기의 출력

열차가 견인력 F'[N], 속도 v[m/s]로 운전하고 한다면, 주전동기의 출력 P는 다음과 같다.

$$P = F'[\text{N}] \cdot v[\text{m/s}] \times \frac{1}{1000} [\text{kW}] \tag{2.2}$$

따라서 열차가 견인력 F[kg], 속도 V[km/h]로 운전하고 있을 때 주전동기의 출력 P[kW]는 다음과 같이 단위 변환이 된다.

$$\begin{aligned} P &= (9.8 \times F[\text{kg}]) \cdot \left(V[\text{km/h}] \times \frac{1000}{3600}\right) \times \frac{1}{1000} \\ &= \frac{9.8}{3600} FV = \frac{FV}{367} [\text{kW}] \end{aligned} \tag{2.3}$$

$$\therefore \ P = \frac{FV}{367} [\text{kW}] \tag{2.4}$$

동력 전달효율이 η인 주전동기가 N대를 가진 경우 한 대당 출력 P[kW]는 다음과 같다.

$$\text{출 력} : \ P = \frac{FV}{367N\eta} [\text{kW}] \tag{2.5}$$

예제 2.1 전기 기관차가 2000 [kg]의 견인력으로 속도 80 [km/h]로 달리고 있을 때, 출력 P [kW]을 구하라.

풀이

견인력 $F=2000$ [kg], 속도 $V=80$ [km/h]이므로 식 (2.4)에 의하여 출력 P는

$$P=\frac{FV}{367}=\frac{2000\times 80}{367}=435.97\ [\mathrm{kW}]$$

가 구해진다.

2.5 열차의 운전

2.5.1 열차저항

열차를 주행시키려면 진행 방향에 반대로 작용하는 힘, 즉 주행저항을 극복하고 열차의 관성저항을 억누르고 가속시킬 수 있는 인장력을 주어야 하지만, 감속하거나 정지할 때에는 열차가 가지고 있는 주행에너지를 흡수하여야 한다.

열차에 작용하는 저항은 주행저항, 출발저항, 곡선저항, 구배저항, 가속저항 등이 있다.

① **주행저항**(R_r) : 주행시에 베어링 및 궤조에서의 마찰저항과 공기저항을 합한 것

$$R_r=(a+bV+cV^2)+\frac{dV^2}{W}\ [\mathrm{kg/t}] \tag{2.6}$$

(V : 열차속도 [km/h], W : 열차 총중량 [t])

② **출발저항**(R_s) : 열차가 정지상태에서 출발할 때 베어링에 유막이 형성될 때까지 주행저항에서 얻어지는 값보다 비교적 큰 저항을 갖는 데 이것을 출발저항이라 한다. 일반적으로 출발저항의 값은 3~10 [kg/t] 정도의 범위이다.

③ **곡선저항**(R_c) : 열차가 곡선 구간을 달리면 곡선 반지름에 반비례하는 저항을 받는 데, 이를 곡선저항이라 한다.

곡선저항의 크기는 궤간에 따라 다르지만 실험적으로 얻어진 식은 다음과 같다.

$$R_c = \frac{600 \sim 800}{R} \text{ [kg/t]} \quad (R\,[\text{m}] : \text{곡선 반지름}) \tag{2.7}$$

④ **구배저항**(R_g) : 열차가 기울기를 가진 구간을 달릴 때 중력에 의하여 발생하는 저항으로써 기울기를 천분율 g[‰]라 할 때 구배저항 R_g[kg/t]은

$$\left.\begin{array}{l} R_g' = W\sin\theta \fallingdotseq W\tan\theta = \pm\, gW\,[\text{kg}] \\ \therefore \quad R_g = \pm g\ [\text{kg/t}] \end{array}\right. \quad \begin{cases} + : \text{상승 구배시} \\ - : \text{하강 구배시} \end{cases} \tag{2.8}$$

⑤ **가속저항**(R_a) : 열차가 주행 중 가속할 때에 발생하는 저항으로써 열차를 가속하기 위한 필요한 견인력과 같게 된다. $(R_a = F_a / W\,[\text{kg/t}])$

열차 중량 W[t], 가속도 A [km/h/s]로 가속할 때 가속력 F_a[kg]는 다음과 같다.

$$F_a = ma = \left(\frac{1000\,W}{9.8}\right) \cdot \left(\frac{1000A}{3600}\right) = 28.35\,WA \text{ [kg]} \tag{2.9}$$

(m : 차량의 질량 [kg], a : 가속도 [m/s^2])

그런데 열차에는 위의 직선 가속도 외에 기어 및 차륜의 회전부분이 있으므로 관성모멘트 때문에 결과적으로 중량은 약간 증가된 것으로 보아 식 (2.9)은 다음과 같이 보상해 주어야 한다.

$$F_a = 28.35(1+x)WA \text{ [kg]} \tag{2.10}$$

여기서 x는 관성계수이고, 전동차는 0.1, 전기기관차는 0.12, 객차는 0.05, 일반열차는 0.06을 적용한다. 따라서 전동차의 경우는 다음과 같다.

$$\therefore \quad F_a = 31\,WA \text{ [kg]} \tag{2.11}$$

2.5.2 열차저항과 견인력의 관계

열차가 주행하고 있을 때, 가속저항을 제외한 열차저항 R은 주행저항, 구배저항, 곡선저항의 합이 된다. 즉,

$$R = R_r + R_g + R_c \text{ [kg/t]} \tag{2.12}$$

견인력을 f[kg/t]이라 할 때, 열차저항 R[kg/t]과의 관계는 다음과 같다.

① $f > R$: 가속, ② $f < R$: 감속, ③ $f = R$: 등속

견인력 f[kg/t]는 열차저항 R[kg/t]과 가속저항 R_a[kg/t]의 합으로 정의되고, 전동기가 발생하는 견인력은 열차저항과 가속에 요구되는 저항으로 소비된다.

$$f = R + R_a = (R_r + R_g + R_c) + \frac{F_a}{W} \ [\text{kg/t}] \tag{2.13}$$

따라서 전동차의 견인력 F[kg]는 식 (2.13)에서 열차 총 중량 W[t]을 양변에 곱하면 다음과 같이 구할 수 있다.

$$\begin{aligned} &F = (R + R_a)W = (R_r + R_g + R_c)W + F_a \\ &\therefore \ F = (R_r + R_g + R_c)W + 31WA \ [\text{kg}] \end{aligned} \tag{2.14}$$

예제 2.2 30[t]의 전차가 30/1000의 구배를 올라가는 데 필요한 견인력[kg]을 구하라. 단, 열차저항은 무시한다.

풀이

견인력은 열차저항과 같고, 열차저항은 구배저항 뿐이다. 또 기울기는 $\tan\theta$와 같으며, 구배가 작은 경우에는 $\tan\theta \fallingdotseq \sin\theta$로 볼 수 있다. 따라서 전차의 견인력 F는 식 (2.8)에 의하여 다음과 같이 두 가지 방법에 의하여 구할 수 있다.

$$\begin{cases} ① \ F = R_g{}' = W\sin\theta \fallingdotseq W\tan\theta = 30 \times 10^3 \times \dfrac{30}{1000} = 900 \ [\text{kg}] \\ ② \ F = R_g{}' = gW = 30[‰] \times 30\,[\text{t}] = 900\,[\text{kg}] \end{cases}$$

예제 2.3 35[t]의 전차가 20[‰]의 경사 궤도를 45[km/h]의 속도로 올라갈 때 필요한 견인력[kg]을 구하라. 단, 주행저항은 5[kg/t]이라 한다.

풀이

주어진 문제에서 열차저항은 주행저항과 구배저항이 있으며, 견인력은 열차저항과 같으므로 전차의 견인력 F는 다음과 같이 두 가지 방법에 의하여 구할 수 있다.

$$F = (R_r + R_g)W = R_r W + R_g{}' = R_r W + W\sin\theta \fallingdotseq R_r W + W\tan\theta$$

$$\therefore \quad F = R_r W + W \tan\theta = 5 \times 35 + (35 \times 10^3) \times \frac{20}{1000} = 875 \text{ [kg]}$$

또는 $F = (R_r + R_g)W = (R_r + g)W = (5 + 20) \times 35 = 875 \text{ [kg]}$

예제 2.4 중량 50 [t]의 전동차에 3 [km/h/s]의 가속도를 주는 데 필요한 힘 [kg]을 구하라.

풀이

주어진 문제에서 필요한 힘은 견인력을 의미하고, 견인력은 가속저항과 같다. 따라서 전동차의 견인력은 식 (2.11)에 의하여

$$F_a = 31WA = 31 \times 50 \times 3 = 4,650 \text{ [kg]}$$

$$\therefore \quad F_a = 4,650 \text{ [kg]}$$

이 얻어진다.

2.5.3 점착 견인력과 점착계수

동륜(차륜)에 견인력을 가하면 미끄러지지 않고 회전을 한다. 이것은 동륜 답면과 레일간에 마찰력이 작용하기 때문이다. 이 마찰력은 견인력과 더불어 커지지만 한계가 있고, 견인력의 크기가 최대 마찰력보다 커지면 동륜은 미끄러져서 공전하게 된다.

이와 같이 동륜이 공전하기 시작하기 직전의 최대 마찰력 F_0 [kg]을 **점착력** 또는 **점착 견인력**, 최대 마찰계수 μ를 **점착계수**라 한다. 일반적으로 동륜 상(위)의 중량 W_0 [t]을 **점착중량**이라 하면, 점착 견인력은 다음과 같다.

$$F_0 = 1000\mu W_0 \text{ [kg]} \tag{2.15}$$

여기서 점착중량은 차량의 총 중량이 아니라 바퀴 위의 중량임을 주의해야 한다.

최대 견인력을 F_m [kg]이라 하면 동륜이 공전하기 않기 위하여 다음의 관계식을 만족하여야 한다.

$$F_m \le F_0 = 1000\mu W_0 \text{ [kg]} \tag{2.16}$$

예제 2.5 열차의 자중이 100 [t]이고 동륜상이 70 [t]인 기관차의 최대 견인력 [kg]을 구하라. 단, 궤조의 점착계수는 0.2이다.

풀이

최대 견인력 F_m [kg]은 식 (2.15)과 식 (2.16)에 의하여

$$F_m = 1000\mu W_0 = 1000 \times 0.2 \times 70 = 14,000 \text{ [kg]}$$

이 구해진다.

2.5.4 열차의 운전

1 운전곡선

전동차가 두 역 사이를 운전하는 경우, 출발역에서 등가속도로 떠나 최고속도로 된 후, 이 상태를 지속하여 다음 역에 가까워지면 등감속도로 소정의 위치에서 정지한다. 이와 같은 시간-속도 곡선을 **열차의 운전곡선**(running curve)이라 한다.

그림 2.20의 운전곡선에 따라 열차의 주행상태를 분석하면 다음과 같다.

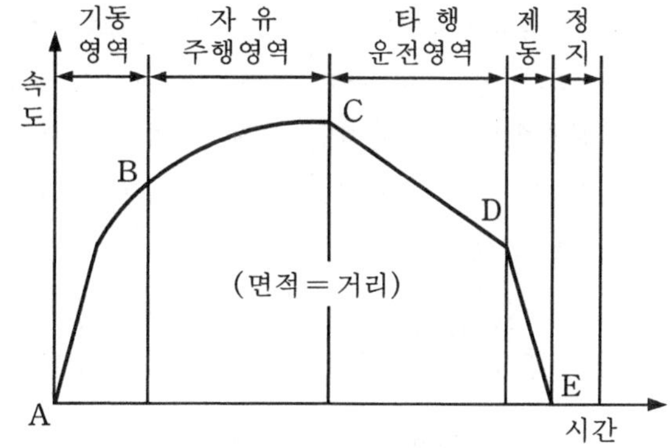

그림 2.20 열차의 운전곡선

① **기동 영역** : 정지하고 있는 열차가 동력의 공급을 받아 점 A에서 기동하기 시작하여 주전동기의 저항제어, 직・병렬제어, 계자제어 등에 의하여 가속하는 부분으로써 점 B에 도달하면 전전압이 전동기에 공급된다.(운전구간 A~B)

② **자유 주행 영역** : 점 B를 지나면 전동기의 기동이 끝나고 전동기의 특성에 따라 속

도가 향상된다. 따라서 열차저항과 평형이 되고 점 C에서 일정한 속도에 도달한다.(운전구간 B~C)

③ **타행 운전 영역** : 점 C에서 동력의 공급이 끊기고, 타성으로 진행하며 여러 가지의 열차저항을 받아 서서히 감속하는 영역이다.(운전구간 C~D)

④ **제동 영역** : 점 D에서 브레이크를 동작시키면 속도가 급격히 감속하여 소정의 위치 점 D에서 정지하는 영역이다.(운전구간 D~E)

⑤ **정지 영역** : 점 D에서 정지한 후 재출발하기까지의 정차시간이 된다.(운전구간 E 이후)

2 운전속도

열차의 운전속도에는 최고속도, 평균속도, 표정속도, 평형속도 등이 있다.

① **최고속도** : 최고속도(maximum speed)는 궤도의 구조에 의하여 결정되는 최고 제한속도와 차량의 성능에 의하여 결정되는 최고 허용속도가 있다.

② **평균속도** : 평균속도(mean speed)는 운전 구간의 거리를 정차시간을 뺀 순수한 운전시간으로 나눈 속도이다.

$$\text{평균속도} = \frac{\text{운전거리}}{\text{순주행시간}} \tag{2.17}$$

③ **표정속도** : 표정속도(schedule speed)는 운전 구간의 거리를 순수한 주행시간과 정차시간을 합한 도달시간으로 나눈 값이며, 실제 수송시간을 결정하는 중요한 속도를 나타낸다. 따라서 표정속도를 높이려면 주행과 정차시간을 짧게 하여야 한다.

정거장 수 n, 정거장 간격 L, 정차시간 t, 전 주행시간 T라고 할 때, 표정속도는 다음과 같이 나타낼 수 있다.

$$\text{표정속도} = \frac{\text{운전거리}}{\text{순주행시간} + \text{정차시간}} = \frac{(n-1)L}{T+(n-2)t} \tag{2.18}$$

④ **평형속도** : 평형속도(balancing speed)는 열차의 전 동륜의 견인력과 총 저항력이 평형이 된 경우의 속도를 말하며, $F=(R_r+R_g+R_c+R_a)W$일 때는 가속도가 0으로 되어 열차는 일정한 속도로 주행한다.

3 경제적인 운전

동일한 차량과 전동기라 할지라도 속도, 가속도, 표정속도, 정차역 거리, 정차시간을 효율적으로 관리함에 따라서 전력소비량을 크게 줄일 수 있다. 따라서 전력소비량을 줄이기 위하여 가속도와 감속도를 크게 하고, 표정속도를 작게 하여야 한다.

① **가속도를 크게 한다.** : **그림** 2.21에서 세 곡선의 면적과 도착시간이 같다면 열차에서는 동일한 거리(=동일 면적)를 동일한 표정속도(=도착시간 동일)로 운전하는 경우와 같다. 이 때, 곡선 C→B→A와 같이 가속도(기울기)를 크게 하면 전류차단이 빨라지고 타행 운전이 길어지므로 전력소비량은 감소한다. 그러나 전동기에 과부하가 걸리고, 변전소 및 급전선에 대하여 첨두부하가 된다.

② **감속도를 크게 한다.** : **그림** 2.22와 같이 동일한 가속도, 동일한 표정속도에서 브레이크로 크게 제동을 하여 감속도를 크게 하면 곡선 C→B→A와 같이 동일한 가속도라도 전류차단이 빨리 이루어져 타행 운전시간이 길어지고 전력소비량은 감소하게 된다.

이 경우에는 전동기에 과부하는 주지 않지만, 브레이크의 제동력 및 점착계수에서 문제가 된다.

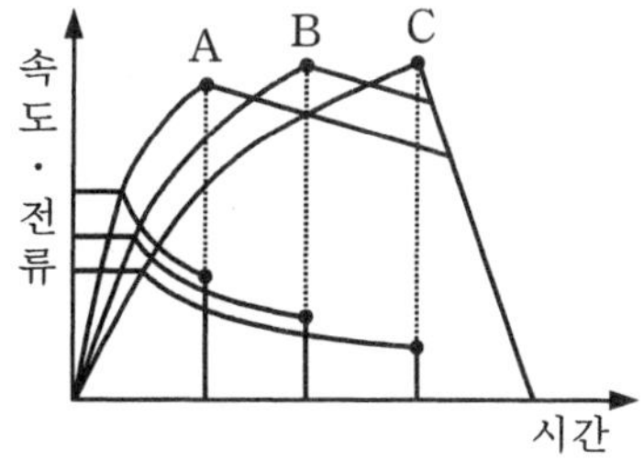

그림 2.21 가속도 크게 한 경우

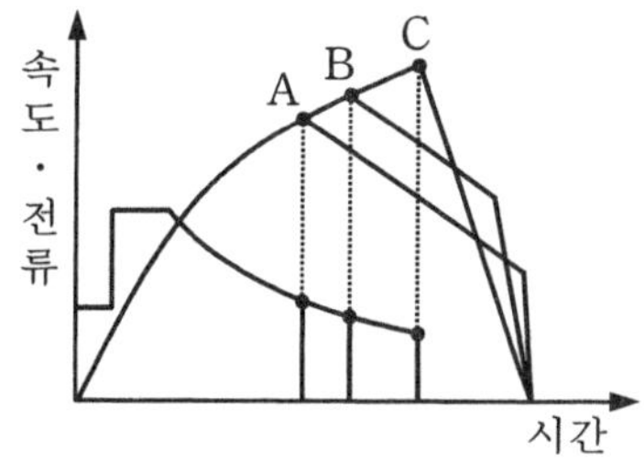

그림 2.22 감속도 크게 한 경우

③ **표정속도를 작게 한다.** : **그림** 2.23의 곡선 D→C→B→A와 같이 동일한 거리에서 표정속도를 작게 하는 것은 동일한 거리를 장시간 운전하는 것이며 타행 운전시간이 길어지게 되므로 전류차단도 빠르고 전력소비량은 감소하게 된다.

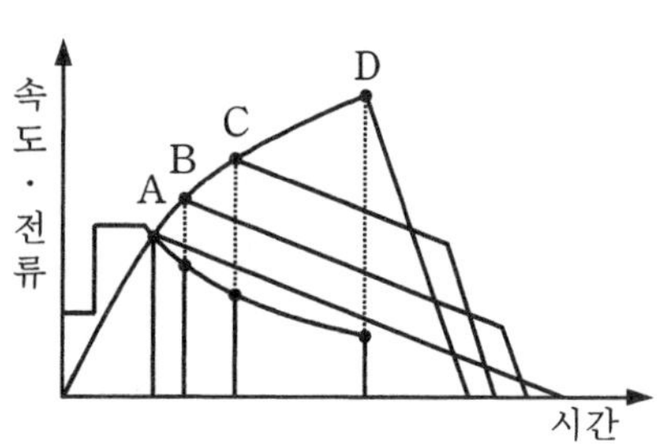

그림 2.23 타행을 길게 한 경우

그러나 표정속도를 작게 하기 위하여 서행 운전하거나 중간에 정차를 자주 하게 되면 전력소비량도 증가하여 바람직하지 않다. 따라서 정차시간을 줄이거나 정차역 거리를 길게 하여 **타행 시간을 가능한 길게 하는 것**이 가장 바람직한 방법이다.

연 습 문 제

객관식

2-1 전기철도의 가선방식이 아닌 것은?

㉮ 제3궤조식 ㉯ 직접 가선식 ㉰ 가공 단선식 ㉱ 가공 복선식

2-2 전차선로의 조가방식에서 스팬선이 이용되는 방식은 무엇인가?

㉮ 직접 가선식 ㉯ 커티너리 가선식 ㉰ 제3궤조 ㉱ 급전선

2-3 전기차에 적정한 전력을 공급하는 선로는 무엇인가?

㉮ 전차선로 ㉯ 조가선로 ㉰ 배전선로 ㉱ 송전선로

2-4 전차선로에서 커티너리 조가식의 이점은 무엇인가?

㉮ 고속도의 전기철도에 적합하므로

㉯ 전기차의 진동이 작으므로

㉰ 가설비가 적게 들므로

㉱ 전기적 절연이 양호하므로

2-5 주행용 레일 외에 궤도 측면에 설치된 급전용 레일로부터 전기차에 전기를 공급하여 귀선으로 주행레일을 사용하는 전차선로의 가선방식은 무엇인가?

㉮ 단선 가공식 ㉯ 단선 복선식 ㉰ 제3궤조식 ㉱ 강체 복선식

2-6 단선의 염려가 없으며, 터널이나 지하철용으로 많이 사용되는 전차선의 조가방식은 무엇인가?

㉮ 강체 조가방식 ㉯ 단선식 조가방식

㉰ 복선식 조가방식 ㉱ 제3궤조식 조가방식

2-7 급전선의 급전 분기장치의 설치방식이 아닌 것은?

㉮ 스팬선식 ㉯ 암식 ㉰ 커티너리식 ㉱ 브래킷식

2-8 우리 나라에서 사용되고 있는 전차선의 형상은 주로 무엇인가?

㉮ 홈붙이 정사각형 ㉯ 홈붙이 원형
㉰ 홈붙이 사다리꼴형 ㉱ 홈붙이 타원형

2-9 전기철도에서 귀선궤조에서의 누설전류를 경감하는 방법과 관련이 없는 항은 어느 것인가?

㉮ 보조 귀선 ㉯ 크로스 본드
㉰ 귀선의 전압강하 감소 ㉱ 귀선을 정(+)극성으로 조절

2-10 전철에서 전식 방지를 위한 시설로 적당치 않은 것은?

㉮ 레일에 본드를 실시한다. ㉯ 변전소 간격을 좁힌다.
㉰ 도상의 배수를 잘 되게 한다. ㉱ 귀선을 부극성으로 한다.

2-11 전기철도에서 귀선의 누설전류에 의한 전식이 일어나는 곳은?

㉮ 지중관로에 전류가 들어가는 곳 ㉯ 궤조에서 전류가 나오는 곳
㉰ 지중관로에서 전류가 유출하는 곳 ㉱ 궤조에 전류가 유입하는 곳

2-12 우리 나라 전기철도에서 주로 사용하는 집전장치는?

㉮ 트롤리봉 ㉯ 집전화 ㉰ 팬터그래프 ㉱ 뷔겔

2-13 전기철도에서 집전장치인 펜터그래프의 습동판의 압력은 대략 어느 정도인가?

㉮ 1~5 [kg] ㉯ 5~11 [kg] ㉰ 20~25 [kg] ㉱ 30~35 [kg]

2-14 기동토크가 크며 입력 변동이 적고 전차용 전동기로 적당한 전동기는?

㉮ 직권형 ㉯ 분권형 ㉰ 화동 복권형 ㉱ 차동 복권형

2-15 전철 전동기에 감속기어를 사용하는 이유는?

㉮ 동력전달을 위해 ㉯ 전동기의 소형화
㉰ 역률의 개선 ㉱ 가격 저하

2-16 전차를 시속 100 [km]로 운전하려 할 때 전동기의 출력 [kW]이 얼마나 필요한가? 단, 치차 효율은 97 [%], 차륜상의 견인력은 400 [kg]이다.

㉮ 95 ㉯ 100 ㉰ 110 ㉱ 112

2-17 레일 본드와 관계가 없는 것은?

㉮ 진동 방지　㉯ 동연선　㉰ 전기저항 저하　㉱ 전압강하 저하

2-18 전차용 전동기에 보극을 설치하는 이유는 무엇인가?

㉮ 역회전 방지　㉯ 정류 개선　㉰ 섬락 방지　㉱ 불꽃 방지

2-19 열차저항의 분류에 들어가지 않는 것은?

㉮ 복선저항　㉯ 주행저항　㉰ 가속저항　㉱ 곡선저항

2-20 열차의 기동시에 기동저항과 관계 없는 것은?

㉮ 열차의 마찰계수에 관계된다.　㉯ 열차의 견인력에 관계된다.
㉰ 열차의 속도에 관계된다.　㉱ 공기의 저항력에 관계된다.

2-21 열차의 곡선저항에 대한 설명 중 옳은 것은?

㉮ 열차의 중량에 반비례한다.　㉯ 열차의 속도에 비례한다.
㉰ 궤간에 반비례한다.　㉱ 궤조 곡선의 반지름에 반비례한다.

2-22 표정속도의 정의는? 단, L : 정거장 간격, t: 정차시간, n: 정거장 수, T: 전 주행시간이다.

㉮ $\dfrac{L}{(t+T)}$　㉯ $\dfrac{nL}{(nt+T)}$　㉰ $\dfrac{(n-1)L}{(nt+T)}$　㉱ $\dfrac{(n-1)L}{(n-2)t+T}$

2-23 전차의 표정속도를 높이기 위한 수단은?

㉮ 최대속도를 높게 한다.　㉯ 정차시간을 짧게 한다.
㉰ 가속도를 크게 한다.　㉱ 제동도를 높인다.

2-24 전차 운전에서 최고속도를 변화시키지 않고 표정속도를 크게 하려면 다음 중 어떤 방법이 좋은가?

㉮ 가속도와 감속도를 크게 한다.
㉯ 가속도를 크게 하고, 감속도를 작게 한다.
㉰ 가속도를 작게 하고, 감속도를 크게 한다.
㉱ 가속도와 감속도를 작게 한다.

2-25 전차의 경제적인 운전 방법은?

㉮ 타성에 의하여 가는 것을 이용한다. ㉯ 가속도를 크게 한다.

㉰ 감속도를 크게 한다. ㉱ 속도를 크게 한다.

주관식

2-1 전기차를 대차에 의하여 분류하고 설명하라.

2-2 전기열차에서 견인전동기로 교류 전동기를 사용하는 이유를 설명하라.

2-3 열차저항의 종류와 각각에 대하여 설명하라.

2-4 전식과 통신유도장해의 발생 원인과 경감하는 방법에 대하여 설명하라.

2-5 표정속도의 의미와 표정속도를 크게 하는 방법을 설명하라.

2-6 전기열차의 경제적인 운전에 대하여 설명하라.

2-7 자중 100 [t]이고 바퀴 위의 무게가 75 [t]인 기관차의 최대 견인력 [kg]을 구하라. 단, 바퀴와 레일의 점착계수는 0.2라 한다.

2-8 50 [t]의 전차가 20 [‰]의 경사를 올라가는 데 필요한 견인력 [kg]을 구하라. 단, 열차저항은 무시한다.

2-9 일정한 가속도 2 [km/h/s]로 가속될 때의 10 [s] 후의 주행거리 [m]를 구하라.

2-10 전기열차에서 전기기관차의 중량 150 [t], 부수차의 중량 550 [t], 기관차 동륜상의 중량 100 [t]이다. 우천시 올라갈 수 있는 최대 구배 [‰]를 구하라. 단, 열차저항은 무시하고, 우천시의 부착계수는 0.18이다.

chapter 3

운전설비와 속도제어

3.1 전기철도의 급전방식

전기철도에서 차량 운전용 전력은 변전소로부터 전차선로에 급전되고 전기차를 구동시킨 후에 레일 등의 귀선을 경유하여 변전소로 귀환된다. 이 전기회로가 전기철도의 급전회로이다.

3.1.1 직류 급전방식

일반 전력계통으로부터 3상 특별고압 22.9 [kV] 또는 154 [kV]의 교류를 수전하고, 변압기에서 적절한 고압으로 강압한 다음 정류장치를 사용하여 직류로 변환하여 전차선로를 통하여 전기차에 전력을 공급하는 방식이다.

직류 급전방식은 양측 변전소로부터 급전하는 **병렬 방식**이 표준이며, 또한 저전압 대전류 계통이므로 전철 변전소의 간격은 전압강하 등을 고려하여 대략 4~10 [km]마다 설치 운용하고 있다.

직류 급전방식은 전압이 낮기 때문에 대전류가 필요하며 전차선 만으로는 용량이 부족하여 병렬로 별도의 급전선을 가선하게 되고, 250 [m]마다 급전 분기선에서 전차선과 접속한다. 급전선의 추가 가선은 전차선을 적당한 거리마다 구분이 가능하고 사고를 일으킨 구간을 분리하여 전 전차선 계통에 사고의 영향이 파급되는 것을 방지할 수 있다. 단, 강체 가선식에서는 대전류의 용량을 흐르게 할 수 있기 때문에 급전선을 별도로 설치하지 않는 경우도 있다.

직류 급전방식의 특징은 다음과 같다.

① 교류방식에 비하여 전압강하가 커서 변전소 간격이 짧고, 직류 변환장치가 필요하여 변전소의 설비비가 크다.
② 교류방식에 비하여 전압이 낮기 때문에 절연계급을 낮출 수 있다.
③ 통신유도장해가 없으며, 경량 단거리 수송에 적합하다.
④ 운전전류가 크므로 누설전류에 의한 전식의 우려가 높아 그 대책이 필요하다.

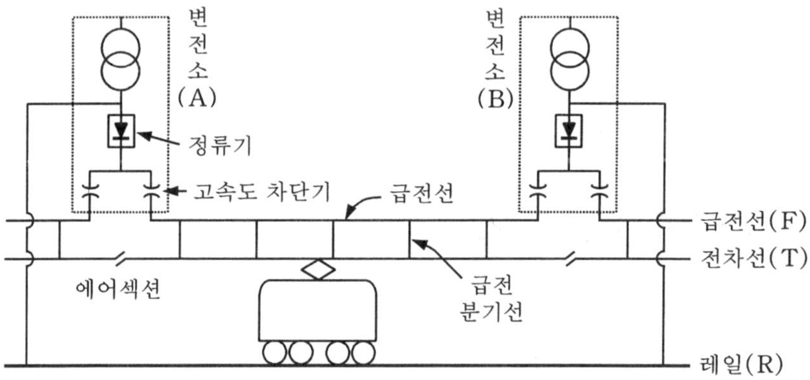

그림 3.1 직류 급전방식(병렬 방식)

3.1.2 교류 급전방식

일반 전력계통으로부터 상용주파수 3상 특별고압을 단상의 교류로 전차선로에 공급하여 운전하는 방식이다. 교류 방식은 **직접 급전방식**, **흡상변압기 급전방식**, **단권변압기 급전방식**으로 구분한다.

교류 급전방식의 특징은 다음과 같다.

① 사고시 선택차단이 용이하여 계통을 보호할 수 있다.
② 에너지의 이용률이 높아 경제적이다.
③ 전식의 우려는 없지만, 통신유도장해 대책이 필요하다.
④ 직류방식에 비하여 변전소의 간격은 30~100 [km]로 길다.
⑤ 대용량 중·장거리 수송에 유리하다.

직접 급전방식은 전차선로가 전차선과 레일만으로 된 것과 레일과 병렬로 별도의 귀선을 설치한 것으로 구성되어 있는 가장 간단한 급전회로이다.

이와 같이 회로구성이 간단하기 때문에 보수가 용이하고 매우 경제적이지만, 레일에 흐르는 귀선전류가 커서 대지 누설전류에 의한 통신유도장해가 크며 레일전위가 큰 결점이 있으며, 거의 사용하지 않는 방식이다.

여기서는 교류 방식 중 흡상변압기 급전방식과 단권변압기 급전방식에 대하여 설명하기로 한다.

(1) 흡상변압기 급전방식(BT 급전방식)

흡상변압기(booster transformer, BT) 급전방식은 권선비 1:1의 흡상변압기를 약 4 [km]마다 직렬로 설치하여 전차선에 부스터 섹션을 설치하고, BT와 BT 사이의 중간점에서 레일과 부급전선을 흡상선으로 접속하여 레일에서 대지에 누설되는 전기차의 귀로전류를 강제적으로 부급전선에 흡상시켜 통신선로의 유도장해를 경감하는 방식이다.

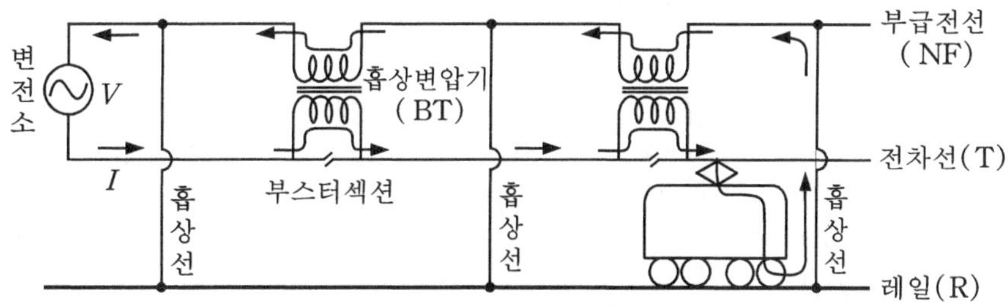

그림 3.2 흡상변압기(BT) 급전방식

여기서 변압기가 전류를 흡상하므로 흡상변압기(BT)라 한다. 변전소의 간격은 약 30 [km]이며, 우리 나라에서는 산업선 전철에서 채택하고 있는 방식이다.

전기차가 부스터 섹션을 통과할 때 급전전류를 차량의 팬터그래프에서 개폐하므로 아크가 발생하며, 그 대책으로 부급전선에 직렬콘덴서를 삽입하여 부급전선 회로의 리액턴스를 작게 하거나 팬터그래프 통과시에 사이리스터 스위칭으로 단락하는 경우가 있다.

교류 BT 급전방식은 급전선을 설치하지 않고 변전소 전원에서 직접 전차선을 통하여 전력을 공급하는 경우에는 전기차와 변전소간에 전기저항이 크고 매우 큰 운전전류가 흐르기 때문에 전차선의 전류용량이 부족하여 단선 사고 및 전압강하가 커지게 된다. 따라서 전압강하가 일어나면 운전속도 및 기동력이 저하되어 운전 불능 상태가 되는 수가 있고, 전차선로의 사고가 발생하였을 때 전차선 계통에 사고의 영향이 전체적으로 파급될 수 있다.

(2) 단권변압기 급전방식(AT 급전방식)

단권변압기(auto transformer, AT) 급전방식은 변전소에서 급전선을 전차선로를 따라 가선하고, 이 급전선과 전차선 사이에 단권변압기를 약 10 [km]마다 병렬로 설치하여 변압기의 중성점을 레일에 접속하는 방식이다.

이 방식은 대용량 열차부하에서 전압변동, 전압 불평형이 적기 때문에 안정된 전력 공급이 가능하고 레일에 흐르는 전류는 차량을 중심으로 각각 반대 방향의 단권변압기 쪽으로 흐르기 때문에 근접 통신선에 대한 유도장해를 경감하는 방식이다.

변전소의 간격은 약 40~100 [km]이며, 우리 나라에서는 수도권 전철 전구간과 고속철도에서 채택하고 있는 방식이다.

교류 AT 급전방식은 전철용 변전소에서 전압을 전차선 전압보다 높게 하여 급전하여 전차선로에 연속적으로 설치된 단권변압기(AT)로 전차선 전압을 강하시켜 전차선으로 공급하기 때문에 전 선로에 AT 급전선을 전차선과 별도로 가선하고 있다.

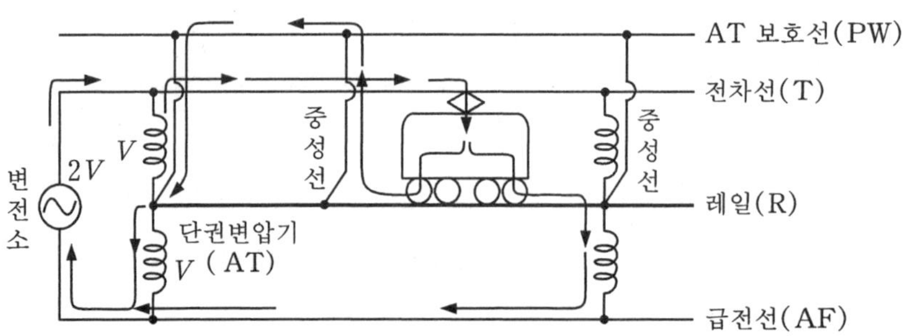

그림 3.3 단권변압기(AT) 급전방식

이 방식의 전력공급 측면에서의 특징은 다음과 같다.

① 급전전압이 차량 공급전압의 2배이므로 전압강하율이 적고, 대전력 공급 측면에서 유리하다.

② 전압강하가 적으므로 변전소 이격거리가 길다.

③ 철도용 변전소를 일반 전력용 변전소 근처에 선정이 가능하고 또한 변전소간 거리를 멀리 할 수 있기 때문에 송전선이 건설비가 절감된다.

④ 급전전압은 차량전압의 2배이지만, 중성점이 접지되어 실제 절연레벨은 1/2이 된다.

⑤ 부하전류는 차량이 인접한 양쪽의 단권변압기로 흡상되므로 통신유도장해가 경감된다.

⑥ 흡상변압기 급전방식과 같은 섹션이 필요하지 않다.

표 3.1 BT 급전방식과 AT 급전방식의 비교

구 분	BT 급전방식	AT 급전방식	비 고
급전 전압	교류 25 [kV] 변전소 간격 : 30~40 [km] 전차선과 레일 : 25 [kV]	교류 50 [kV] 변전소 간격 : 80~100 [km] 급전선과 전차 : 50 [kV] 전차선과 레일 : 25 [kV]	급전 가능거리는 급전전압의 제곱에 비례하므로 AT 방식의 송전선 건설비가 저렴
부스터 섹션	필요함 섹션 통과시 아크발생	필요 없음 고속 대용량 집전에 적합	
통신유도장해	AT와 동일	BT와 동일	
전압 강하	급전전압이 낮기 때문에 전차선로 전압강하가 큼	전압강하가 작다. 대용량 장거리 급전에 적합	급전전압 2배로 되면 전류는 1/2, 전압강하 1/4
회로 해석	비교적 단순	회로가 복잡하고 계산 난해	
보호 회로	급전전압이 낮기 때문에 고장전류가 적어 보호가 어려움	전압이 높으므로 보호가 비교적 용이	
고 장 점	회로가 단순하므로 용이	회로가 복잡하므로 난해	
경 제 성	송전선로의 건설비가 많다.	송전선로를 고려하면 AT측이 경제적	

3.2 전기철도의 급전계통

3.2.1 직류 변전설비

그림 3.1과 같이 3상 특별고압 22.9 [kV] 또는 154 [kV]를 주변압기로 1,200 [V]의 교류로 강압하고 실리콘 정류기에 의해 표준전압 1,500 [V]의 직류로 변환하고 있다.

교류에서 직류로 변성하는 장치는 **회전변류기**(rotary converter)나 **수은 정류기**가 사용되어 왔지만, 최근에는 반도체 기술의 발달로 신뢰성 및 보수성이 뛰어난 3상 전파 브리지 정류방식의 **실리콘 정류기**가 널리 사용되고 있다.

직류 급전방식에서 여러 개의 변전소가 병렬로 접속되는 방식이 표준이며, 변전설비는 **변전소**(SS, sub-station), **급전 구분소**(SP, sectioning post), **급전 타이 포스트**(TP, tie-post), **정류 포스트**(RP, rectifying post) 등으로 구성되어 있다.

급전 구분소(SP)와 급전 타이 포스트(TP)는 직류 복선 구간에서 변전소 중간에 설치하는 경우와 전차선을 병렬 급전할 수 없는 말단 부분의 상선과 하선을 고속도 차단기를 통하여 접속할 수 있도록 한 설비로써 전차선로의 전압강하를 경감시키고, 고장 검출을 용이하게 하며, 사고 구간을 한정 구분하고, 사고시나 작업시에는 정전 구간을 단축하게 하는 역할을 한다.

정류 포스트(RP)는 급전 구간의 레일과 대지간의 누설전류를 줄이기 위하여 설치하는 것으로 누설전류의 경감을 목적으로 변전소를 설치하는 대신에 변전소 설비에서 고속도 차단기를 생략하여 건설비를 절감시킨 것이다.

3.2.2 교류 변전설비

교류 변전설비에서 흡상변압기 방식은 일반 전력계통으로부터 3상 특별고압 66 [kV] 또는 154 [kV]의 교류를 수전하여 주변압기(급전용 변압기)로 단상 25 [kV]로 변성하여 전차선에 공급하며, 단권변압기 방식은 3상 특별고압 154 [kV]의 교류를 수전하여 주변압기로 단상 50 [kV]로 변성하여 단권변압기를 거쳐 부하설비인 전기차에 25 [kV]로 전력을 공급한다.

교류 급전방식에서는 급전전압이 높고 전류가 적으며 인접 변전소 상호간의 전압 위상이 서로 다르므로 일반적으로 직류 방식과 달리 변전소 상호간에서 **병렬 급전**을 하지 않고 **단독 급전**을 수행하고 있다.

(1) 주변압기(급전용 변압기)

일반 3상 전력계통에서 대용량의 단상부하를 사용하면 전원측에 불평형이 발생한다. 이를 해소하기 위하여 전철용 주변압기로 특수 변압기인 **스코트 결선 변압기**를 사용한다.

스코트(Scott) **결선 변압기**의 사용목적은 대용량 단상부하에 의한 3상 전원의 불평형을 경감시키기 위한 것으로써 단상변압기 2대를 사용하여 3상 전원을 2상으로 변환하는 변압기로 3상 전력계통에 접속하여 단상 전력 2조(M상, T상)를 얻어 전차선로에 급전하는 것이다. 스코트 변압기의 결선 방식은 **그림** 3.4와 같다.

M 변압기에서 1차 권선의 중심점에서 단자를 인출하고, 이 단자와 T 변압기의 1차 권선의 한쪽 단자와 연결하며, T 변압기의 1차 권선은 권수의 $\sqrt{3}/2 = 0.866$되는 지점에 단자를 만든다. 이렇게 하여 M과 T 변압기의 1차 단자를 3상 전원에 접속하고 전압을 인가하면, 2차측 권선에는 M과 T 변압기의 1차 권선에 대응하는 기전력이 유기된다.

이와 같이 단상 변압기 2대를 스코트 결선하면 3상 전원을 2상 전원으로 변환하여 2차측에 90°의 위상차를 갖는 단상의 전압 M상과 T상의 2조를 얻을 수 있다.

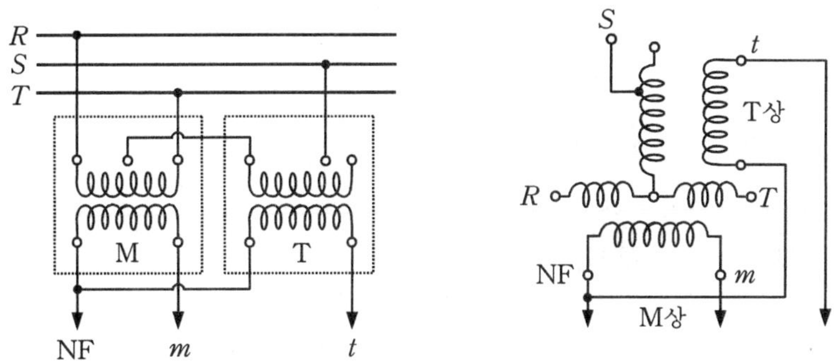

(a) 결선도　　(b) M상, T상의 접속표시

그림 3.4 스코트 결선 변압기 결선도

현재 사용하는 스코트 결선 변압기는 M상과 T상의 권선을 각각 별개의 철심에 감아서 동일 케이스에 수용하는 2철심형과 2개의 철심을 일체로 하는 1철심형으로 제작되고 있다.

AT 급전방식이 채용되면서 수전전압 187~275 [kV]의 초고압용으로 1차측 직접접지가 가능한 변형 우드 브리지 결선 변압기가 개발되었다.

(2) 급전계통 구성

교류 급전방식에서 종래에는 흡상기(BT) 급전방식을 사용하였지만, 부하의 대용량과 고속 운전 등으로 최근에는 단권변압기(AT) 급전방식으로 대체되고 있으며, 일반적으로 교류의 급전계통은 다음과 같이 구성하고 있다.

① 변전소간에는 급전 구분소(SP)를 설치하고, 급전은 변전소에서 급전 구분소간으로 한다.

② 급전회로에 이상이 발생하였을 때는 연장 급전이 가능하도록 하고, 방면별 상은 인접 변전소와 동상이 되도록 구성한다.

③ 변전소과 급전 구분소 중간에는 계통의 한정 구분 또는 전압보상 등을 위하여 보조 급전 구분소(SSP) 또는 병렬 급전소(PP)를 설치한다.

④ 단권변압기의 설치 장소는 다음에 의한다.

- 표준 설치 간격은 10 [km]로 하되 최소 간격은 6 [km]로 한다.

· 급전회로의 말단과 약전회로의 유도장해 저감에 필요한 장소에 설치한다.

⑤ 변전소 및 급전 구분소에는 급전 구분 및 급전전원의 전환을 위하여 전환 개폐장치를 설치한다.

⑥ 상 · 하선 타이 급전을 위하여 급전 구분소에는 상 · 하선을 결합할 수 있는 단로기, 차단기를 설치한다.

⑦ 변전소의 수전, 급전변압기 등은 이중으로 구성한다.

3.3 전기철도의 속도제어

전기차에 사용되는 전동기는 직류 직권전동기와 교류 유도전동기가 사용되고 있다. 따라서 전기차의 속도제어는 전동기의 속도제어로 이루어지며, 제 4편 2.3절 또는 본편 2.4절의 주전동기를 참고하기 바란다.

3.3.1 직류 직권전동기의 속도제어

전기차의 직류 직권전동기의 속도제어는 **저항제어, 계자제어 및 전압제어(직 · 병렬제어, 초퍼제어, 사이리스터 위상제어)**, 직류 정전류 제어법인 **메타다인 제어** 등이 있다.

전동차의 일반적인 속도제어는 저항제어와 직 · 병렬제어를 동시에 병용하는 방법을 운용하고 있다.

(1) 저항제어

직류전동기의 전기자 회로에 직렬로 접속한 저항기를 탭절환에 의하여 저항을 가변시켜 전기자 전류를 조정하여 속도를 제어하는 방법이다. 저항의 직렬 접속법과 직 · 병렬 접속법이 있다.

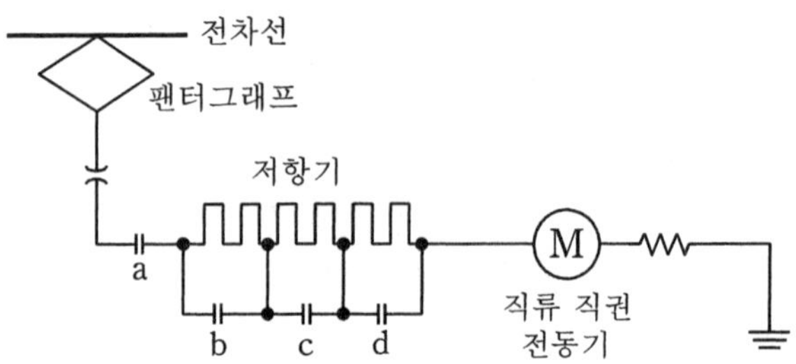

그림 3.5 저항제어

그림 3.5는 저항제어의 직렬 접속법이며, a, b, c, d의 순서로 접점을 닫아서 저항을 감소시키는 방법이고, 이 저항을 적절히 조절하여 속도제어를 실시한다.

(2) 직 · 병렬제어

그림 3.6과 같이 전동기 사용대수를 2배수로 하고, 기동시에 직렬, 정상 운전시에 병렬로 접속하게 하여 전동기의 단자전압을 변화시켜 최종적으로 전전압을 가하여 운전하는 방법이다. 이 방식은 **제어효율의 개선과 소비전력의 감소 효과**가 있다.

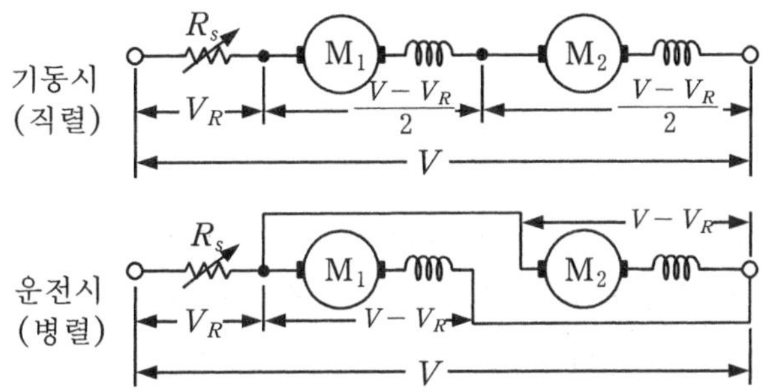

그림 3.6 직 · 병렬 제어

(3) 초퍼제어

직류전압을 제어하기 위한 직류 초퍼 방식은 GTO 사이리스터 스위칭 소자의 ON, OFF를 빠른 속도로 반복하여 전동기에 걸리는 평균전압을 조정하여 제어하는 방법으로서 스위칭 소자의 온 오프 타이밍에 따라 출력 전압이 달라진다. 즉, 초퍼제어는 시간비 제어, 즉 통전률을 제어하는 방식과 전류의 순시치를 감시하여 제어하는 순시치 제어방식이 있다.

그림 3.7은 전동차의 초퍼제어 시스템을 나타낸 것이며, 이 시스템의 동작모드는 제 3.3.3절 2항 서울시 지하철 2호선을 함께 참고하기 바란다.

① **역행**(力行, **주행**)**운전 모드**

초퍼 ON 동작시에 전동기의 인가전압은

$$\text{전동기 인가전압}(E_M) = \frac{T_{ON}}{T_{ON} + T_{OFF}} \times \text{가선전압}(E_S) \tag{3.1}$$

의 값으로 되며, 초퍼 OFF 동작시에는 리액터에 저장된 에너지에 의하여 귀환용 다이오드를 통하여 전동기 전압을 유지시키게 되므로 통전시간 T_{ON}을 조절하면 전동기에 인가되는 전압이 가감되어 속도를 제어할 수 있다.

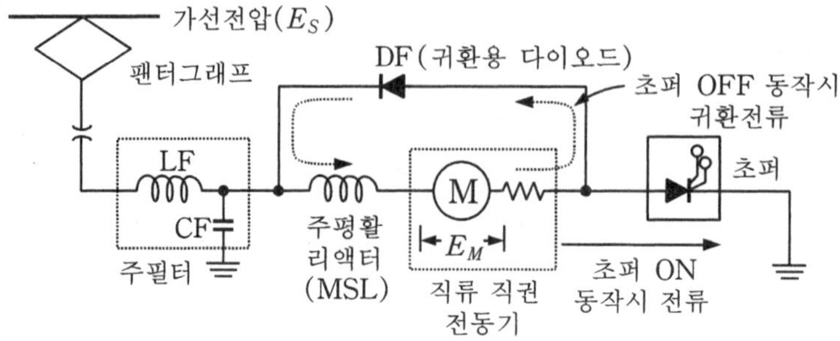

그림 3.7 초퍼제어 시스템

② **회생제동 모드**

초퍼 ON 동작시에는 전동기에서 발생된 전기제동 에너지를 리액터에 저장하였다가 초퍼 OFF 동작시에 전동기 발생 전압과 리액터 전압으로 가선에 회생시킬 수 있으므로 전동기 발전전압(E_M)이 가선전압(E_S)보다 낮은 저속의 경우에도 회생이 가능하다.

$$\text{회생전압} \propto \frac{T_{ON}}{T_{ON}+T_{OFF}} \times \text{전동기 발생전압}(E_M) \tag{3.2}$$

저속으로 되면서 전동기 발생전압이 낮아지더라도 T_{ON} 시간을 증가시키면 높은 회생전압을 얻을 수 있다.

초퍼제어의 특징은 운전전류를 연속적으로 변화시킬 수 있으므로 평활한 제어가 가능하고, 제어저항이 없기 때문에 효율이 좋다. 또 가열부분이 없으므로 온도 상승을 피할 수 있는 곳에 적합하며, 초퍼를 이용하여 전원 측으로 회생전력을 되돌려주는 회생제동이 가능하다.

고전압 대전류의 전력용 반도체 스위칭 소자로써 GTO 사이리스터가 주로 사용되고 있지만, 최근 스위칭 속도가 빠르므로 소음, 점착력 개선 제어, 고조파 발생량 등에서 유리한 IGBT가 대용량으로 개발되어 동력 분산식(일본, 독일)에서 채용하고 있으며, 동력 집중식(프랑스, TGV)에도 적용이 가능한 대용량 소자도 시험 중에 있다.

(4) 사이리스터 위상제어

그림 3.8은 사이리스터 위상제어 정류기로써 교류전원의 정·부 반주기를 각각의 순

방향 사이리스터를 통하여 직류로 정류시키고 해당 사이리스터를 위상각(제어각)으로 제어시켜 부하 측의 직류 단자전압의 평균값을 제어하여 속도제어를 하는 방법이다.

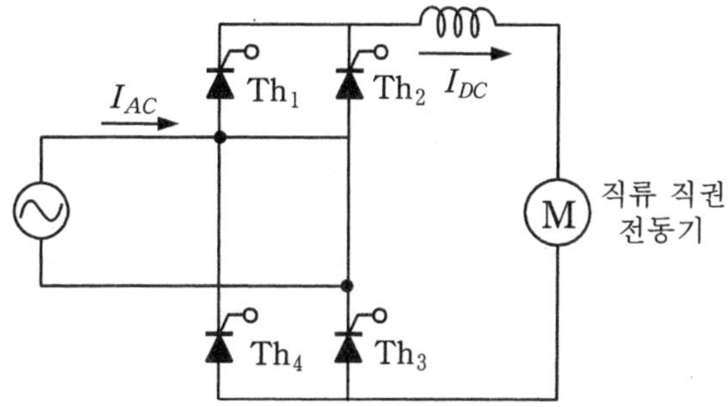

그림 3.8 사이리스터 위상제어

3.3.2 유도전동기의 속도제어

전기차량을 견인하는 데 사용하는 유도전동기는 교류 전원 전압과 전원 주파수를 조합하여 속도를 제어할 수 있다. 따라서 유도전동기의 가변속 제어는 가변 전압과 가변 주파수에 의한 VVVF(variable voltage variable frequence) 인버터 제어장치를 이용한다. VVVF 인버터 제어장치에 대하여 설명하기로 한다.

(1) VVVF 인버터 제어

VVVF 인버터 제어는 인버터 제어회로의 마이크로 프로세서에 의하여 GTO의 ON, OFF 시간을 제어하여 직류를 교류로 변환하며 전압과 주파수를 가변시켜 제어하는 방식이다.

그림 3.9는 VVVF 인버터 제어 시스템의 흐름도는 다음과 같다.

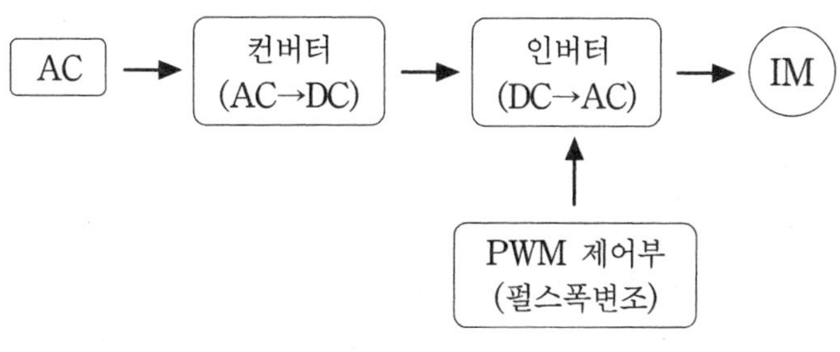

그림 3.9 VVVF 인버터 제어 흐름도

컨버터(converter)는 정전압 정전류 장치로써 CVCF(constant voltage constant frequence)라고도 하며, 입력전원 교류를 직류로 변환하는 정류부이다.

PWM(pulse width modulation, 펄스폭 변조) **제어부**는 마이크로 프로세서에 의한 전력용 반도체 소자 GTO 또는 IGBT의 스위칭 작용으로 시간비(통전률) 제어 신호를 인버터에 보내는 역할을 한다.

인버터(inverter)에서는 PWM 제어부에서 보내온 스위칭 신호에 의해 컨버터에서 정류된 직류를 펄스폭을 변화시켜 교류전압으로 역변환하는 장치이다. 인버터의 출력 교류전압은 펄스폭에 의해 크기를 변화시켜 유도전동기를 원하는 속도로 제어하게 된다.

인버터에 의한 회생제동은 주전동기가 타행 운전을 할 때 동력이 끊기면서 슬립은 부로 되고 발전기 상태로 된다. 이 때 계자코일에 전압이 유기되며 유기된 전압은 전원 전압 이상이 되면 인버터를 통하여 가선으로 전력을 회생하게 되고, 회전자에는 그 발생전류에 의하여 역방향으로 회전하려고 하는 토크가 발생하므로 제동의 효과를 얻을 수 있다.

3.3.3 우리나라 전철의 속도제어 변천

우리 나라에서 운행되고 있는 전철에 관하여 주전동기(견인전동기)의 속도제어 방식을 다음과 같이 최초로 도입된 노선별로 구분하고, 이들을 중심으로 설명하기로 한다.

① 수도권 1호선(1974년) : 저항제어, 직·병렬제어 방식, 직류 직권전동기(120 [kW])
교류 25 [kV], 60 [Hz], 직류 1,500 [V], 중공축 평행 카르단 동력전달방식

② 서울시 지하철 2호선(1984년) : 초퍼제어 방식의 직류 직권전동기(150 [kW])
직류 1,500 [V], 기어형 평행 카르단 동력전달방식

③ 과천선(1994년) : VVVF 인버터 제어방식의 교류 유도전동기(200 [kW])
교류 25 [kV], 60 [Hz], 직류 1,500 [V], 기어형 평행 카르단 동력전달방식
(국철, 서울시 지하철, 서울 도시철도 및 대구, 인천 지하철 등 채택)

(1) 수도권 1호선

국내 최초로 운행된 전철은 교류와 직류 겸용의 급전방식으로 교류 구간에서는 변압기와 정류기를 사용하여 주전동기를 구동하고, 직류 구간에서는 직접 전차선에 직류를 공급하여 주전동기를 구동되도록 하였으며, 주전동기는 직류 직권전동기이다.

주전동기의 속도제어는 저항접촉기를 개폐하여 전동기 주회로에 삽입된 저항을 가감하는 저항제어와 전동기의 직·병렬 제어를 병용한 방식으로 전동기의 계자권선에 전

류를 약화시키는 약계자제어로 이루어진다.

그림 3.10은 수도권 1호선 전철의 속도제어 시스템을 나타낸 것이다.

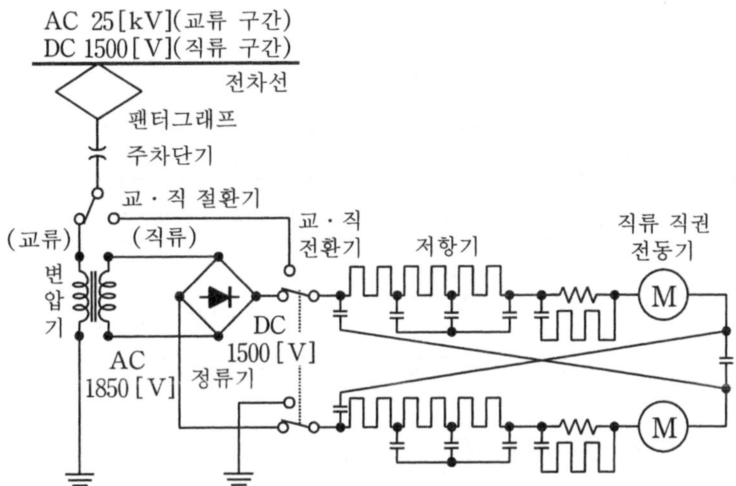

그림 3.10 수도권 전철 1호선 속도제어 시스템

① 교류 구간 운행

전차선 전원(교류 25[kV]) → 주차단기 → 교·직 절환기 → 변압기(AC 1,850[V]) → 정류기(DC 1,500[V]) → 교·직 전환기 → 저항기 → 주전동기(직류 직권전동기)

② 직류 구간 운행

전차선 전원(직류 1,500[kV]) → 주차단기 → 교·직 절환기 → 교·직 전환기 → 저항기 → 주전동기(직류 직권전동기)

(2) 서울시 지하철 2호선

교류에서는 변압기를 이용하여 전압과 전류를 소정의 부하에 알맞게 변화시킬 수 있는 데, 직류에서는 초퍼에 의하여 통전율을 가지고 전력을 자동적으로 조절할 수 있다. 이와 같이 초퍼회로에 의해 조절하는 제어회로로 직류 전동기를 원하는 속도로 운전하는 것을 초퍼제어 방식이라 한다. 이 방식은 발전제동시의 회생에너지를 저항기에서 열로 방출하는 저항제어 시스템과 달리 초퍼를 이용하여 전원측으로 회생전력을 되돌려주는 회생제동이 가능하다.

그림 3.11은 주행시 초퍼가 OFF시 주전동기에 들어가는 전류가 단속되는 것을 방지하기 위하여 평활 리액터와 귀환용 다이오드를 접속한 전동차의 초퍼제어 시스템이고, 현재 서울시 지하철 2, 3호선에 운용되고 있는 방식이다.

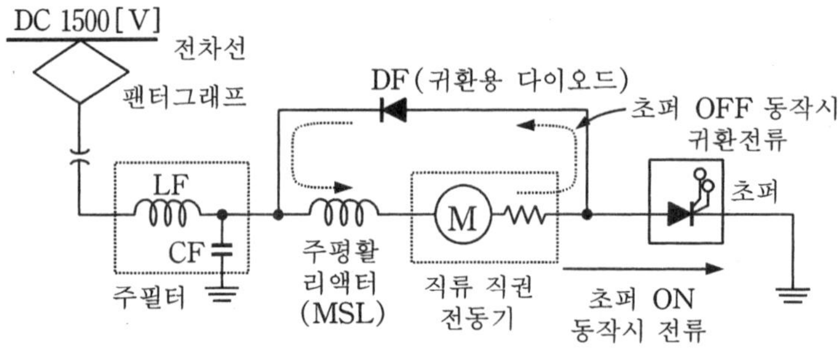

그림 3.11 서울시 지하철 2호선의 초퍼제어 시스템

초퍼가 ON으로 되면 전차선의 전류는 주전동기에 유입되고 평활 리액터에서 에너지가 축적된다. 또 초퍼가 OFF되면 전차선에서 유입되는 전류는 0으로 되고, 이 때 평활 리액터에 축적된 에너지가 귀환용 다이오드를 거쳐 주전동기에 유입되어 전동기에는 항상 조화된 전력이 공급되므로 이상전압이 발생하지 않도록 조절된다.

이와 같이 초퍼의 ON, OFF 동작의 반복제어로 주전동기에 흐르는 전류의 평균값은 일정한 값으로 유지되고, 초퍼의 스위칭 작용으로 속도 제어를 한다.

(3) 과천선

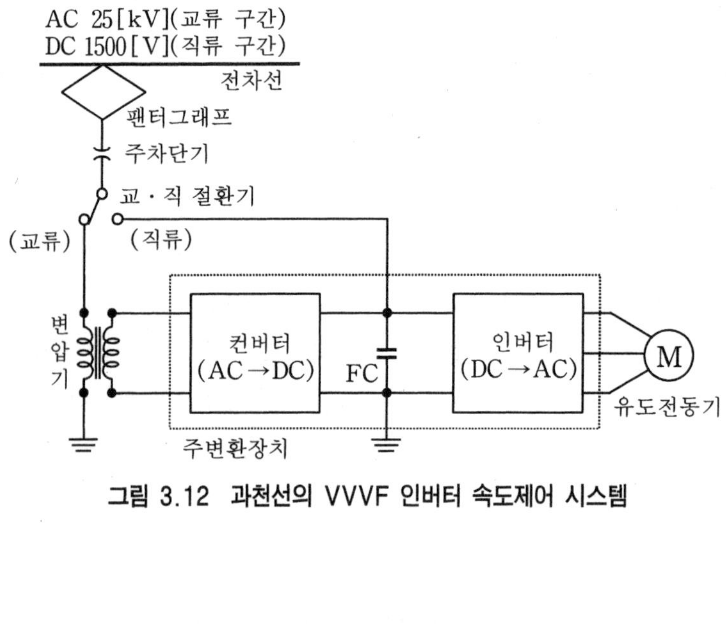

그림 3.12 과천선의 VVVF 인버터 속도제어 시스템

그림 3.12는 과천선의 VVVF 인버터 제어 시스템의 계통을 나타낸 것이다.

교류 유도전동기를 탑재한 VVVF 인버터 제어방식으로써 교류 구간에서는 교류 25 [kV]의 전차선 전원을 변압기에서 적정 전압으로 강압하고, 주변환장치인 교류에서 직류로 변환하는 컨버터와 직류에서 교류로 변환하는 인버터를 거쳐 교류 유도전동기를 구동한다. 또 직류 구간에서는 직류 1,500 [V]의 전차선 전원을 인버터에서 교류화하여 유도전동기에 전원을 공급하여 구동한다.

3.4 제동장치

제동(brake)장치는 주행하는 차량을 안전하고 확실하게 정차시키며, 또 정차된 차량이 굴러가는 현상을 방지하는 목적으로 사용한다.

제동장치는 동작 원리에 따라 기계 제동장치와 전기 제동장치가 있다.

3.4.1 기계 제동장치

기계 제동장치는 차륜에 주철로 만든 브레이크 슈(brake shoe)를 직접 밀착시켜 차량의 운동에너지를 열에너지로 소비시키는 장치이며, 답면 브레이크가 가장 널리 이용되고 있다.

일반적으로 기계 제동장치의 동력원은 압축공기를 사용한다.

3.4.2 전기 제동장치

그림 3.13과 같이 주행하는 전동기를 전원으로부터 분리하고 발전기로 작동하여 차량의 운동에너지를 전기에너지로 변환시켜 이것을 저항기에서 소비시키거나, 또는 전차선에 변환시켜 제동작용을 하는 것을 **전기제동**(electric braking)이라 한다. 특히 변환시킨 전기에너지를 저항기에서 소비시키는 것을 **발전제동**(dynamic braking)이라 하고, 전차선으로 변환시키는 것을 **회생제동**(regenerative braking)이라 한다.

전기제동은 차량이나 브레이크 슈의 마모를 감소시키고, 온도상승을 억제하는 장점이 있다.

(1) 발전제동

그림 3.13(a)와 같이 직류 직권전동기의 계자저항을 통하여 접지시키면 전류의 방향은 반대가 되어 잔류자기를 소멸시키므로 제동작용이 없어진다. 따라서 발전제동은 **그**

림 3.13(b) 또는 (c)와 같이 계자 또는 전기자 단자를 반대로 접속하고 저항기를 거쳐서 접지측과 접속하여 발전기로 하고 나서 타행 운전 중의 차량의 운동에너지를 전기에너지로 변환시켜 저항기에서 열에너지로 소비시켜 제동을 얻는 방법이다.

발전제동은 고속인 경우에 기전력이 커서 제동 작용이 크지만, 속도가 저하되면 점차로 줄어들기 때문에 제동작용을 일정하게 유지하기 위하여 공기 제동장치를 병용할 필요가 있다.

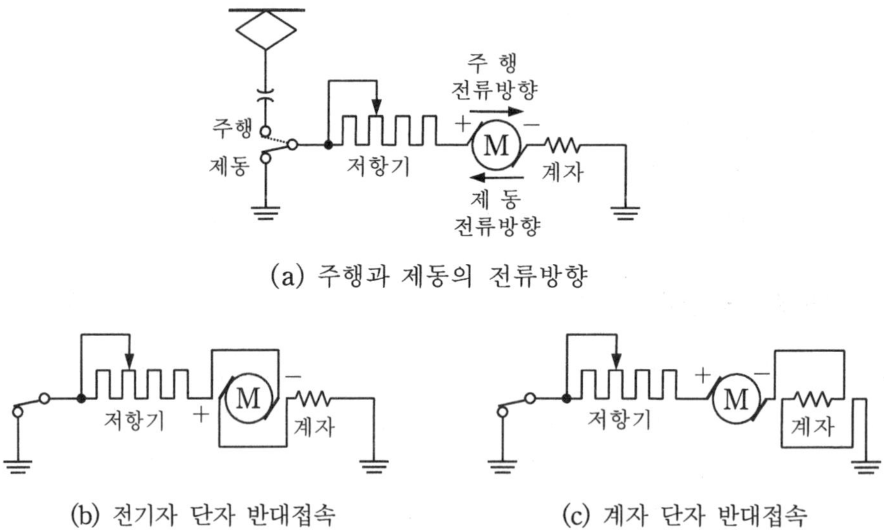

그림 3.13 발전제동

(2) 회생제동

전기차가 급경사의 비탈길을 내려가는 경우 차량의 중량으로 인하여 속도가 빨라져서 전동기에서 발생하는 유기기전력이 전원전압보다 높으면 전기차의 주전동기는 발전기로 사용된다. 이 때 발생전력을 가선 등의 전차선로에 보내어져 주행중인 다른 차량에 전력을 공급하며, 전동기는 역회전력에 의하여 감속되는 제동력을 얻게 된다. 이 방식을 회생제동이라 한다.

회생제동은 직권특성으로 하지 않고 분권특성으로 하기 때문에 계자를 바꾸어 연결하여 타여자로 하는 것이 일반적이다.

3.5 신호설비

신호설비는 열차의 운행을 안전하고 수송능력을 극대화하기 위한 장치이다. 열차 운행에서 안전의 확보는 기본적인 사항으로써 각종의 신호장치가 사용되고 있다.

3.5.1 신호보안장치

신호장치는 일반적으로 형, 색, 음을 이용하여 사전에 부호를 정하는 것으로써 그 부호에 따라 운전 조건을 표시하고, 그 장소의 상태 등을 표시하여 상대방에게 전달하는 장치이다.

철도에 사용되는 신호장치는 **신호**, **전호**, **표식**으로 구분한다.

(1) 신호

신호는 형, 색, 음 등에 의하여 일정 운전 조건을 지시하여 신호를 나타내는 기구를 신호기라고 한다. 신호기의 종류는 다음과 같다.

- 신호장치
  - 상치 신호기
    - 주 신호기 : 장내, 출발, 폐색, 엄호, 입환 신호기
    - 종속 신호기 : 원격, 중계, 통과 신호기
    - 신호 부속기 : 진로 표시기, 진로 예고기
  - 임시 신호기 : 서행, 서행예고, 서행해제 신호기
  - 수신기 : 대용, 통과, 임시 수신기
  - 특수 신호 : 발뢰, 발염, 발광, 발보 신호

1 상치 신호기

일정 장소에 항상 설치되어 있는 신호기

① **주 신호기** : 일정한 방호구역을 가지고 있는 신호기

- **장내 신호기** : 역의 입구에 설치하여 진입차량의 진입의 가부 또는 속도를 지시하는 신호기
- **출발 신호기** : 역내 열차의 출발점 부근에 설치하여 역을 출발하는 열차에 진출의 가부 또는 속도를 지시하는 신호기
- **폐색 신호기** : 폐색 구간의 입구에 설치하여 그 구간에 진입의 가부 또는 속도

를 지시하는 신호기

· **유도 신호기** : 역내 신호기의 하위에 마련된 신호기로써 정거장내 신호기가 정지신호를 현시해도 열차를 유도하여 역에 진입시키기 위한 신호기

· **입환 신호기** : 역 구내에서 차량의 입환을 할 때에 사용하는 신호기

② **종속 신호기** : 주신호기에 종속하여 주신호기가 현시하는 신호의 확인거리를 보충하기 위하여 주신호기 이외의 장소에 설치하는 신호기

③ **신호 부속기** : 주신호기에 부속하여 주신호기가 지시하여야 할 조건을 보충하기 위한 신호기

[2] 임시 신호기

선로의 고장 또는 수리를 위하여 열차 또는 차량의 서행시 사용

(2) 전호

전호는 형, 색, 음 등에 의하여 철도 종사자 상호간에 의사를 표시하는 것을 말한다.

전호의 종류는 출발 전호기, 출발지시 전호기, 추진운전 전호, 입환 전호기, 대용수신호 전호기, 정지위치 지시 전호, 제동시험 전호기, 입환 통고 전호, 이동금지 전호, 전철 전호 등이 있다.

(3) 표식

표식은 형, 색 등으로 물건의 위치, 방향, 조건 등 그 장소의 상태를 표시하는 것을 말한다.

표식의 종류는 열차 표식, 입환 기관차 표식, 폐색 식별 표식, 속도제한 표식, 전철기 표식, 속도제한 해제 표식, 열차정지 표식, 차량정지 표식, 입환 신호기 식별 표식, 입환 표식, 가선전원 식별 표식, 진로 전원 식별 표식, 가선 종단 표식, 가선 시구간 표식, 일단정지 표식, 차량 접속 한계 표식 등이 있다.

3.5.2 연동장치

연동장치(interlocking device)는 역 구내에서 원활한 열차운행을 위하여 신호기, 전철기 등을 상호간에 전기적 또는 기계적인 방법으로 연동시켜 동작하거나 관련을 가진 상태로 쇄정을 하는 것으로 쇄정장치라고도 한다. 즉 열차가 통과중인 구간에서는 통과 완료까지 구간내 전철기의 운전조작을 할 수 없도록 쇄정을 한다.

신호기 및 전철기의 취급에 일정한 순서와 규칙을 만들어 쇄정토록 하고, 이 관계를 유지하여 동작하도록 하여 조작의 실수 및 취급상의 잘못을 방지하기 위한 것으로써 구내 작업의 능률을 높이는 데 중요한 장치이다.

3.5.3 폐색장치

폐색장치(blocking device)는 선로의 각 구간에 두 대 이상의 열차가 진입하지 못하도록 하기 위한 장치로써 충돌 등의 사고를 미연에 방지하는 운용 방식이며, 전기철도에서는 자동 폐색 방식을 채용하고 있다.

자동 폐색 방식은 폐색구간을 나눈 선로에 궤도회로를 마련하고, 이것과 신호기를 연관시켜 신호기의 현시를 열차에 따라 자동적으로 제어하는 방법이다.

폐색장치의 구성은 선로 변압기, 궤도 변압기, 궤도 리액터, 점등 변압기, 임피던스 본드, 궤도 계전기 등으로 되어 있다.

3.5.4 궤도회로

궤도회로(track circuit)는 레일을 이용하여 전기회로를 구성하고, 이 회로를 열차의 차축으로 단락하여 궤도 계전기를 여자 또는 소자시켜 열차의 유무를 검지할 수 있는 회로이다. 1궤도회로는 1폐색구간으로 구성하고 이 구간 길이가 짧을수록 열차 위치를 세밀하게 검지할 수 있으며 차량 간격을 줄일 수 있다.

궤도회로는 전원장치, 한류장치, 레일 및 궤도 계전기 등으로 구성되며, 전기운전 구간에서는 신호전류와 귀선전류를 구별하기 위하여 **임피던스 본드**를 설치하고, 궤도의 전기저항을 경감하기 위하여 **레일 본드**를 이용하여 전기적으로 접속한다.

궤도회로는 사용 조건에 따라 다음과 같이 여러 가지 종류로 분류된다.

① **회로 구성 방법에 의한 분류** : 개전로식, 폐전로식 궤도회로

② **전원장치에 의한 분류** : 단송전식, 중앙송전식 궤도회로

③ **귀선전류의 귀로에 의한 분류** : 단궤조식, 복궤조식 궤도회로

④ **전원종별에 따른 분류** : 직류, 교류, AF, 코드 궤도회로

⑤ **신호 현시에 의한 분류** : 2위식, 3위식 궤도회로

궤도회로의 구성은 임피던스 본드, 궤도변압기, 궤도계전기, 궤도리액터 등으로 되어 있다.

(1) 임피던스 본드

궤도회로의 경계에 설치하여 전기차의 귀선전류는 통과시키고, 신호전류는 인접하는 궤도회로에 유입되지 않도록 하는 장치로써 귀선전류와 신호전류를 구분하여 주는 설비이다.

그림 3.14는 임피던스 본드와 궤도회로를 나타낸 것이다.

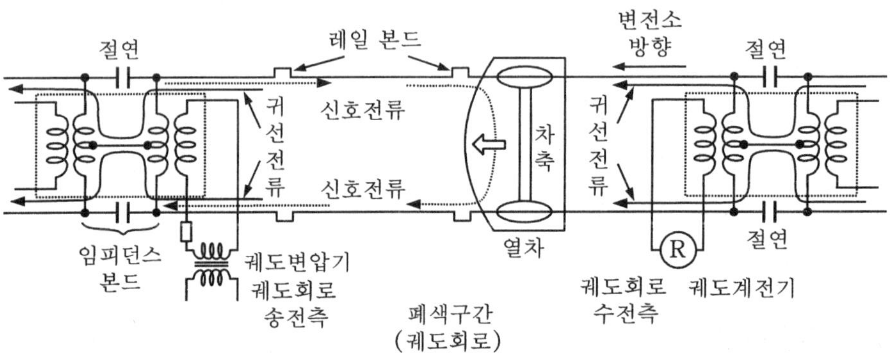

그림 3.14 임피던스 본드와 궤도회로

임피던스 본드는 궤도회로의 경계에 설치하며, 구조는 기본적으로 변압기와 같지만, 레일 접속단 코일은 좌우의 레일에 접속하고, 신호전류에 대해서는 임피던스를 나타내며 변압기 권선으로 작용한다. 그러나 직류에 대하여는 대부분 임피던스를 나타내지 않고, 권선의 중성점이 인접 임피던스 본드의 중성점에 접속되기 때문에 레일에 흐르는 전차선 귀선전류는 인접하는 궤도회로에 그대로 흘러간다.

즉, 신호전류에 대하여는 각 궤도회로가 각각 독립 폐회로를 구성하고, 전차선 귀선전류에 대하여는 모두 궤도회로가 연속된 1본의 귀선을 구성하도록 한다.

(2) 궤도변압기

신호전류를 공급하기 위한 소형 변압기로 송전측에 사용하며, 2차측에는 전류나 위상을 조정하기 위하여 궤도리액터 또는 궤도저항기를 접속한다.

(3) 궤도계전기

교류 궤도회로의 수전측에 설치하고 열차 또는 차량의 유무를 검지하기 위한 계전기이다.

그림 3.14에서와 같이 각 폐색구간마다 레일을 절연한 궤도회로에서 궤도변압기에 의하여 전원이 인가되면 수전측에 설치된 궤도계전기가 구간내 열차가 없으면 전류가 흐르게 되어 동작하고, 구간내 열차가 진입하면 열차의 차축을 통하여 전류가 흘러버리기 때문에 계전기에는 전류가 흐르지 않게 되어 동작하지 않는다.

이와 같이 궤도계전기의 동작에 의하여 신호기의 녹색과 적색램프가 동작하여 열차의 진입 가부를 알려주게 된다.

3.5.5 자동 열차 정지장치(ATS)

자동 열차 정지장치(ATS, automatic train stop device)는 열차의 제한속도 신호를 받아서 열차의 실제속도와 연속적으로 비교하여 열차의 속도가 제한속도를 초과하면 경보를 발하고 운전자가 수 초 이내에 제동을 체결하지 않으면 자동적으로 제동을 걸어 열차를 정지시키는 장치이다.

3.5.6 자동 열차 제어장치(ATC)

자동 열차 제어장치(ATC, automatic train control device)는 폐색구간마다 제한속도를 지정하고 만약 그 구간에서 열차속도가 지정된 제한속도 이상이 되면 경보를 발하고 운전자가 수 초 이내에 제동을 체결하지 않으면 자동적으로 제동을 체결하여 제한속도 이하로 감소시키는 장치로써 ATS 기능을 한 단계 높인 것이다.

3.5.7 자동 운전장치(ATO)

자동 운전장치(ATO, automatic train operation device)는 제어범위를 더욱 확대하여 기동이나 가속도를 자동화한 이상적인 운전장치이다.

이 장치는 지상으로부터 연속적으로 속도지령을 받아서 열차를 지령속도에 추종하도록 자동 가감속 제어하는 정속도 운전제어 기능과 열차가 정지 목표점에 근접하게 되면 지상자 신호에 의하여 제동곡선 패턴을 연산하고 이 제동 패턴에 의하여 목표 지점에 정확히 정지할 수 있는 정위치 정지 기능을 지니고 있다.

ATO의 주요 기능은 출발제어 기능, 정속운전 기능, 정위치 정지 기능(TASC), 운행패턴 수식 기능, 감속제어 기능 등이 있다.

3.5.8 열차 집중 제어장치(CTC)

자동 열차 제어장치(ATC)가 주로 열차의 안전운전을 목적으로 사용하는 데 비하여 열차 집중 제어장치(CTC, central train control device)는 열차의 능률적인 운전제어를 목적으로 하고 있다.

CTC는 구간내 각 역에 있는 전철기와 신호기 등을 중앙 제어실에서 집중적으로 원격제어하고, 그 표시 및 열차의 운행 상태를 감시하면서 열차의 운행을 능률적으로 정리, 통제하기 위한 제어장치이다.

중앙 제어실에서는 각 역의 배선이 나타나 있는 표시판이 있고, 램프가 점멸하여 열차의 운행 상태가 표시되고, 현장의 신호기나 전철기의 개통상황도 표시된다.

연 습 문 제

객관식

3-1 교류 급전방식이 아닌 것은?

㉮ 직접 급전방식　　㉯ 주변압기 방식
㉰ 흡상변압기 방식　　㉱ 단권변압기 방식

3-2 변전소의 간격을 작게 하는 이유는 무엇인가?

㉮ 건설비가 적게 든다.　　㉯ 효율이 좋다.
㉰ 전압강하가 적다.　　㉱ 전식이 적다.

3-3 직류식 전기철도의 최대 전압강하율을 교류식 송배전선보다 높게 취하는 이유는 무엇인가?

㉮ 급전거리가 길다.
㉯ 전차용 동선이 가늘다.
㉰ 전동기의 용량이 크다.
㉱ 동일 출력의 전동기에서 급전전압이 작다.

3-4 변전소 급전선을 통하여 병렬로 접속하였을 때 전압이 높은 변전소의 부하는 전압이 낮은 변전소에 비하여 어떻게 되는가?

㉮ 첨두부하가 크다.　　㉯ 부하의 변동이 많다.
㉰ 부하율이 나쁘다.　　㉱ 평균부하가 크다.

3-5 단상 교류식 전기철도에서 전압 불평형을 경감하는 데 쓰이는 것은?

㉮ 흡상변압기　㉯ 단권변압기　㉰ 크로스 결선　㉱ 스코트 결선

3-6 단상 전철에서 3상 전원의 평형을 위한 방법은?

㉮ T결선으로 변압기를 접속한다. ㉯ 각 구간의 열차를 균등하게 배치한다.
㉰ 발전기의 전압변동률을 작게 한다. ㉱ 열차의 차량을 적게 접속한다.

3-7 흡상변압기는 다음 설명 중 어느 것인가?

㉮ 전원의 불평형을 조정하는 변압기이다.
㉯ 궤도용 신호 변압기이다.
㉰ 전기 기관차의 보조 변압기이다.
㉱ 전자 유도 경감용 변압기이다.

3-8 흡상변압기의 약호는?

㉮ PT ㉯ CT ㉰ BT ㉱ AT

3-9 흡상변압기에 대한 설명이 아닌 것은?

㉮ 권수비가 1 : 1이다. ㉯ 단권변압기가 사용되기도 한다.
㉰ 전압방식에 무관하게 사용한다. ㉱ 인근 통신선에 유도장해 방지용이다.

3-10 전기 기관차의 속도 제어법으로 사용되지 않는 것은?

㉮ 저항 제어법 ㉯ 극수 조정법
㉰ 사이리스터에 의한 초퍼 제어법 ㉱ 계자 제어법

3-11 전기철도의 속도 제어법으로 사용되지 않는 방법은?

㉮ 저항 제어법 ㉯ 계자 분로법 ㉰ 직 · 병렬법 ㉱ 브리지 변환법

3-12 전차용 전동기의 사용 대수를 2의 배수로 하는 이유는 무엇인가?

㉮ 균일한 중량의 증가 ㉯ 제어효율 개선
㉰ 고장에 대비해서 ㉱ 부착 중량의 증가

3-13 전차용 전동기의 사용 대수를 2배로 하는 이유는 무엇인가?

㉮ 고장 감소 ㉯ 소비전력 감소 ㉰ 속도 증가 ㉱ 출력 증가

3-14 메타다인(metadyne) 제어법이라 함은?

㉮ 직류 정전류 제어법 ㉯ 직류 정전압 제어법
㉰ 정속도 제어법 ㉱ 정출력 제어법

3-15 회생제동 구간에 적당한 변전소의 직류 변환장치는 무엇인가?

㉮ 회전변류기 ㉯ 수은 정류기 ㉰ 전동발전기 ㉱ 인버터

3-16 대용량 고전압의 차량에 쓰이고, 최근에는 고성능의 노면 전차에 이용하고 있는 방식은?

㉮ 직접 제어방식 ㉯ 간접 제어방식 ㉰ 직류 초퍼제어 ㉱ 탭절환 제어

3-17 겨울에 전차의 비전력 소비량이 커지는 것은?

㉮ 열차 운행의 무질서 ㉯ 전압강하의 증대
㉰ 여객 중량의 증가 ㉱ 열차저항의 증가

3-18 동력방식으로 최근에 와서 복식 개별운전이 증가하고 있는데 그 이유가 되지 않는 것은?

㉮ 기계의 구성이 간단하다. ㉯ 동력 전달장치가 생략된다.
㉰ 정밀운전이 된다. ㉱ 총 설비용량이 적어진다.

3-19 전기철도의 전기제동에서 주전동기를 발전기로 쓰고 차량의 운동에너지를 전기에너지로 변환하여 저항기에 의하여 열에너지로 방사하는 제동을 무엇이라 하는가?

㉮ 전력 회생제동 ㉯ 발전제동 ㉰ 전자제동 ㉱ 저항제동

3-20 전기철도에서 전력 회생제동법을 채용하는 것이 가장 유리한 것은?

㉮ 시가지 전차 ㉯ 지하철
㉰ 평지의 간선 전기철도 ㉱ 산악지대의 전기철도

3-21 전차를 원활하게 운전하기 위하여 사용하는 보안법 중 임피던스 본드를 사용하는 방법은?

㉮ 시간 표식　　㉯ 표권식(ticket system)
㉰ 전기 통표식　　㉱ 자동 폐색식

3-22 궤조를 직류 전차선 전류의 귀로로 사용할 때에는 폐색 구간의 경계를 귀로전류가 흐르게 하여야 한다. 이와 같은 목적을 이루기 위하여 각 구간의 경계는 무엇으로 연결하여야 하는가?

㉮ 열차 단락 감도　　㉯ 궤도회로
㉰ 임피던스 본드　　㉱ 연동장치

주관식

3-1 전기철도용 전력 공급 방식에 대하여 설명하라.

3-2 교류 급전방식에 대하여 설명하라.

3-3 전기철도용 주변압기로 스코트 결선 변압기를 사용하는 이유를 설명하라.

3-4 직류 전기차 주전동기의 속도제어 방법의 종류를 설명하라.

3-5 직류 초퍼에 의한 속도제어에 대하여 설명하라.

3-6 교류 전기차의 속도제어법에 대하여 설명하라.

3-7 우리 나라 전기철도에서 채택하고 있는 속도제어법에 대하여 구분하고 설명하라.

3-8 전기열차의 제동법에 대하여 설명하라.

3-9 임피던스 본드와 레일 본드를 설명하고, 용도에 의한 차이점에 대하여 설명하라.

3-10 다음의 용어를 설명하라.

① 자동폐색장치

제 6 편 전기화학

chapter 1

전기화학 일반

1.1 전기화학 일반

1.1.1 전기화학

화학은 물질의 결합상태의 변화를 대상으로 하는 학문이고, 결합상태의 변화는 결합에 관계하는 전자의 이동을 의미한다. **전기화학**(electrochemistry)은 이 전자의 이동이 외부의 전기회로를 통하여 이루어지고, 물질의 화학에너지와 외부의 전기에너지 사이에서 상호 변환을 행하면서 산화 · 환원의 화학 반응을 일으키는 것을 의미한다.

전기화학은 ① 높은 에너지를 가진 활성물질의 화학에너지를 인출하여 전기에너지로써 외부로 공급하는 것(예 : 화학전지)과 ② 외부로부터 전기에너지를 공급받아 화학에너지가 높은 제품을 만드는 것(예 : 전기분해)으로 크게 분류할 수 있으며, 이들은 화학에너지와 전기에너지의 변환이 서로 반대로 이루어지는 것이다.

$$\text{전기화학의 정의 : 화학에너지} \underset{\text{전기분해}}{\overset{\text{화학전지}}{\rightleftarrows}} \text{전기에너지 (산화 · 환원반응)}$$

전기화학계는 이종의 금속전극 M_1, M_2를 전해질(액체 또는 고체의 이온 전도체) 용액 S 중에 넣은 전극계의 조합으로 구성되고, 다음과 같이 나타낸다.

① 동일 전해질 : $M_1/S/M_2$

② 상이한 전해질 : $M_1/S_1/S_2/M_2$

두 종류의 상이한 전해액 사이에 다공성 격막 또는 KCl, KNO_3와 같은 염기성 전해질을 포함하는 수용성 겔로 채워져 있는 U형관의 **염다리**(salt bridge)를 삽입하는데, 이들은 전해액이 직접 혼합되지 않도록 물리적으로 분리하고, 액간 접촉전위를 줄여주며, 양이온과 음이온의 이동 통로의 역할을 하도록 한다.

이와 같이 이종의 금속 도체가 직렬로 연결되어 있고, 그 중 적어도 1개는 전해질 또는 그 용액으로 되어 있으며, 양단의 화학적 조성이 같은 계를 **갈바니 전지**(galvanic cell)라 한다. 갈바니 전지는 전기화학에서 가장 기본적인 것이고, 볼타 전지(voltaic cell) 및 다니엘 전지(daniell cell) 등이 이에 해당한다.

1.1.2 전기화학의 종류

전기화학계는 화학에너지와 전기에너지의 상호 변환을 시키기 위한 장치로써 **화학전지**(electrochemical cell)와 **전해전지**(electrolysis cell)로 구분한다.

① **화학전지** : 전기화학계 내에서 일어나는 자발적 반응을 이용하여 전기를 일으키는 전지(cell), 즉 화학에너지를 전기에너지로 변환하는 장치를 화학전지라 한다. 특히 전류를 만들어서 전기에너지원으로 사용하는 화학전지를 갈바니 전지라 한다. (볼타전지, 다니엘전지, 건전지, 납 축전지, 연료전지 등 전지의 방전, 금속의 부식 등)

② **전해전지(전기분해)** : 외부 전원에서 공급되는 전류를 이용해서 비자발적 반응을 진행하게 하여 전기에너지를 화학에너지로 변환하는 장치(전지의 충전, 전기분해, 전해정련, 용융염 전해, 전기도금 등)

1.1.3 화학반응

전기화학계는 기본적으로 이종 금속의 전극에서 산화·환원의 화학반응에 의한 계면에서 전자와 이온의 수수가 일어나는 것이고, 이 역할을 하는 것을 전극반응이라 한다. 산화 및 환원의 전극반응은 금속의 이온화 경향에 결정된다.

(1) 이온화 경향

금속은 수용액 중에서 전자를 방출하여 양이온으로 되기 쉬운 성질을 가지고 있으며, 이를 **이온화 경향**이라고 한다. 이온화 경향이 큰 금속의 순으로 배열한 것을 **이온화 열**이라 하며 다음과 같다.

K > Ca > Na > Mg > Al > Zn > Fe > Ni > Sn > Pb > (H_2) > Cu > Hg > Ag > Pt > Au

대 ←—— 이온화 경향(반응도) ——→ 소

표 1.1 금속의 이온화 경향과 화학반응

<table>
<tr><td>이온화 경향</td><td>K</td><td>Na</td><td>Mg</td><td>Al</td><td>Zn</td><td>Fe</td><td>Ni</td><td>Sn</td><td>Pb</td><td>(H_2)</td><td>Cu</td><td>Hg</td><td>Ag</td><td>Pt</td><td>Au</td></tr>
<tr><td>공 기
(산 소)</td><td colspan="2">상온에서 반응
(산화물 생성)</td><td colspan="10">가열하여 반응(산화물 생성)</td><td colspan="3">반응하지 않음</td></tr>
<tr><td>물</td><td colspan="2">상온에서 반응
(수소발생)</td><td colspan="4">수증기(고온)와
반응(수소발생)</td><td colspan="9">반응하지 않음</td></tr>
<tr><td>산</td><td colspan="10">묽은 산과 반응(수소발생)</td><td colspan="3">질산, 황산과 반응
(용해)</td><td colspan="2">반응 않음</td></tr>
</table>

금속의 화학적 성질은 다음과 같다.

① 산화되기 쉽다.(다른 물질을 환원시키는 힘이 크다.)

② 전자를 잃기 쉽고, 양이온이 되기 쉽다.

③ 이온화 경향이 클수록 산화성이 강하다.(예 : $Zn \rightarrow Zn^{2+} + 2e^-$[해리, 전리])

④ 이온화 경향이 작을수록 환원성이 강하다.(예 : $Cu^{2+} + 2e^- \rightarrow Cu$[금속 석출])

⑤ 산과 반응하고, 금속의 산화물은 염기성이다.

(2) 산화 · 환원반응

산화는 어떤 물질이 산소와 화합하거나 수소 화합물이 수소를 잃는 화학 변화이고, 반대로 환원은 어떤 물질이 수소와 화합하거나 산소 화합물이 수소를 잃는 화학 변화를 의미하였다.

그러나 그 개념은 확장되어 산소와 수소가 관여하지 않는 화학반응에서도 전자를 잃는 것을 **산화**(oxidation), 전자를 얻는 것을 **환원**(reduction)이라고 한다.

산화와 환원의 정의를 **표** 1.2에 나타낸다.

표 1.2 산화와 환원의 정의

	산 화	환 원
산 소(O)	결 합	잃 음
수 소(H)	잃 음	결 합
전 자(e^-)	잃 음	얻 음
산 화 수	증 가	감 소

이온화 경향이 큰 마그네슘을 공기 중에 방치하면 표면이 산소와 반응하여 산화 마그네슘으로 된다. 이 때 산화 · 환원의 화학반응은 다음과 같이 일어난다.

$$\text{반쪽 반응}\begin{cases} 2Mg \rightarrow 2Mg^{2+} + 4e^{-}\ (\text{산화}) \\ O_2 + 4e^{-} \rightarrow 2O^{2-}\ (\text{환원}) \end{cases} \tag{1.1}$$

$$\text{산화 · 환원 전체 반응} : 2Mg + O_2 \rightarrow 2MgO \tag{1.2}$$

화학반응에서 산화와 환원은 동시에 일어나며, 이 산화 · 환원 반응을 식 (1.1)과 같이 두 개로 나누어서 생각할 때 각각을 **반쪽 반응**이라 하고, 식 (1.2)와 같이 각각의 두 반응을 합한 것을 산화 · 환원의 **전체 반응**이라고 한다.

산화 · 환원반응에서 자신은 환원되면서 다른 것을 산화시키는 물질을 **산화제**라고 하고, 반대로 자신은 산화되면서 다른 것을 환원시키는 물질을 **환원제**라고 한다.

1.1.4 계면 동전위

금속 표면과 전해액의 계면에서 전기이중층에 의한 계면에서의 전위를 **계면 동전위**(electrokinetic potential)라고 하며, ξ전위라고도 한다. 직접 측정할 수 없지만 전기영동과 전기침투로 구할 수 있다.

(1) 전기영동

전기영동(electrophoresis)은 용액 속에 콜로이드 미립자를 넣고 직류 전원을 공급하면 많은 입자가 양극을 향하여 이동하는 현상이다. 즉, 물 속에 점토 입자가 있을 때 입자는 음, 물은 양으로 대전하여 점토 입자가 양극으로 이동한다. 이 현상은 점토의 정제, 고무의 전착, 기름에 혼합된 수분 제거, 염색 등에 이용된다.

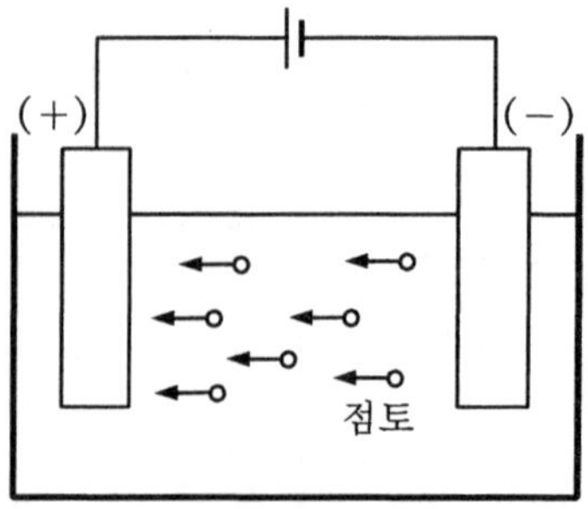

그림 1.1 전기영동

(2) 전기침투

전기침투(electro osmosis)은 용액 속에 다공질의 격막을 설치하고 그 양쪽에 전극을 넣고 직류전압을 가하면 입자는 통과하지 못하고 용액만 격막을 통하여 한쪽으로 이동하여 수위가 높아지는 현상이다.

전기침투는 전해콘덴서의 제조, 재생고무의 제조, 점토의 탈수 등에 응용된다.

(3) 전기투석

전해조에 2장의 다공질 격막에 의하여 3개의 전해실로 나누고, 중앙에 전해질 용액, 양쪽 전해실에 순수한 물을 넣은 다음 음극식과 양극실에 전압을 가하면 중앙의 양이온은 음극실로, 음이온은 양극실로 이동하여 중앙의 전해물질이 제거된다.

이와 같은 현상을 **전기투석**(electro dialysis)라 하며, 물, 설탕, 젤라틴, 한천 등의 정제에 이용된다.

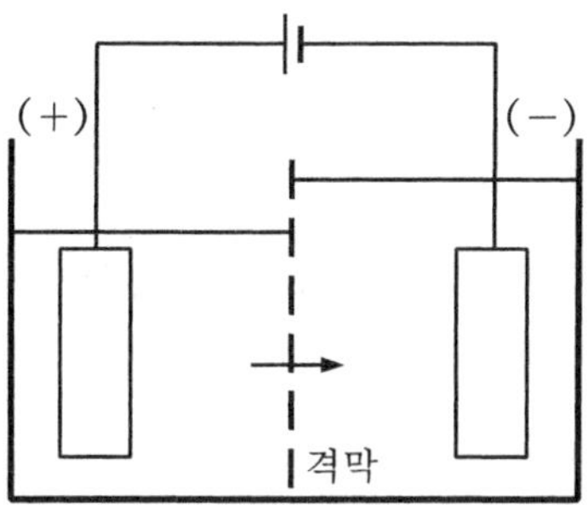

그림 1.2 전기침투

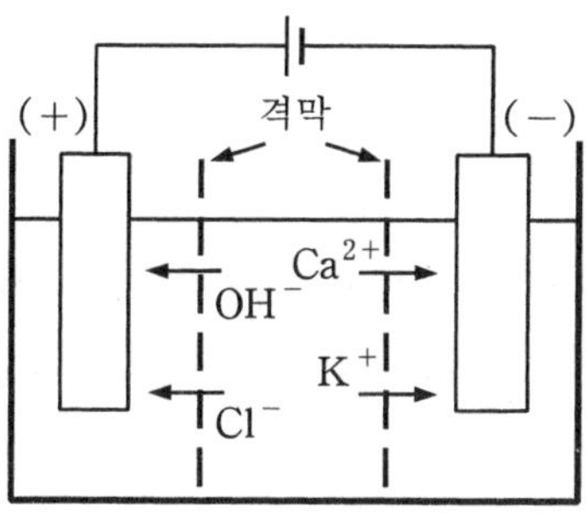

그림 1.3 전기투석

연 습 문 제

객관식

1-1 금속 중 이온화 경향이 큰 물질은?

㉮ Fe ㉯ Zn ㉰ K ㉱ Na

1-2 전기 화학에서 양이온이 되는 것은?

㉮ H_2 ㉯ SO_4 ㉰ NO_3 ㉱ OH

1-3 기체 또는 액체에 고체의 입자가 분산되어 있을 경우, 이에 전압을 가하면 입자가 이동한다. 이러한 현상을 무엇이라 하는가?

㉮ 전기집진 ㉯ 전기투석
㉰ 전기영동 ㉱ 전기방식

1-4 전해 콘덴서의 제조나 재생고무의 제조 등에 주로 응용하는 현상은?

㉮ 전기침투 ㉯ 전기영동
㉰ 비산현상 ㉱ 핀치효과

주관식

1-1 전기화학의 종류를 설명하라.

1-2 전기영동에 대하여 설명하라.

1-3 전기침투에 대하여 설명하라.

1-4 전기투석에 대하여 설명하라.

chapter 2

기전력 응용의 전지

2.1 전지

2.1.1 전지의 분류

전지는 구성하는 계의 화학적, 물리적 변화에 수반하는 에너지의 감소분을 직접 전기에너지로 변환하는 장치이다. 그러나 일반적으로 전지라고 하는 것은 화학변화를 이용하는 화학전지를 의미하며, 그 이외의 전지를 특수전지 또는 물리전지 등으로 불리어지고 있다.

① **화학전지** : 전기화학계 내에서 자발적으로 화학적 변화를 일으킬 때 발생하는 에너지를 전기에너지로 변환하여 외부로 전류를 흐르게 하는 장치이다. 화학전지는 1차전지, 2차전지 및 연료전지가 이에 해당한다.

- 1차전지 : 충전과 방전을 반복할 수 없는 전지로써 반복 사용이 불가능하여 일회용의 소모성 전지(망간건전지, 공기건전지, 수은전지, 리튬전지 등)
- 2차전지 : 충전과 방전이 모두 가능한 전지로써 반복 사용이 가능한 전지 (납축전지, 알칼리 축전지, 소형 충전전지)
- 연료전지 : 1차전지 및 2차전지의 전극활성물질은 전지 자체 내부에 내장되어 있지만, 연료전지는 전극활성물질인 연료와 산화제가 외부로부터 연속적으로 공급하여 전기에너지를 얻고 동시에 반응생성물을 배출하는 전지

② **물리전지** : 외부로부터 열, 광, 방사선 등의 에너지를 공급하여 전지를 불안정한

상태, 즉 에너지가 높은 상태에서 에너지가 낮은 안정한 상태로 되돌아오는 과정에서 물리적 변화시의 에너지 감소분을 전기에너지로 변환하는 것으로써 태양전지, 열전지, 광전지, 원자력전지 등이 있다.

2.1.2 갈바니 전지의 전극반응

화학전지의 기본이 되는 갈바니 전지를 토대로 전지 반응과 기전력 발생에 대하여 알아본다.

전형적인 갈바니 전지는 볼타전지와 다니엘 전지가 있으며, 금속의 이온화 경향 차이로 산화·환원반응을 일으켜 전자의 이동을 외부 도선을 통하여 일어나게 하여 전자 이동의 반대 방향으로 전류를 흐르게 한 장치이며, 현재는 사용하지 않고 있다.

(1) 볼타전지

볼타전지(voltaic cell)는 **그림** 2.1과 같이 묽은 황산의 전해액 중에 두 전극의 아연판과 구리판을 이격시켜 놓은 것이다.

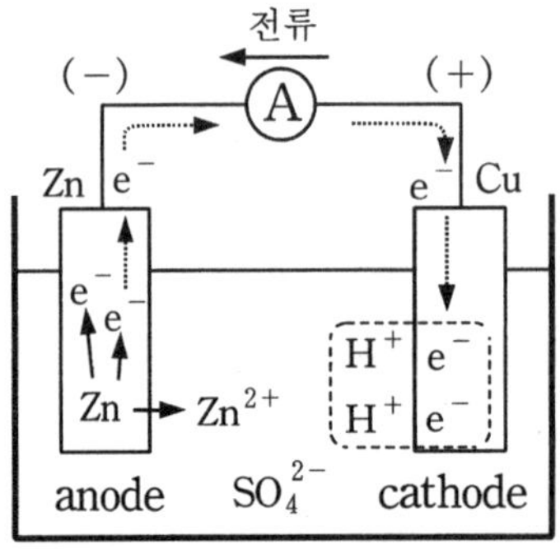

그림 2.1 볼타전지

먼저 외부 도선을 연결하지 않은 상태에서 전극반응을 알아보면, 이온화 경향이 큰 아연은 묽은 황산 속에서 아연이온 Zn^{2+}로 되어 전해액 중으로 용출하고, 아연판의 표면에 전자 e^-를 발생시켜 아연 전극에서만 다음과 같은 반응이 일어난다.

$$Zn \rightarrow Zn^{2+} + 2e^-(\text{전자}) \tag{2.1}$$

$$2H^+ + 2e^- \rightarrow H_2 \uparrow (\text{아연표면}) \tag{2.2}$$

그러나 이온화 경향이 작은 구리 전극에서는 전혀 변화가 일어나지 않는다.

이제 외부 도선으로 **그림** 2.1과 같이 두 전극을 연결하면, 식 (2.1)에서 발생한 전자는 식 (2.2)의 반응을 일으키지 않고, 도선을 통하여 구리 전극 쪽으로 이동하게 되며, 묽은 황산의 수소이온과 결합하여 구리전극에서 수소가 발생하게 된다. 따라서 위의 식 (2.2)의 반응은 구리 전극 표면에서 일어난다.

이와 같이 전자는 아연 전극에서 구리 전극으로 이동하기 때문에 전류는 구리 전극에서 아연전극 방향으로 흐르는 것이다. 이것을 **방전**(discharge)이라고 한다.

볼타전지에서 화학반응이 진행되면 아연 전극에서 생성된 전자는 외부회로를 통하여 구리 전극으로 이동하고, 전해질의 수용액에서는 이온의 이동이 일어난다.

결국, 볼타전지의 반쪽 전지 반응과 전체 반응을 나타내면 다음과 같다.

① 반쪽 전지 반응

$$\text{Zn 전극(음극)}: Zn \rightarrow Zn^{2+} + 2e^{-} \text{(anode, 산화전극)} \tag{2.3}$$

$$\text{Cu 전극(양극)}: 2H^{+} + 2e^{-} \rightarrow H_2\uparrow \text{(cathode, 환원전극)} \tag{2.4}$$

② 전체 반응

$$Zn + 2H^{+} \rightarrow Zn^{2+} + H_2\uparrow \tag{2.5}$$

볼타전지의 표기 : $(-)\,Zn \mid H_2SO_4(aq) \mid Cu\,(+)$

볼타전지의 기전력 : 전지의 전위는 두 반쪽 전지전위의 합으로 나타낸다.

$$E_{cell} = E_{ox} + E_{red} = 1.1\,[V] \tag{2.6}$$

화학전지의 두 이종의 금속전극에서 일어나는 화학 반응 및 그에 따른 명칭을 정의하면 **표** 2.1과 같다.

표 2.1 화학전지에서 전극의 화학반응 및 그에 따른 명칭

	이온화 경향(대)	이온화 경향(소)
화학반응	산화반응	환원반응
화학반응에 의한 명칭	anode(산화전극)	cathode(환원전극)
전기극성	음극(−) (negative electrode)	양극(+) (positive electrode)

여기서 **애노드**(anode)는 산화가 일어나는 전극(산화전극), **캐소드**(cathode)는 환원이 일어나는 전극(환원전극)을 뜻하며, 전기의 극성과는 다른 의미이다.

■ **분극**

① 구리 전극 표면에서 식 (2.4)의 반응에 의하여 생성된 수소의 일부가 얇은 막을 형성하게 되고, 지속적인 반응을 방해한다.

$$2H^+ + 2e^- \rightarrow H_2 \uparrow \text{(반응 차단)} \qquad (2.7)$$

② 수소는 구리보다 이온화 경향이 크기 때문에 구리 전극에서 생성된 수소가 다시 수소이온으로 되돌아가면서 전자를 구리 전극에 남긴다.

$$H_2 \rightarrow 2H^+ + 2e^- \qquad (2.8)$$

이와 같은 현상으로 아연 전극에서 외부 도선을 통하여 유입하는 전자의 흐름을 방해하게 되면서 전류는 줄어들고 전지의 기전력도 낮아지게 된다. 이러한 현상을 **분극**이라 한다.

■ **감극제**

구리 전극에서 발생한 수소를 제거하기 위하여 산화제를 가하여 다음의 반응식과 같이 물이 생성되도록 한다. 이 산화제를 **감극제** 또는 **소극제**라고 한다.

$$H_2 + O\text{(산화제)} \rightarrow H_2O \qquad (2.9)$$

즉, 감극제는 분극 작용을 억제하기 위한 것이며, 지속적으로 전류를 흘려주도록 하여 기전력의 저하를 방지한다.

감극제는 이산화망간(MnO_2), 과산화수소(H_2O_2), 질산(HNO_3), 산화수은(HgO) 등의 산화제가 이용되고 있다.

(2) 다니엘 전지

다니엘 전지(daniell cell)는 아연판을 넣은 묽은 황산아연 용액과 구리판을 넣은 황산구리 용액을 염다리로 연결시킨 **그림** 2.2와 같은 구조의 전지이다.

다니엘 전지의 표기 : $(-)\ Zn\ |\ ZnSO_4(aq)\ \|\ CuSO_4(aq)\ |\ Cu\ (+)$

① **반쪽 전지 반응**

$$\text{Zn 전극(음극)} : Zn \rightarrow Zn^{2+} + 2e^- \text{(anode, 산화전극)} \qquad (2.10)$$

$$\text{Cu 전극(양극)} : Cu^{2+} + 2e^- \rightarrow Cu\text{[석출](cathode, 환원전극)} \qquad (2.11)$$

② **전체 반응**

$$Zn + Cu^{2+} \rightarrow Zn^{2+} + Cu \tag{2.12}$$

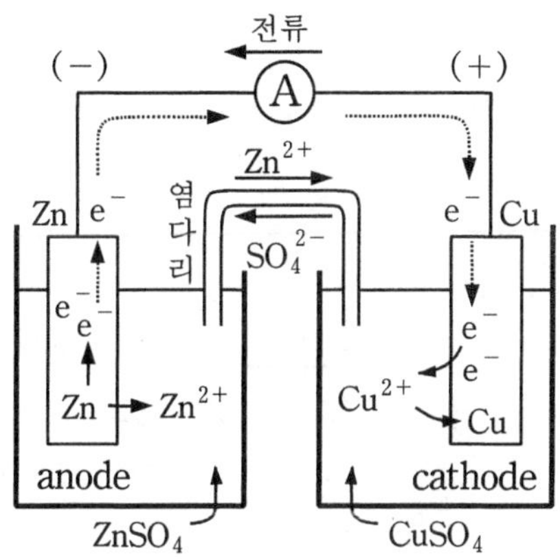

그림 2.2 다니엘 전지

【다니엘 전지의 반응과정 및 특징】

㉠ 아연 전극은 이온화 경향이 구리보다 크기 때문에 표면에서 아연이온을 용액 중으로 용출하고, 전자는 외부 도선을 통하여 구리 전극으로 이동한다.

㉡ 구리 전극에서 황산구리 용액 중의 구리이온과 아연 전극에서 이동해 온 전자와 결합하여 구리를 석출하여 구리 전극의 표면에 부착한다.

㉢ 두 반쪽 전지반응에 의하여 아연 전극 쪽의 용액은 아연이온이 증가하고, 구리 전극 쪽의 용액은 구리이온이 증가한다. 따라서 염다리를 통하여 반대 극성 방향으로 이동하게 된다.

㉣ 아연 전극은 질량이 감소하고 구리 전극은 질량이 증가한다.

㉤ 다니엘 전지는 구리 표면에 수소가 부착하지 않으므로 분극이 발생하지 않는다. 따라서 감극제도 필요하지 않다.

2.1.3 표준전지

표준전지(standard cell)는 기전력를 측정할 때 기전력의 표준으로 사용되는 전지이다. 표준전지는 **카드뮴전지**, 일명 **웨스턴전지**를 사용한다.

표준전지의 구성은 **그림** 2.3과 같이 음극에 카드뮴 아말감, 양극에 수은이 사용되며 분극을 작용을 방지하기 위하여 감극제를 첨가한다. 전해액은 황산카드뮴 용액을 항상 포화상태로 하여 용액과 결정을 사용한다.

아말감(amalgam)은 수은과 다른 금속과의 합금을 의미하고, 특히 금, 은, 구리, 아연, 카드뮴, 납 등과 합금을 만들어 아말감이 된다. 상온에서도 액체 또는 무른 고체의 수은 합금이 된다.

표준전지의 표기 : (−) Cd(아말감) | $CdSO_4$(aq) | Hg(+)

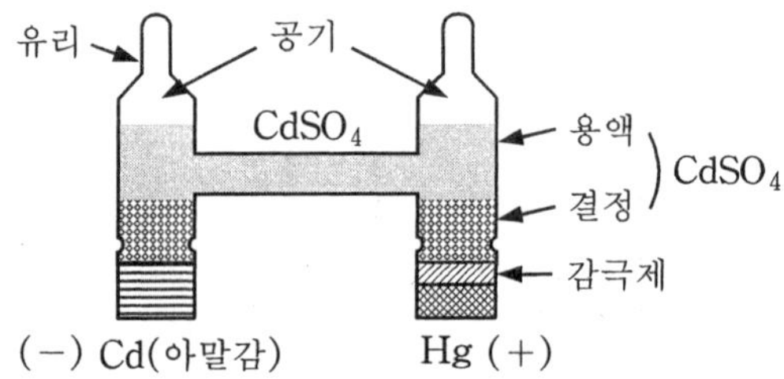

그림 2.3 표준전지

카드뮴 표준전지는 온도가 일정하면 일정한 기전력을 가지며, 기전력의 표준으로써 일반 전지의 기전력 정밀 측정 또는 기준저항과 함께 전류 측정에 이용된다.

온도 20[℃]에서 기전력은 1.0183[V]이고, 온도가 1[℃] 상승할 때마다 0.04[mV] 감소하며 온도계수가 매우 작은 특징을 가지고 있다.

2.1.4 1차전지

(1) 망간 건전지

망간 건전지는 건전지(dry cell)의 원형으로 대표적인 것으로써 일명 **르클랑세 건전지**라고도 한다. **그림** 2.4는 망간 건전지의 구조를 나타낸 것이다.

양극은 탄소, 음극은 아연 용기 자체가 되고, 감극제로 MnO_2의 분말에 흑연을 혼합하여 도전성을 좋게 한다. 전해액으로 염화암모늄을 용액을 사용한다.

망간 건전지의 표기 : (−) Zn | NH_4Cl, $ZnCl_2$(aq) | $MnO_2 \cdot C$(+)

① **음극** : 아연 전극은 아연이온 Zn^{2+}과 전자 e^-를 발생시킨다.

$$\text{음극 : } Zn \rightarrow Zn^{2+} + 2e^- \qquad (2.13)$$

② **이산화망간의 작용** : 음극인 아연 전극에서 양극으로 유입된 전자 e^-는 용액 중의

NH_4^+를 끌어들이고, MnO_2와 반응하기 때문에 분극은 일어나지 않는다. 즉, MnO_2는 감극제로 작용한다.

$$\text{양극} : 2NH_4 + 2MnO_2 + 2e^- \rightarrow 2MnO(OH) + 2NH_3 \qquad (2.14)$$

③ **염화암모늄의 작용** : 음극에서 생긴 아연이온 Zn^{2+}의 일부는 다음의 반응에 의하여 $[Zn(NH_3)_4]^{2+}$을 생성하기 때문에 Zn^{2+}의 농도는 증가하지 않는다. 따라서 아연 전극 표면에 Zn^{2+}이 축적되지 않으므로 아연의 이온화를 방해받지 않는다.

$$\text{양극} : Zn^{2+} + 4NH_3 \rightarrow [Zn(NH_3)_4]^{2+} \qquad (2.15)$$

전해액은 염화암모늄에 염화아연 $ZnCl_2$를 첨가하여 배합을 하는 데, 아연의 부식 및 건조 등의 방지작용을 위한 것이다.

망간 건전지의 기전력은 1.5[V]이고, 값이 저렴하고, 가장 일반적인 건전지이다. 시계, 장난감, 라디오 등의 휴대용 장비에 널리 사용되고 있다.

망간 건전지를 직렬로 적층하여 고전압을 얻을 수 있도록 한 전지를 **적층 건전지**(layer built cell)라 한다.

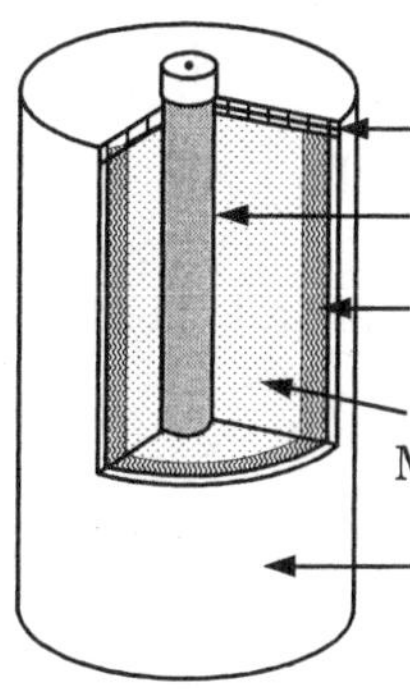

그림 2.4 망간 건전지

알칼리 건전지(alkaline dry cell)는 망간 건전지를 개량한 것으로써 전해액을 PH의 변화가 적은 염기성의 수산화칼륨(KOH)을 사용하기 때문에 전압변동이 적다. 또 아연은 겔상을 사용하여 표면적이 넓기 때문에 대전류를 지속할 수 있다. 따라서 부하가 큰 기기에 적합하며 망간 전전지보다 성능이 우수하다.

망간 건전지는 아연이 용해하여 방전이 이루어지기 때문에 아연 용기가 부식이 되어 액이 새는 경우가 있지만, 알칼리 건전지는 철을 용기로 사용하기 때문에 전해액인 수

산화칼륨은 철을 용해하지 못한다. 따라서 알칼리 건전지는 전해액이 누수되는 경우는 없고, 사용 수명이 긴 장점이 있다.

(2) 공기 전지

공기 중의 산소를 감극제로 사용하는 것으로 망간 건전지와 동일한 혼합제를 쓰는 **공기 건전지**와 전해액으로 수용액을 쓰는 **공기 습전지**가 있다.

음극은 아연, 양극은 탄소이고, 전해액은 염화암모늄(NH_4Cl) 또는 수산화나트륨($NaOH$)을 사용한다. 양극에는 촉매작용을 하는 특수한 활성탄을 사용하여 공기 중의 산소를 흡착하여 화학반응을 원활하게 한다.

공기 전지의 표기 : $(-)\ Zn \mid NH_4Cl$ 또는 $NaOH(aq) \mid C(+)$

공기 전지의 전극반응은 다음과 같다.

$$\text{음극} : Zn \rightarrow Zn^{2+} + 2e^- \tag{2.16}$$

$$\text{양극} : O + H_2O + 2e^- \rightarrow 2OH^- \tag{2.17}$$

이 반응에서 $Zn(OH)_2$가 생성되지만, 이것은 전해액인 염화암모늄 또는 수산화나트륨에 용해되고 기본 화학반응은 2[F]의 전기량에 대하여 다음과 같이 된다.

$$Zn + 2NH_4Cl + O \rightarrow Zn(NH_3)_2Cl_2 + H_2O \tag{2.18}$$

$$Zn + 2NaOH + O \rightarrow Na_2ZnO_2 + H_2O \tag{2.19}$$

공기 전지의 기전력은 망간 건전지보다 약간 낮은 1.4[V] 정도이고, 특징은 방전시 및 온도차에 의한 전압변동이 적고, 자기방전이 적으며 장기간 보존할 수 있다. 또 내한, 내열, 내습성을 가지고 있으며 용량이 커서 경제적이다. 그러나 중부하 방전이 되지 않고 습전지는 이동 및 휴대가 불편하다.

공기 습전지는 과거 거치용 전지로써 전화, 통신용으로 사용되었으나 현재는 거의 사용되지 않고 있다. 공기 건전지는 장기간 안정 동작을 요구하는 통신용 전원, 보조전원 등에 사용된다.

(3) 수은 전지

수은 전지(mercury cell)는 음극에 아연(Zn), 양극에 산화수은(HgO), 전해액으로 염기성의 수산화칼륨(KOH) 또는 수산화칼륨 용액을 사용하고 있다.

수은 전지의 표기 : (−) Zn | KOH(s, aq) | HgO(+)

수은 전지의 기전력은 1.35[V]이며, 전극반응과 전체 반응은 다음과 같다.

$$\text{음극} : \begin{cases} Zn \rightarrow Zn^{2+} + 2e^- \\ Zn + 2OH^- \rightarrow ZnO + H_2O + 2e^- \end{cases} \tag{2.20}$$

$$\text{양극} : HgO + H_2O + 2e^- \rightarrow Hg + 2OH^- \tag{2.21}$$

$$\text{전체 반응} : Zn + HgO \rightarrow ZnO + Hg \tag{2.22}$$

그림 2.5는 수은 전지의 구조이며, 이 전지의 특징은 양극의 산화수은(HgO)이 감극제 역할도 하여 수소가 발생하지 않는다. 또 도전성의 수은이 석출되기 때문에 물질 내의 저항이 적고, 방전전압이 매우 안정적이며 소형으로 수명이 길다.

수은전지의 용도는 전자기기, 계측기, 손목시계, 전자계산기 등 널리 사용되고 있지만, 수은을 다량으로 사용하므로 공해문제 등이 있다.

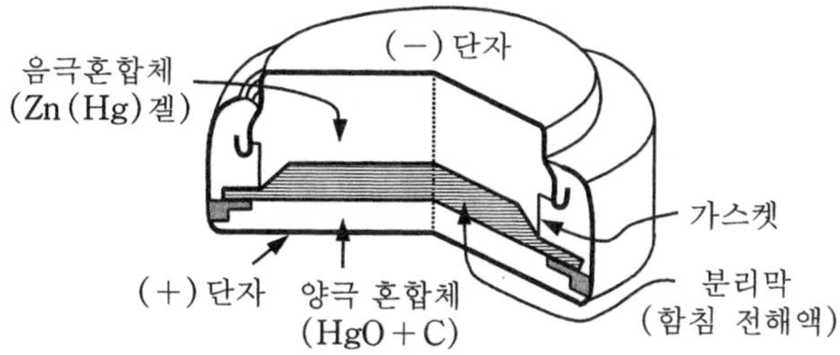

그림 2.5 수은 전지

산화은 전지는 음극에 아연(Zn), 양극에 산화은(Ag_2O), 전해액으로 염기성의 수산화칼륨(KOH) 또는 수산화나트륨(NaOH) 용액을 사용하고 있다. 즉, 수은 전지와 같은 구조로 양극 물질이 산화수은에서 산화은으로 대체된 것이다.

산화은 전지의 기전력은 수은 전지보다 약간 높은 1.55[V]이고, 안정된 전압특성과 폭넓은 온도특성을 가지고 있다. 그러나 은을 함유하기 때문에 가격이 비싸다.

(4) 리튬 전지

건전지는 일반적으로 음극에 아연(Zn)을 사용하고, 직접 전지의 용기로 사용하는 특징이 있다. 그러나 **리튬 전지**는 음극 물질로 리튬(Li)을 사용하며, 양극 물질은 이산화망간(MnO_2) 등의 여러 재료가 사용되고 있다.

리튬은 상온에서 물과 격렬하게 반응하여 수산화물을 발생하기 때문에 전해액으로 유기 전해질을 사용한다.

이 전지의 특징은 소형이고, 기전력은 일반 건전지의 약 2배인 3[V] 정도로 고전압 대전류에 사용하며, 전기용량이 크고, 자기방전이 작다.

리튬 전지는 카메라용 CR 시리즈의 원통형, 카메라 또는 전자수첩의 코인형, 야간 낚시용의 핀형, 메모리 카드 또는 IC 카드용의 페이퍼형 등으로 용도에 따라 다양한 형태로 만들 수 있다.

표 2.2 1차전지의 종류와 용도

1차 전지	공칭전압 [V]	음극물질	전 해 질	양극물질 (감극제)	용 도
망간 건전지 (르클랑세건전지)	1.5	Zn	NH_4Cl, $ZnCl_2$	MnO_2	통 신 용 전 등 용
알칼리 건전지	1.5	Zn	KOH	MnO_2	망간건전지보다 중부하용
공기 전지	1.4	Zn	NH_4Cl 또는 KOH	O_2	시 계
수은 전지	1.4	Zn	KOH 또는 NaOH	HgO	보 청 기
산화은 전지	1.55	Zn	KOH 또는 NaOH	Ag_2O	시 계 전자계산기
리튬 전지	3.0	Li	유기전해질	MnO_2	카 메 라 전자수첩

2.1.5 2차전지

2차전지는 방전과 충전이 가능한 가역전지로써 반복 사용할 수 있는 전지이다. 대표적으로 납축전지(연축전지)와 알칼리 축전지(니켈－카드뮴 축전지)가 있고, 소형의 충전 전지로 니켈－카드뮴 전지, 니켈－수소 전지, 리튬이온 전지 등이 있다.

(1) 방전율과 용량

방전율은 일정한 전류로 방전할 경우 단자전압이 방전 종지전압까지 감소하는 데 소요되는 시간을 의미한다. 어느 크기의 일정 전류로 방전했을 때 10시간의 방전이 가능하다면 그 방전을 10시간율이라 하고, 이것을 기초로 축전지의 **용량**은 **암페어시** [A · h]로 나타낸다.

$$\text{용량 [A · h]} = \text{방전전류 [A]} \times \text{시간율 [h]} \tag{2.23}$$

그림 2.6은 축전지의 용량을 나타낸 것이며, 납축전지(연축전지)는 10시간 방전, 알칼리 축전지는 5시간 방전을 표준으로 하고 있다.

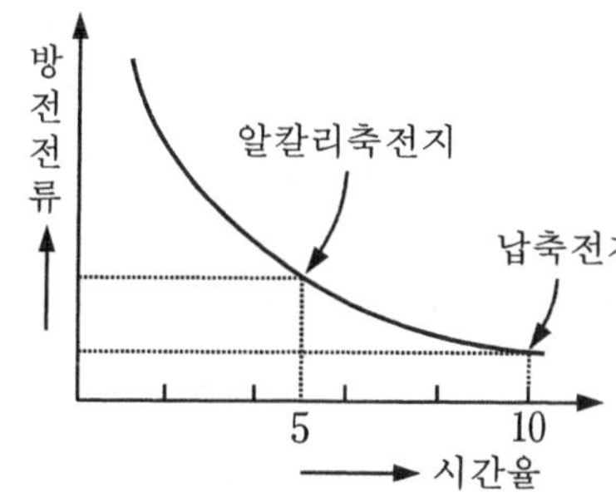

그림 2.6 축전지의 용량

(2) 납축전지(연축전지)

납축전지는 **그림** 2.7과 같이 음극에는 납(Pb), 양극에는 이산화납(PbO_2), 전해액은 묽은 황산(H_2SO_4)으로 구성되어 있다.

납축전지의 표기 : (−) Pb | H_2SO_4(aq) | PbO_2(+)

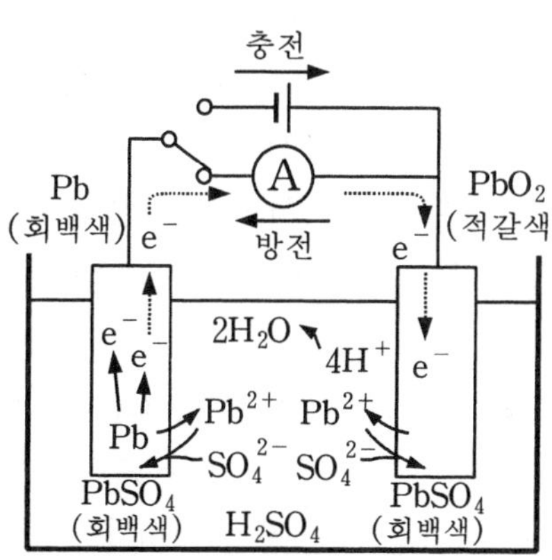

그림 2.7 납축전지의 원리

방전시에 각 전극에서 일어나는 반응 과정은 다음과 같다.

① **전극 반응**

$$\text{음극}: \begin{cases} Pb \rightarrow Pb^{2+} + 2e^- \\ Pb^{2+} + SO_4{}^{2-} \rightarrow PbSO_4(\text{불용성으로 음극 표면 축적}) \end{cases} \quad (2.24)$$

$\therefore$ **음극 전 반응** : $Pb + SO_4{}^{2-} \rightarrow PbSO_4 + 2e^-$ (전자 발생 반응) (2.25)

$$\text{양극}: \begin{cases} PbO_2 + 4H^+ + 2e^- \rightarrow Pb^{2+} + 2H_2O \\ Pb^{2+} + SO_4{}^{2-} \rightarrow PbSO_4(\text{불용성으로 양극 표면 축적}) \end{cases} \quad (2.26)$$

$\therefore$ **양극 전 반응** : $PbO_2 + 4H^+ + SO_4{}^{2-} + 2e^- \rightarrow PbSO_4 + 2H_2O$ (2.27)
(전자 소비 반응)

충전시에는 위의 반응식에서 화살표의 방향만 반대로 바뀌게 되어 원상태로 돌아간다. 즉, 두 전극 반응을 정리하면 방전과 충전시의 전체 반응은 가역반응으로 다음과 같이 나타낼 수 있다.

② **방전과 충전시 전체 반응**

$$\textbf{전체 반응}: \underset{(\text{음극})}{Pb} + \underset{(\text{양극})}{PbO_2} + \underset{(\text{전해액})}{2H_2SO_4} \underset{\text{충전}}{\overset{\text{방전}}{\rightleftarrows}} \underset{\text{양·음극 표면}}{2PbSO_4} + \underset{(\text{전해액})}{2H_2O} \quad (2.28)$$

납축전지는 방전시에는 음극의 납(Pb, 회백색)과 양극의 이산화납(PbO_2, 적갈색)이 모두 황산납($PbSO_4$, 회백색)으로 변화하고, 전해액 중의 황산은 소비되어 물이 생성된다. 따라서 두 전극 모두 회백색으로 변화하고, 질량도 증가하게 되며, 물이 발생하여 황산의 농도가 감소하고 비중이 떨어진다.

볼타전지 또는 건전지 등은 양극 표면에서 수소가 발생하는 분극작용을 방지하기 위하여 산화제인 감극제가 필요하지만, 납축전지에서는 양극 물질의 이산화납이 감극제의 역할도 겸하고 있기 때문에 수소의 발생을 억제하고 있다.

납축전지의 형식은 **양극판의 구조**에 따라 **클래드식**(clad type, CS형)과 **페이스트식**(paste type, HS형)으로 구분하며, 두 형식 모두 음극판은 납합금으로 된 격자에 납을 채운 것이다. 두 극판은 단락 보호용의 다공질 격리판(separator)으로 이격시킨다.

① **클래드식** : 유리섬유 등으로 짠 다공성 튜브에 이산화납의 물질을 채운 것이고, 형

식기호는 CS형이다.

② **페이스트식** : 납 또는 납과 주석의 합금을 격자식으로 만들어 이산화납으로 된 반죽을 바른 것이고, 형식기호는 HS형이며 급방전형이라 한다.

납축전지의 기전력은 전해액의 비중이 1.2일 때 약 2.05~2.08[V]이며, 기전력은 2.05~2.08[V]이다. 방전시에 1.8[V]이하로 떨어지면 전류가 흐르지 않게 되는 데, 이 전압을 방전 종지전압이라 하며 다시 충전을 해야 전지의 열화를 방지할 수 있다.

충전을 하게 되면 방전의 역반응이 일어나고 전해액 중의 물이 전기분해되어 양극에서 산소, 음극에서 수소가스가 발생한다. 따라서 가스가 방출한 만큼 물(증류수)의 보충이 필요하게 된다. 이 문제를 해결하기 위하여 밀폐형을 사용한다.

높은 전압을 요구하는 부하에서는 셀(cell) 당의 공칭전압이 2[V]이므로 각 셀을 직렬로 접속하여 원하는 전압을 만들어 사용한다.

납축전지의 용도는 자동차용, 전차용, 거치용 등 매우 광범위하게 이용되고 있으며, 약 95[%]를 점유하고 있다.

납축전지의 공칭용량은 10시간율[A · h]이 표준이며, 방전 전류 I[A]와 방전 지속시간 T[h]와의 사이에는 다음과 같은 실험식이 성립한다.

$$I^n \cdot T = \text{일정 (const)} : \quad n = 1.3 \sim 1.7 \tag{2.29}$$

납축전지에서 일어나는 고장현상의 원인 및 대책에 대하여 **표 2.3**에 나타내었다.

표 2.3 축전지의 고장 원인과 대책

	만곡, 팽창 [양극판]	**설페이션(황산화, sulfation)현상 [음극판]**
현 상	① 극판의 상부가 두꺼워짐 ② 구부러지고 심하면 단락현상 발생	① 극판이 백색 또는 표면에 백색 반점 발생 ② 비중 저하와 충전용량 감소 ③ 충전시 전압 급상승, 가스발생 심하나 비중 증가하지 않음
원 인	① 전해액에 불순물 혼입 ② 과도한 방전 ③ 계속된 대전류의 충 · 방전 ④ 고온에서 사용	① 방전상태로 장기간 방치 ② 충전상태에서 보충하지 않고 방치 ③ 충전부족상태로 장기간 사용 ④ 전해액 부족으로 극판 노출 ⑤ 전해액에 불순물 혼입과 비중 과다
대 책	원인을 제거하고 단락 위험시에 세퍼레이터 교환	정도가 가벼우면 20시간율 전류로 과충전하고, 심하면 충 · 방전을 수 회 반복 실행
자기방전	· 현상 : 충전량 감소와 비중 저하 · 대책 : 전해액 교환	· 원인 : 불순물 혼입과 비중 과다

(3) 알칼리 축전지

알칼리 축전지는 양극에 Ni, Ag의 산화물 등의 산화제, 음극에 Cd, Zn, Fe 금속을 사용하며, 전해액으로 알칼리성 수용액(KOH)을 사용하는 충・방전이 가능한 2차 전지의 총칭이다.

대표적으로 니켈-카드뮴 축전지가 있으며, 음극에 카드뮴(Cd), 양극에 수산화 제2니켈(NiOOH)을 사용한다. 20[℃]에서 셀 당 기전력은 1.32[V]이고, 공칭전압은 1.2[V]이다.

충・방전시의 전극 반응을 나타내면 다음과 같다.

음극 반응 : $Cd + 2OH \rightleftarrows Cd(OH)_2 + 2e^-$ (2.30)

양극 반응 : $2NiO(OH) + 2H_2O + 2e^- \rightleftarrows 2Ni(OH)_2 + 2OH^-$ (2.31)

따라서 축전지의 전체 반응은 두 식에 의하여 다음과 같이 된다.

전체 반응 : $\underset{(음극)}{Cd} + \underset{(양극)}{2NiO(OH)} + \underset{(전해액)}{2H_2O} \underset{충전}{\overset{방전}{\rightleftarrows}} \underset{(음극)}{Cd(OH)_2} + \underset{(양극)}{2Ni(OH)_2}$ (2.32)

니켈-카드뮴 축전지는 과충전시 물이 전해되어 산소와 수소가스를 발생한다. 그러나 카드뮴은 산소를 흡수하는 성질이 있기 때문에 음극판의 용량을 양극판보다 크게 하여 음극에서 수소가스의 발생을 방지하고, 양극의 산소를 흡수할 수 있어 완전한 밀폐가 가능하다.

수산화칼륨 KOH의 전해액은 전극 반응에서 직접적으로 참가하지 않고 단지 충・방전시 수산기 OH^-가 두 전극 사이로 이동하도록 돕는 매개의 역할만을 하므로 전해액의 농도 및 비중 변화는 없다. 이것이 알칼리 축전지의 큰 장점으로 충・방전특성, 온도특성, 수명 등에 양호한 결과를 가져오는 요인이 된다.

알칼리 축전지의 형식은 극판의 구조에 따라 **포켓식**과 **소결식**으로 대별한다.

① **포켓식** : 다수의 구멍을 뚫은 니켈 도금 강판을 구부려 포켓 모양으로 만든 후, 이 속에 음극과 양극 물질을 채워 넣은 것으로써 음극과 양극판 모두 사용된다.
   형식기호 : AL(완방전형), AM(표준형), AMH(급방전형), AH(초급방전형)

② **소결식** : 니켈 분말을 소결하여 만든 다공성 기판 속에 음극과 양극 물질을 채워 넣은 것으로써 음극과 양극판 모두 사용된다.
   형식기호 : AH(초급방전형, 표준형), AHH(급방전형)

알칼리 축전지는 기계적, 전기적으로 매우 견고하며, 수명이 납축전지의 3~4배 정도 길다. 또 급속 충·방전 및 고 방전율에 강하고, 다소 용량이 감소되어도 사용 불능 상태가 되지 않으며 가격이 비싸다.

납축전지는 공칭전압 2[V], 공칭용량 10[A·h]이므로 공칭전압 1.2[V], 공칭용량 5[A·h]인 알칼리 축전지보다 단시간 대전류 공급이 가능하며, 효율이 높다.

알칼리 축전지의 용도는 열차의 점등용, 전기차량의 제어회로 전원, 갱내의 조명등, 항공기 및 선박의 예비전원과 소형에서는 휴대용 통신기기, 전기면도기 등의 전원으로 널리 사용되고 있다.

표 2.4는 납축전지와 알칼리 축전지의 특성 비교를 나타낸 것이다.

표 2.4 납축전지와 알칼리 축전지의 특성 비교

구 분	납축전지(연축전지)	알칼리 축전지
음 극	납(Pb)	카드뮴(Cd)
양 극	이산화납(PbO_2)	수산화니켈(NiOOH)
전 해 액	황산(H_2SO_4)	수산화칼륨(KOH)
전해액 비중	1.21~1.24	1.2~1.3
기 전 력	2.05~2.08[V]	1.32[V]
공 칭 전 압	2[V]	1.2[V]
공 칭 용 량	10[A·h]	5[A·h]
수 명	10~20년	30년
충 전 시 간	길 다	짧 다
전기적 강도	과 충·방전에 약함	과 충·방전에 강함
방 전 특 성	보 통	고율 방전특성 우수
온 도 특 성	열 등	우 수
자 기 방 전	보 통	약간 적다
내 진 동 성	열 등	우 수
가 격	저 렴	고 가

2.1.6 연료전지

연료전지(fuel cell)는 전극활성물질인 연료(**수소**, 메탄올, 탄화수소 등)와 산화제(**산소**, 공기, 과산화수소, 염소 등)가 외부로부터 연속적으로 공급하여 전기에너지를 얻고 동시에 반응생성물을 배출하는 전지이다. 즉, 화학에너지를 연속적으로 공급함으로써 연속 방전이 가능하기 때문에 다른 발전방식에 비하여 열효율이 높은 특징이 있다. 또한 공해가 적은 발전시스템이므로 발전소 입지는 전력 수용가에 근접시킬 수 있다.

용도는 군용, 우주선용 전원 및 일반 가정, 학교, 병원 등의 전력 사업용으로 널리 사용하고 있다.

연료전지는 연료나 전해질의 종류에 따라 분류할 수 있으며, 전해질에 의해 알칼리 전해질 연료전지, 산성 전해질 연료전지, 용융염 전해질 연료전지 등이 있다.

① **알칼리 전해질 연료전지** : 연료는 수소 H_2와 메탄올 CH_3OH가 사용되며, 전해액은 KOH가 사용된다. 산화제는 산소가 사용된다.

주로 25~50[%]의 KOH 수용액을 사용하고, 온도 60~90[℃] 정도의 저온에서 작동하며 효율이 좋다. 전해질의 부식성이 비교적 작으므로 구성재료의 선택성이 크다. 군용, 우주개발용의 전원으로 실용화되어 있다.

② **산성 전해질 연료전지** : 연료는 수소 H_2와 메탄올 CH_3OH가 사용되며, 전해질은 H_3PO_4 또는 H_2SO_4가 사용된다. 산화제는 산소 또는 공기가 사용된다.

전해질은 주로 96~100[%]의 H_3PO_4 수용액을 사용하고, 보통 상압 또는 가압하에서 온도 180~220[℃] 정도에서 작동된다. H_2SO_4의 전해질의 경우는 저온에서 작동된다. 전해질의 부식성이 크기 때문에 구성재료는 내식성 향상과 전극 촉매의 안정화 등이 필요하다.

③ **용융염 전해질 연료전지** : 수소와 일산화탄소 또는 탄화수소가 연료로 사용되고, 전해질은 Li_2CO_3, K_2CO_3 또는 Na_2CO_3가 사용된다. 산화제는 O_2와 CO_2의 혼합기체가 사용된다.

보통 650[℃] 정도의 고온에서 작동되며, 효율이 높고, 전류밀도가 크며, 귀금속 촉매가 필요 없다. 산화제는 상시 공급이 되어야 하고, 전해질에 의한 고온 부식, 전해질의 열화 등이 문제로 남아 있다. 석탄가스 등을 연료로 한 분산발전소나 중앙발전소의 연구가 활발히 진행되고 있으며 천연가스를 연료로 하는 가정 발전용으로 유망한 연료전지이다.

그 외에 고체전해질 연료전지가 있으며, 이 연료전지는 전해질의 전도율 향상과 박막화의 기술, 내열성 재료의 개발이 뒤따라야 한다. 석탄가스 등을 연료로 하는 대규모의 발전용으로 주목을 받았지만, 현재 기술 개발의 정도가 낮은 수준이다.

2.1.7 물리전지

물리전지는 반도체 PN 접합을 이용하여 광전효과에 의하여 태양광 에너지를 직접 전기에너지로 변환하는 **태양전지**, 열에너지를 전기에너지로 직접 변환하는 열전대형과 열전자형의 **열전지** 및 방사선 동위원소의 붕괴에너지를 전기에너지로 변환하는 **원자력 전지** 등이 있다.

본 절에서는 대표적인 물리전지의 하나인 태양전지에 대하여 설명한다.

그림 2.8은 실리콘계 태양전지의 구조를 나타낸 것이다. N형 반도체 표면에 P형 반도체를 형성하고, 이 표면에 광을 조사하여 기전력을 발생하게 한다.

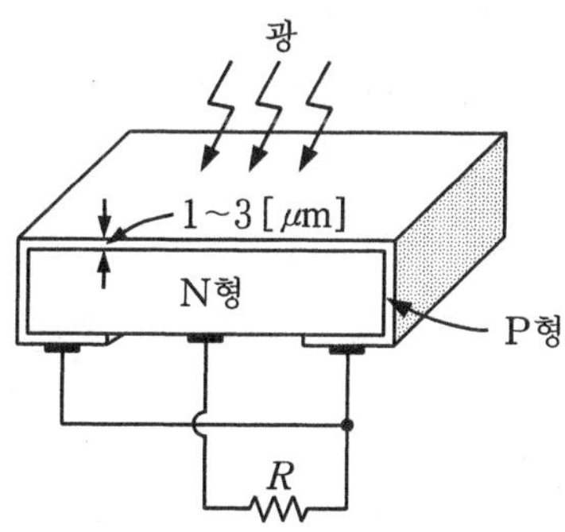

그림 2.8 실리콘계 태양전지의 구조

P형 반도체의 두께는 1~3 [μm] 정도로 광이 접합부 부근에 도달하기 쉽도록 얇게 만들어져 있고, 전압은 약 0.5 [V]를 발생하며, 전류의 크기는 광의 세기와 면적에 비례한다.

태양전지의 형상은 얇은 원형 또는 사각형이고, 이것을 여러 개 사용하여 모듈로 하고 다시 모듈을 배열해서 패널을 형성함으로써 큰 기전력을 얻는다.

태양전지는 태양에너지로부터 변환효율이 10 [%] 정도이지만, 지구상에서 무료의 태양에너지를 효과적으로 이용하기 위한 방법이 연구되고 있다. 현재는 소전력기기, 인공위성, 등대, 무선중계국 등의 전원으로 사용되고 있다.

2.2 금속의 부식과 방식

2.2.1 철의 부식

부식(corrosion)은 금속이 화학적 반응에 의하여 산화되는 현상으로 전기화학반응에 의하여 발생하며 본래 자연 상태인 산화물로 되돌아가려는 안정된 상태이다.

부식은 계면에서 하전입자가 이동하는 전기화학반응이며, 기체 상태의 산소(공기)와 관련하여 고온에서 진행하는 **건식**과 실온에서 산소(공기)와 물의 존재하에서 진행하는 **습식**으로 분류된다.

건식은 고온에서 가열시간이 길어지면 철이 소모되어 두꺼운 산화금속피막(Fe_2O_3)이 생성된다. 산화금속피막은 산소와의 접촉을 방해하고 금속내부를 보호하여 금속 고유의 광택을 유지한다. 그러나 습식은 산화철 등의 반응생성물이 국부적으로 피막을 형성(녹, rust)하거나 용매화 이온으로 유실된다. 이와 같이 철의 부식은 얇은 산화 피막의 형성과 전기화학반응의 복잡한 양상으로 진행된다.

여기서 습식의 경우에 대하여 설명하기로 한다.

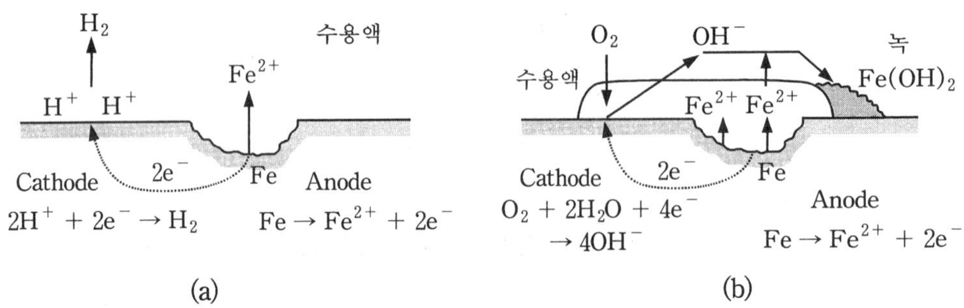

그림 2.9 철의 부식

그림 2.9와 같이 철의 표면에 떨어진 물방울은 마치 화학전지의 전해질과 같은 역할을 한다. 따라서 금속 내에서 이온화 경향이 큰 철은 이온화하여 용해된다.

$$\textbf{애노드 반응}: \ Fe \rightarrow Fe^{2+}(aq) + 2e^- \tag{2.33}$$

이 반응을 계속적으로 진행하려면 전자를 소비하는 환원반응인 캐소드 반응이 필요하다. 캐소드 반응으로 **그림** 2.9(a)와 같이 전해질에서 수소이온의 환원반응인

$$\textbf{캐소드 반응}: \ 2H^+ + 2e^- \rightarrow H_2 \tag{2.34}$$

가 되고, 식 (2.33)과 식 (2.34)에서 전체 반응은 다음과 같이 되어 부식이 발생한다.

$$\textbf{전체 반응}: \ Fe + 2H^+ \rightarrow Fe^{2+} + H_2 \tag{2.35}$$

또 캐소드 반응으로 **그림** 2.9(b)와 같이 용존 산소의 환원반응인

$$\textbf{캐소드 반응}: O_2 + 2H_2O + 4e^- \rightarrow 4OH^- \qquad (2.36)$$

가 되고, 식 (2.33)과 식 (2.36)에서 전체 반응은 다음과 같이 되어 부식이 발생한다.

$$\textbf{전체 반응}: Fe + O_2 + 2H_2O \rightarrow Fe^{2+} + 4OH^- \rightarrow 2Fe(OH)_2 \downarrow \qquad (2.37)$$

수산화 제일철 $Fe(OH)_2$은 용존 산소에 의하여 수산화 제이철 $Fe(OH)_3$의 붉은 침전물과 물의 제거에 의하여 산화철 Fe_2O_3가 생성되어 녹으로 반응생성물이 된다.

$$\begin{cases} 4Fe(OH)_2 + O_2 + 2H_2O \rightarrow Fe(OH)_3 \downarrow \text{ (붉은색 앙금)} \\ 2Fe(OH)_3 \rightarrow Fe_2O_3 + 3H_2O \end{cases} \qquad (2.38)$$

이와 같이 철의 부식도 전지 반응에서 전극 및 전해질에 불순물을 포함하고 있는 경우와 같은 국부적으로 발생하는 산화·환원반응으로 자기방전이 일어나는 **국부작용**과 같다. 이를 **국부 전지작용**이라 한다.

2.2.2 전기방식

금속의 방식은 ① 도장 또는 금속 도금에 의하여 산소, 수분의 접촉을 방지하는 방법, ② 보호피막을 만들어 식 (2.33)의 애노드 반응을 억제하는 방법, ③ 산소나 수분을 제거하여 식 (2.36)의 캐소드 반응을 억제하는 방법, ④ 전기를 이용하는 전기방식법 등이 있다.

금속 방식의 종류에서 ①~③의 방법은 핀홀(pin hole)이나 어떤 손상으로 인하여 완전하게 방식을 차단할 수 없다. 그러나 전기방식은 완전히 차단할 수 있으며 전기방식에 대하여 설명하기로 한다.

전기방식은 **애노드 방식**(anode protection)과 **캐소드 방식**(cathodic protection)으로 분류된다. 애노드 방식은 금속을 강, 스테인레스강과 같이 애노드 분극에 의하여 부동태화할 수 있는 금속에 한하여 유효하다. 이 방식은 일반 금속에 적용하는 경우 경비가 많이 소요되고, 어떤 범위를 넘어서면 도리어 부식이 조장되고 효과적으로 적용할 수 있는 금속과 전해액이 제한되어 있는 등의 이유로 적용되는 경우가 극히 적다.

그러나 캐소드 방식은 경제적으로 적용할 수 있을 뿐만 아니라 효과가 확실하여 널리 사용되고 있으며, 일반적으로 전기방식은 캐소드 방식을 말한다.

캐소드 방식은 캐소드 분극하는 방법으로 **그림** 2.10(a)와 같이 전극전위가 피방식체보다 낮은 금속(강의 경우에 Zn, Al, Mg)을 전기적으로 접속하여 유입하는 캐소드 전류를 이용하는 **희생 애노드법**과 **그림** 2.10(b)와 같이 저항 대신에 직류전원을 삽입한 것으로써 불용성의 애노드 전극(고규소강, 흑연, Pt, 납-은 합금, 혼합 금속 산화물, Pt-Ti 합금 등)에 강제로 직류 전원의 양극을 연결하고 피방식체에 음극을 연결하여 피방식체에 캐소드 전류를 흘려주는 **외부 전원법**이 있다.

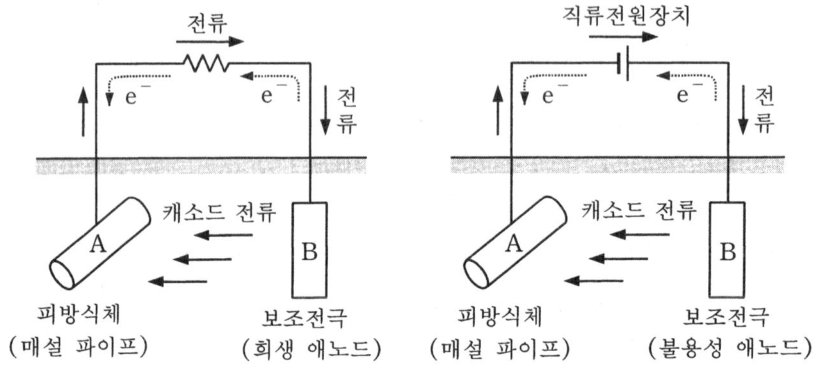

그림 2.10 전기방식

【참고】 전지의 자기방전(자체방전)

(1) **국부전지**(local cell) : 애노드 전극 금속(전지측 음극) 또는 전해액 중에 미량의 불순물 Ni, Cu, Fe, Sb 등이 혼입되어 있으면 이 불순물이 캐소드(전지측 양극)가 되어 전극과 불순물 사이에 국부전지를 형성한다.

미량의 불순물 Ni^{2+}이온을 함유한 H_2SO_4 수용액에 Zn 전극이 있을 때, 이온화 경향이 큰 Zn은 애노드가 되어 산화하고 아연이온 Zn^{2+}와 전자 $2e^-$로 된다. 불순물인 니켈이온 Ni^{2+}은 캐소드 작용으로 전자를 받아 환원하여 아연 전극 표면에서 금속으로 석출된다. 이와 같이 Zn 표면에 전위가 다른 Ni 부분이 형성되는 전지를 국부전지라 한다.

(2) **자기방전(자체방전)** : 국부전지가 형성되면 아연의 산화에 의해 생긴 전류는 외부로 흐르지 못하고 순환전류에 의한 자기방전이 일어나며, 아연전극은 국부적으로 용해되어 수명이 단축된다.

자기방전 현상이 일어나는 국부작용을 방지하려면 ① **고순도의 전극재료 사용**, ② **전해액에 불순물 혼입 억제**, ③ **전극(애노드, 음극)에 수은도금(아말감)**을 한다.

연 습 문 제

객관식

2-1 다음 중 표준 전지는?

㉮ 다니엘전지 ㉯ 공기전지 ㉰ 웨스턴전지 ㉱ 르클랑세전지

2-2 표준 전지로서 현재에 사용되고 있는 것은?

㉮ 다니엘전지 ㉯ 클라크전지 ㉰ 카드뮴전지 ㉱ 태양열전지

2-3 표준 전지에 쓰이는 것이 아닌 것은?

㉮ $CdSO_4$ ㉯ Cd ㉰ CdS ㉱ H_2SO_4

2-4 망간 건전지의 전해액은?

㉮ NH_4Cl ㉯ NaOH ㉰ MnO_2 ㉱ $CuSO_4$

2-5 건전지와 감극제가 서로 옳게 표현된 것은?

㉮ 보통 건전지 − MnO_3 ㉯ 공기 건전지 − NaOH
㉰ 표준 전지 − CuO ㉱ 수은 건전지 − HgO

2-6 일정한 전압을 가진 전지에 부하를 걸면 단자전압이 저하한다. 그 원인은?

㉮ 이온화 경향 ㉯ 분극작용
㉰ 전해액의 변색 ㉱ 주위온도

2-7 전지에서 분극작용에 의한 전압강하를 방지하기 위하여 사용되는 감극제는?

㉮ H_2O ㉯ H_2SO_4 ㉰ $CdSO_4$ ㉱ MnO_2

2-8 자체 방전이 작고 오래 저장할 수 있으며, 사용 중에 전압 변동률이 비교적 작은 것은?

㉮ 보통 건전지 ㉯ 공기 건전지 ㉰ 내한 건전지 ㉱ 적층 건전지

2-9 전지의 국부작용을 방지하는 방법은?

㉮ 감극제 ㉯ 완전밀폐 ㉰ 니켈도금 ㉱ 수은도금

2-10 공기 습전지의 내부 화학 반응식은 무엇인가?

㉮ $Zn + 3NaOH + O \rightarrow Na_2ZnO_2 + H_2O$

㉯ $2Zn + 2NaOH + H_2O \rightarrow Na_2ZnO_2 + O_2$

㉰ $Zn + 2NaOH + O \rightarrow Na_2ZnO_2 + H_2O$

㉱ $Zn + NaOH + O \rightarrow Na_2ZnO_2 + H_2O$

2-11 전지에는 1, 2차 전지가 있다. 2차전지는?

㉮ 알칼리 축전지 ㉯ 망간 건전지 ㉰ 수은 전지 ㉱ 리튬 전지

2-12 2차전지에 속하는 것은?

㉮ 적층 전지 ㉯ 내한 전지 ㉰ 공기 전지 ㉱ 자동차용 전지

2-13 납축전지가 충·방전할 때의 화학 방정식은?

㉮ $Pb + 2H_2SO_4 + Pb \rightleftarrows PbSO_4 + 2H_2 + PbSO_4$

㉯ $2PbO + 3H_2SO_4 + Pb \leftrightarrows 2PbSO_4 + 2H_2O + H_2 + PbSO_4$

㉰ $PbO_2 + 2H_2SO_4 + Pb \leftrightarrows PbSO_4 + 2H_2O + PbSO_4$

㉱ $2PbO_2 + 4H_2SO_4 + 2PbO \leftrightarrows 3PbSO_4 + 4H_2O + O_2 + PbSO_4$

2-14 납축전지의 양극 재료는?

㉮ $Pb(OH)_2$ ㉯ Pb ㉰ $PbSO_4$ ㉱ PbO_2

2-15 납축전지의 충전 후의 비중은?

㉮ 1.18 이하 ㉯ 1.2~1.3 ㉰ 1.4~1.5 ㉱ 1.5 이상

2-16 연축전지의 방전이 끝나면 그 양극(+극)은 어느 물질로 되는지 다음에서 작당한 것을 고르면?

㉮ Pb ㉯ PbO ㉰ PbO_2 ㉱ $PbSO_4$

2-17 납축전지에서 충분히 방전했을 때 양극판의 빛깔은 무슨 색인가?

㉮ 황색 ㉯ 청색 ㉰ 적갈색 ㉱ 회백색

2-18 연축전지의 방전시 방전 전류 I[A]와 방전 시간 T[h]와의 관계 실험식은?

㉮ $I^{1.5}T=$ 일정　　㉯ $IT^2=$ 일정
㉰ $T/I^{1.5}=$ 일정　　㉱ $I^2/T=$ 일정

2-19 다음 중 설명이 잘못된 것은?

㉮ 납축전지의 전해액의 비중은 1.2 정도이다.
㉯ 납축전지의 격리막은 양극과 음극의 단락 보호용이다.
㉰ 전지의 내부 저항은 클수록 좋다.
㉱ 전지용량은 [Ah]로 표시하며 10시간 방전율을 많이 쓴다.

2-20 최근 알칼리 축전지의 사용이 증가되고 있는 데, 그 중요 장점의 하나는?

㉮ 효율이 좋다.　　㉯ 수명이 길다.
㉰ 양극은 PbO_2를 쓴다.　　㉱ 무겁다.

2-21 알칼리 축전지의 양극에 쓰이는 것은?

㉮ 납　㉯ 철　㉰ 카드뮴　㉱ 산화니켈

2-22 알칼리 축전지의 전해액은?

㉮ KOH　㉯ PbO_2　㉰ H_2SO_4　㉱ NiOOH

2-23 알칼리 축전지의 공칭용량은 얼마인가?

㉮ 2[Ah]　㉯ 4[Ah]　㉰ 5[Ah]　㉱ 10[Ah]

2-24 알칼리 축전지의 특징 중 잘못된 것은?

㉮ 전지의 수명이 길다.
㉯ 광범위한 온도에서 동작하고, 특히 고온에서 특성이 좋다.
㉰ 구조상 운반진동에 견딜 수 있다.
㉱ 급격한 충·방전, 높은 방전율에 견디며 다소 용량이 감소되어도 사용불능이 되지 않는다.

2-25 전지에서 자체 방전 현상이 일어나는 것과 가장 관련이 깊은 것은?

㉮ 전해액 농도　㉯ 전해액 온도　㉰ 이온화 경향　㉱ 불순물 혼합

2-26 전해액에서 도전율은 어느 것에 의하여 증가되는가?

㉮ 전해액의 빛깔　　㉯ 전해액의 농도
㉰ 전해액의 유효단면적　　㉱ 전해액의 고유저항

2-27 축전지를 사용할 때 극판이 휘고, 내부 저항이 대단히 커져서 용량이 감퇴되는 원인은?

㉮ 전지의 황산화　㉯ 과도 방전　㉰ 전해액의 농도　㉱ 감극작용

2-28 태양 광선이나 방사선을 조사해서 기전력을 얻는 전지를 태양전지, 원자력 전지라고 하는데, 이것은 다음 어느 부류의 전지에 속하는가?

㉮ 1차전지　㉯ 2차전지　㉰ 연료전지　㉱ 물리전지

주관식

2-1 표준전지로 사용하는 웨스턴 전지의 양극, 음극의 전극재료와 전해액을 기술하라.

2-2 망간 건전지와 공기 건전지의 감극제를 기술하라.

2-3 감극제의 역할을 설명하라.

2-4 1차전지와 2차전지에 대하여 설명하라.

2-5 납축전지와 알칼리 축전지의 공칭전압과 공칭용량을 기술하라.

2-6 납축전지와 알칼리 축전지를 비교 설명하라.

2-7 전지의 자기방전에 대하여 설명하라.

2-8 화학전지에서 국부작용을 억제하기 위한 대책을 설명하라.

chapter 3 전해 및 전열 화학공업

전기 화학공업은 화학 변화를 일으키는 수단에 따라 전해 화학공업, 전열 화학공업, 방전 화학공업, 전지공업 등으로 구분한다. 여기서 전지공업을 제외한 분야는 전력이 중요한 요소를 차지하며, 여기서는 전해 화학공업과 전열 화학공업을 다루기로 한다.

전해 화학공업은 전기분해에 의하여 화학 변화를 일으키는 화학 공업이고, 전열 화학공업은 전기로에 의한 고온을 이용하여 화학 변화를 일으키는 화학공업이다.

3.1 전해 화학공업의 기초

3.1.1 전기분해(전해)

외부로부터 공급되는 전력에 의한 전류를 이용해서 비자발적으로 산화·환원 반응을 일으켜 전기에너지를 화학에너지로 변환하는 것을 **전기분해** 또는 **전해**라고 하며, 이 전기분해를 응용한 화학공업을 **전해 화학공업**이라 한다.

전기분해에서 직류 전원은 한 전극으로부터 전자를 끌어들이고 다른 전극으로 전자를 보내는 전자 펌프와 같은 역할을 한다. 이 때 전자를 외부 회로로 보내고(빼앗기고) 자신은 산화되는 전극을 애노드(anode, 산화전극)라 하고, 전자를 받아들여 자신은 환원되는 전극을 캐소드(cathode, 환원전극)라 한다.

즉, 전기분해에서는 외부 전원의 양극에 접속된 전극이 산화반응이 일어나는 애노드가 되고, 음극에 접속된 전극이 환원반응이 일어나는 캐소드가 된다. 이것은 애노드가 음극, 캐소드가 양극이 되는 자발적인 전기화학 반응인 화학전지와 다른 점이다.

표 3.1은 전기분해와 화학전지의 전극 반응 및 극성관계를 비교하여 나타낸 것이다.

표 3.1 화학전지와 전기분해의 전극 반응 및 극성 비교

	화학전지		전기분해	
	화학반응	전기극성	화학반응	전기극성
anode (산화전극)	산화반응	음극(−)	산화반응	양극(+)
cathode (환원전극)	환원반응	양극(+)	환원반응	음극(−)

전기분해(전해) 장치는 **그림** 3.1과 같이 **전해조**(electrolytic cell), **전극**(electrode), **전해액**(electrolyte) 및 **격막**(diaphragm)으로 구성된다.

격막은 두 종의 액체나 기체가 서로 혼합되지 않도록 설치하는 막이며, 전해장치의 구성에 반드시 필요한 것은 아니다. 전해조의 격막은 석면이 많이 사용되며, 반응생성물의 혼합을 억제하는 경우에 애노드실과 캐소드실을 분리하기 위하여 사용한다.

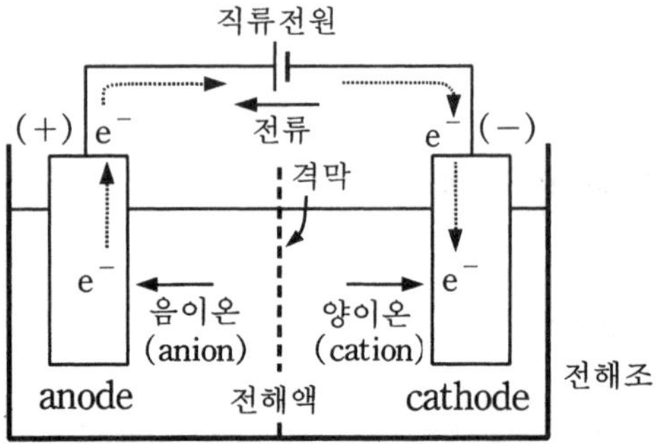

그림 3.1 전기분해 장치

두 전극 사이에 직류 전압을 인가하면 애노드는 자체 전극 금속의 용해 또는 전해질의 음이온(anion)을 끌어들여 전자를 탈취하여 전원으로 보내고, 캐소드는 전해질의 양이온을 받아들여 전자를 소비하면서 양이온(cation)을 중성으로 만든다. 이 때 반응생성물이 두 전극 표면 또는 그 주위에서 발생하게 된다. 이와 같이 외부에서 공급되는 전기에 의하여 전해질이 분리되는 현상, 즉 전기분해 또는 전해가 일어난다.

전기분해에 의하여 생성된 반응생성물의 회수하는 방법을 **전해조작**이라 하며, 조작법은 대략 다음과 같이 분류된다.

① **반응생성물이 고체인 경우**

양도전성 고체 : 전극면에 석출시켜 채취(예 : 동의 전해정련)

비도전성 고체 : 전극면에서 벗겨내면서 채취(예 : 이산화망간의 제조)

② **반응에 의해 이온이 산화, 환원되어 다른 이온으로 되는 경우**

격막 또는 이온수지 교환막을 이용하여 애노드실과 캐소드실을 분리하여 2차반응을 억제(예 : 격막법 식염전해)

③ **가스를 발생하는 경우**

전극면에서 발생하는 가스는 전해조 상부에서 채취하지만, 두 전극에서 동시에 발생하는 경우에는 혼합되지 않도록 석면 격막 사용(예 : 물의 전해)

3.1.2 패러데이 법칙

전기분해에 있어서 전해질을 통과하는 전하량과 전극에서 생성 또는 소모되는 물질의 양 사이에는 다음의 두 법칙이 성립하며, 이 법칙을 **패러데이 법칙**이라 한다.

① 전기분해에 의해 석출 또는 소모되는 물질의 양은 통해 준 전기량에 비례한다.

② 일정한 전하량을 통과했을 때 얻어지는 물질의 양은 각 물질의 화학당량(chemical equivalent)에 비례한다. 즉, 전자 1몰이 통과하면 각 물질의 화학당량에 해당하는 질량[g]이 석출된다.

화학당량과 **전기 화학당량**은 다음과 같이 정의한다.

$$\begin{cases} \text{화학당량} = \dfrac{\text{원자량}}{\text{원자가}} \\[2ex] \text{전기 화학당량} = \dfrac{\text{화학당량}}{\text{패러데이 상수}(F)} = \dfrac{\text{화학당량}}{96500}\ [\text{g/C}] \end{cases} \tag{3.1}$$

여기서 **패러데이 상수** F는 **전자 1몰의 전하량을 의미**하며, 물질에 관계없이 일정하다. 따라서 F는 다음과 같다.

$$\begin{aligned} F &= 1.602\times10^{-19}\,[\text{C/개}]\times6.02\times10^{23}\,[\text{개/mol}] \\ &\fallingdotseq 96500\,[\text{C/mol}] \end{aligned} \tag{3.2}$$

전해에 의하여 전극에서 석출되는 양 W는 패러데이의 두 법칙을 조합하면

$$\begin{aligned} \text{석출량 } W &= \text{화학당량}\times\text{전자의 몰수} \\ &= \text{화학당량}\times\frac{Q}{F} = \text{화학당량}\times\frac{I\cdot t}{F}\ [\text{g}] \end{aligned} \tag{3.3}$$

이 된다. 또 **전류효율** η는 식 (3.3)의 이론 석출량에 대한 실제 석출량의 비의 백분율로 다음과 같이 나타낸다.

$$\eta = \frac{\text{실제 석출량}}{\text{이론 석출량}} \times 100\,[\%] \tag{3.4}$$

예제 3.1 구리의 원자량은 63.54, 원자가 2일 때, 화학당량 및 전기 화학당량[mg/C]을 구하라.

풀이

식 (3.1)에서 화학당량과 전기 화학당량은 다음과 같이 얻어진다.

$$\text{화학당량} = \frac{\text{원자량}}{\text{원자가}} = \frac{63.54}{2} = 31.77$$

$$\text{전기 화학당량} = \frac{\text{화학당량}}{F} = \frac{31.77}{96500} = 0.3292 \times 10^{-3}\,[\text{g/C}]$$

$$= 0.3292\,[\text{mg/C}]$$

예제 3.2 염화아연($ZnCl_2$)의 수용액을 전기분해하였더니 전해 전류 15[A]에서 9[g]의 아연을 석출하는 데 33분을 요하였다. 아연의 원자량을 65.4라 할 때, 전류효율[%]을 구하라.

풀이

주어진 예제에서 실제 석출량은 9[g]이고, 이론 석출량은 식 (3.3)에 의하여

$$\text{이론 석출량 } W = \text{화학당량} \times \frac{I \cdot t}{F}$$

$$= \frac{65.4}{2} \times \frac{15 \times 33 \times 60}{96500} = 10.064\ [\text{g}]$$

이 된다. 따라서 전류효율 η는 식 (3.4)로부터 다음과 같이 구해진다.

$$\therefore\ \eta = \frac{\text{실제 석출량}}{\text{이론 석출량}} \times 100 = \frac{9}{10.064} = 89.4\,[\%]$$

3.1.3 전해의 종류

전해는 수용액에서 전극 금속이 변화하지 않는 전해와 전극 금속이 변화하는 전해가 있고, 또 비수용액에서의 전해로 크게 분류할 수 있다.

(1) 수용액인 경우

① 전극이 변화하지 않는 전해 : 물의 전해, 식염 전해

ⓐ 전극을 불활성 금속인 백금, 흑연, 니켈 등을 사용한다.

ⓑ 수용액에서 H^+, OH^-뿐만 아니라 H_2O도 전해에 참가한다.

ⓒ 수용액에서 NO_3^-, SO_4^{2-}, CO_3^{2-}, PO_4^{3-}, F^- 등은 애노드에서 산화시킬 수 없고 반응하지 않는 음이온이다. 이 때 애노드에서는 수용액 중의 물분자 H_2O로부터 전자를 빼앗고 산화하여 산소를 발생시킨다. 발생된 전자는 외부 전원의 양극으로 보내어진다.

애노드 반응 : $2H_2O \rightarrow O_2\uparrow + 4H^+ + 4e^-$ (산소 발생)

ⓓ 수용액에서 이온화 경향이 큰 활성금속 이온 K^+, Ca^{2+}, Na^+, Mg^{2+}, Al^{3+}등은 캐소드에서 환원시킬 수 없고 반응하지 않는 양이온이다. 이 때 캐소드에서는 수용액 중의 물분자 H_2O가 외부 전원의 음극에서 온 전자와 반응하여 환원하면서 수소를 발생시킨다.

캐소드 반응 : $2H_2O + 2e^- \rightarrow 2OH^- + H_2\uparrow$ (수소 발생)

② 전극이 변화하는 전해 : 금속의 전해정련

외부 전원의 양극에 주성분의 금속물 외에 불순물을 포함한 조금속물을 접속하여 애노드로 하고, 전해질의 수용액 중에 SO_4^{2-}, OH^-와 물분자 H_2O가 포함되어 있는 경우, 상기의 애노드 반응과 같이 물분자가 분해하여 산소가 발생할 것 같지만, 백금과 같은 안정된 전극이 아니기 때문에 전극 자신이 직접 용해하여 산화하게 된다. 이와 같이 전극 구성 물질에 따라 반응생성물이 다르며, 이 방법은 캐소드에서 순수 금속을 석출하는 금속의 전해정련에 적용된다.

(2) 비수용액인 경우 : 용융염 전해

이온화 경향이 큰 금속 화합물(K, Ca, Na, Mg, Al)의 수용액은 위의 설명과 같이 음극에서 이들의 금속이 석출되지 않고, 수소가 발생한다. 따라서 이온화 경향이 큰 금속을 석출하려면 수용액이 없는 NaCl, $MgCl_2$, $CaCl_2$, NaOH, Al_2O_3 등의 화합물을 직접 고온에서 용융시켜 이온을 자유롭게 이동할 수 있도록 하고, 이들을 전기분해하여 얻는 방법을 취한다. 이와 같은 전해를 **용융염 전해** 또는 **용융 전해**라 한다.

3.2 전해 화학공업의 실제

3.2.1 물의 전해

그림 3.2와 같이 애노드는 반응생성물의 산소에 의하여 산화되지 않도록 니켈 도금한 철, 캐소드는 철을 사용하여 전극이 변화하지 않도록 채택한다.

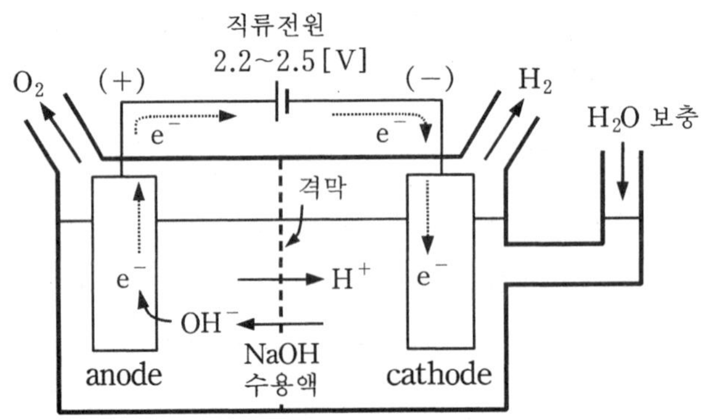

그림 3.2 물의 전해

순수한 물은 도전율이 작고, 전리도가 매우 낮기 때문에 보통 염기성 수용액 NaOH 또는 KOH를 사용한다.

가격이 저렴한 NaOH 수용액을 전해하는 경우를 고려하면 수용액은 전리되어 다음의 4종류의 이온이 존재한다.

$$NaOH \rightarrow Na^+ + OH^- \text{ (전리도가 매우 큼)} \tag{3.5}$$

$$H_2O \rightarrow H^+ + OH^- \text{ (전리도가 매우 낮음)} \tag{3.6}$$

① **캐소드 반응** : 양이온 중에서 Na^+은 환원되지 않는 이온이므로 H^+가 전자를 받아 음극에서 수소가스를 발생한다.

$$2H^+ + 2e^- \rightarrow H_2\uparrow \tag{3.7}$$

② **애노드 반응** : 수산화나트륨의 전리에 의하여 음이온 OH^-는 증가하고, 다음의 반응에 의하여 산소가스를 발생한다.

$$4OH^- \rightarrow 2H_2O + O_2\uparrow + 4e^- \quad (3.8)$$

전해조는 두 전극간에 발생한 수소와 산소가 혼합되지 않도록 격막으로 차단하고, 전해에 의하여 수분은 소모되므로 물이 항상 보급되도록 해야 한다.

물의 전해는 수소의 제조 방법으로 실용화되어 왔지만, 현재는 석유 화학공업의 발달에 의해 부산물로써 수소가 생산되기 때문에 그다지 이용되지 않고 있다.

3.2.2 식염 전해

식염 전해는 **염소**, **수소** 및 **수산화나트륨**의 제조 방법에 사용되며, 제조법에는 **격막법**과 **수은법**이 있다. **그림** 3.3은 식염 전해의 격막법을 나타낸 것이다.

전극재료는 반응생성물에 견딜 수 있도록 애노드는 흑연(탄소)을 사용하고, 캐소드는 탄소강을 사용한다.

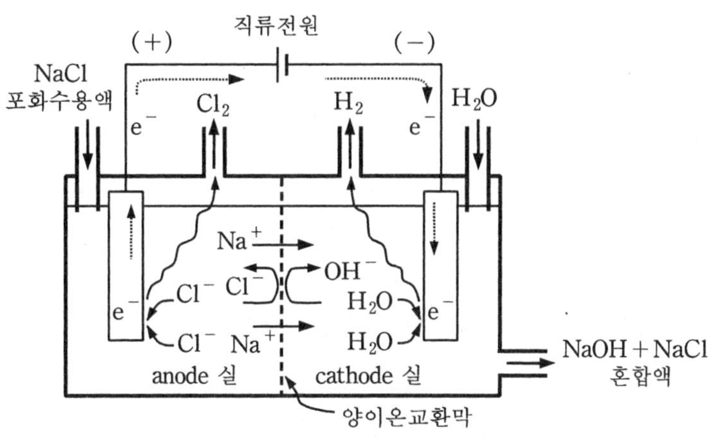

그림 3.3 식염 전해(이온 교환막법)

염화나트륨 NaCl 수용액 중에는 다음의 전리된 이온이 존재한다.

$$NaCl \rightarrow Na^+ + Cl^- \text{ (전리도가 매우 큼)} \quad (3.9)$$

$$H_2O \rightarrow H^+ + OH^- \text{ (전리도가 매우 낮음)} \quad (3.10)$$

① **애노드 반응** : 애노드 전극에 전자를 줄 수 있는 물질은 음이온 Cl^-, OH^-와 물분자 H_2O가 있다. 이들 중에서 Cl^-가 가장 전자를 빼앗기기 쉽기 때문에 Cl^-가 애노드 전극에 전자를 주고 전극 표면에 염소를 발생시킨다. 이 때 전자는 외부 전원의 양극으로 보내어진다.

$$2Cl^- \rightarrow Cl_2\uparrow + 2e^- \qquad (3.11)$$

② **캐소드 반응** : 전해액 중에는 양이온 Na^+, H^+와 물분자 H_2O가 있다. Na은 이온화 경향이 커서 환원되지 않고, H^+의 양은 극히 적기 때문에 H_2O가 반응에 참여한다. 캐소드 전극에서는 다음의 반응식에 의해 수소가스가 발생한다.

$$2H_2O + 2e^- \rightarrow 2OH^- + H_2\uparrow \text{(수소 발생)} \qquad (3.12)$$

이 결과, 캐소드 전극 부근에서는 Na^+과 식 (3.12)에서 생성된 OH^-가 증가하기 때문에 $Na^+ + OH^-$(NaOH)가 생성된다. 즉, 캐소드 전극 부근의 수용액을 농축하면 수산화나트륨(NaOH)이 얻어진다.

두 전극 반응의 결과로부터 식염 전해는 애노드에서 염소가 발생하고, 캐소드에서 수소 및 수산화나트륨이 생성되며, 전체 반응은 다음과 같다.

전체 반응 : $$2NaCl + 2H_2O \rightarrow Cl_2 + H_2 + 2NaOH \qquad (3.13)$$

(1) 격막법

식염 전해에서 격막을 사용하는 방법에는 수용액의 투과가 가능한 석면 재질의 격막을 사용하는 **격막법**과 양이온만을 통과시키는 양이온 교환 수지막을 이용한 **이온 교환막법**이 있다. 격막법의 전해전압은 대략 3.8~4.0[V] 정도이다.

격막은 전해 반응에서 생성된 식 (3.11)의 염소와 식 (3.12)의 OH^-이온이 화합하는 것을 방지하기 위한 것으로 애노드실과 캐소드실을 격리한다.

만약 격막이 설치되어 있지 않으면 OH^-이온이 애노드 전극으로 이동하고, 애노드 전극에서 발생한 염소와 결합하여 불균화 분해된 염소화합물을 생성시키거나 염소의 순도를 저하시킨다. 또 캐소드 전극 측에서 보면 OH^-이온이 감소하는 것이므로 수산화나트륨의 제품 손실을 가져오게 된다.

그림 3.3의 **이온 교환막법**은 양이온 Na^+이온만을 선택적으로 투과시키고, 음이온은

통과시키지 못하기 때문에 투과된 Na^+이온과 캐소드 전극에서 생성된 OH^-이온에 의하여 수산화나트륨이 제조되고 순도가 매우 높은 장점이 있다. 따라서 최근에는 수산화나트륨의 제조 방법으로 이온 교환막법이 격막법보다 더 많이 사용되고 있다.

(2) 수은법

식염 전해에서 염소의 발생과 수산화나트륨의 제조를 각각의 반응장치에서 처리하는 전해법을 **수은법**이라 한다. **그림** 3.4와 같이 반응장치는 전해조와 분해조가 별도로 설치되어 있고, 전해조의 애노드는 흑연, 캐소드는 수은을 사용한다.

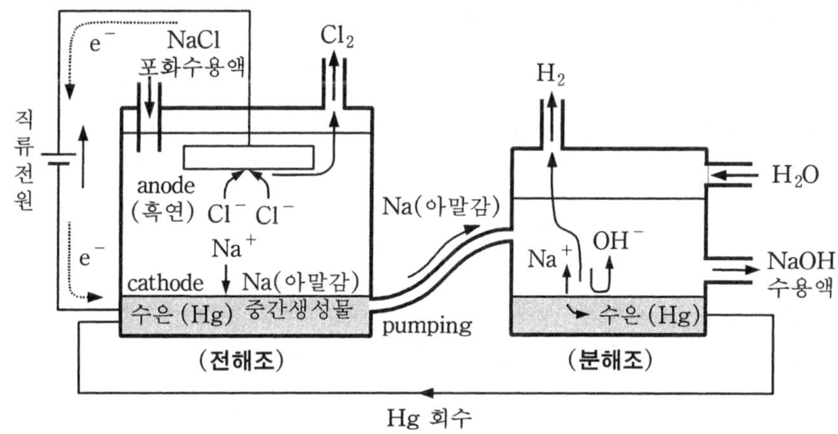

그림 3.4 식염 전해(수은법)

[전해조 반응]

애노드 반응(양극) : $2Cl^- \rightarrow Cl_2\uparrow + 2e^-$ (3.14)

캐소드 반응(음극) : $2Na^+ + 2e^- \rightarrow 2Na$(금속 나트륨) (3.15)

[금속 Na과 캐소드의 수은이 반응하여 나트륨 아말감(Na−Hg) 생성]

[분해조 반응]

$$2Na-Hg + 2H_2O \rightarrow 2NaOH + H_2\uparrow \quad (3.16)$$

수은법의 반응을 살펴보면, 전해조의 애노드에서 염소가 발생하고, 전해액 중에 양이온 Na^+, H^+와 물분자 H_2O 중 캐소드에서 환원되는 것은 수은의 높은 수소 과전압 때문에 Na^+이온이 된다. 따라서 캐소드에서 나트륨 이온이 환원하여 금속 나트륨이 되고 즉시 수은과 반응하여 중간생성물인 나트륨 아말감(Na−Hg)을 생성시킨다.

이 나트륨 아말감을 분해조로 넘겨서 물과 반응시키면 수산화나트륨과 수소가스의 제품을 생성시킨다. 이 때 발생되는 수은은 다시 전해조로 회수하여 애노드의 전극으로 재활용한다. 수은법의 전해전압은 대략 4.2~4.5[V] 정도이다.

식염 전해의 수은법은 격막법보다 전류밀도가 크고 생산성이 높으며, 수산화나트륨 제품의 순도가 매우 높은 장점이 있다. 그러나 현재 수은 공해의 문제가 되면서 다시 격막법을 이용하고 있다.

3.2.3 금속의 전해정련

채취한 광석을 고온에서 탄소 등으로 환원하여 얻어지는 불순물을 포함한 화합물의 형태를 **조금속물**이라 한다. 이와 같이 조금속을 만드는 공정을 **제련**이라 하고, 제련에 의하여 얻어진 조금속을 사용하여 순수 금속을 추출하는 공정을 **정련**으로 구분한다.

특히 조금속을 전기분해하여 순수 금속으로 추출하는 것을 **전해정련**(electro−refining)이라 한다.

전해정련은 외부 전원의 양극에 조금속물을 접속하여 애노드로 하고, 목적 금속과 같은 금속염을 함유한 수용액을 전해액으로써 전기분해하여 캐소드에서 순도가 높은 순수 금속을 석출한다. 여기서 애노드의 조금속물은 용해하고, 캐소드에서 목적하는 순수 금속이 석출되는 특징이 있다.

전해정련에 의하여 얻어지는 순수 금속은 대표적으로 **구리**가 있고, 그 외에 **금**, **은**, **백금**, **니켈**, **납**, **주석** 등이 있다. 이 방법은 99.99[%] 이상의 높은 순도를 가진 금속을 얻을 수 있는 특징이 있다.

여기서 대표적으로 사용되는 **구리의 전해정련**에 관하여 설명하기로 한다.

[제련 공정]

구리의 주광석은 황동광($CuFeS_2$)이고, 이 황동광에 석회석, 코크스를 첨가하여 용광로에서 고온으로 가열하면 황화동(Cu_2S)이 만들어진다.

$$4CuFeS_2 + 9O_2 \rightarrow 2Cu_2S + 2Fe_2O_3 + 6SO_2 \tag{3.17}$$

황화동을 전로에 넣고, 산소를 가하면 조동(粗銅)이 만들어진다.

$$Cu_2S + O_2 \rightarrow 2Cu + SO_2 \tag{3.18}$$

이와 같이 용광로와 전로를 거쳐 제련되어 생성된 조동은 아직 금, 은, 철, 아연 등의 불순물을 함유하고 있으며, 순도는 약 99.4 [%] 정도이다. 제련 공정이 이루어지는 공장을 제련소라 한다.

[전해정련 공정]

조동으로부터 불순물을 제거하고 순동(순수 구리)을 얻기 위하여 전기분해에 의하여 정련을 한다. **그림** 3.5는 구리의 전해정련을 나타낸 것이다.

외부 전원의 양극에 조동, 음극에 순동을 접속하여 각각 애노드와 캐소드로 한다. 전해액은 목적 금속 구리를 포함하는 황산구리($CuSO_4$) 수용액을 사용한다.

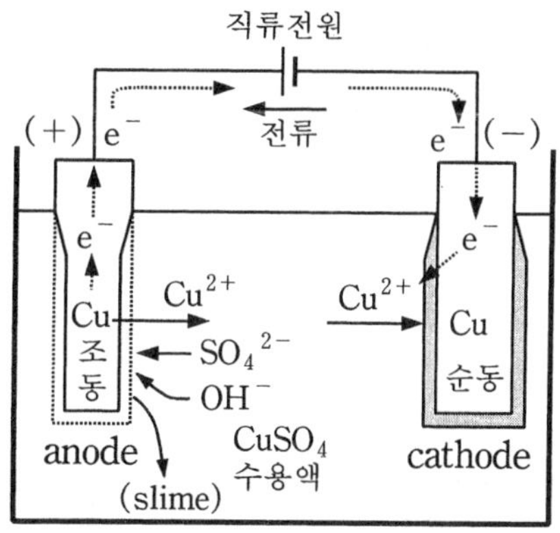

그림 3.5 구리의 전해정련

애노드에서는 조동이 용해하면서 주 금속 Cu는 산화하여 Cu^{2+}이온이 되어 용액으로 들어가고, 전자는 전원으로 보내어진다. 마찬가지로 철, 아연의 불순물도 이온으로 되어 용액으로 들어간다. 그러나 구리보다 이온화 경향이 작은 금, 은의 불순물은 이온으로 되지 않고 애노드 아래에 침전물로 남는다. 이 침전물을 **슬라임**(slime)이라 한다. 슬라임은 양극에서 생성된 불활성 물질의 점토질 형태이다.

캐소드에서는 조동에서 용해된 이온 중에서 이온화 경향이 가장 작은 Cu^{2+}이온이 환원성이 강하여 전자와 결합하고 순수 구리를 전착하여 석출된다.

두 전극 반응은 다음과 같이 일어난다.

애노드 반응(양극) : $Cu \rightarrow Cu^{2+} + 2e^-$ (조동의 용해) (3.19)

캐소드 반응(음극) : $Cu^{2+} + 2e^- \rightarrow Cu$ (순동의 석출) (3.20)

구리의 전해정련 공정에서 애노드 아래의 슬라임으로 조은(粗銀)을 만들고, 전해정련에 의해 순은을 석출한다. 또 은의 전해정련의 과정에서 발생된 슬라임으로부터 조금(粗金)을 만들고, 전해정련에 의하여 순금을 석출한다.

이와 같이 구리의 전해정련은 순동의 석출과 귀금속성 물질을 회수하는 목적으로 사용한다.

3.2.4 용융염 전해

용융염 전해는 이온화 경향이 큰 활성금속 K, Ca, Na, Mg, Al 등을 얻기 위하여 사용하는 전해법이다.

이온화 경향이 큰 금속은 산화성이 강하여 환원되지 않으려는 성질이 있다. 따라서 이들 금속 화합물의 수용액 중에서 전해하면 캐소드에서 금속이 석출되지 않고 물이 환원되어 수소를 발생시킨다.

용융염 전해는 수용액과 H^+이온이 없는 NaCl, $MgCl_2$, $CaCl_2$, NaOH, Al_2O_3 등의 화합물을 직접 고온에서 용융시켜 액체로 하고, 이들을 전해하여 캐소드에서 금속을 추출하는 방법이다.

(1) 염화물(NaCl, $MgCl_2$ 등)의 전해 : 금속나트륨 및 마그네슘의 제조

애노드 반응(양극, 흑연) : $2Cl^- \rightarrow Cl_2\uparrow + 2e^-$ (3.21)

캐소드 반응(음극, 철) : $2Na^+ + 2e^- \rightarrow 2Na$ (금속나트륨의 석출) (3.22)

$Mg^{2+} + 2e^- \rightarrow 2Mg$ (마그네슘의 석출) (3.23)

(2) 산화물(Al_2O_3)의 전해 : 알루미늄의 제조

알루미늄은 광석인 보크사이트에서 제조되는 산화알루미늄(알루미나, Al_2O_3)을 원료로 사용한다. 산화 알루미늄은 융점이 2,015[℃]로 매우 높기 때문에 융점을 내리기 위하여 빙정석($AlNa_3F_6$)을 혼합하여 1,000[℃] 정도에서 용융한다. 산화 알루미늄의 해리는 다음과 같은 반응이 일어난다.

산화알루미늄의 해리 : $Al_2O_3 \rightarrow 2Al^{3+} + 3O^{2-}$ (3.24)

이 상태에서 전해하면 두 전극 반응은 다음과 같다.

애노드 반응(양극, 탄소) : $3O^{2-} + 3C(전극) \rightarrow 3CO + 6e^-$ (3.25)

캐소드 반응(음극, 탄소) : $2Al^{3+} + 6e^- \rightarrow 2Al$ (알루미늄 제조) (3.26)

음극에는 알루미늄이 용융 상태로 석출되고, 양극에서는 산소가 발생하여 이것이 탄소 전극과 반응하고 일산화탄소를 발생시킨다. 따라서 양극 탄소 전극은 계속적으로 소모되기 때문에 보급할 필요가 있다.

3.2.5 전기도금

전원의 양극에 도금하고자 하는 금속을 접속하여 애노드로 하고, 음극에 도금되는 금속을 접속하여 캐소드로 한다. 전해액은 도금하고자 하는 금속이온을 함유한 수용액을 사용한다.

수용액을 전기분해하면 애노드의 금속 전극은 용해하여 금속이온으로 되어 용액 중으로 들어가고, 음극의 캐소드에서 금속이온을 환원시켜 금속피막 형태로 전착하는 것을 **전기도금**(electroplating)이라 한다. 전기도금은 금속의 전해정련법의 일종이다.

도금은 금속표면에 다른 금속의 박막을 전착하여 금속 표면의 장식, 내식성과 내마모성을 목적으로 하는 표면처리를 의미한다.

양호한 도금을 얻기 위하여 전해조, 전해 조건이 알맞아야 하지만, 도금하기 전에 도금되는 금속의 녹과 기름을 완전히 제거하고 연마를 하는 등의 예비처리를 잘 해야 한다. 또 세척, 건조 및 마무리 연마 등의 도금 후처리도 완벽해야 한다.

도금은 항상 제품의 마지막 손질 공정이므로 도금의 우열에 따라 제품의 소비자 만족도를 크게 좌우하게 된다. **그림** 3.6은 니켈의 전기도금을 나타낸 것이다.

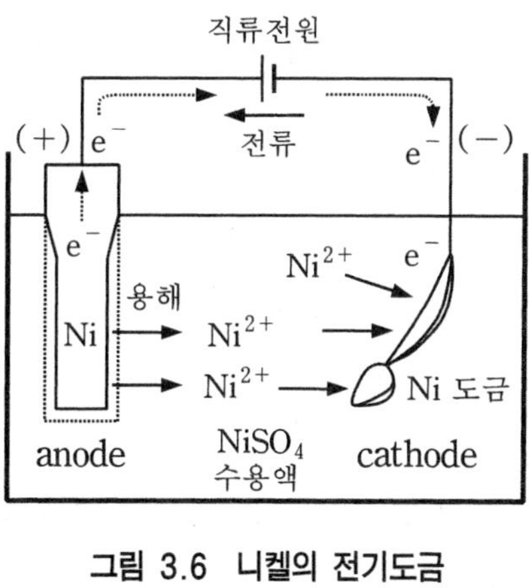

그림 3.6 니켈의 전기도금

3.2.6 전주

전주(electro forming)는 전기도금에 의해 원형과 같은 모양의 복제품을 만드는 것을 말하며, 전기도금보다 두껍게 도금을 한다.

전주가 끝나면 형으로부터 도금한 금속을 벗겨내야 하기 때문에 도금 전형의 표면에 엷은 산화물 피막을 만들어 벗기기 쉽게 한다.

전주는 원형의 요철을 정밀하게 복제할 수 있기 때문에 레코드의 원판 제작, 조각 공예품의 복제 등의 제작에 이용되고 있다.

3.2.7 전해연마

전해연마(electrolytic polishing)는 연마하고자 하는 금속을 양극으로 하고 음극은 불용성의 탄소 전극을 사용한 다음, 전기분해하면 금속 표면의 요철이 평활하게 되는 것을 말한다.

전해연마는 적당한 비교적 짧은 시간에 연마할 수 있고, 광택이 우수하며, 내식성이 향상된다. 주사침의 내면 등 형상적으로 기계적 연마가 곤란한 것과 스푼, 포크 등의 양식기, 정밀기계 부품 등에 이용한다. 또 기계적 연마와 병용하면 매우 큰 연마 효과를 거둘 수 있다.

3.3 전열 화학공업의 실제

전기에너지를 공급하여 열에너지로 바꾸는 전열을 이용한 화학 공업을 전열 화학공업이라 한다. 전열 화학공업의 제품은 인조흑연, 탄화규소, 카바이드, 석회질소, 특수강 및 페로알로이 등 다양하며, 제품의 제조에 사용되는 전기로는 저항로, 유도로, 아크로 등이 사용된다.

전기로를 사용하여 제조하는 제품은 불순물의 혼입을 방지할 수 있으므로 순수한 제품을 얻을 수 있고, 간단한 조작으로 고온을 집중적으로 얻을 수 있으며, 전류에 의한 온도조절이 자유롭고, 열효율이 높은 장점이 있다.

3.3.1 인조흑연

코크스 등의 탄소질 재료를 가압 성형하여 고온에서 가열하면 비결정성인 탄소가 결정성의 흑연으로 변하여 인조흑연이 만들어진다. 인조흑연은 천연흑연보다 순도가 높고 도전성이 양호하다.

흑연의 제조는 직접식 저항로가 이용되며, 식염 전해용 전극, 전기로용 전극, 원자로용 감속제 등에 사용되고 있다.

3.3.2 탄화규소

탄화규소(SiC)는 카보런덤(carborundum)이라 하며, 규석(SiO_2)과 코크스(3C)의 혼합물을 흑연저항체의 주변에 설치하고 단상교류에 의해 전류를 흘려 약 2,000[℃]로 가열하면 다음과 같은 반응으로 제조된다.

$$SiO_2 + 3C \rightarrow SiC + 2CO \tag{3.27}$$

카보런덤로에서 제작된 탄화규소(카보런덤)는 주로 매우 단단한 연마제로 사용되며, 발열체, 내화재, 피뢰기의 특성요소 및 배리스터 등에 이용된다.

3.3.3 카바이드

카바이드(CaC_2, carbide)는 생석회(CaO)와 코크스(3C)를 혼합하여 상용주파수의 3상 교류에 의해 약 2,000[℃]로 가열하면 다음과 같은 반응으로 제조된다.

$$CaO + 3C \rightarrow CaC_2 + CO \text{ (흡열반응)} \tag{3.28}$$

카바이드는 고온의 흡열반응으로써 제조는 페로알로이 합금과 마찬가지로 아크 가열에 의해 제조하였지만, 과열로 인한 원료의 증발과 열손실이 크기 때문에 직접식 저항 가열로 바뀌게 되었다.

카바이드의 용도는 등화용, 용접 및 절단용 가스, 석회질소 및 유기합성화학의 원료 등에 사용된다.

3.3.4 석회질소

카바이드 분말에 고온에서 질소를 작용시키면 비료의 용도로 사용되는 석회질소가 다음의 반응에 의하여 제조된다.

$$CaC_2 + N_2 \rightarrow CaCN_2 + C \text{ (발열반응)} \tag{3.29}$$

이 반응은 발열반응이므로 전기로 장입 초기에 가열해 주면 자기 반응을 하여 950~1,200[℃]의 반응온도를 유지한다.

3.4 전기화학용 직류 전원장치

전기화학 공업에서는 대용량의 직류 전원장치가 필요하기 때문에 교·직 변환장치의 대형 정류기가 적용된다.

전기화학 공업의 직류 전원으로 요구되는 사항은 다음과 같다.

① **저전압 대전류일 것** : 일반적으로 100~200 [V]가 사용되며, 용융염 전해의 경우는 900 [V] 정도의 전압이 사용된다. 이와 같이 전압은 비교적 낮지만, 전류는 5,000~40,000 [A] 정도의 것이 요구된다.

② **효율이 높을 것** : 전력 요금이 제품 가격에 큰 비중을 차지하기 때문에 직류 전원의 효율을 높여야 한다. 즉, 대전류에 의한 저항손의 감소에 대응하여야 한다.

③ **일정한 전류로써 연속운전에 견딜 것** : 전해조에 흐르는 전류는 일정해야 하며, 연속 운전을 하기 때문에 장시간 운전이 가능하도록 하여야 한다.

④ **기타** : 전압 조정이 가능할 것, 시설비가 저렴하고 신뢰성이 높을 것 및 보수, 운전, 취급이 간단할 것 등이 있다.

전기화학 공업용의 변류장치는 회전변류기, 수은정류기 및 접촉변류기 등이 있다. 회전변류기는 비교적 저압용에 자주 사용하였고, 접촉변류기는 부하변동이 적은 경우에 사용하며, 수은정류기는 600 [V] 이상의 비교적 높은 전압용으로 사용하였다.

그러나 현재는 신뢰성 및 취급의 용이성 때문에 반도체 정류기를 대부분 사용하고 있으며, 특히 실리콘 정류기를 가장 많이 사용한다.

실리콘 정류기는 구조가 간단하고, 전압과 전류의 조정이 용이하며, 효율이 매우 높고, 전압변동률이 적은 특징이 있다. 그러나 반도체 소자이므로 온도에 민감하여 정류 소자가 열화하여 소손된 우려가 있고, 서지(surge)에 약한 단점이 있다.

연 습 문 제

객관식

3-1 전기분해에 의하여 전극에 석출되는 물질의 양은 전해액을 통과하는 총 전기량에 비례하고 또 그 물질의 화학당량에 비례하는 법칙은?

㉮ 암페어(Ampere)의 법칙
㉯ 패러데이(Faraday)의 법칙
㉰ 톰슨(Thomson)의 법칙
㉱ 줄(Joule)의 법칙

3-2 전기분해에서 패러데이의 법칙은 어느 것이 적합한가? 단, Q[C] : 통과한 전기량, W[g] : 석출된 물질의 양, E[V] : 전압을 각각 나타낸다.

㉮ $W=K\frac{Q}{E}$　　㉯ $W=\frac{1}{R}Q=\frac{1}{R}It$
㉰ $W=KQ=KIt$　　㉱ $W=KEt$

3-3 전기분해로 제조되는 것은?

㉮ 암모니아　㉯ 카바이드　㉰ 알루미늄　㉱ 철

3-4 전기분해를 이용하여 순수한 금속만을 음극에 석출하여 정제하는 것을 무엇이라 하는가?

㉮ 전착　㉯ 전해연마　㉰ 전해정련　㉱ 전식

3-5 전해정련 방법에 의하여 얻어지는 것은?

㉮ 구리　㉯ 철　㉰ 납　㉱ 망간

3-6 황산 용액에 양극으로 구리막대, 음극으로 은막대를 두고 전기를 통하면 은막대는 구리색이 난다. 이를 무엇이라고 하는가?

㉮ 전기도금　㉯ 이온화 현상　㉰ 전기분해　㉱ 분극작용

3-7 전기도금에 관한 설명 중 틀린 것은?

㉮ 전원은 5~6 [V] 또는 10~12 [V]의 직류를 사용한다.

㉯ 직류발전기를 사용하는 데 있어서 수하 특성이 있는 발전기를 사용한다.

㉰ 전류밀도가 다르더라도 도금 상태는 일정하다.

㉱ 표면의 산화물이나 기름을 없애기 위해 화학적으로 세척해야 한다.

3-8 전기도금을 계속하여 두꺼운 금속층을 만든 후, 원형을 떼어서 그대로 복제하는 방법을 무엇이라 하는가?

㉮ 전기도금 ㉯ 전주 ㉰ 전해정련 ㉱ 전해연마

3-9 다음은 가장 관계가 깊은 것끼리 짝지어 놓은 것이다. 잘못된 것은?

㉮ 식염의 전해－격막법

㉯ 알루미늄 전해－알루미늄 양극의 작용

㉰ 알루미늄의 양극처리－전해 콘덴서의 제조

㉱ 연료전지－산수소 전지

3-10 다음 중 식염전해와 가장 밀접한 관계가 있는 것은?

㉮ 이산화망간 ㉯ 유리전극 ㉰ 시안화물 ㉱ 수은

주관식

3-1 식염의 전기분해에서 100 [Ah]의 전기량을 발생하는 NaOH는 약 몇 [g]인가? 단, Na의 원자량 : 23, O의 원자량 : 16, H의 원자량 : 1이고, 또 Na의 전기 화학당량 : 0.858 [g/Ah], 전류효율은 95 [%]이다.

3-2 전해정련에 대하여 설명하고, 이 방법으로 제조되는 금속을 기술하라.

3-3 용융염 전해에 대하여 설명하고, 이 방법으로 제조되는 금속을 기술하라.

참 고 문 헌

1. 전기응용, 지철근, 문운당
2. 전기응용, 강대하, 동일출판사
3. 전기응용, 대학교재편찬위원회, 조원사
4. 전기응용, 이현수, 태영문화사
5. 고전압공학, 정성주, 문운당
6. 방전 · 고전압공학, 전춘생, 동명사
7. 전기설비, 지철근, 문운당
8. 전열공학, 이덕출, 동일출판사
9. 신편 전기기기, 이윤종, 동명사
10. 전력전자공학, 박민호, 동명사
11. 철도공학 핸드북, 백남욱 역저, 골든 벨
12. 전기철도공학, 김양수, 동일출판사
13. 전기철도공학, 양병남, 성안당
14. 전기철도공학, 김종겸, 웅보
15. 철도의 속도향상, 백남욱 역저, 골든 벨
16. 소방기계시설론, 허만성, 동일출판사
17. 소방유체역학, 허만성, 동일출판사
18. 소형 이단식 전기 집진장치의 집진특성 향상에 관한 연구, 임헌찬, 박사학위 논문
19. 靜電氣ハンドブック, 靜電氣學會, オーム社
20. 空氣清淨ハンドブック, 日本空氣清淨協會, オーム社
21. 靜電氣工學演習, 淺野和俊, 朝倉書店
22. 靜電氣マニュアル, 橋本淸隆, オーム社
23. 電氣化學便覽, 電氣化學協會, 丸善
24. 工業電解の化學, 高橋正雄, アグネ
25. Electrostatic : Principle, Problem and Applications, Jean Cross, Adam Hilger

부 록

APPENDIX

각종 광원의 특성

1. 백열전구의 초특성 및 수명(KSC 7501)

형 식	정격 전압	초 특 성			수명 ½일 때의 효율	수명[h]	베이스
		소비전력[W]	광속[lm]	효율[lm/W]			
L 100[V] 10[W]	100	10±0.7	76±12	7.6±1.2	5.8 이상	1,500	E_{26}
L 100[V] 20[W]	100	20±1.4	175±27	8.7±1.4	6.6 이상	1,500	〃
Ld 100[V] 30[W]	100	30±2.1	330±50	11.0±1.7	8.4 이상	1,000	〃
L 100[V] 30[W]	100	30±2.1	290±45	9.7±1.5	7.4 이상	1,000	〃
Ld 100[V] 40[W]	100	40±2.8	500±75	12.5±1.9	9.5 이상	1,000	〃
L 100[V] 40[W]	100	40±2.8	440±70	11.0±1.7	8.4 이상	1,000	〃
Ld 100[V] 60[W]	100	60±3.0	830±125	13.9±2.1	10.6 이상	1,000	〃
L 100[V] 60[W]	100	60±3.0	760±115	12.6±1.9	9.6 이상	1,000	〃
Ld 100[V] 100[W]	100	100±5.0	1570±240	15.7±2.4	11.5 이상	1,000	〃
L 100[V] 100[W]	100	100±5.0	1500±230	15.0±2.3	11.1 이상	1,000	〃
L 100[V] 150[W]	100	150±7.5	2450±370	16.4±2.5	12.1 이상	1,000	〃
L 100[V] 200[W]	100	200±1.0	3450±520	17.3±2.6	12.8 이상	1,000	〃
L 100[V] 300[W]	100	300±15	5500±990	18.3±1.5	15.8 이상	900	E_{39}
L 100[V] 500[W]	100	500±25	9900±1782	19.7±1.6	16.9 이상	900	〃
L 100[V] 1000[W]	100	1000±50	21000±3780	21.0±1.7	17.4 이상	900	〃

2. 고압 나트륨램프 특성(KSC 7610)

형 식	크기[W]	램프전류[A]	램프전압[V]	전광속[lm]
NH 150 NH 150F NHT 150	150	1.8±0.3	100+15 100−20	14,000 이상 13,000 이상 14,000 이상
NH 250 NH 250F NHT 250	250	3.0±0.5	100+15 100−20	25,000 이상 23,000 이상 25,000 이상
NH 400 NH 400F NHT 400	400	4.6±0.7	100+15 100−20	46,000 이상 43,000 이상 46,000 이상

[주] NH : 고압나트륨등, T : 관형, F : 형광물질 도포한 나트륨등

3. 메탈 할라이드등 특성(KSC 7604)

구 분 / 형 식	정격 전압 [V]	안정 시간 [분]	재시동 시간 [분]	초 특 성			전광속 [lm]
				램프전압 [V]	램프전류 [A]	램프전력 [W]	
MH 175(B)	220	8이하	10이하	130±15	1.5	184이하	14,000
MHF 175(B)							12,000
MHT 175(B)							14,000
MH 250(A)	220	8이하	10이하	100±15	3.0	263이하	17,000
MHF 250(A)							15,000
MHT 250(A)							17,000
MH 250(B)	220	8이하	10이하	130±15	2.1	263이하	20,500
MHF 250(B)							18,000
MHT 250(B)							20,500
MH 400(A)	220	8이하	12이하	125±15	3.65	420이하	28,800
MHF 400(A)							25,000
MHT 400(A)							28,800
MH 400(B)	220	8이하	12이하	135±15	3.25	420이하	34,000
MHF 400(B)							30,000
MHT 400(B)							34,000
MH 1000(A)	220	8이하	15이하	130±15	8.3	1050이하	80,000
MHF 1000(A)							72,000
MHT 1000(A)							80,000

[주] MH : 메탈할라이드등, MHT : 관형 메탈할라이드등,
MHF : 형광물질을 도포한 메탈할라이드등 (A : 220[V], B : 380[V])

4. 형광등 특성(KSC 7061)

형 식	정격전압 [V]	초 특 성			동정특성 전광속[lm]
		방전개시전압[V]	관전류[A]	전광속[lm]	
FL-10D	100	94 이하	0.230±0.030	340 이상	3,000 이상
FL-10W	100	94 이하	0.230±0.030	380 이상	
FL-15D	100	94 이하	0.340±0.030	480 이상	3,500 이상
FL-15W	100	94 이하	0.340±0.030	540 이상	
FL-20D	100	94 이하	0.375±0.030	800 이상	3,500 이상
FL-20W	100	94 이하	0.375±0.030	910 이상	
FL-30D	100	94 이하	0.620±0.060	1,220 이상	4,000 이상
FL-30W	100	94 이하	0.620±0.060	1,390 이상	
FL-40D	200	180 이하	0.435±0.040	2,000 이상	7,500 이상
FL-40W	200	180 이하	0.435±0.040	2,300 이상	

[주] FL : 형광램프, D : 주광색(day light), W : 백색(white light)
(A : 220[V], B : 380[V])

5. 고압 수은등 특성(KSC 7604)

형 식	정격 전압 [V]	방전 개시 전압 [V]	크기 [W]	램프 전압 [V]	램프 전류 [A]	전광속 [lm]	점등시간	재점등 시간 [분]	베이스
HF100(HRF100)	200	180이하	100	115	1.0±0.12	3200±900	8[분]이하	10	E_{26}
H200(HR200)	200	180이하	200	120	1.9±0.3	8500±1800	8[분]이하	10	E_{39}
HF200(HRF200)	200	180이하	200	120	1.9±0.3	7700±1900	8[분]이하	10	〃
H250(FR250)	200	180이하	250	130	2.1±0.3	11000±2200	8[분]이하	10	〃
HF250(HRF250)	200	180이하	250	130	2.1±0.3	10000±2300	8[분]이하	10	〃
H300(HR300)	200	180이하	300	130	2.5±0.35	14000±2800	8[분]이하	10	〃
HF300(HRF300)	200	180이하	300	130	2.5±0.35	13000±3000	8[분]이하	10	〃
H400(HR400)	200	180이하	400	130	3.3±0.4	20000±4000	8[분]이하	10	〃
HF400(HRF400)	200	180이하	400	130	3.3±0.4	18000±4100	8[분]이하	10	〃
H700(HR700)	200	180이하	700	130	5.9±0.4	37000±7500	8[분]이하	10	〃
HF700(HRF700)	200	180이하	700	130	5.9±0.4	34000±7800	8[분]이하	10	〃
H1000A(HR100A)	200	180이하	1000	130	8.3±1.0	55000±11000	8[분]이하	10	〃
HF1000A(HRF1000)	200	180이하	1000	130	8.3±1.0	50000±11500			
H1000B	460	400이하	100	260	4.0±0.4	55000±11000			
HF1000B	460	400이하	100	260	4.0±0.4	50000±11500			

[주] H : 고압수은등, F : 형광 고압수은등, R : 반사형 고압수은등

반도체 소자의 종류와 특성

1. 사이리스터의 종류와 특성

사이리스터에는 여러 가지 종류가 있지만, 일반적으로 많이 실용화되고 있는 것들의 대표적인 종류와 특성을 나타낸다.

사이리스터의 종류와 특성(1)

사이리스터 종 류	기 호	특 성 및 용 도
SCR 실리콘 제어 정류기	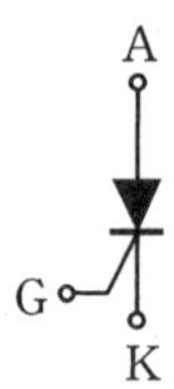	① 단방향(역저지) 3단자 사이리스터(P 게이트형) * PUT : 단방향 3단자 트리거 소자(N 게이트형) ② PNPN 접합의 4층 구조 ③ 게이트의 트리거 전류에 의해 도통(게이트 전류 0으로 해도 차단되지 않음. 단, 유지 전류 이하로 되면 다시 차단) * 자기 소호 능력이 없음 ④ 특성 곡선에서 부성 저항이 있음(다이오드는 없음) ⑤ 용도가 많고, AC 및 DC 전력 및 위상 제어
Triac 트라이악	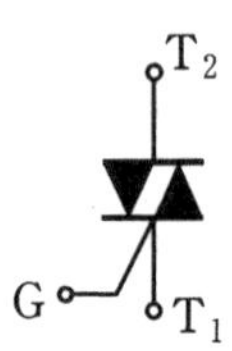	① 쌍방향 3단자(3극) 사이리스터 ② 2개의 사이리스터(SCR)가 역병렬로 접속된 구조 ③ 게이트 신호의 극성에 관계없이 도통 ④ 부성 저항이 없음, 교류 전력 제어용
SSS (Silicon Symmetrical Switch)		① 쌍방향 2단자(2극) 사이리스터 ② NPNPN의 5층 구조, 전기적 특성은 다이악과 유사 ③ 주회로 전압에서 펄스 전압을 중첩하여 트리거하고 SSS를 도통함
SCS (Silicon Controlled Switch)	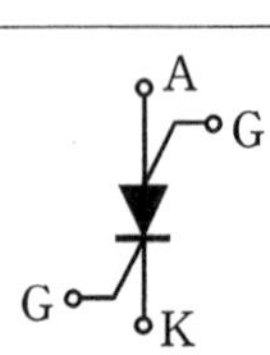	① 단방향 4단자(역저지 4극) 사이리스터 ② 게이트 전극 2개(양쪽 게이트의 어느 하나에 신호를 인가하여 도통시킬 수 있음)

사이리스터의 종류와 특성(2)

사이리스터 종류	특 성 및 용 도
LASCR (Light Activated Silicon Controlled Rectifier)	① 단방향(역저지) 3단자 사이리스터 ② 일반적으로 광 다이오드라 함 ③ 구조는 SCR과 비슷하고 빛의 입사에 의해 도통 ④ 대전력용은 제조상의 문제로 그다지 실용화가 안됨
GTO (Gate Turn Off)	① 게이트에 (+)의 펄스 신호를 가하면 도통하고, (−)의 펄스 신호를 가하면 차단되는 자기 소호 능력이 있는 소자로 매우 편리한 소자 * SCR : 자기 소호 능력이 없음 ② 제작상의 어려움으로 실용화에 곤란

2. 트리거용 반도체 소자

트리거용 반도체 소자의 종류와 특성

트리거 반도체 소자	기 호	특 성 및 용 도
UJT (단접합 Tr.)	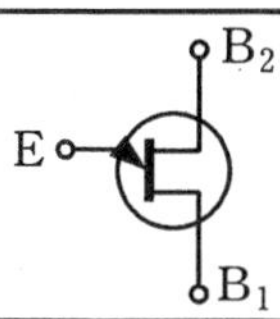	① 최초로 개발한 사이리스터의 트리거 소자 ② PN 접합의 2층 구조로 된 3단자 소자 ③ 이장 발진 회로에 사용하여 트리거 펄스를 얻음
Diac (다이악)		① NPN의 3층 구조 ② 쌍방향 2단자 사이리스터 ③ 트라이악의 트리거 소자로 많이 이용 ④ 교류전원에서 직접 트리거 펄스를 얻는 회로에 사용 ⑤ SSS와 비슷한 동작 특성 (쌍방향 2단자, 단 NPNPN의 5층 구조)
SBS (실리콘 쌍방향 스위치)		① 2개의 SCR과 2개의 제너 다이오드로 구성 ② 쌍방향 3단자 사이리스터 ③ 단자 1−2간에서 제너 전압 이상이 되면 게이트 전류가 흘러 도통 상태를 이용
PUT (프로그래머블 단접합 Tr.)	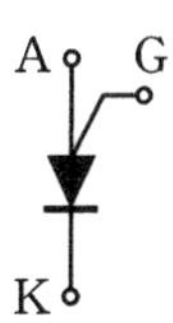	① N 게이트형의 단방향(역저지) 3단자 사이리스터 * (SCR : P 게이트형의 단방향 3단자 사이리스터) ② 발신의 안정도를 UJT보다 높이기 위해 개발

게이트에 펄스를 입력하여 도통(턴온)시키는 사이리스터의 트리거 회로에는 여러 가지가 있으며, 트리거용 반도체 소자가 많이 사용되고 있다.

트리거용 반도체 소자는 대부분 부성저항 특성을 가지고 있고, 일반적으로 트리거 펄스를 발생시키는 이장 발진 회로에 이용된다.

연습문제 해답

제 1 편　조명 공학

제 1 장　조명의 기초

객관식

1-1	1-2	1-3	1-4	1-5	1-6	1-7	1-8	1-9	1-10
㉮	㉱	㉮	㉮	㉮	㉱	㉮	㉯	㉮	㉯
1-11	**1-12**	**1-13**	**1-14**	**1-15**	**1-16**	**1-17**	**1-18**	**1-19**	**1-20**
㉰	㉱	㉯	㉮	㉮	㉮	㉯	㉰	㉮	㉯
1-21	**1-22**								
㉰	㉯								

주관식

1-1 $R=\pi B$, $R=\tau E$의 관계에서 휘도 B는

$$B=\frac{R}{\pi}=\frac{\tau E}{\pi}=\frac{\tau}{\pi}\cdot\frac{F}{A}=\frac{\tau}{\pi}\cdot\frac{4\pi I}{4\pi r^2}=\frac{\tau}{\pi}\cdot\frac{I}{r^2}$$

$$\therefore\ B=\frac{0.95\times 100}{\pi\times 0.25^2}=483.8\ [\text{cd/m}^2],\ [\text{nt}]=0.0484\ [\text{cd/cm}^2],\ [\text{sb}]$$

별해 $B=\dfrac{\tau I}{A'}=\dfrac{\tau I}{\pi r^2}=\dfrac{0.95\times 100}{\pi\times 0.25^2}=483.8\ [\text{cd/m}^2]=0.0484\ [\text{cd/cm}^2]$

1-2 $R=\pi B$, $R=\tau E$의 관계에서 $\tau E=\pi B$이므로 조도 E는

$$E=\frac{\pi B}{\tau}=\frac{\pi\times 0.2\times 10^4}{0.5}=12,566\ [\text{lx}]$$

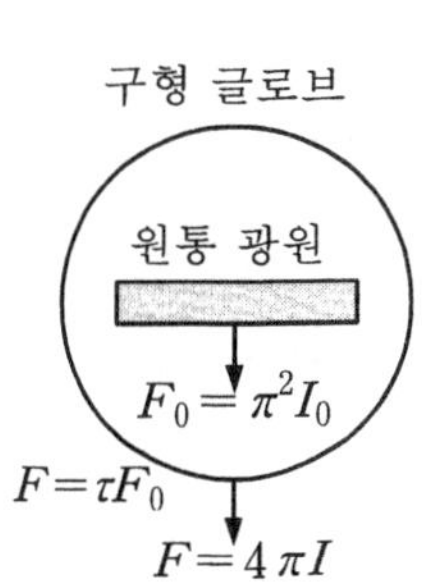

문제 1-3

1-3 원통 광원의 광속 F_0와 수직 방향 광도 I_0의 관계

$$F_0=\pi^2 I_0$$

구형 글로브의 광속 F와 구면 광도 I의 관계

$$F=4\pi I$$

투과율 τ에서 F_0와 F의 관계는 $F=\tau F_0$이 성립한다. 따라서

$$4\pi I=\tau\pi^2 I_0 \qquad \therefore \ I_0=\frac{4I}{\pi\tau}=\frac{4\times 200}{\pi\times 0.8}=318.31\,[\mathrm{cd}]$$

1-4 주어진 문제에서 조도 E는 수평면 조도 E_h를 의미한다.

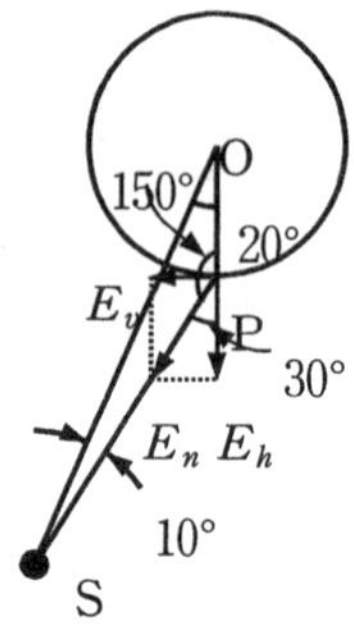

문제 1-4

수평면 조도 : $E_h=E_n\cos\theta=\frac{I}{r^2}\cos\theta$

$$\therefore \ E_h=\frac{1000}{10^2}\cos 30°=8.66\,[\mathrm{lx}]$$

1-5 조도=수평면 조도 ($E=E_h=200$ [lx])

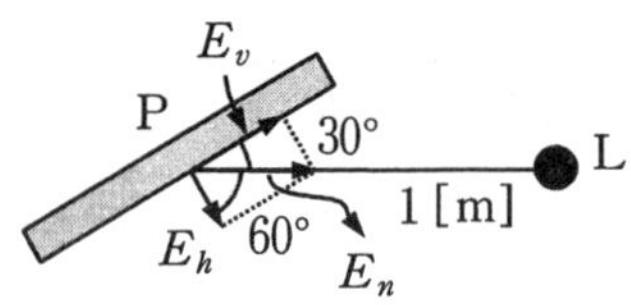

문제 1.5

수평면 조도 : $E_h=E_n\cos\theta=\frac{I}{r^2}\cos\theta\,(=E)$

그림에서 $\theta=60°$

$$\therefore \ I=\frac{r^2E}{\cos\theta}=\frac{1^2\times 200}{\cos 60°}=400\,[\mathrm{cd}]$$

1-6 조도=수평면 조도 ($E=E_h=20$ [lx])

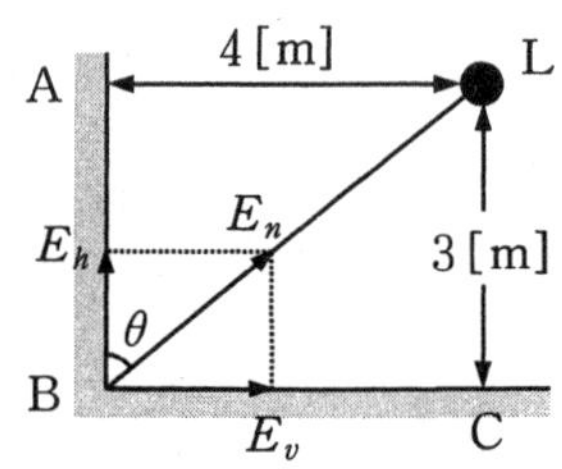

문제 1.6

수평면 조도 : $E_h=E_n\cos\theta=\frac{I}{r^2}\cos\theta$

그림에서 $\cos\theta=\frac{3}{5}$이므로 광도 I는

$$\therefore \ I=\frac{r^2E}{\cos\theta}=\frac{5^2\times 20}{\frac{3}{5}}=833\,[\mathrm{cd}]$$

1-7 식 (1.18)에서 원통 광원의 전 광속 F는

$$F=\pi^2 I=\pi^2\times 150=1480.4\,[\mathrm{lm}]$$

이고, 구면 광도 I는 식 (1.16)의 $F=4\pi I$로부터

$$\therefore \ I=\frac{F}{4\pi}=\frac{1480.4}{4\pi}=117.8\,[\mathrm{cd}]$$

가 구해진다.

제 2 장 조도 계산

객관식

2-1	2-2	2-3	2-4	2-5	2-6				
㉯	㉰	㉯	㉰	㉯	㉱				

주관식

2-1 두 개 이상의 광원에 의한 조도는 식 (2.2)와 같이 각각의 조도의 합과 같다.

$$E_h = E_{hA} + E_{hB}$$

$$\begin{cases} E_{hA} = E_{nA}\cos\theta_A = 1\times\dfrac{3}{\sqrt{4^2+3^2}} = 1\times\dfrac{3}{5} = 0.6 \\ E_{hB} = E_{nB}\cos\theta_B = 0.8\times\dfrac{3}{\sqrt{4^2+3^2}} = 0.8\times\dfrac{3}{5} = 0.48 \end{cases}$$

$$\therefore\ E_h = 0.6 + 0.48 = 1.08\,[\mathrm{lx}]$$

2-2 $E = \pi B\sin^2\theta,\ \ \sin\theta = \dfrac{r}{\sqrt{r^2+a^2}}$

$$\therefore\ E = \frac{\pi B r^2}{r^2+a^2} = \frac{\pi\times 4487\times 0.3^2}{0.3^2+2.5^2} = 200\,[\mathrm{lx}]$$

2-3 $E = \dfrac{F}{A} = \dfrac{\eta F_0}{4\pi r^2} = \dfrac{\eta\cdot 4\pi I_0}{4\pi r^2} = \dfrac{\eta I_0}{r^2}\ \ \left(\eta = \dfrac{\tau}{1-\rho} = \dfrac{0.5}{1-0.4} = 0.833\right)$

$$\therefore\ E = 0.833\times\frac{110}{2^2} = 22.9 \fallingdotseq 23\,[\mathrm{lx}]$$

2-4 식 (2.15), 식 (2.16) 및 식 (2.17)에 의하여 확산조도는 다음과 같다.

$$E_i = \eta_\rho E_0 = \eta_\rho\frac{F}{A} = \frac{\rho}{1-\rho}\cdot\frac{F}{4\pi r^2}$$

2-5 $\omega = 2\pi(1-\cos\theta) = 2\pi\times\left(1-\dfrac{3}{\sqrt{3^2+2^2}}\right) = 1.055\,[\mathrm{sr}]$

평균 조도와 평균 광도의 관계는 식 (2.25)에 의하여 다음과 같다.

$$E_a = \frac{\omega I}{A} = \frac{\omega I}{\pi a^2} = \frac{1.055\times 860}{\pi\times 2^2} = 72.2\,[\mathrm{lx}]$$

$$\therefore\ E_a = 72.2\,[\mathrm{lx}]$$

2-6 수평면 조도 : $E_h = E_n \cos\theta = \frac{I}{r^2}\cos\theta$

수직면 조도 : $E_v = E_n \sin\theta = \frac{I}{r^2}\sin\theta$

$E_h = E_v$ 을 만족하려면 $\cos\theta = \sin\theta$, 즉 $\theta = 45°$이어야 한다.

$\therefore\ h = d$

제 3 장 측광 및 배광

객관식

3-1	3-2	3-3	3-4						
㉣	㉯	㉮	㉯						

주관식

3-1 두 광원의 광도 및 거리를 I_A, I_B, d_A, d_B라 하면, 측광 평형이므로 두 광원에 의한 조도가 같다. 즉, 거리의 역제곱 법칙에 의해 조도 I_B는 다음과 같다.

$$\frac{I_A}{{d_A}^2} = \frac{I_B}{{d_B}^2} \qquad \therefore\ I_B = \left(\frac{d_B}{d_A}\right)^2 I_A$$

$$\therefore\ I_B = \left(\frac{d_B}{d_A}\right)^2 I_A = \left(\frac{3}{1}\right)^2 \times 30 = 270\,[\text{cd}]$$

3-2 두 광원의 광도 및 거리를 I_1, I_2, d_1, d_2라 하면, 측광 평형이므로 두 광원에 의한 조도가 같다. 즉, 거리의 역제곱 법칙에 의해

$$\frac{I_1}{{d_1}^2} = \frac{I_2}{{d_2}^2} \qquad \therefore\ d_2 = d_1\sqrt{\frac{I_2}{I_1}} = 60 \times \sqrt{\frac{40}{10}} = 120\ [\text{cm}]$$

3-6 $x = I_\theta$, $y = -r\cos\theta$

일차함수 : $y = -\frac{r}{100}x \left(\because\ \text{기울기} : -\frac{r}{I} = -\frac{r}{100},\ y\text{절편} : 0\right)$

위의 함수에 $(I_\theta,\ -r\cos\theta)$를 대입하면 다음과 같다.

$$-r\cos\theta = -\frac{r}{100} I_\theta$$

$\therefore$ 배광곡선의 식 : $I_\theta = 100\cos\theta$

또 이 문제에서의 전 광속은 하반구 광속과 같다.

$$\therefore \quad F = \frac{2\pi}{r}A = \frac{2\pi}{r} \times \frac{100r}{2} = 100\pi\,[\mathrm{lm}]$$

3-7 $F = \dfrac{2\pi}{r}A$

$$\begin{cases} r = 100 \\ A = \dfrac{1}{4} \times (\pi \times 100^2) = 2500\pi\ (\text{상반구 면적}) \end{cases}$$

$$\therefore \quad F = \frac{2\pi}{100} \times 2500\pi = 493.48[\mathrm{lm}]$$

제 4 장 광 원

객관식

4-1	4-2	4-3	4-4	4-5	4-6	4-7	4-8	4-9	4-10
㉰	㉯	㉱	㉯	㉰	㉱	㉮	㉱	㉱	㉰
4-11	**4-12**	**4-13**	**4-14**	**4-15**	**4-16**	**4-17**	**4-18**	**4-19**	**4-20**
㉯	㉱	㉮	㉮	㉮	㉰	㉱	㉮	㉰	㉰
4-21	**4-22**	**4-23**	**4-24**	**4-25**	**4-26**	**4-27**	**4-28**	**4-29**	**4-30**
㉰	㉱	㉱	㉱	㉰	㉰	㉰	㉰	㉮	㉰
4-31	**4-32**	**4-33**							
㉰	㉱	㉯							

주관식

4-1 식 (4.1)의 스테판-볼쯔만 법칙에 의하여

$$W = \alpha T^4[\mathrm{W/m^2}]$$

$$W' = \alpha(2T)^4 = 16W \qquad \therefore\ 16\text{배}$$

4-2 식 (4.2)의 빈의 변위 법칙에 의하여 최대 분광 복사속 발산도를 발생하는 파장 λ_m은 절대온도 $T\,[\mathrm{K}]$에 반비례한다.

$$\lambda_m \propto \frac{1}{T}, \quad 4000 : \frac{1}{730} = x : \frac{1}{555}$$

$$\therefore \quad x = \frac{730}{555} \times 4000 = 5261[\mathrm{K}]$$

4-3 식 (4.2)의 빈의 변위 법칙에 의하여

$$\lambda_m = \frac{2,898}{T} = \frac{2,898}{3300} = 0.878\ [\mu\text{m}]$$

제 5 장 조명 설계

객관식

5-1	5-2	5-3	5-4	5-5	5-6	5-7	5-8	5-9	5-10
㉱	㉰	㉱	㉰	㉮	㉰	㉮	㉯	㉰	㉱
5-11	**5-12**								
㉱	㉯								

주관식

5-1 $F = \dfrac{EDA}{NU}$

$$\therefore\ E = \frac{FNU}{DA} = \frac{2000\times 30\times 0.5}{1.5\times 200} = 100\ [\text{lx}]$$

5-2 $F = 4\pi I = 4\pi\times 100 = 400\pi\ [\text{lm}]$

$$\therefore\ E = \frac{FNU}{DA} = \frac{400\pi\times 5\times 0.5}{1.5\times(25\pi)} \fallingdotseq 26.7\ [\text{lx}]$$

5-3 $F = \dfrac{EDA}{NU}$

$$\therefore\ N = \frac{EDA}{FU} \doteqdot \frac{150\times 1.25\times 200}{2500\times 0.5} = 30\ [\text{등}]$$

5-4 $F = \dfrac{EDBS}{NU} = \dfrac{5\times 1\times 20\times 12}{1\times 0.25} = 4800\ [\text{lm}]$

제 2 편 전열 공학

제 1 장 전열의 기초

객관식

1-1	1-2	1-3	1-4	1-5	1-6	1-7	1-8	1-9	1-10
㉮	㉰	㉯	㉰	㉰	㉰	㉯	㉱	㉮	㉰
1-11	**1-12**	**1-13**	**1-14**	**1-15**	**1-16**	**1-17**	**1-18**	**1-19**	**1-20**
㉮	㉰	㉰	㉱	㉯	㉮	㉮	㉯	㉯	㉮
1-21	**1-22**	**1-23**	**1-24**	**1-25**	**1-26**	**1-27**			
㉯	㉰	㉮	㉱	㉯	㉯	㉰			

주관식

1-3

$$P=\frac{W}{t}=\frac{900000}{5\times60}=3000\ \ ([\mathrm{J/s}]=[\mathrm{W}])$$

1-4 $0.24Pt\eta=mcT\,(P\,[\mathrm{W}],\ t[\mathrm{s}],\ m[\mathrm{g}],\ c[\mathrm{cal/g\cdot℃}],\ T[℃])$

$$\therefore\ \ t=\frac{mcT}{0.24P\eta}=\frac{5000\times1\times(70-20)}{0.24\times1000\times1}=1041.67\ [\mathrm{s}]$$

$$\therefore\ \ t=17.4\ [\mathrm{min}]$$

별해 $860Pt\eta=mcT\,(P\,[\mathrm{kW}],\ t[\mathrm{h}],\ m[\mathrm{kg}],\ c[\mathrm{kcal/kg\cdot℃}],\ T[℃])$

$$\therefore\ \ t=\frac{mcT}{860P\eta}=\frac{5\times1\times(70-20)}{860\times1\times1}=0.29\ [\mathrm{h}]$$

$$\therefore\ \ t=17.4\ [\mathrm{min}]$$

1-5 $0.24Pt\eta=mcT\,(P\,[\mathrm{W}],\ t[\mathrm{s}],\ m[\mathrm{g}],\ c[\mathrm{cal/g\cdot℃}],\ T[℃])$

$$\therefore\ \ P=\frac{mcT}{0.24t\eta}=\frac{1200\times1\times(75-15)}{0.24\times(10\times60)\times0.7}=714.29\ [\mathrm{W}]$$

별해 $860Pt\eta=mcT\,(P\,[\mathrm{kW}],\ t[\mathrm{h}],\ m[\mathrm{kg}],\ c[\mathrm{kcal/kg\cdot℃}],\ T[℃])$

$$\therefore\ \ P=\frac{mcT}{860t\eta}=\frac{1.2\times1\times(75-15)}{860\times(10/60)\times0.7}=0.717\ [\mathrm{kW}]=717\ [\mathrm{W}]$$

1-6 $Q=0.24Pt\eta\,[\mathrm{cal}]$

$$Q=\text{융해열}+\text{현열}=mH+mc(\theta_2-\theta_1)$$

$$=2.5\times80+2.5\times1\times40=2.5\times(80+40)=300\ [\mathrm{kcal}]$$

$$\therefore\ \ t=\frac{Q}{0.24P\eta}=\frac{300\times10^3}{0.24\times2000\times0.8}=781.25\ [\mathrm{s}]\fallingdotseq13\ [\mathrm{min}]$$

별해 $Q=860Pt\eta$ [kcal]

$$\therefore\ t=\frac{Q}{860P\eta}=\frac{300}{860\times2\times0.8}=0.218\,[\text{h}]\fallingdotseq 13\,[\text{min}]$$

1-7 $860Pt\eta=mcT$ (P[kW], t[h], m[kg], c[kcal/kg · ℃], T[℃])

$$\therefore\ Pt=\frac{mcT}{860\,\eta}=\frac{100\times1\times(90-40)}{860\times0.9}=6.46\,[\text{kWh}]$$

∴ 전기요금 = 6.46×25 = 161.5 [원]

1-8 $Q=mcT+mH=m(cT+H)=1000\times\{1\times(150-20)+500\}$

$$=630\times10^3\,[\text{kcal}]$$

$Q=860Pt\eta$ [kcal]

$$\therefore\ P=\frac{Q}{860t\eta}=\frac{630\times10^3}{860\times1\times0.95}=771\,[\text{kW}]$$

제 2 장 전열의 응용

객관식

2-1	2-2	2-3	2-4	2-5	2-6	2-7	2-8	2-9	2-10
㉮	㉱	㉯	㉱	㉰	㉯	㉱	㉯	㉱	㉮
2-11	**2-12**	**2-13**	**2-14**	**2-15**	**2-16**	**2-17**	**2-18**	**2-19**	**2-20**
㉮	㉱	㉰	㉯	㉯	㉰	㉰	㉮	㉰	㉰
2-21	**2-22**	**2-23**	**2-24**	**2-25**	**2-26**	**2-27**	**2-28**	**2-29**	**2-30**
㉰	㉯	㉯	㉱	㉮	㉰	㉮	㉱	㉮	㉯
2-31	**2-32**	**2-33**	**2-34**	**2-35**	**2-36**	**2-37**			
㉱	㉱	㉰	㉮	㉯	㉰	㉮			

주관식

2-1 $Q=5700\times(150\times10^3)=855\times10^6$ [kcal]

$W=5700\times(150\times10^3)=855\times10^6$ [kcal]

$$\therefore\ \eta=\frac{W}{Q}\times100=\frac{172\times10^6}{855\times10^6}\times100$$

$$=20.11\fallingdotseq 20\,[\%]$$

2-2 $P = VI = 30 \times 200 = 6000\,[\mathrm{W}]$

$$\therefore \; Q = 0.24Pt = 0.24 \times 6000 = 1440\,[\mathrm{cal/s}] = 1.44\,[\mathrm{kcal/s}]$$

2-3 $Q = 860Pt\eta$

$$\therefore \; P = \frac{Q}{860t\eta} = \frac{158700}{860 \times 0.5 \times 0.75} = 492\,[\mathrm{kW}]$$

2-4 $860Pt\eta = mcT$

$$\therefore \; P = \frac{mcT}{860t\eta} = \frac{5 \times 0.15 \times (85-20)}{860 \times \dfrac{35}{3600} \times 1} = 5.83\,[\mathrm{kW}]$$

제 3 편 정전기 응용

제 1 장 정전기 응용

객관식

1-1	1-2	1-3	1-4	1-5					
㉮	㉰	㉯	㉰	㉱					

제 4 편 전동력 응용

제 1 장 전동력 응용의 기초

객관식

1-1	1-2	1-3	1-4	1-5	1-6	1-7			
㉰	㉯	㉯	㉯	㉯	㉮	㉱			

제 2 장 전동기의 종류와 운전

객관식

2-1	2-2	2-3	2-4	2-5	2-6	2-7	2-8	2-9	2-10
㉮	㉱	㉰	㉱	㉰	㉰	㉰	㉯	㉰	㉮
2-11	2-12	2-13	2-14	2-15	2-16	2-17	2-18	2-19	2-20
㉮	㉰	㉯	㉱	㉯	㉱	㉯	㉰	㉱	㉯
2-21	2-22	2-23	2-24	2-25	2-26				
㉯	㉱	㉰	㉯	㉮	㉰				

제 3 장 전동력 응용의 실제

객관식

3-1	3-2	3-3	3-4	3-5	3-6	3-7	3-8	3-9	3-10
㉯	㉱	㉮	㉱	㉱	㉰	㉯	㉯	㉯	㉰
3-11	3-12	3-13	3-14						
㉮	㉮	㉯	㉱						

주관식

3-1 $P=\dfrac{WVC}{6.12\eta}=\dfrac{5\times30\times1.2}{6.12\times0.7}=42\ [\text{kW}]$

3-2 $P\,[\text{kW}]=\dfrac{WVC}{6.12\eta}=\dfrac{1\times30\times1}{6.12\times1}=4.90\ [\text{kW}]$

$$P\,[\text{PS}]=\frac{P\,[\text{kW}]}{0.735}=\frac{4.90}{0.735}=6.67\ [\text{PS}]$$

$$P\,[\text{HP}]=\frac{P\,[\text{kW}]}{0.746}=\frac{4.90}{0.746}=6.57\ [\text{HP}]$$

3-3 $P=\dfrac{KQH}{6.12\eta}\ [\text{kW}]$, ($Q\,[\text{m}^3/\text{min}]$: 양수량, $H\,[\text{m}]$: 양정)

여기서 1시간 동안에 용량 $100\,[\text{m}^3]$의 수조를 만수시킨다고 하면 위의 식은 전력량으로 변환된다. 즉, 이 때의 분당 양수량은 $Q=\dfrac{100}{60}\,[\text{m}^3/\text{min}]$이 된다. 또한 손실수두를 고려한 양정은 $H=10+2=12\,[\text{m}]$이 된다.

$$\therefore\quad W=\frac{1\times\dfrac{100}{60}\times12}{6.12\times0.8}=4.08\,[\text{kWh}]$$

3-4 $P=\dfrac{KQH}{6.12\eta}$ [kW]

양정은 압력으로부터 환산하면 다음과 같다.(본문의 표준 대기압 참고)

$2.4\,[\text{kg/cm}^2]=24\,[\text{mAq}] \quad \therefore \quad H=24\,[\text{m}]$

전동기의 소요 출력 :

$$\therefore \quad P=\frac{KQH}{6.12\eta}=\frac{1.2\times3\times24}{6.12\times0.75}=18.82\,[\text{kW}]$$

$$P\,[\text{PS}]=\frac{P\,[\text{kW}]}{0.735}=\frac{18.82}{0.735}=25.61\,[\text{PS}]$$

$$P\,[\text{HP}]=\frac{P\,[\text{kW}]}{0.746}=\frac{18.82}{0.746}=25.23\,[\text{HP}]$$

3-5 $P=\dfrac{KQH}{6.12\eta}$ [kW]

매시간 t [min]씩 운전한다고 하면, 분당 양수량 Q는

$$Q=\frac{18}{t}\,[\text{m}^3/\text{min}]$$

이 된다. 따라서 전동기의 소요 출력 식에 대입하면 운전시간은 다음과 같다.

$$\frac{1.1\times\dfrac{18}{t}\times10}{6.12\times0.65}=5$$

$$\therefore \quad t=\frac{1.1\times18\times10}{6.12\times0.65\times5}=9.95\,[\text{min}]\fallingdotseq10\,[\text{min}]$$

3-6 $P=\dfrac{KQH}{6.12\eta}$ [kW]

매시간 t [min]씩 운전한다고 하면, 분당 양수량 Q는

$$Q=\frac{12}{t}\,[\text{m}^3/\text{min}]$$

이 된다. 따라서 전동기의 소요 출력 식에 대입하면 운전시간은 다음과 같다.

$$\frac{1.1\times\dfrac{12}{t}\times5}{6.12\times0.75}=5$$

$$\therefore \quad t=\frac{1.1\times12\times5}{6.12\times0.75\times5}=2.88\,[\text{min}]\fallingdotseq3\,[\text{min}]$$

제 5 편 전기철도공학

제 1 장 전기철도 일반

객관식

1-1	1-2	1-3	1-4	1-5	1-6	1-7	1-8	1-9	1-10
㉰	㉰	㉰	㉮	㉱	㉱	㉮	㉯	㉰	㉯
1-11	**1-12**	**1-13**							
㉯	㉯	㉱							

제 2 장 전차선로와 전기차량

객관식

2-1	2-2	2-3	2-4	2-5	2-6	2-7	2-8	2-9	2-10
㉯	㉮	㉮	㉮	㉰	㉮	㉰	㉯	㉱	㉰
2-11	**2-12**	**2-13**	**2-14**	**2-15**	**2-16**	**2-17**	**2-18**	**2-19**	**2-20**
㉰	㉰	㉯	㉮	㉯	㉱	㉮	㉮	㉮	㉰
2-21	**2-22**	**2-23**	**2-24**	**2-25**					
㉱	㉱	㉯	㉮	㉮					

주관식

2-7 최대 견인력 F_m[kg]은 식 (2.15)과 식 (2.16)에 의하여 다음과 같이 구해진다.

$$F_m = 1000\mu W_0 = 1000 \times 0.2 \times 75 = 15,000 \text{ [kg]}$$

2-8 기울기는 $\tan\theta$와 같으며, 구배가 작은 경우에는 $\tan\theta \fallingdotseq \sin\theta$로 볼 수 있다. 따라서 전차의 견인력 F는 식 (2.8)에 의하여 다음과 같이 구해진다.

$$F = R_g' = W\sin\theta \fallingdotseq W\tan\theta = 50 \times 10^3 \times \frac{20}{1000} = 1,000 \text{ [kg]}$$

또는 $F = gW = 20 \times 50 = 1,000$ [kg]

2-9 $a = 2\,[\text{km/h/s}] = \dfrac{2000}{3600}\,[\text{m/s}^2]$

$$\therefore S = \frac{1}{2}at^2 = \frac{1}{2} \times \frac{2000}{3600} \times 10^2 = 27.78 \fallingdotseq 28\,[\text{m}]$$

2-10 견인력은 열차저항과 가속저항의 합이고, 식 (2.13)과 식 (2.14)에 의하여 다음과 같다.

$$F = (R + R_a)W = (R_r + R_g + R_c)W + R_a W$$

여기서 $R_r = 0$, $R_c = 0$, $R_a = 0$이므로 $F = R_g W$가 된다. 최대구배에서의 견인력은 최대견인력을 의미하므로 $F = F_m$이다.

$$F_m = R_g W \quad \begin{cases} F_m = 1000\mu W_0 \\ R_g = g\,[‰] \end{cases} \qquad \therefore \quad 1000\mu W_0 = gW$$

$$\therefore \quad g = \frac{1000\mu W_0}{W} = \frac{1000 \times 0.18 \times 100}{150 + 550} = 25.71\,[\%] = 2.57\,[‰]$$

제 3 장 운전설비와 속도제어

객관식

3-1	3-2	3-3	3-4	3-5	3-6	3-7	3-8	3-9	3-10
㉯	㉰	㉱	㉱	㉱	㉮	㉱	㉰	㉰	㉱
3-11	3-12	3-13	3-14	3-15	3-16	3-17	3-18	3-19	3-20
㉱	㉯	㉯	㉮	㉮	㉰	㉱	㉱	㉯	㉱
3-21	3-22								
㉱	㉰								

제 6 편 전기화학

제 1 장 전기화학 일반

객관식

1-1	1-2	1-3	1-4						
㉰	㉮	㉰	㉮						

제 2 장 기전력 응용의 전지

객관식

2-1	2-2	2-3	2-4	2-5	2-6	2-7	2-8	2-9	2-10
(다)	(다)	(다), (라)	(가)	(라)	(나)	(라)	(나)	(라)	(다)
2-11	2-12	2-13	2-14	2-15	2-16	2-17	2-18	2-19	2-20
(가)	(라)	(다)	(라)	(나)	(라)	(라)	(가)	(다)	(나)
2-21	2-22	2-23	2-24	2-25	2-26	2-27	2-28		
(라)	(가)	(다)	(나)	(라)	(나)	(가)	(라)		

제 3 장 전해 및 전열 화학공업

객관식

3-1	3-2	3-3	3-4	3-5	3-6	3-7	3-8	3-9	3-10
(나)	(다)	(다)	(다)	(가)	(가)	(다)	(나)	(나)	(라)

주관식

3-1 식염의 전기분해 반응은

$NaCl + H_2O \rightarrow NaOH + HCl$

100[Ah]의 전기량으로 생성되는 NaOH의 양 : $23(Na)+16(O)+1(H)=40$

100[Ah]로 생성되는 Na의 양 : $0.858\times100=85.8$ [g]

여기에 상당하는 NaOH의 양은

$$85.8\times\left(\frac{40}{23}\right)=149.2\ [g]$$

$$\therefore\ 149.2\times0.95=141.74 \fallingdotseq 142\ [g]$$

찾아보기

(ㄱ)

(ㅅ)

(ㅇ)

(ㅈ)

(ㅊ)

(ㅋ)

(ㅌ)

(ㅍ)

(ㅎ)

저자와의
협의에 의해
인지 생략

전기응용

3판 6쇄 2022년 3월 15일

저 자 임헌찬 / 백관현
발행인 송광헌
발행처 복두출판사
주 소 서울특별시 영등포구 경인로82길 3-4
(센터플러스) 807호 (우) 07371
전 화 02-2164-2580
FAX 02-2164-2584
등 록 1993. 11. 22. 제 10-902 호

정가 : 24,000원
ISBN : 979-11-85880-99-0 93560

한국과학기술출판협회 회원사